高等职业教育本科药学类专业规划教材

U0786225

现代生物技术

（供生物技术类专业用）

主　编　黎晶晶　宋　琴
副主编　吴丽双　纪其雄
编　者　（以姓氏笔画为序）
王　哲（浙江药科职业大学）
田　健（宁波希诺亚海洋生物科技有限公司）
纪其雄（浙江药科职业大学）
李鸿文（浙江药科职业大学）
吴丽双（浙江药科职业大学）
宋　琴（浙江药科职业大学）
楼天灵（浙江药科职业大学）
黎晶晶（浙江药科职业大学）

中国健康传媒集团
中国医药科技出版社

内 容 提 要

本教材为“高等职业教育本科药学类专业规划教材”之一。全书包括12章内容：绪论，基因工程的工具酶和载体，目的基因的制备与导入，重组子克隆的筛选和鉴定，基因工程新技术，基因工程技术制药，生物技术的安全性及其影响，动物细胞培养基础，生产用动物细胞，动物细胞大规模培养，动物细胞工程制药，细胞治疗与组织工程。本教材为书网融合教材，即纸质教材有机融合电子教材、教学配套资源（PPT、微课、视频、图片等）、题库系统、数字化教学服务（在线教学、在线作业、在线考试）。

本教材主要供高等职业教育本科院校生物技术类专业教学使用。

图书在版编目（CIP）数据

现代生物技术/黎晶晶，宋琴主编. —北京：中国医药科技出版社，2023. 12

高等职业教育本科药学类专业规划教材

ISBN 978－7－5214－4343－1

Ⅰ. ①现… Ⅱ. ①黎… ②宋… Ⅲ. ①生物工程－高等职业教育－教材 Ⅳ. ①Q81

中国国家版本馆CIP数据核字（2023）第250838号

美术编辑 陈君杞

版式设计 友全图文

出版 **中国健康传媒集团** | 中国医药科技出版社

地址 北京市海淀区文慧园北路甲22号

邮编 100082

电话 发行：010－62227427 邮购：010－62236938

网址 www. cmstp. com

规格 889mm×1194mm $^1/_{16}$

印张 17

字数 490千字

版次 2024年1月第1版

印次 2024年1月第1次印刷

印刷 三河市万龙印装有限公司

经销 全国各地新华书店

书号 ISBN 978－7－5214－4343－1

定价 65.00元

数字化教材编委会

主　编　黎晶晶　宋　琴

副主编　吴丽双　纪其雄

编　者　（以姓氏笔画为序）

王　哲（浙江药科职业大学）

田　健（宁波希诺亚海洋生物科技有限公司）

纪其雄（浙江药科职业大学）

李鸿文（浙江药科职业大学）

吴丽双（浙江药科职业大学）

宋　琴（浙江药科职业大学）

楼天灵（浙江药科职业大学）

黎晶晶（浙江药科职业大学）

前言 PREFACE

生物医药行业作为我国战略性新兴产业之一，既是生物技术最重要的应用方向，又是现代医药行业转型升级的关键所在。鉴于这种产业形势和社会对生物制药专业人才的需求，我国《职业教育专业目录（2021 年）》增加了合成生物技术职业本科专业，本专业面向生物医药制造行业的检验试验、生物药品制造等职业群，旨在培养能够从事 DNA 测序分析、基因组合成、细胞合成、合成细胞应用技术、基因工程药物和疫苗生产、质量控制等工作的高层次技术技能人才，可促进生物制药产业的发展。在合成生物技术专业人才培养方案中，现代生物技术课程是合成生物技术专业的核心课程，它是综合了生物制药上游的理论知识及实验技术的一门专业核心课，内容涵盖合成生物技术专业所必须具备的基因工程技术和细胞工程技术的基本知识和技能，符合培养生物医药类高层次技术技能型人才的要求。本课程的学习不仅可以为学习后续实践课程提供强有力的理论知识和技能支撑，使学生较全面地掌握专业技能以满足实际岗位能力需求，而且有助于学生综合能力的培养，对提高实践能力和创新能力都起着重要作用。因此，编写本课程的合适教材对于培养合成生物技术专业技术人才颇具实际意义。

本教材设置了十二章内容，通过教学使学生在掌握基因工程和细胞工程基础知识，深入理解基因工程、细胞工程操作流程及基本技术路线和原理的基础上，培养学生将基因工程和细胞工程基本理论知识应用于技能实践的能力，同时培养学生独立思考、综合分析的能力。

本教材第一章、第三章、第六章由黎晶晶编写，第二章由王哲编写，第四章、第七章由楼天灵编写，第五章由吴丽双编写，第八章、第九章由纪其雄编写，第十章由李鸿文编写，第十一章、第十二章由宋琴编写。本教材的实例分析由田健编写，全书由黎晶晶统稿。为方便教学，本教材配有电子课件、微课视频等，可以扫二维码免费使用。

本教材的编写得到了专家、同仁们的关心和大力支持，在此向他们表示衷心感谢。生物技术发展迅速，加之编者水平所限，疏漏和不足之处在所难免，恳请读者批评指正，以便修订时完善。

编　者
2023 年 10 月

CONTENTS 目录

第一章　绪论 …… 1

第一节　现代生物技术发展史 …… 1

一、传统生物技术 …… 1

二、近代生物技术 …… 2

三、现代生物技术 …… 2

第二节　生物技术制药 …… 5

一、生物技术制药的特征 …… 5

二、生物技术药物的种类 …… 6

第二章　基因工程的工具酶和载体 …… 13

第一节　工具酶 …… 13

一、限制性核酸内切酶 …… 14

二、DNA 连接酶 …… 17

三、DNA 聚合酶 …… 17

四、碱性磷酸酶 …… 19

五、末端脱氧核苷酸转移酶 …… 21

六、其他工具酶 …… 21

第二节　载体 …… 24

一、克隆载体 …… 24

二、表达载体 …… 31

第三章　目的基因的制备与导入 …… 40

第一节　目的基因的制备 …… 40

一、化学合成法 …… 40

二、基因文库获取法 …… 41

三、PCR 技术法 …… 46

四、电子克隆法 …… 52
五、DNA 诱变 …… 54
第二节 重组 DNA 分子导入受体细胞的方法 …… 58
一、把目的基因导入大肠埃希菌 …… 58
二、把目的基因导入酵母细胞 …… 61
三、把目的基因导入植物细胞 …… 62
四、把目的基因导入动物细胞 …… 65
第四章 重组子克隆的筛选和鉴定 …… 69
第一节 载体表型选择法 …… 69
一、抗药性标记插入失活选择法 …… 70
二、β-半乳糖苷酶显色反应选择法 …… 70
第二节 插入基因表型选择法 …… 70
第三节 电泳检测法 …… 71
第四节 核酸分子杂交检测法 …… 71
一、杂交方法 …… 71
二、核酸杂交探针 …… 75
第五节 免疫化学检测法 …… 79
一、抗体测定法 …… 79
二、免疫沉淀测定法 …… 80
第六节 转译筛选法 …… 81
一、杂交抑制转译检测法 …… 81
二、杂交选择转译检测法 …… 81
第五章 基因工程新技术 …… 83
第一节 基因突变研究技术 …… 83
一、物理化学诱变 …… 83
二、蛋白质工程 …… 84
三、转座子介导的诱变技术 …… 85
第二节 基因敲除与敲减技术 …… 85
一、基因敲除技术 …… 85
二、基因敲减技术 …… 87
第三节 基因编辑技术 …… 87
一、锌指核酸酶基因编辑技术 …… 88
二、TALEN 基因编辑技术 …… 89

三、CRISPR 基因编辑技术 …… 90
第四节 基因相互作用研究技术 …… 94
一、核酸与蛋白质相互作用技术 …… 94
二、蛋白质与蛋白质相互作用技术 …… 95
第五节 DNA 合成技术 …… 98
一、化学合成法 …… 98
二、酶促反应法 …… 100
第六节 基因测序技术 …… 100
一、第一代测序技术 …… 101
二、第二代测序技术 …… 102
三、第三代测序技术 …… 104
第六章 基因工程技术制药 …… 106
第一节 基因工程菌的不稳定性及对策 …… 106
一、质粒的不稳定性 …… 106
二、提高质粒稳定性的方法 …… 107
第二节 基因工程菌的中试 …… 108
一、基因工程菌选择 …… 109
二、生物反应器（发酵罐）设计 …… 109
三、发酵培养基组成 …… 109
四、工艺最佳化与参数监测控制 …… 109
五、计算机应用 …… 110
第三节 基因工程菌的培养 …… 110
一、基因工程菌的培养方式 …… 110
二、基因工程菌的发酵条件 …… 111
第四节 基因工程菌的高密度发酵 …… 112
一、高效表达系统的构建 …… 113
二、培养环境的选择 …… 113
三、构建产乙酸能力低的工程化宿主菌 …… 114
四、构建蛋白水解酶活力低的工程化宿主菌 …… 115
第五节 基因工程药物的分离纯化 …… 116
一、影响基因工程产物分离纯化工艺的主要因素 …… 116
二、基因工程菌发酵产物的分离纯化技术 …… 116
三、基因工程菌各种不同形式表达产物的分离纯化方法 …… 118
第六节 基因工程药物的质量控制 …… 120
一、生物材料的质量控制 …… 120

二、培养过程的质量控制 …… 120
三、纯化过程的质量控制 …… 121
四、目标产品的质量控制 …… 121
五、产品的保存 …… 124

第七章 生物技术的安全性及其影响 …… 126

第一节 生物安全的含义及主要内容 …… 126
一、生物安全的含义 …… 126
二、生物安全学研究的主要内容 …… 127
第二节 基因工程的安全性评价 …… 128
一、评价目的 …… 128
二、评价原则 …… 129
三、转基因生物安全性评价的内容 …… 130
四、转基因生物安全控制措施 …… 137
第三节 我国的转基因生物安全管理体系 …… 138
一、我国对转基因生物及其产品的生物安全管理体系 …… 138
二、我国对转基因生物的标识管理 …… 140

第八章 动物细胞培养基础 …… 142

第一节 概述 …… 142
一、动物细胞培养的目的和意义 …… 143
二、与微生物培养及植物组织细胞培养的区别和联系 …… 143
三、细胞培养中可能存在的生物安全风险 …… 144
四、体外培养细胞的生长方式 …… 144
五、影响体外动物细胞生长的环境因素 …… 145
第二节 动物细胞培养基本条件 …… 146
一、实验室及车间设计 …… 146
二、环境洁净度及温度、湿度等因素的控制 …… 148
三、设备仪器及常用耗材 …… 150
四、无菌操作技术 …… 154
第三节 动物细胞培养用纯水、试剂和培养用液 …… 156
一、细胞的营养及影响细胞生长的因素 …… 156
二、培养用液的选择、配制和无菌分装 …… 160
三、血清的筛选、购买、灭活和无菌分装 …… 162
四、细胞培养用液的存放和有效期 …… 163

第四节 动物细胞培养基础技术 …… 164
一、倒置显微镜镜检及显微摄影技术 …… 164
二、死活细胞鉴别、细胞计数与细胞生长曲线 …… 167
三、微生物污染判别与处置 …… 171
四、基础培养技术 …… 173
五、细胞株系的运输与接收 …… 177
第九章 生产用动物细胞 …… 179
第一节 概述 …… 179
一、生产用动物细胞的来源和种类 …… 179
二、制药工业常用的动物细胞 …… 180
第二节 生产用动物细胞构建 …… 181
一、真核细胞系的转染构建 …… 181
二、由原代细胞培养构建的细胞株系 …… 185
三、杂交瘤细胞株构建 …… 186
第三节 生产用动物细胞鉴定、建库及细胞库维护 …… 189
一、细胞鉴定 …… 189
二、细胞库建设及其维护 …… 191
第十章 动物细胞大规模培养 …… 193
第一节 动物细胞大规模培养方法 …… 193
一、悬浮培养 …… 193
二、贴壁培养 …… 194
三、贴壁 - 悬浮培养 …… 194
第二节 动物细胞大规模培养操作方式 …… 196
一、分批式培养 …… 196
二、补料 - 分批式培养 …… 196
三、半连续式培养 …… 197
四、连续式培养 …… 197
五、灌流式培养 …… 197
第三节 动物细胞生物反应器的类型及结构 …… 198
一、搅拌式生物反应器 …… 198
二、气升式生物反应器 …… 199
三、中空纤维式生物反应器 …… 199
四、透析袋式或膜式生物反应器 …… 200

五、填充床生物反应器 …… 201
六、一次性生物反应器 …… 201
第四节 动物细胞生物反应器的检测控制系统 …… 202
一、培养过程中的参数检测 …… 202
二、主要参数的检测和控制 …… 202

第十一章 动物细胞工程制药 …… 208

第一节 重组蛋白药物的生产 …… 209
一、概述 …… 209
二、工程细胞的构建 …… 209
三、细胞培养和目的蛋白表达 …… 210
四、表达产物的分离纯化 …… 212
五、重组蛋白药物制剂研究 …… 216
六、重组蛋白药物质量控制 …… 217
第二节 抗体药物生产 …… 219
一、概述 …… 219
二、抗体分子的结构与功能 …… 219
三、基因工程抗体 …… 222
四、全人源抗体 …… 224
五、抗体药物生产基本流程 …… 226
第三节 疫苗生产 …… 228
一、概述 …… 228
二、疫苗的分类与特点 …… 228
三、疫苗的制备方法举例 …… 230
四、疫苗的质量控制 …… 233
第四节 转基因动物制药 …… 236
一、转基因技术方法 …… 236
二、转基因动物生物反应器 …… 237

第十二章 细胞治疗与组织工程 …… 240

第一节 免疫细胞治疗 …… 240
一、CAR－T 疗法 …… 241
二、TCR－T 疗法 …… 244
三、TIL 疗法 …… 245
四、CIK 疗法 …… 245

五、γδT 细胞疗法 …… 245
六、其他免疫细胞疗法 …… 246
第二节 干细胞治疗 …… 247
一、概述 …… 247
二、治疗用干细胞 …… 250
第三节 组织工程 …… 252
一、组织工程基础 …… 252
二、组织工程应用 …… 254
第四节 细胞治疗药物的监管 …… 256
参考文献 …… 259

PPT

第一章　绪　论

学习目标

【知识要求】

1. 掌握　现代生物技术与医药工业的关系。
2. 熟悉　生物技术药物的特性。
3. 了解　生物技术的发展简史。

【技能要求】

能够认识到生物技术对促进社会进步具有非常重要的作用。

【素质要求】

培养专业认同感与归属感，胸怀祖国、服务人民的爱国精神；努力把科技自立自强的信念自觉融入人生追求。

现代生物技术（modern biotechnology）是指利用生命科学、生物化学以及计算机科学等多学科交叉研究，使用现代的实验手段和技术，创新地改变或强化生物体的性质或性能。它包括基因工程、细胞工程、酶工程、发酵工程四项技术，这四项技术相互联系、互相渗透，其中，基因工程是生物技术的核心和关键，细胞工程是生物技术的基础，酶工程是生物技术的条件，发酵工程是生物技术获得最终产品的手段（图1-1）。现代生物技术正在不断地进行创新和发展，广泛应用于医学、农业、工业等领域，为人类带来了前所未有的机遇和挑战。

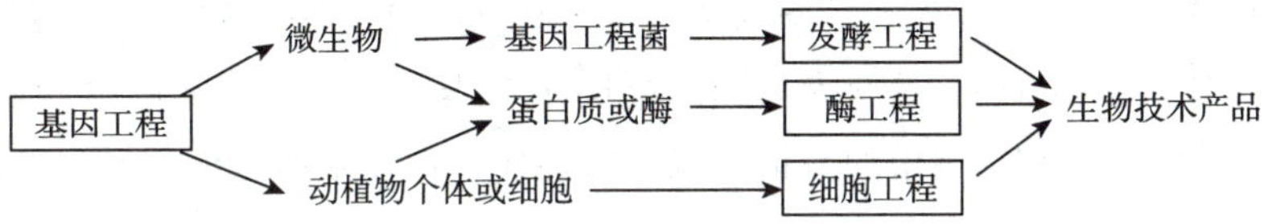

图1-1　基因工程、细胞工程、酶工程、发酵工程之间的相互关系

第一节　现代生物技术发展史

从广义角度来看，生物技术是利用、改造生物资源（包括微生物、动物、植物）并为人类服务的技术，具有悠久的历史。人类在古代就开始利用生物体和古老的技术来生产各种产品，并为自身服务。生物技术的发展按其技术特征，可以分为传统生物技术、近代生物技术和现代生物技术三个不同的发展阶段。

一、传统生物技术

传统生物技术的产品和有关技术的应用已有悠久的历史，在石器时代后期，古人就会利用谷物造酒，这是最早的发酵技术。我国周代后期，有了制作豆腐、制酱和醋的生产。但是人们在很长的时期内不知道其中的奥秘，直到1676年Leeuwenhoek发明了显微镜，人们才知道自然界中有微生物的存在。受到传统发酵技术的启发，从19世纪末到20世纪30年代，许多工业发酵的产品陆续出现，开创了工业微生物的新世纪，生产出的产品有：乳酸、乙醇、丙酮、丁醇、柠檬酸、淀粉酶等。这些产品的生产过程比较简单，大多数属于嫌气发酵或表面培养，对生产设备的要求不高，产品的化学结构较为简单，属于微生物的初级代谢产物。

二、近代生物技术

1928年，英国人Fleming发现了青霉素，但他自己无法提纯青霉素。直到1940年，Florey及Chain等对青霉素进行了提纯，1941年青霉素成功用于患者。当时的技术仍是表面培养法，从清洗、装料、灭菌、接种、培养到出料等过程需要大量人力和物力，若生产1g含量为20%的青霉素，就要用约80个1L的培养瓶。1941年，美国和英国合作研究开发青霉素生产工艺，发酵罐的体积达5m^3，采用通入无菌空气进行搅拌发酵的沉没培养法，产品的产量、质量和效率均大幅度提高，成本显著下降。生物技术给发酵工业带来了革命性的变化，随后研究人员又开发了一系列发酵新技术，如无菌技术、控制技术、补料技术等，这就构成了当代微生物工业的开端。

三、现代生物技术 微课1 微课2 微课3

1944年，Avery等阐明了DNA是遗传信息的携带者。1953年，Watson和Crick提出了DNA的双螺旋结构模型，阐明了DNA的半保留复制模式，开辟了分子生物学研究的新纪元。1958年，M. Meselson和F. W. Stahl提出了DNA半保留复制模型，以及Crick提出的中心法则认为遗传信息为“DNA→RNA→蛋白质”。1970年，逆转录酶和逆转录过程的发现，补充了中心法则中“RNA→DNA”这一部分的内容。1961年，M. W. Nirenberg等破译了遗传密码，每三个核苷酸组成一个密码子，代表一个氨基酸。1966年，科学家们破译了全部64个密码，编排了一本密码子字典，除线粒体、叶绿体存在个别特例外，遗传密码在所有生物中具有通用性，这些为基因的可操作性奠定了理论基础。20世纪40—70年代，在微生物遗传学和分子遗传学研究领域中的大量发现，对现代生物技术的诞生起了决定性的作用。

（一）现代生物技术诞生的技术突破

要进一步研究基因的结构、表达调控和功能，客观上需要把单个或多个基因从基因组（genome）中分离出来单独研究，就需要一些能在体外（*in vitro*）操作DNA的技术。

1. DNA的提取和分离 1869年，瑞士医生Friedrich Miescher研究白细胞（leukocyte）的化学成分。他用盐溶液洗涤脓细胞，分离细胞核，然后提取蛋白质或脂类，发现了一种能溶于弱碱性溶液但加入酸中和时就会沉淀的酸性物质，该物质难溶于乙酸、稀盐酸和氯化钠溶液，抗蛋白酶，富含磷但不含硫。Miescher意识到他发现了一种与之前所知的蛋白质不同的新组分，由于来自细胞核，该组分被命名为核素（nuclein）。为了详细研究核素的功能，Miescher还建立了可重复的提取核素方法：用热乙醇破坏细胞膜并抽提部分脂类和疏水性蛋白质，用胃蛋白酶（pepsin）消化破坏细胞核，进一步用醚和乙醇提取脂类，最后用弱碱性溶液如碳酸钠洗涤，再用乙酸或盐酸即可得到DNA沉淀。从此，操作DNA的时代开启。

1970年，H. O. Smith和K. W. Wilcox报道在流感嗜血杆菌（*Haemophilus influenzae*）Rd菌株中发现了第一种Ⅱ型限制性核酸内切酶——*Hind*Ⅱ，从此，在体外切割DNA分子成为可能。1971年，Kathleen

Danna 和 Daniel Nathans 意识到 *Hind*Ⅱ应该在相同的 DNA 序列的相同位置切断 DNA 双链，于是用 *Hind*Ⅱ切割分离^{32}P 标记 SV40 DNA 的特定片段，然后用聚丙烯酰胺凝胶电泳（polyacrylamide gel electrophoresis，PAGE）分离 SV40 DNA 的酶切产物，放射自显影显示出清晰的 11 个条带，相当于可用 *Hind*Ⅱ位点给 SV40 DNA 绘制一个基因图谱。限制性核酸内切酶的这一“剪”给分子生物学带来了革命，成为基因工程发展史上的里程碑之一。

此后，人们纷纷寻找类似的内切酶，陆续发现了很多种这样的限制酶。

2. DNA 片段的连接 能得到 DNA 片段，人们自然希望还能把它们再连接起来。1967 年，Bernard Weiss 和 Charles Clifton Richardson 从感染了 T_4 噬菌体的大肠埃希菌中分离纯化到 T_4 DNA 连接酶（ligase），发现 T_4 DNA 连接酶能在 ATP 存在下催化修复双链 DNA 中一条单链上的磷酸二酯键（phosphodiester bond）断口。几乎同时，Baldomero Olivera 和 I. Robert Lehman 从非感染的大肠埃希菌 1100 菌株中也分离纯化到大肠埃希菌 DNA 连接酶。与 T_4DNA 连接酶不同，大肠埃希菌 DNA 连接酶需要 Mg^{2+} 和辅助因子 NAD，而不是 ATP。从此，科学家手中有了体外连接 DNA 片段的分子“胶棒”。

3. 感受态细菌与转化 外源的 DNA 分子构建成功后，人们又想将其转入细菌细胞，并使其发挥遗传物质的功能。人们尝试用 DNA 分子直接转化大肠埃希菌，屡次失败后，意识到并非所有的细菌都能轻易地被外源 DNA 转化。1960 年，斯坦福大学医学院的 A. Dale Kaiser 和 David S. Hogness 发现，必须用提纯的噬菌体（phage）DNA 分子与辅助噬菌体（helper phage）混合侵染大肠埃希菌，才能将噬菌体 DNA 转化进入大肠埃希菌细胞。

1970 年，瑞典 M. Mandel 和 A. Higa 尝试用单价或二价阳离子处理大肠埃希菌，发现能增加细胞壁的通透性。如果把噬菌体 DNA 与冰冷的 $CaCl_2$ 及大肠埃希菌混合一段时间，然后再升温至 37℃，就能使大肠埃希菌吸收噬菌体 DNA。1972 年，斯坦福大学医学院的 Stanley Cohen 团队对上述方法做了改进，即升温至 42℃、2 分钟的热脉冲（heat pulse），大大增加转化率，由此建立了 42℃热休克的大肠埃希菌转化方法。

（二）现代生物技术诞生的标志

综上所述，到 20 世纪 70 年代末，提取分离 DNA、体外切割连接 DNA 并把连接产物导入大肠埃希菌的技术均已具备。

重组技术的发明，标志着生物技术的核心技术——基因工程技术诞生。研究小组使用限制性核酸内切酶 *Eco*RⅠ，在体外对 SV40 DNA 和 λ 噬菌体 DNA 分别进行酶切消化，然后用 T_4 DNA 连接酶将两种酶切片段连接起来，第一次在体外获得了 SV40 和 λ 噬菌体的重组 DNA 分子（图 1－2）。1972 年，美国斯坦福大学的 Paul Berg 研究小组首次实现了 DNA 体外重组。

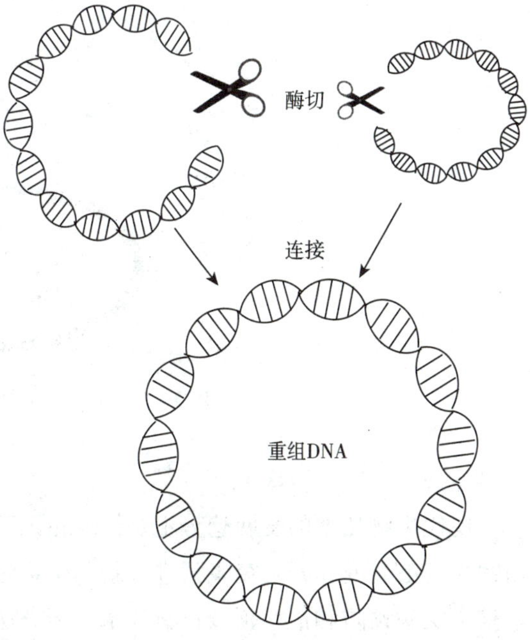

图 1－2 1972 年 Berg 与学生构建的世界上第一个体外重组 DNA 分子

1973 年，斯坦福大学的 S. Cohen 等将编码卡那霉素（kanamycin，*Kan*）抗性基因的大肠埃希菌R6－5 质粒和编码四环素（tetracycline，*Tet*）抗性基因的另一种大肠埃希菌质粒 pSC101 DNA 混合后，加入限制性核酸内切酶 *Eco*RⅠ，对 DNA 分别进行切割，再用 T_4 DNA 连接酶将它们连接成为重组 DNA 分子，然后转化大肠埃希菌，获得了双抗性转化子菌落（Tet^R 和 Kan^R），这是第一次重组 DNA 分子成功转化的基因克隆实验（图 1－3），标志着基因工程的诞生。它向人们提供了一种全新的技术手段，使人们可以按照意愿在试管内切割 DNA、分离基因并经重组后导入其他生物或细胞，进而改造农作物或畜牧品种；也可以导入细菌这种简单的生物体，由细菌生产大量的有用的蛋白质；甚至可以直接导入人体进行基因治疗。这次技术上的革命是以基因工程为核心，带动了现代发酵工程、现代酶工程、现代细胞工程以及蛋白质工程的发展，形成了具有划时代意义和战略价值的现代生物技术。

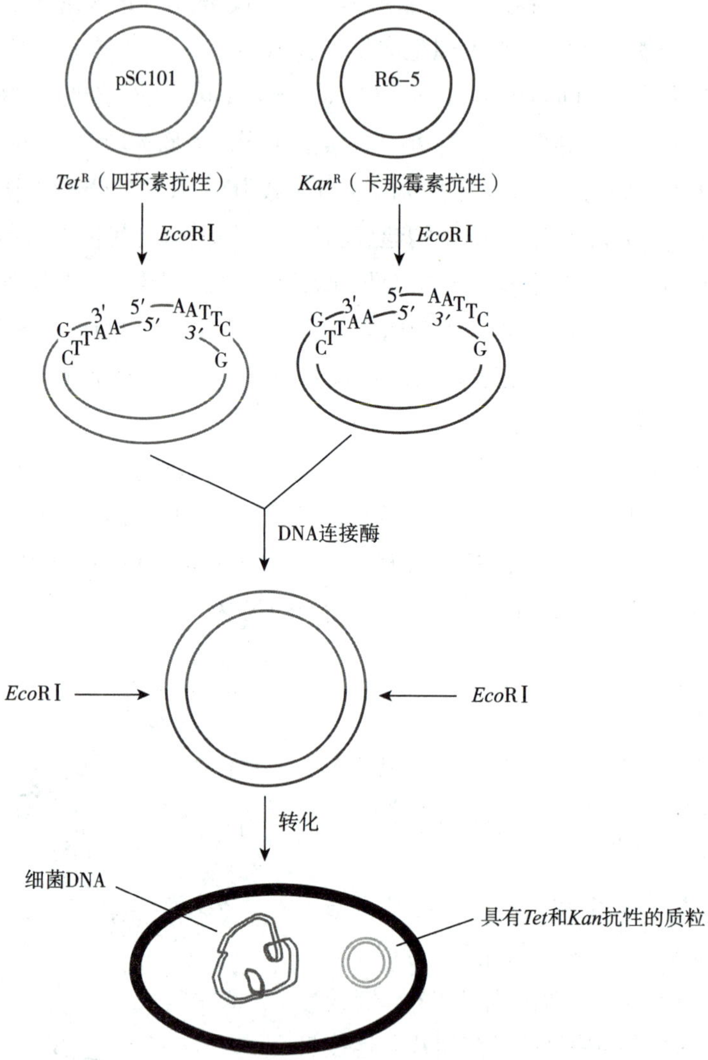

图 1－3　第一次重组 DNA 分子转化成功的基因克隆实验

（三）现代生物技术的发展

现代生物技术的发展趋势主要体现在以下几个方面：基因操作技术日新月异并不断完善；重组基因药物与疫苗研究和开发突飞猛进；新的生物治疗制剂产业前景广阔；基因治疗取得重大进步，有可能革新整个疾病预防和治疗领域；新技术、新方法一经产生，便迅速通过商业渠道产生效益；转基因植物和动物不断取得突破；21 世纪，整个医药工业将面临全新的升级改造；针对生物基因组结构与功能以及应用的研究是当今生命科学研究的热点和重点；蛋白质工程开创了按照人类意愿改造、创造符合人类需要的蛋白质的新时期；信息技术的飞跃渗透生命科学领域，生物信息学用途广泛；现代生物技术在工业上的广泛应用将给农业和畜牧业生产带来新的飞跃；将细胞作为细胞工厂来进行重新设计，将实现细胞制药厂的产业化，从而进入合成生物技术制药时代。

第二节 生物技术制药

一般来说，采用 DNA 重组技术或其他新生物技术研制的蛋白质或核酸类药物，称生物技术药物，包括重组蛋白质及多肽类、抗体、疫苗和寡核苷酸药物等，主要用于肿瘤、心血管疾病、传染病、糖尿病、贫血、自身免疫性疾病、基因缺陷病和其他许多遗传疾病的治疗、预防和诊断。现代生物药物主要有 4 大类型：①来自动物、植物、微生物或海洋生物的天然生物药物；②合成或部分合成的生物药物；③应用 DNA 重组技术制造的基因工程多肽和蛋白质类药物、基因工程抗体、基因工程疫苗等；④基因药物，如基因治疗剂、基因疫苗、反义药物和核酶等。

一、生物技术制药的特征

（一）高技术

随着科学技术的不断创新，高通量快速筛选技术、后基因组计划、功能基因组学和生物信息学的发展极大地推动了新药的开发和研制。生物技术制药产业是集生物学、医学、药学的先进技术为一体，以组合化学、药物基因组学、功能抗原学、生物信息学等高新技术为依托，以分子遗传学、分子生物学、生物物理学等学科的突破为后盾形成的产业。例如，利用细胞培养生产具有重要医学价值的酶、生长因子、疫苗和单克隆抗体等，已成为生物制药产业的重要部分。

（二）高投入

雄厚的资金是生物技术药物开发的必要保障。生物创新药从立项研发开始，就需要投入大量的资金用于研发设备、研发材料、研发人员及药物效果测试等。一些大型生物制药公司的研究开发费用占总销售额的比重超过 20%。一个创新药从研发到上市，平均的成本是 12 年 10 亿美金，并随新药开发难度的增加而增加。生物医药产业除研发外的固定资产投入也很高，以抗体产品为例，一个生产线一般需要 3 亿～5 亿美元投资。

（三）长周期

生物技术药物从开始研制到最终转化为产品，要经过很多环节：实验室研究阶段、中试生产阶段、临床试验阶段、规模化生产阶段、市场商品化阶段以及监督、产品终止。且每个环节的药政审批程序严格，所以开发一种新药的周期较长，一般需要 8～10 年。

（四）高风险

生物创新药的开发存在内在风险，从上游研究、中试研究、临床前实验到临床试验以及注册上市和售后监督这一系列步骤（图 1－4），一个环节失败，都将前功尽弃。一般来讲，一个生物技术药物的成功率仅为 5%～10%。比如动物细胞规模化培养就非易事，一个完整的全自动细胞培养体系，仅控制节点就多达数百个，需要非常精确且严谨的操作流程和规范，一个环节出现问题，产品质量就无法得到保障。

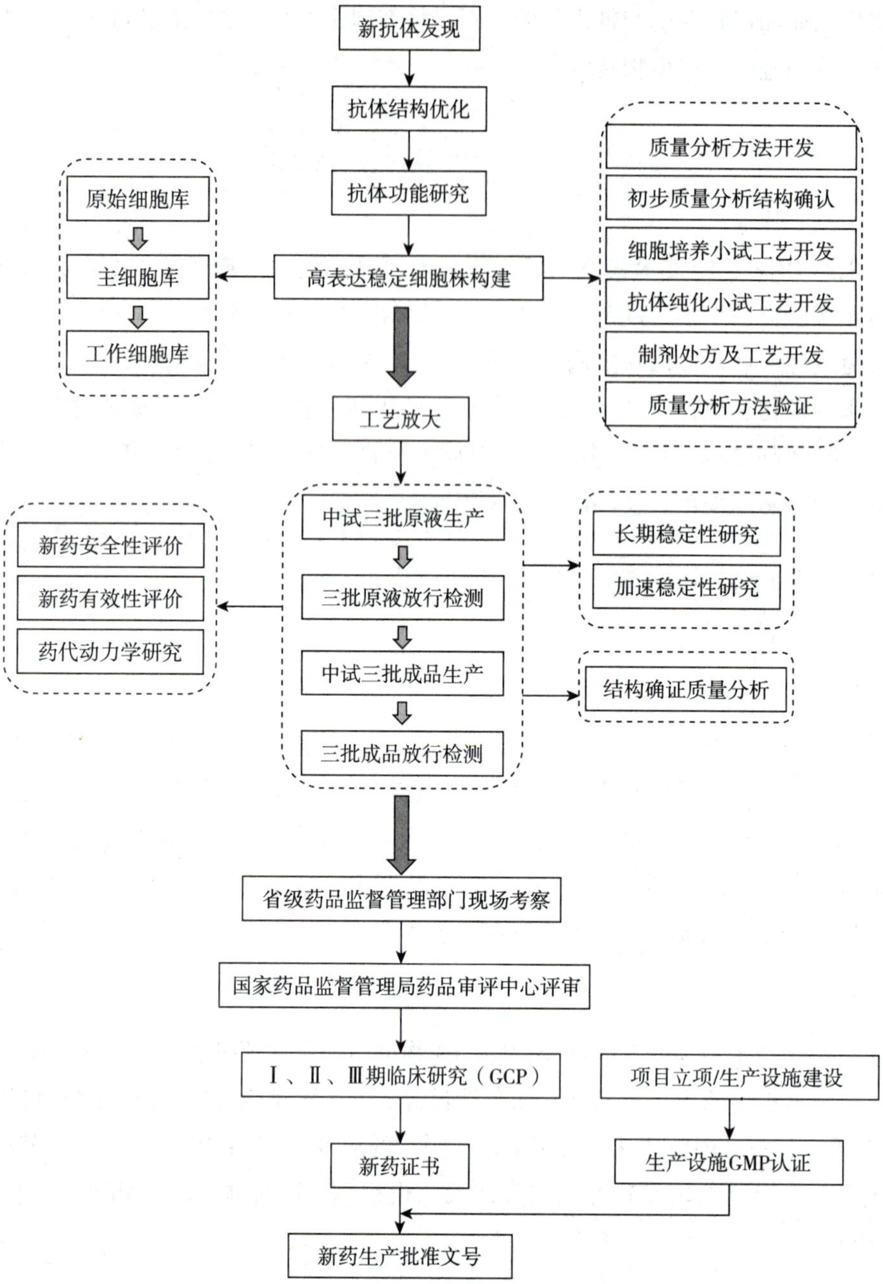

图 1－4　基因工程抗体药物开发和注册程序

（五）高收益

生物医药行业面临着高投入和高风险。当然，如果药物成功上市，其获利也非常可观。例如 1g 抗体价格可达万元，一次 CAR－T 细胞治疗费用超百万。

二、生物技术药物的种类

（一）基因工程重组蛋白质及多肽类药物

重组蛋白质类药物指应用基因重组技术，获得连接有可以翻译成目的蛋白基因片段的重组载体，之后将其转入可以表达目的蛋白的宿主，表达特定的重组蛋白分子。1982 年，重组人胰岛素经美国食品药品管理局（FDA）批准作为第一个基因工程药物上市。目前，已上市重组蛋白类药物主要有激素类、细胞因子类、酶类、凝血因子类等，用于弥补机体由于先天基因缺陷或后天疾病等造成的体内相应功能蛋白的缺失。表 1-1 列出了一些已上市的基因工程蛋白质及多肽类药物。

表 1-1 已上市的基因工程蛋白质及多肽类药物

细分领域	主要品种	治疗领域
激素类	重组人胰岛素、胰岛素类似物	用于糖尿病治疗
	重组人生长激素（GH）	用于儿童矮小症
	重组人促卵泡成熟激素	辅助生殖治疗领域促进女性排卵
细胞因子类	重组人干扰素 IFN-α、IFN-β、IFN-γ	用于乙肝、丙肝及多发性肝硬化
	重组人粒细胞集落刺激因子（G-CSF）	用于治疗由肿瘤放、化疗引起的各类血细胞减少症状，提高患者自身免疫
	重组人粒细胞巨噬细胞集落刺激因子（GM-CSF）	
	重组人肿瘤坏死因子 α（TNF-α）	癌症辅助治疗
	重组人促红细胞生成素（EPO）	促进红细胞生成，治疗贫血
	重组人白细胞介素（IL）2、11	免疫调节、促进造血
	重组人成纤维细胞生长因子（bFGF）	创面伤口愈合恢复
	重组人表皮生长因子（EGF）	
重组酶类	重组人尿激酶原	用于急性心肌梗死
	重组人 α 葡萄糖苷酶制剂	用于庞贝病
	重组超氧化物歧化酶	清除自由基、抗组织损伤、抗衰老
其他	重组人凝血因子Ⅷ、Ⅸ	治疗血友病
	重组人骨形成蛋白	促进骨愈合
	重组水蛭素	用于血栓性疾病
	重组利尿钠肽	用于充血性心力衰竭

（二）基因工程抗体

基因工程抗体又称为重组抗体，是指利用重组 DNA 及蛋白质工程技术对编码抗体的基因按不同需要进行加工改造和重新装配，经转染适当的受体细胞所表达的抗体分子。自 1976 年杂交瘤技术产生以来，单克隆抗体（简称“单抗”）药物发展迅速，已经历鼠源化单抗、人鼠嵌合单抗、人源化单抗以及全人源化单抗 4 个发展阶段。1986 年第一个治疗性单克隆抗体药物 Muromonab-CD3（OKT3）上市，1994 年第一个基因工程改造产生的嵌合抗体药物 Abciximab 批准上市，1997 年第一个用 DNA 重组技术获得的人源化抗体 Zinbryta 批准上市，2002 年第一个用噬菌体展示技术产生的全人源化抗体 Adalimumab 被批准上市。2021 年，随着葛兰素史克 PD-1 抑制剂 Dostarlimab 的批准，抗体药物达到 100 个，进入了“百抗”新时代。

抗体药物虽然超过了 100 个，但是覆盖的靶点确实很有限。目前的免疫监测点主要有 PD-1/PDL-1、CD20、TNF、HER2、CGRP/CGRPR、VEGF/VEGFR、IL-6/IL-6R、IL-23p19、EGFR、CD19 等。

（三）核酸类药物

核酸类药物包括裸质粒、反义寡核苷酸、RNA 干扰药物等。这类药物多为人工设计，在生理活性、血液中稳定性、耐热性及耐蛋白酶影响等方面的性能优于天然型蛋白质。

1. 裸质粒 作为目的基因载体开发的药物，广泛用于基因治疗。同病毒载体相比，裸质粒载体具有免疫原性和毒性更低的优势，不存在基因整合的风险，而且其生产、运输和储存过程更方便，更有利于大规模生产。

2. 反义药物 其本身是核酸，根据碱基互补原理，用人工合成或生物体合成的特定互补的DNA或RNA片段（或其化学修饰产物）抑制或封闭基因表达，以阻止有害蛋白质的产生，针对癌基因、抑癌基因和生长因子及其受体、细胞信号转导系统功能分子、细胞周期调控物质、酶类等的基因，以及病原生物（如HIV、SARS）的结构基因。许多癌基因的高表达、原癌基因及肿瘤相关基因的激活都与肿瘤细胞发生密切相关。抑制此类基因的表达或封闭肿瘤药物抗性基因表达，均可达到抑制肿瘤相关性状和肿瘤发生的目的。

3. RNAi干扰药物 RNAi是一种基因沉默现象，由小干扰RNA（small interfering RNA，siRNA）通过RNA诱导沉默复合物（RNA - induced silencing complex，RISC）来介导靶mRNA的降解。利用这一机制，RNAi可用来沉默与疾病相关的特定基因。siRNA通常是由19～25个碱基对组成的双链寡核苷酸，可以通过精确设计来靶向大多数基因的mRNA转录物，也可同时靶向一个或多个基因，大大扩展了可成药的靶点。siRNA不同于小分子和抗体，它可以通过阻止致病蛋白的产生来治疗疾病，实现从源头对疾病进行干预和控制。已上市的核酸类药物见表1－2。

表1－2 已上市的核酸类药物（截至2022年）

商品名	生产公司名	批准时间、国家和地区	适应证
裸质粒药物			
Collategene	AnGes MG	2019.03 日本	严重肢体缺血
Neovasculgen	Human Stem Cell Institute	2011.12 俄罗斯	严重肢体缺血
反义寡核苷酸药物			
Amondys 45	Sarepta Therapeutics	2021.02 美国	杜氏肌营养不良症
Viltepso	Nippon Shinyaku	2020.03 日本 2020.08 美国	杜氏肌营养不良症
Vyondys 53	Sarepta Therapeutics	2019.12 美国	杜氏肌营养不良症
Waylivra	Ionis Pharma & Akcea Therapeutics	2019.05 欧盟	家族性高乳糜微粒血症
Tegsedi	Ionis Pharma & Akcea Therapeutics	2018.07 欧盟 2018.10 加拿大 2018.10 美国	淀粉样变性
Spinraza	Ionis Pharma & Biogen	2016.12 美国	脊髓性肌萎缩症
Exondys 51	Sarepta Therapeutics	2016.09 美国	杜氏肌营养不良症
Kynamro	Ionis Pharma & Genzyme	2021.06 日本	纯合子家族性高胆固醇血症
RNAi药物			
Leqvio	Novartis Pharma GmbH	2020.12 欧盟	高胆固醇血症
Oxlumo	Alnylam Pharma	2020.11 欧盟 2020.11 美国	高草酸尿症
Givlaari	Alnylam Pharma	2019.11 美国 2020.08 德国	肝卟啉病
Onpattro	Alnylam Pharma	2018.08 美国 2018.08 欧盟	淀粉样变性

（四）重组疫苗

重组疫苗（recombination vaccines）是经现代基因工程技术生产的具有引起人体或动物体免疫反应的病毒或蛋白，可起到预防或治疗疾病的作用。在基因水平制备的疫苗称为重组疫苗，根据研制原理的不同，有以下几种。

1. 基因工程疫苗（gene engineered vaccine） 是指应用基因工程方法或分子克隆技术，将病原微生物基因组中的一个或多个对防病、治病有用的基因克隆到无毒的原核或真核表达载体上而制成的新型疫苗，接种动物产生免疫力或对感染性疾病产生抵抗力，可达到防控疾病的目的。如将编码 HBsAg 的基因插入酵母菌基因组制成的 DNA 重组乙肝疫苗，或将流感病毒血凝素、单纯疱疹病毒基因插入牛痘苗基因组中制成的疫苗等。

2. 基因重组疫苗（gene recombination vaccine） 基因重组是指通过强、弱毒株之间进行基因片段交换而获得的疫苗。目前研究取得较为成功的重组疫苗有轮状病毒疫苗和流感病毒疫苗。

3. 转基因植物可食疫苗（transgenic plant vaccine） 转基因植物可食疫苗是指利用转基因技术，将编码有效免疫原的基因导入可食用植物细胞的基因组，免疫原即可在植物的可食用部分稳定地表达和积累，人类和动物通过摄食达到免疫接种的目的，具有可口服、儿童顺应性强、价廉等优点。常用的植物有番茄、马铃薯、香蕉等，目前国内外均在研发中。

4. 核酸疫苗 又称基因疫苗，包括 DNA 疫苗与 RNA 疫苗，由编码能引发保护性免疫反应的病原体抗原的基因片段与载体共同组建而成。步骤是基于病原基因组信息的研究，阐明其侵染性、致病性、免疫性机制，然后进行基因疫苗的开发。核酸疫苗将编码外源性抗原的基因插入含真核表达系统的质粒，然后将质粒直接导入人体，基因疫苗在进入机体后不和宿主染色体结合，但能实现表达抗原蛋白，诱导机体产生免疫应答。抗原基因在一定时限内持续表达，不断刺激机体免疫系统，从而达到防病的目的。

众所周知，传统的疫苗主要用于预防疾病，即预防性疫苗，它在控制人类及动物传染病中起到非常重要的作用，但对免疫低下的机体及已发病的个体无效。随着免疫学研究的发展，人们希望疫苗可以在已发病个体中，通过诱导特异性的免疫应答，达到治疗疾病或防止疾病恶化的效果，这类疫苗产品便是治疗性疫苗。作为一种新型的疾病治疗手段，治疗性疫苗通过打破机体的免疫耐受，提高机体特异性免疫应答，清除病原体或异常细胞，因而相比于目前常见的化学合成或生物类药物有着特异性高、副作用小、疗程短、效果持久、无耐药性等优势，这也使得治疗性疫苗成为继单克隆抗体之后基于人体免疫系统开发的又一类革命性新药物。流感疫苗、狂犬疫苗和乙肝疫苗等迅速崛起，宫颈癌等癌症疫苗、肺炎疫苗、治疗性乙肝疫苗、治疗性艾滋病疫苗等陆续进入临床，备受市场关注，成为当下生物技术药物的热点之一。

（五）基因诊断

基因诊断（gene diagnosis）是通过基因芯片等工具对致病基因进行检测。它是继形态学、生物化学和免疫学诊断之后的第四代诊断技术，它的诞生与发展得益于分子生物学理论和技术的迅速发展。与传统的诊断方法相比，它以基因的结构异常或表达异常为切入点，因此往往在疾病出现之前就可做出诊断，为疾病的预防和早期治疗赢得了时间。另外，遗传病基因变异在全身各处细胞中均能一致体现，诊断取材极为方便，血液细胞、羊水脱落细胞均可作为诊断材料，无需对某一特殊的组织或器官进行检测。因此，基因诊断从一开始就受到了人们的高度重视和普遍欢迎，已应用于许多临床疾病的诊断。

随着基因诊断方法学的持续改进，基因诊断已广泛地应用于遗传病的诊断，如对有遗传病危险的胎儿进行妊娠诊断。除用于细胞癌变机制的研究外，基因诊断还可对肿瘤进行诊断、分类分型和愈后检测。在感染性疾病的基因诊断中，不仅可以检出正在生长的病原体，也能检出潜伏的病原体，既能确定既往感染，也能确定现行感染。对那些不容易培养或不能在实验室中安全培养的病原体，也可用基因诊断进行检测。在传染性流行病中，采用基因诊断分析同血清型中不同地域、不同年份病原体分离株的同源性和变异性，有助于研究病原体遗传变异趋势，指导暴发流行的预测。基因诊断在判断个体对某种重大疾病的易感性方面也起着重要作用，在器官移植组织配型中的应用正日益受到重视，在法医学中主要应用在针对人类DNA遗传差异进行个体识别和亲子鉴定方面。

基因诊断的常用技术方法如下。①核酸分子杂交技术：包括限制性内切酶酶谱分析法、DNA限制性片段长度多态性（RFLP）分析、等位基因特异寡核苷酸探针（ASO）杂交法。②PCR技术：采用特异的引物，能特异地扩增出目的DNA片段，由于在基因中突变区两侧的碱基序列和正常基因仍然相同，根据待测基因两端的DNA序列设计出一对引物，经PCR反应将目的基因片段扩增出来，即可进一步分析判断致病基因的存在与否，并了解其变异的形式。③基因测序：即分离出患者的有关基因，测定出碱基排列顺序，找出其变异所在，这是最为确切的基因诊断方法。

（六）基因治疗

根据临床统计，25%的生理缺陷、30%的儿童死亡和60%的成年人疾病都是遗传疾病引起的，随着对遗传疾病致病机制的深入研究，人们想到如果能够使变异基因和异常表达的基因变为正常基因和正常表达基因，就可从根本上治愈遗传疾病，这就是基因治疗（gene therapy）的基本思想。基因治疗是向靶细胞或组织中引入外源基因DNA或RNA片段，以纠正或补偿基因的缺陷，关闭或抑制异常表达的基因，从而达到治疗的目的。即采用基因工程技术，将正常外源基因及其调控序列导入该基因已发生突变而呈缺陷的遗传病患者体内，并使导入的基因正常发挥作用，以纠正或改善患者体内缺陷基因所引起的致病症状。目前基因治疗主要集中在少见的代谢性疾病、恶性肿瘤、单基因遗传疾病和传染病（如HIV感染所导致的AIDS）。已上市的基因治疗药物见表1－3。

表1－3 已上市的基因治疗药物

商品名	生产公司名	批准时间、国家和地区	适应证
体外基因疗法			
Strimvelis	GSK	2016 欧盟	重症联合免疫缺陷症
Zalmoxis	MolMed	2016 欧盟	用于造血干细胞移植后患者免疫系统的辅助治疗
Invossa－K	Tissue Gene	2017 韩国	退行性膝关节炎
Zynteglo	Bluebird Bio	2022 美国	输血依赖性β－地中海贫血
Skysona	Bluebird Bio	2021 欧盟	早期脑肾上腺脑白质营养不良（CALD）
Kymriah	Novartis	2017 美国	前体B细胞急性淋巴细胞白血病（ALL），复发、难治性弥漫大B细胞淋巴瘤（DLBCL）
Yescarta	Kite Pharma	2017 美国	复发或难治性（R/R）大B细胞淋巴瘤（LBCL）
Tecartus	GILD	2020 美国	复发或难治性套细胞淋巴瘤
Breyanzi	BMS	2021 美国	复发或难治性大B细胞淋巴瘤（LBCL）
Abecma	BMS & Bluebird Bio	2021 美国	复发或难治性多发性骨髓瘤（R/R MM）
Libmeldy	Orchard Therapeutics	2020 欧盟	异染性脑白质营养不良（MLD）
Carteyva	JW therapeutics	2021 中国	经过二线或以上系统性治疗后成人患者的复发或难治性大B细胞淋巴瘤（R/R LBCL）
Carvykti	Legend biotech	2022 美国	复发或难治性多发性骨髓瘤（R/R MM）
基于病毒载体的体内基因疗法			
Gendicine	SIBIONO	2003 中国	头颈部鳞状细胞癌
Rigvir	Latima	2004 拉脱维亚	黑色素瘤
Oncorine	Sunway	2006 中国	头颈部肿瘤、肝癌、胰腺癌、宫颈癌等多种癌症

续表

商品名	生产公司名	批准时间	适应证
Glybera	UniQure	2012 欧盟	严格限制脂肪饮食却仍然发生严重或反复胰腺炎发作的脂蛋白脂酶缺乏症（LPLD）
Imlygic	Amgen	2015 美国和欧盟	不能经手术完全切除的黑色素瘤病灶
Luxturna	Spark Therapentics	2017 美国 2018 欧盟	用于因双拷贝 *RPE65* 基因突变所致视力丧失但保留有足够数量的存活视网膜细胞的儿童和成人患者的治疗
Zolgensma	AveXis	2019 美国	2 岁以下脊髓性肌萎缩症（SMA）患者
Delytact	Daiichi Sankyo	2021 日本	恶性胶质瘤
小核酸药物			
Vitravene	Ionis Pharma & Novartis	1998 美国 1999 欧盟	HIV 阳性患者的巨细胞病毒性视网膜炎
Macugen	Pfizer & Eyetech	2004 美国	新生血管性年龄相关性黄斑变性
Defitelio	Jazz	2013 欧盟 2016 美国	肝小静脉闭塞病伴随造血干细胞移植后肾或肺功能障碍
Kynamro	Ionis Pharma & Kastle	2012 美国	辅助治疗纯合子家族性高胆固醇血症
Spinraza	Ionis Pharma	2016 美国	脊髓性肌萎缩症（SMA）
Exondys51	AVI BioPharma	2016 美国	*DMD* 基因发生 51 外显子跳跃基因突变的杜氏肌营养不良症（DMD）
Tegsedi	Ionis Pharma	2018 欧盟	遗传性转甲状腺素蛋白淀粉样变性（hATTR）
Onpattro	Alnylam & Sanofi	2018 美国	遗传性转甲状腺素蛋白淀粉样变性（hATTR）
Givlaari	Alnylam	2019 美国	成人急性肝卟啉症（AHP）
Vyondys53	Sarepta Therapeutics	2019 美国	抗肌萎缩蛋白基因外显子 53 剪切突变的 DMD 患者
Waylivra	Ionis Pharma & Akcea Therapeutics	2019 欧盟	作为家族性高乳糜微粒血症综合征（FCS）成年患者控制饮食之外的辅助疗法
Leqvio	Novartis	2020 欧盟	成人原发性高胆固醇血症（杂合子家族性和非家族性）或混合型血脂异常
Oxlumo	Alnylam	2020 欧盟	原发性高草酸尿症 1 型（PH1）
Viltepso	Nippon Shinyahu	2020 美国	*DMD* 基因发生 53 外显子跳跃基因突变的杜氏肌营养不良症（DMD）
其他基因治疗药物			
Rexin－G	Epeius	2005 菲律宾	对化疗产生抵抗的晚期癌症
Neovasculgen	Human stem cells institute	2011 俄罗斯 2013 乌克兰	周边血管动脉疾病，包括重度肢体缺血
Collategene	AnGes MG	2019 日本	重症下肢缺血

相信，未来生物技术的发展将大大推动医学领域的发展，现今许多疑难杂症难以治愈的局面将会被打破。

实例分析

实例

生物医药行业发展趋势与机遇分析。

问题

1. 我国生物医药行业的发展现状是怎样的？
2. 我国生物医药行业发展趋势是怎样的？

实例分析

思考题

1. 生物技术药物的发展趋势如何？
2. 生物技术制药的特点有哪些？
3. 生物技术药物的种类有哪些？

书网融合……

参考答案　本章小结　微课1　微课2　微课3　拓展题

第二章　基因工程的工具酶和载体

学习目标

【知识要求】

1. 掌握　基因工程工具酶的分类和常见功能；基因工程克隆载体的种类及优缺点。
2. 熟悉　基因工程表达载体的种类及优缺点。
3. 了解　构建克隆载体和表达载体的要求。

【技能要求】

能够根据实验目的，选择合适的工具酶和载体；具有进行重组 DNA 实验设计和操作的能力。

【素质要求】

学习科学家的故事，了解科学家们的创新精神和坚忍不拔的探索精神，培养积极探索、敢于挑战的科学信念；培养主动学习、刻苦专研的科学素养；将科教兴国的理想信念融入日常学习。

基因工程中大量的实验操作或技术手段的实现，都离不开工具酶和载体。基因工程发展至今，相关的工具酶和载体的种类和数量也在不断增长，本章主要介绍在基因工程中应用较为普遍的工具酶和载体。

PPT

第一节　工具酶 微课1 微课2

基因工程的关键技术是重组 DNA 技术，即从染色体上切割下目的基因片段，再与载体 DNA 连接，构成新的重组 DNA 分子，其操作过程涉及一系列相互关联的酶促反应，需要限制性核酸内切酶、DNA 连接酶、DNA 聚合酶等作为工具对 DNA 进行切割、拼接和修饰，才能完成 DNA 分子重组的各个事件。一般把这些与基因工程操作相关的酶统称为基因工程工具酶。

基因工程工具酶是能够实现基因工程大部分操作的基本工具。本节主要介绍常用的基因工程工具酶，如限制性核酸内切酶、DNA 连接酶、DNA 聚合酶、碱性磷酸酶、末端转移酶以及其他一些具有特殊用途的酶，包括 RNA 内切酶 Dicer、DNA 内切酶 *Fok* Ⅰ 和 Cas9 等。

在自然界的许多生物体内，都天然存在着一些具有特殊功能的酶类。这些酶在生物的 DNA 代谢、复制、繁殖和修复等过程中发挥着重要的作用，有些酶还可以帮助微生物识别细胞内的异己 DNA，并进而降解外来 DNA。在发现和分离这些酶后，人们能够在体外进行 DNA 的切割、拼接，形成新的重组 DNA 分子。现在已经有许多基因工程工具酶实现了商品化生产，研究者可根据自己的研究需要直接购买获得相关的工具酶，为基因工程的研究和应用提供了便利。

基因工程中的许多技术手段都与 DNA 或 RNA 相关，大部分都需要核酸酶的参与，如核酸内切酶、核酸外切酶、逆转录酶（reverse transcriptase）等。切割相邻的两个核苷酸残基之间的磷酸二酯键，使核酸分子的多核苷酸链发生水解断裂的一类酶总称为核酸酶（nuclease），其中，专门水解断裂 RNA 分子的称为核糖核酸酶（RNase），专门水解断裂 DNA 分子的则称为脱氧核糖核酸酶（DNase）。核酸酶按其水解断裂核酸分子方式的不同，可分为两种类型：一类是从核酸分子的末端开始，逐个消化降解多核苷酸链，称核酸外切酶（exonuclease）；另一类是从核酸分子内部切割磷酸二酯键，使之断裂形成小片段，称核酸内切酶（endonuclease）。表 2－1 列举了重组 DNA 技术中常用的核酸酶。

表 2－1 重组 DNA 技术中常用的核酸酶

核酸酶名称	主要功能
Ⅱ型限制性核酸内切酶	在特异性的碱基序列位置切割 DNA 分子
DNA 连接酶	将两条 DNA 分子或片段连接成一个整体
大肠埃希菌 DNA 聚合酶	在 3′端逐一增加核苷酸，填补双链 DNA 分子上的单链缺口
逆转录酶	以 RNA 为模板合成互补的 cDNA 链
多核苷酸激酶	把一个磷酸分子加到多核苷酸链的 5′－OH 端
末端转移酶	将同聚物尾巴加到线性双链 DNA 分子或单链 DNA 分子的 3′－OH 端
核酸外切酶Ⅲ	从一条 DNA 链的 3′端移去核苷酸残基
核酸外切酶	从双链 DNA 分子的 5′端移走单核苷酸，从而暴露出延伸的单链 3′端
碱性磷酸酶	从 DNA 分子的 5′端和 3′端移走末端磷酸
Taq DNA 聚合酶	能在高温（72℃）下以单链 DNA 为模板按 5′→3′方向合成新生互补链

一、限制性核酸内切酶

限制性核酸内切酶，简称限制酶，是一类能够识别 DNA 分子中的特异核苷酸序列，并在该位置切割双链 DNA 的核酸水解酶。限制酶的发现起源于对细菌的限制－修饰（restriction－modification，R/M）体系的研究。1962 年，瑞士日内瓦大学的 Werner Arber 等人发现了细菌的 R/M 体系，证明有一种能选择性识别和破坏外源 DNA 的核酸内切酶的存在，并于 1968 年分离得到Ⅰ型限制酶——*Eco*B，但该酶无法在 DNA 的特异性位点上切割。1970 年，Hamilton Smith 和 Kent Wilcox 从流感嗜血杆菌（*Haemophilus influenzae*）中分离得到 *Hind*Ⅱ限制酶，这是第一个发现的可以在 DNA 的特异性位点上切割的限制酶。目前已发现的限制酶数量已达上万种，为了将各个限制酶加以区别，必须对其进行命名与分类。1973 年，Hamilton Smith 和 Daniel Nathans 首次提出命名原则；1980 年，Roberts 在此基础上进行了系统的分类。

1978 年，Werner Arber、Hamilton Smith 和 Daniel Nathans 三人因为在限制酶发现和应用中的杰出贡献，共同获得了诺贝尔生理学或医学奖。

（一）限制酶的命名原则

根据属名与种名相结合的原则，对限制酶进行命名，命名规律如下。第一个字母（大写，斜体）代表该酶的微生物（宿主菌）属名，第二、第三个字母（小写，斜体）代表微生物种名，即采用三字母表示。当有菌株名或血清型时，则采用株名的第一个字母或血清型的第一个字母置于三字母符号之后；若同株菌含几种酶，则根据发现和分离的先后顺序用罗马字母表示。例如，*Hind*Ⅲ，第一个字母 H 为属名 *Haemophilus*，第二、第三个字母 *in* 为种名 *influenzae*，第四个字母 d 代表菌系 Rd 株，Ⅲ表示分离到的第三个限制酶。例如，大肠埃希菌（*Escherichia coli*）R 株中分离到几种限制酶，依次命名为 *Eco*RⅠ、*Eco*RⅡ等；而 *Haemophilus influenzae* Rf 的酶为 *Hinf*Ⅰ，f 表示血清型。

（二）限制酶的分类

根据限制酶的识别切割特性、催化条件及是否具有修饰酶活性，可分为Ⅰ、Ⅱ、Ⅲ型三大类（表 2－2）。Ⅰ型限制酶既能催化宿主 DNA 的甲基化，又能催化非甲基化 DNA 的水解；Ⅱ型酶的核酸内切酶活性和甲基化作用活性是分开的，且核酸内切作用又具有序列特异性；Ⅲ型限制酶同时具有修饰及识别切割的作用，其修饰与切割均需 ATP 提供能量。由于Ⅰ、Ⅲ型限制酶同时具有限制和修饰活性、需要 ATP 提供能量、切割位点具有不可预见性等问题，缺乏使用价值，因此，限制酶在狭义上就是指Ⅱ型限制酶，在基因克隆中应用广泛。

表 2－2　限制酶的类型及其主要特性

特性	Ⅰ型	Ⅱ型	Ⅲ型
限制和修饰活性	双功能的酶	核酸内切酶和甲基化酶分开	双功能的酶
酶蛋白分子组成	3 种不同的亚基	单一亚基	2 种不同的亚基
限制作用所需的辅助因子	ATP、Mg^{2+}	Mg^{2+}	ATP、Mg^{2+}
特异性识别位点	非对称序列	回文对称序列	非对称序列
切割位点	距识别位点至少 1000bp，随机切割	位于识别位点上	距识别位点下游 24～26bp 处
序列特异的切割	不是	是	是
在基因工程中的应用	无用	广泛使用	用处不大

（三）Ⅱ型限制酶作用性质

从表 2－2 可以归纳出Ⅱ型限制酶的特点：①具有限制活性，缺乏修饰活性；②切割位点位于识别序列内部或相近位置，切割互补双链的方式一致；③辅因子为 Mg^{2+}，且无需 ATP 参与。它能识别由 4～7 个核苷酸组成分的 DNA 序列，识别位点即为其切割部位，位点上核苷酸顺序通常呈双重旋转对称结构。切割方式通常有三种：①在识别顺序两条链对称轴上同时切断磷酸二酯键，形成平末端，如 *Hae*Ⅲ（图 2－1a）；②在识别对称轴上两侧，两条链同时从 5′端切断磷酸二酯键，形成 5－磷酰基端 2～5 个核苷酸单链黏性末端，如 *Eco*RⅠ（图 2－1b）；③在识别顺序两条链对称轴两侧同时从 3′端切断磷酸二酯键，形成 3′－OH 端2～5 个核苷酸单链黏性末端，如 *Pst*Ⅰ（图 2－1c）。

a	b	c
5′GG↓CC3′	5′G↓AATTCC 3′	5′CTGCA↓G3′
3′CC↑GG5′	3′CTTAA↑G5′	3′G↑ACGTC5′

图 2－1　Ⅱ型限制酶的主要切割方式

a. *Hae*Ⅲ切割位点；b. *Eco*RⅠ切割位点；c. *Pst*Ⅰ切割位点

Ⅱ型限制酶中，识别顺序相同但来源不同的酶，称异源同工酶（isoenzyme），如 *Bam*HⅠ和 *Bst*Ⅰ（G↓GATCC）；识别顺序与切割方式均相同的酶，称同裂酶（isoschizomers），如 *Hpa*Ⅱ和 *Msp*Ⅰ的识别顺序都是 CCGG，切割方式也相同。有些酶的来源及识别顺序均不同，但切割后形成的限制性片段却有相同黏性末端，则称同尾酶（isocaudamer），如 *Bam*HⅠ、*Bgl*Ⅱ、*Bcl*Ⅰ、*Sau*3AⅠ及 *Xho*Ⅱ切割 DNA 后都形成 5′GATC3′和 3′CTAG5′核苷酸黏性末端，因此互为同尾酶。

同尾酶在基因重组操作中有特殊的用途。当两种准备连接重组的 DNA 分子中没有相同的限制酶识别序列时，或者虽然有相同的识别序列但不宜采用时，如果分别在这两种 DNA 分子的合适部位存在同组同尾酶的识别序列，就可以采用同尾酶切割，从而产生互补的黏性末端，同样可以连接重组。需要注意的是，同尾酶切割 DNA 所产生的末端，连接后形成新的位点，即所谓的“杂交位点”，原有的酶切位点一般会消失，即该位点一般不能再被原来的同尾酶识别。如用 *Bcl*Ⅰ和 *Bam*HⅠ分别酶切目的基因和载体 DNA，产生相同的黏性末端；连接重组后，*Bcl* Ⅰ 和 *Bam*H Ⅰ 的酶切位点都消失了，但产生了 *Sau*3A Ⅰ 酶切位点，因此，*Bcl* Ⅰ 和 *Bam*H Ⅰ 不能从该位点切开重组 DNA 分子，而 *Sau*3A Ⅰ 能切开重组 DNA 分子。

DNA 分子经限制酶切割后，产生的片段称为限制性片段（restriction fragment），不同的限制酶切割 DNA 后所形成限制性片段的长度不同。设 A 或 T 在 DNA 分子中出现的频率为 x，G 或 C 出现的频率为 y，则限制酶在该 DNA 分子上的切割频率（或位点频率）F 可用公式表示：

$$F = x^n y^m$$

式中，n 为限制酶识别顺序内双链 A－T 对数；m 为限制酶识别顺序内双链 G－C 对数。

若构成 DNA 分子的碱基对数（B）及限制酶识别位点核苷酸顺序均为已知，则限制酶在 DNA 分子上的理论切割位点数（N）为：

$$N = BF$$

假设在 DNA 分子中，4 种核苷酸残基数量相等，则识别顺序为 4 个碱基对顺序的限制酶在该 DNA 分子中的切割位点出现概率为 $(1/4)^4$，或平均 256 个碱基对出现一个切割位点；对于识别 6 个碱基对顺序的限制酶，切割位点出现概率为 $(1/4)^6$，或平均 4096 个碱基对出现一个切割位点。即限制性片段平均长度分别为 256 个或 4096 个核苷酸对，均有可能编码基因，后者尚可编码基因组。

Ⅱ型限制酶中，目前应用较为广泛的有 *Eco*R Ⅰ、*Bam*H Ⅰ、*Hin*dⅡ 和 *Hin*dⅢ 等。目前已知的Ⅱ型限制酶都有专一性消化条件，当条件改变时，专一性降低，识别顺序改变，这种酶特性被称为星号特性（star activity），也称星活性、星星活性，一般在酶制剂的说明书或包装盒上可以查阅。如在盐浓度 <50mmol/L、pH >8.0 及甘油存在下，*Eco*R Ⅰ 识别位点的核苷酸顺序则与原来不同，产生变性 *Eco*R Ⅰ，后者在同一 DNA 分子中的切割位点数是 *Eco*R Ⅰ 的 15 倍以上。同样，*Bam*H Ⅰ 也有类似变性作用。因此在设计各种限制酶切割反应时，应保证其在专一性反应条件下进行，才能确保切割的反应速率和准确度。

限制酶除了用于 DNA 重组外，也用于构建新载体、DNA 分子杂交、DNA 序列分析、制备 DNA 放射性探针及 DNA 碱基甲基化识别等。

（四）影响Ⅱ型限制酶的因素

影响Ⅱ型限制酶活性的因素如下。①DNA 的纯度：污染 DNA 的物质有蛋白质、SDS、EDTA、酚、乙醇及三氯甲烷等；如存在 DNase，会对 DNA 有显著的降解作用，故应尽可能提高 DNA 的纯度。②DNA甲基化程度：DNA 甲基化程度过高也影响酶的作用，甲基化程度越高，切割作用越弱。③底物 DNA 结构：环状双螺旋 DNA 较线性 DNA 稳定，切割相同分子质量的 DNA 时，环状双螺旋 DNA 所需酶量为线性 DNA 的 10～20 倍。④反应温度：大多为 37℃，少数酶的反应温度会高于或低于 37℃，如 *Sam* Ⅰ 的反应温度为 25℃，*Apa* Ⅰ 为 30℃，*Mae* Ⅰ 为 45℃，*Bcl* Ⅰ 为 60℃，*Taq* Ⅰ 为 65℃ 等。反应温度不在最适温度时，酶活力降低。⑤酶反应缓冲液组成：反应体系通常含 $MgCl_2$、NaCl、KCl、巯基乙醇、二硫苏糖醇及牛血清白蛋白等，Mg^{2+} 有激活酶的作用，后三者均有稳定酶的作用。故在切割反应中，应选择适当的酶促反应条件，以确保最佳的切割效果。⑥终止反应的方法：限制酶消化结束后均需终止反应，通常是 65℃ 保温 5～20 分钟。有些耐热酶可用脲、SDS、EDTA、胍等变性剂使酶失活。如果还有后续反应，需要先对切割后得到的 DNA 片段进行分离纯化，再用于后续反应。⑦反应时间：一般为 1 小时，如需进行大量 DNA 切割，反应可以过夜。

二、DNA 连接酶

（一）DNA 连接酶的作用

DNA 连接酶（DNA ligase）旧称“合成酶”，与限制酶一样，也是体外构建重组 DNA 分子所必需的基本工具酶。限制酶可以将 DNA 分子切割成不同大小的片段，而 DNA 连接酶可以把不同来源的 DNA 片段连接并封闭起来，组成新的杂种 DNA 分子。

DNA 连接酶广泛地存在于生物细胞内，目前多来自大肠埃希菌（*E. coli*），能使一条5′端具有一个磷酸基团（—P）的 DNA 链和另一条3′端具有一个游离羟基（—OH）的 DNA 链之间形成磷酸二酯键而连接起来。同时，由于羟基和磷酸基团之间形成磷酸二酯键的反应是一个耗能反应，DNA 连接酶参与的连接反应需要能量。在大肠埃希菌及其他细菌中，DNA 连接酶催化的连接反应是利用烟酰胺腺嘌呤二核苷酸（NAD^+）作为能源的；而在动物细胞及噬菌体中，则利用腺苷三磷酸（adenosine triphosphate，ATP）作为能源。

DNA 连接酶催化反应的连接结果可通过 DNA 凝胶电泳进行判断，也可将连接物对感受态细胞的转化率作为判断依据。

T_4 DNA 连接酶是基因工程中的常用酶，需要 ATP 作为辅助因子。经 T_4噬菌体感染的 *E. coli*，形成 *E. coli* 溶原菌（溶原菌：含有温和噬菌体的寄主细菌），40℃恒温培养，后期细胞可产生高浓度 T_4 DNA 连接酶。经柱色谱纯化获得的高纯酶，SDS－PAGE 显示为一条62kDa 的蛋白条带。T_4 DNA 连接酶的作用包括如下三种情况：①修复双链 DNA 上的单链切口，使两个相邻的核苷酸重新连接起来，主要用于两个具有相同黏性末端的不同 DNA 分子的重组；②连接 RNA－DNA 杂交双链上的 DNA 链切口，或者也可连接杂交双链的 RNA 切口，但效率很低，反应速率很慢；③连接完全断开的两个平末端双链 DNA 分子，由于这个反应属于分子间连接，反应速率也很慢。

热稳定的 DNA 连接酶是由嗜热高温放线菌（*Thermoactinomyces thermophilus*）分泌并经分离纯化得到的酶制剂，它能够在高温下催化两条寡核苷酸探针（体外合成的单链 DNA，长度一般为 30～50bp）发生连接作用。该酶在 85℃高温下活性不变，甚至在重复多次升温到 94℃之后也仍然保持连接酶的活性。

（二）影响 DNA 连接反应的因素

连接酶连接切口 DNA 的最适反应温度是 37℃。但是在这个温度下，黏性末端之间退火形成的氢键是不稳定的。所以，一般黏性末端连接反应的最适温度应该综合考虑连接酶的作用速率和末端退火速率，一般在 20℃左右，有时也会选择在 4℃低温下反应。但是，温度越低，连接反应速率越慢，效率越低。如需要在 4℃下进行连接，则该反应往往需要过夜。

DNA 连接酶的用量也会影响转化子的数目。在平末端 DNA 连接反应中，最适的反应酶量为 1～2 个酶单位；而对于黏性末端的连接，在同样的条件下，酶浓度仅为 0.1 个单位时，就能得到最佳的转化效率。

三、DNA 聚合酶

DNA 聚合酶（DNA polymerase）参与细胞中的 DNA 复制、合成、损伤修复等过程。在基因工程中，也有多种 DNA 聚合酶可以选择，以下 5 种是较为常见的 DNA 聚合酶。

（一）大肠埃希菌 DNA 聚合酶 I

每种生物体内都一定会存在至少一种 DNA 聚合酶，有的甚至存在好几种，如大肠埃希菌细胞内至少存在 3 种 DNA 聚合酶，分别命名为 DNA 聚合酶 I 、Ⅱ、Ⅲ，其中，DNA 聚合酶 I 主要参与 DNA 的修复，DNA 聚合酶Ⅱ和 DNA 聚合酶Ⅲ主要参与 DNA 的复制。真核生物中也至少发现了 3 种 DNA 聚合酶，分别命名为 DNA 聚合酶 α、β、γ。在基因工程操作中，使用最多的一种 DNA 聚合酶是大肠埃希菌 DNA 聚合酶 I 。

大肠埃希菌 DNA 聚合酶 I 是应用最广也是研究最深入的 DNA 聚合酶，是由一条约 1000 个氨基酸残基的多肽链形成的单链亚基蛋白，其分子量为 109000Da。它是一种多功能酶，具有 3 种不同的酶活性。

1. 5′→3′聚合酶活性 这种活性的作用需要以下 3 个基本条件。①4 种脱氧核苷酸（dATP、dGTP、dCTP 和 dTTP）底物：在一定的缓冲液条件下，该酶的 5′→3′聚合酶活性能把这些脱氧核苷酸加到双链 DNA 分子的 3′-OH 端而合成新的 DNA 片段。②DNA 模板：DNA 聚合酶 I 的模板可以是单链，也可以是双链。但双链的 DNA 只有在其糖-磷酸主链上有一个或多个断裂缺口的情况下，才能成为有效的模板。③带有 3′游离羟基的引物链：引物可以是 DNA，也可以是 RNA，但必须具备游离的 3′-OH，才能使延伸反应进行。

2. 5′→3′DNA 外切酶活性 DNA 聚合酶 I 能从双链 DNA 中一条链的 5′末端开始切割降解双螺旋 DNA，释放出单核苷酸或寡核苷酸。这种切割活性要求 DNA 链处于配对状态且 5′端必须带有磷酸基团。DNA 聚合酶 I 也能降解 DNA-RNA 杂交体中的 RNA 成分。

3. 3′→5′DNA 外切酶活性 DNA 聚合酶 I 还能从双链 DNA 中一条链的 3′末端开始切割降解双螺旋 DNA，释放出单核苷酸或寡核苷酸。这种功能主要是在 DNA 合成中，识别错配的碱基并将它切除。

大肠埃希菌 DNA 聚合酶 I 在基因工程中的主要用途是在 DNA 切口平移中制备标记的 DNA 探针，也能用于核酸分子杂交以及合成 cDNA 的第二条链。

（二）Klenow 大片段酶

用枯草杆菌蛋白酶处理大肠埃希菌 DNA 聚合酶 I 后，会产生两个片段，其中一个小片段带有 5′→3′DNA 外切酶活性；而另一个较大的片段不具有 5′→3′DNA 外切酶活性，但保留了 5′→3′聚合酶活性及 3′→5′DNA 外切酶活性，这个大片段被称为 Klenow 大片段酶（图 2-2）。Klenow 片段可用于以下 4 种实验。①补平 DNA 3′凹端：只要有足够的 dNTP 底物存在，Klenow 片段将主要发挥聚合活性，补平 DNA 3′端缺口。如果底物带有标记，那么补平凹端时，也可以使 DNA 末端带有标记。②切平 DNA 的 3′端突出部分：即发挥 3′→5′外切酶活性，将 3′突出末端切平。③代替 DNA 聚合酶 I 合成 cDNA 的第二条链。④用于 Sanger 双脱氧末端终止法测序中的新链的合成。在耐热的 DNA 聚合酶没有发现之前，Klenow 大片段酶也曾应用于 PCR 反应，但在每一轮扩增反应完成后，都要添加新的酶才能使反应继续。

（三）耐热的 DNA 聚合酶——*Taq* 酶

Taq 酶是 PCR 反应中最常用的 DNA 聚合酶，在古细菌嗜热水生菌中被发现，反应温度为 75℃时活性最强，即便到 95℃时依然具有活性。它启动 PCR 反应的能力很强，聚合速率快，具有 5′→3′DNA 聚合酶活性和 5′→3′DNA 外切酶活性，但是不具有 3′→5′DNA 外切酶活性，因此，*Taq* 酶缺乏错配碱基修复的能力，从而导致 PCR 扩增产物有一定的错配概率，错配率大约为万分之一。

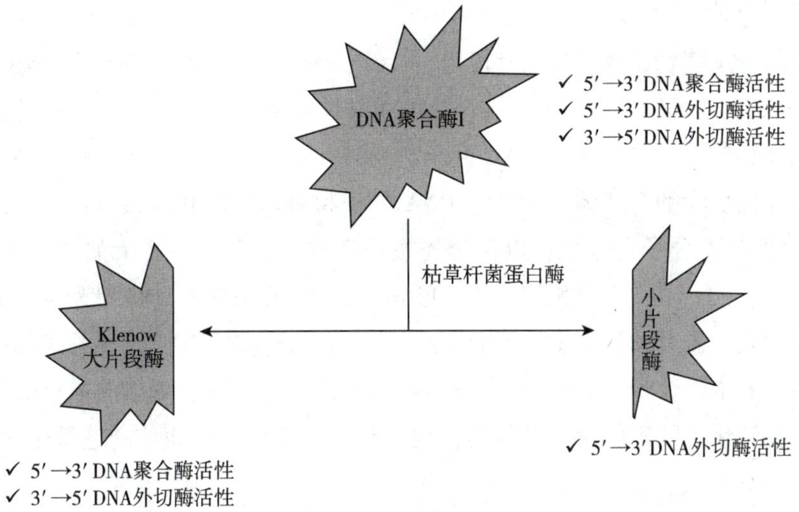

图 2-2　大肠埃希菌 DNA 聚合酶 I 及 Klenow 大片酶

为了减少 PCR 反应的错配率，研究人员在嗜热细菌中找到了几种新的耐高温的 DNA 聚合酶，其中 *Vent* DNA 聚合酶、*Pwo* DNA 聚合酶以及 *Pfu* DNA 聚合酶都具有 3′→5′DNA 外切酶活性，被称为具有高保真度的耐热 DNA 聚合酶。*Pwo* DNA 聚合酶在 100℃时的半衰期甚至大于 2 小时，错配率非常低，是 PCR 反应中使用较多的高保真度 DNA 聚合酶。

（四）T_4噬菌体 DNA 聚合酶

T_4噬菌体 DNA 聚合酶也是在基因工程中使用较多的 DNA 聚合酶。它是从 T_4噬菌体感染的大肠埃希菌培养物中纯化出来的，具有 5′→3′DNA 聚合酶和 3′→5′DNA 外切酶两种活性，而且它的 3′→5′DNA 外切酶活性要比 Klenow 片段高 200 倍，所以很适合用于限制酶酶切产生的 3′端缺口的补平和 3′端突出部分的切平。

（五）逆转录酶

逆转录酶也称为反转录酶（reverse transcriptase），是基因工程中应用最广的酶之一。逆转录酶也具有多种功能。①5′→3′聚合酶活性：聚合作用需要的底物和引物与 DNA 聚合酶 I 相同，但是逆转录酶的模板是 RNA。逆转录酶也可以 DNA 为模板，并且在合成的过程中有转换模板的特性。②5′→3′RNA 外切酶活性。③RNase H 活性：该活性使得逆转录酶能够特异性降解 RNA - DNA 杂交链中的 RNA 链。④末端转移酶活性：该酶活性有时会使逆转录酶能够在 cDNA 第一链的末端加上几个 C 碱基。⑤不具有 3′→5′DNA 外切酶活性：因此，逆转录酶像 *Taq* 酶一样，缺乏错配碱基修复的能力，在高浓度 dNTP 和 Mn^{2+}存在时，平均每 500 个碱基中就会有一个错误碱基。

逆转录酶在基因工程中的主要用途有：①在体外以真核生物 mRNA 为模板合成cDNA；②构建 cDNA 基因文库；③逆转录 PCR 和荧光定量 PCR 等。

四、碱性磷酸酶

碱性磷酸酶（alkaline phosphatase，ALP 或 AKP）的作用是催化去除 DNA 分子、RNA 分子和脱氧核糖核苷三磷酸的5′端磷酸基团，使 DNA 或 RNA 分子的5′-P 变成5′-OH。目前有来源于大肠埃希菌的细菌碱性磷酸酶（BAP），以及从小牛肠道中分离出来的小牛肠道碱性磷酸酶（CIP）。碱性磷酸酶在基因工程操作中主要有两方面的应用。

（一）防止载体自连

用同一种限制酶分别酶切载体和目的片段后，后续一般都需要将两个酶切混合物连接起来，构建成重组载体 DNA 分子。在混合体系中，由于各个片段的黏性末端相同，将会产生多种形式的连接：①载体自身的切口可以互相连接，导致载体 DNA 分子自身环化；②载体 DNA 与载体 DNA 互相连接，产生一个具有加倍分子量的更大的空载体；③外源 DNA 分子和酶切后的载体缺口连接，形成实验预期需要的重组载体；④外源 DNA 分子自身也可以互相连接或者成环，形成一个大的外源 DNA 分子；⑤外源 DNA 分子互相连接后，可以再与载体缺口连接，形成一个含有几段外源 DNA 片段的重组载体（图 2－3）。在这些连接方式中，我们需要的只有重组 DNA 分子这种有效连接，其他连接方式都是我们不需要的无效连接。多种连接方式不仅会带来 DNA 连接酶的浪费，也会降低重组载体的连接效率，还会加大转化受体细胞后筛选阳性转化子的工作量。尤其是在构建基因文库时，空载体的连接子会影响文库 DNA 的构建质量。

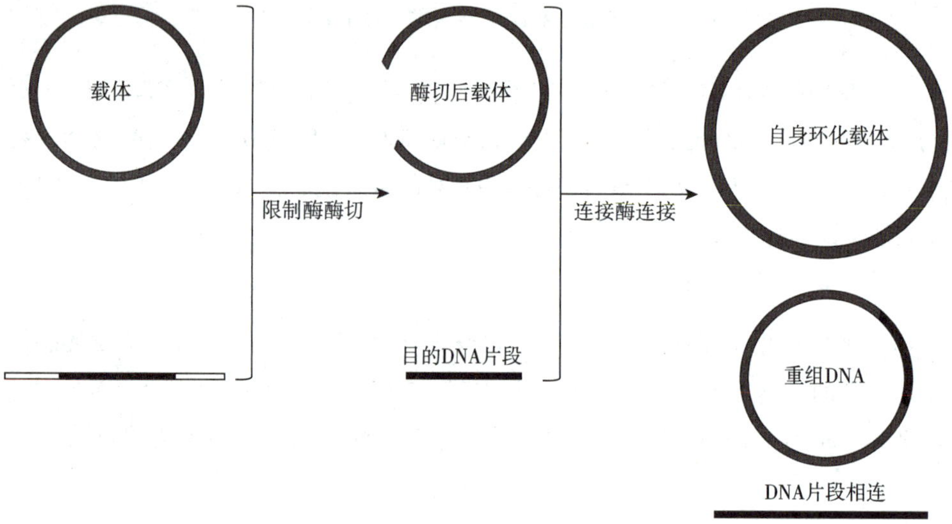

图 2－3 载体和目的片段在同种酶作用下产生的多种连接方式

为了减少载体分子的自连，在限制酶消化载体分子之后，与目的基因的 DNA 连接之前，往往先用碱性磷酸酶处理载体分子，使载体的 5′－P 变成 5′－OH，这样就可以防止载体分子的自连。将限制酶酶切后的载体 DNA 和外源 DNA 分子用碱性磷酸酶处理，碱性磷酸酶会将载体 DNA 分子切口处的 5′－P 变成 5′－OH，再把经过碱性磷酸酶处理的载体 DNA 分子与未经过碱性磷酸酶处理的外源 DNA 分子混合，用 DNA 连接酶进行连接反应。由于此时载体 DNA 分子端没有磷酸基团，都是羟基基团，不会自身环化，也不会与其他载体 DNA 接形成大分子量的空载体。但是当载体 DNA 遇到外源 DNA 分子片段时，由于外源 DNA 分子没有经过碱性磷酸酶的处理，其 5′端具有磷酸基团，载体 DNA 与外源 DNA 分子可以连接形成重组 DNA 分子。但这一次重组 DNA 的连接只能形成两个磷酸二酯键，即由外源 DNA 分子的两个 5′－P 与载体 DNA 分子的两个 3′－OH 连接形成，而载体 DNA 分子的两个 5′－OH 不能再与外源 DNA 分子的 3′－OH 形成磷酸二酯键，因而会造成重组 DNA 分子连接处有两个未连接上的切口（nick）。

重组 DNA 分子的这两个切口并不会影响 DNA 分子的稳定性和复制，原因如下。①重组 DNA 分子已经形成两个磷酸二酯键，载体 DNA 与外源 DNA 已经有效连接了，所以它已经成为一个完整的重组 DNA 分子。②重组 DNA 分子是双链的，双链 DNA 分子碱基之间的氢键会提高 DNA 双链的稳定性。③重组 DNA 分子形成后，在受体细胞内将会开启 DNA 复制的过程，因为模板链的序列是完整的，所以复制之后产生的子链序列也会是完整的，并且复制连接时会形成连续的磷酸二酯键，也就是说，重组DNA分子经过了一代复制，产生的新的DNA后代都不会有这两个切口，所以重组DNA会稳定地进行遗传信息的复制传递。

对载体DNA进行碱性磷酸酶处理是为防止载体自连，那么，为什么外源DNA分子不进行碱性磷酸酶处理呢？因为如果外源DNA也经过碱性磷酸酶处理，载体和外源DNA片段将无法形成重组DNA分子，后续的连接反应就无法进行。既然外源DNA分子没有经过碱性磷酸酶处理，那么外源DNA有可能自连，这会不会影响重组DNA分子的形成呢？可以分为以下两种情形。①外源DNA自连但没有与载体连接的情形：如果外源DNA自连后没有环化，依然是线性分子，那么线性DNA的转化效率很低，很难转化成功。如果外源DNA自连且环化了，那么它可以转化进入受体细胞，但是一方面会由于外源DNA上不带有筛选标记而被淘汰；另一方面还会由于外源DNA分子通常不是一个完整的复制子，不能在受体细胞内复制，而在受体细胞后代中丢失。②外源DNA自连后又与载体连接重组的情形：如果是这样，这个大的重组DNA除了有几个相同的外源基因的拷贝外，其他与正常重组DNA没有什么不同，不影响重组子的筛选鉴定和目的基因的复制扩增。并且这种情形的发生概率很低，因为外源DNA自连后，再与载体DNA连接，这其实是两步连接反应，其概率是两次单独连接概率的乘积，所以发生的可能性很小。

（二）获得5′末端磷酸基团标记的探针

可以用碱性磷酸酶先去除未带标记的DNA分子5′端的磷酸基团，然后再用T_4多核苷酸激酶将带有^{32}P同位素标记的磷酸基团加在DNA分子5′端，从而获得5′端有^{32}P同位素标记的DNA或RNA探针。

五、末端脱氧核苷酸转移酶

末端脱氧核苷酸转移酶（TdT）是从小牛胸腺中分离纯化出来的。它不需要DNA模板，在一定条件下，能够将脱氧核苷酸逐个沿着5′→3′的方向加到DNA链的3′-OH末端（TdT加尾法）。TdT使DNA链延伸的活性不需要模板，但是底物必须有一定的长度，至少为3个碱基以上的寡核苷酸。反应底物可以是带有3′-OH的单链DNA，也可以是3′端延伸的双链DNA。反应时还需要Mg^{2+}的存在。如果在反应液中没有Mg^{2+}，但有Co^{2+}，平末端DNA也可以成为反应底物，而且4种dNTP中任何一个都可以作为合成反应的前体。

在基因工程操作中，TdT主要用于人工黏性末端的构建，以及给平末端DNA加上同聚物尾巴。此外，TdT也可用于分子杂交探针的3′端标记。

六、其他工具酶

基因工程操作中还会用到许多其他工具酶，如：脱氧核糖核酸酶Ⅰ（DNaseⅠ）是一种应用非常广泛的非特异性核酸内切酶，可用于去除RNA样品中的DNA，也可用于切口平移标记时在双链DNA（double-stranded DNA，dsDNA）上随机产生的切口；核糖核酸酶A（RNase A）和核糖核酸酶H（RNase H）都是核酸内切酶，可以用于去除DNA样品中的RNA以及降解DNA-RNA杂交双链中的RNA。在本部分，我们将重点学习基因敲除和基因敲减中常用的工具酶：ⅡS型限制酶、Cas核酸内切酶、Dicer酶和重组酶。

（一）ⅡS 型限制酶

ⅡS 型限制酶（ⅡS restriction enzymes）是一类特殊的限制性核酸内切酶，能特异识别双链 DNA 分子上的特异位点，但是会在特异识别位点下游非特异性地对 DNA 双链进行切割，在 DNA 双链的 5′端或 3′端产生序列不同但碱基长度相同的黏性末端。如 *Bsa* Ⅰ，识别序列是 5′GGTCTC3′/3′CCAGAG5′，但是切割位点是识别序列下游的一个碱基，如 5′GGTCTC A↓GATA3′/3′CCAGAG TCTAT↓5′，从而产生序列为 5′GATA3′的黏性末端。在同一反应体系中，利用ⅡS 型限制酶在识别位点之外切开 DNA，产生含黏性末端的 DNA 片段，同时用连接酶将几个 DNA 片段按照既定的顺序连接，拼接成不含酶识别位点的 DNA 片段，就像一个线性拼图被正确地拼接在一起，将多个目的 DNA 片段按照设定的顺序实现“无缝”连接的一种高效克隆连接策略，称“Golden Gate”克隆法。如图 2－4 所示，如果想同时把 3 个基因（gene 1、gene 2、gene 3）克隆到一个载体（含 *lacZ* 和 *Amp* 两个标记基因的克隆载体）上，那么分别在 3 个基因序列两侧加上 *Bsa* Ⅰ酶的识别序列，同时在 *Bsa* Ⅰ酶识别序列的下游加上特定的几个碱基，但是这几个特定的碱基在 3 个基因两端可以重叠互补。例如，基因 1 右端的 CATG 序列可以与基因 2 左端的 GTAC 黏性末端互补，从而与基因 2 连接起来；而基因 2 右端的 GGAC 又可以与基因 3 左端的 CCTG 互补，基因 2 又可以与基因 3 连接起来。3 个基因分别先克隆到含 *Tet* 标记基因的载体上。基因 3 右端的 CGAG 序列则可与含 *lacZ* 和 *Amp* 载体右端的 GCTC 互补，基因 1 左端的 GATA 则与 *lacZ* 和 *Amp* 载体左端的 CTAT 互补。那么这四个载体同时被 *Bsa* Ⅰ酶切后，再用连接酶连接，3 个基因则会按照 1、2、3 的连接顺序一步连接到 *Amp* 载体上，实现了一步克隆的无缝连接。“Golden Gate”克隆法目前已广泛应用于转录激活样效应因子核酸酶（transcription activator－like effector nuclease，TALEN）打靶系统中多个 TALE 锌指模块的连接，以及 CRISPR 打靶系统中同时打靶多个位点时多个小向导 RNA（small guide RNA，sgRNA）的克隆连接。

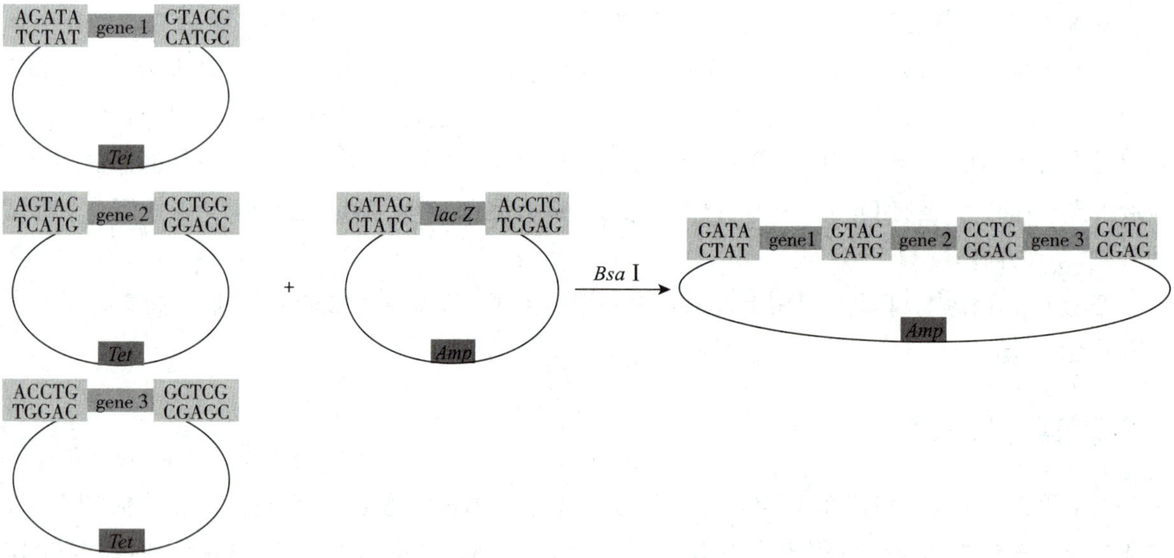

图 2－4 “Golden Gate”一步克隆法简要示意图

Fok Ⅰ也是一种ⅡS 型限制酶，识别序列为 5′GGATG3′，在识别序列下游 9～13 个碱基处切割 DNA，识别切割序列记为 GGATG(N)9/CCTAC(N)13。*Fok* Ⅰ的 DNA 识别结构域与切割作用的催化结构域可以独立发挥作用。*Fok* Ⅰ的催化结构域以适当的碱基距离形成异二聚体，才能发挥其剪切活性。催化结构域一般是不变的。因此，可以用 *Fok* Ⅰ的催化结构域和能够识别和结合特定 DNA 序列的锌指结构域合成

嵌合体核酸内切酶，如锌指核酶（ZFNs）和 TALEN，就可以实现在比较长的靶识别位点附近切割 DNA 了。

（二）Cas 核酸内切酶

CRISPR/Cas 系统是一种存在于古细菌及许多细菌中的防御系统，在真核生物及病毒中没有发现该系统。CRISPR 指的是“成簇的规律间隔的短回文重复序列”（clustered regularly interspaced palindromic repeats，CRISPR），是由细菌捕获外来入侵的噬菌体或质粒 DNA 形成的免疫印记。Cas（CRISPR - associated）则是一系列具有多种活性的核酸内切酶，其主要功能是定位外来入侵的 DNA 并将其切断，从而阻止外来入侵的噬菌体和质粒在宿主内复制。Cas 蛋白可以被划分为 5 种类型，其中Ⅰ、Ⅲ、Ⅳ型的 Cas 核酸酶都是多亚基的蛋白质，Ⅱ型和Ⅴ型 Cas 核酸酶则是单亚基的蛋白质，它们都能在 RNA 指导下识别并切割 DNA 分子。当噬菌体首次入侵时，细菌会将外源基因的一段序列整合到自身的 CRISPR 的间隔区；噬菌体病毒第二次入侵时，CRISPR 转录生成前体 crRNA（pre - crRNA），pre - crRNA 通过加工形成含有与外源基因序列匹配的 crRNA（CRISPR related RNA），该 crRNA 与病毒基因组的同源序列识别后，介导 Cas 蛋白进行结合并切割，从而保护自身免受病毒入侵。利用 CRISPR/Cas 系统的这种精准识别和切割功能，科学家们开发出了一种基因编辑技术，即 CRISPR 基因编辑技术。该技术利用嵌合体核酸内切酶 CRISPR/Cas9 来识别和切割特定的 DNA 序列，从而实现对基因组的精确编辑。

（三）Dicer 酶

Dicer 酶属于 RNA 酶Ⅲ型家族，是一种核糖核酸内切酶，能够将双链 RNA 切割成均一长度的短片段，在 RNA 干扰（RNA interference）和小分子 RNA（miRNA、siRNA 等）的加工、剪切和成熟过程中发挥着重要的作用。Dicer 酶是一个结构复杂的蛋白质，与 RNA 核酸内切酶相关的功能结构域较多，从 N 端到 C 端的结构域依次是 DExD/H（helicase，解旋酶结构域）、TRBP - BD（反式激活 RNA 结合蛋白的结合结构域）、HELICc（解旋酶保守的羧端结构域）、DUF（未知功能结构域）、PAZ（Piwi/Argonaute/Zwille 结构域）、RNase Ⅲa（RNA 酶Ⅲ型结构域 a）、RNase Ⅲb（RNA 酶Ⅲ型结构域 b）、dsRBD（双链 RNA 结合结构域）等，这些结构域形成一个“L”形。Dicer 酶需要形成二聚体才有 RNA 内切酶活性，并且 Dicer 酶作用后的小分子 RNA 往往具有均一大小（21 ~ 25nt）。Dicer 酶酶切 RNA 分子时，需要有 RNA 自由末端存在；如果 RNA 缺乏自由末端时，Dicer 酶只与 RNA 结合但不发挥剪切活性。

（四）重组酶

基因工程中使用较多的重组酶是位点特异性重组酶 Cre 和 FLP。

1. Cre 重组酶　最早在细菌噬菌体 P1 中发现，基因编码区序列全长 1029bp，编码由 343 个氨基酸组成的分子量为 38000Da 的蛋白质，是一种Ⅰ型拓扑异构酶，催化 LoxP 位点之间的 DNA 进行位点特异性重组，使 LoxP 位点之间的序列删除或倒位。LoxP 位点是 Cre 重组酶特异识别的位点，长 34bp，含有两个 13bp 的反向重复序列和一个 8bp 的核心序列。LoxP 位点具有方向性，方向是由 8bp 的核心序列决定的。如图 2 - 5 所示，如果两个 LoxP 位点位于同一个 DNA 分子上且方向相同，Cre 重组酶会将两个位点之间的 DNA 序列删除；如果两个 LoxP 位点方向相反，Cre 重组酶会将两个位点之间的 DNA 序列倒位。如果两个 LoxP 位点位于不同的 DNA 分子上，Cre 重组酶则会使两条 DNA 链发生交换或染色体易位。

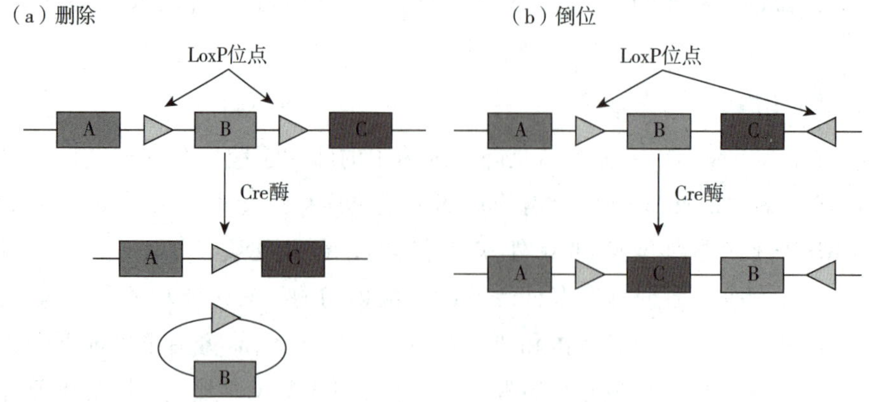

图 2-5　Cre-LoxP 重组酶系统

A、B、C 代表基因或外显子，箭头代表 LoxP 位点及方向

2. FLP 重组酶　最早是在对酿酒酵母的 2μ 双链环状质粒进行测序时发现的。*FLP* 基因全长 1272bp，编码由 423 个氨基酸组成的蛋白质。FLP 重组酶作用的靶序列是 FRT 重组位点，它包含 3 个重复元件（13bp）和 1 个非对称间隔区（8bp）。其中，与 8bp 间隔区紧邻的 2 个 13bp 的反向重复序列是重组酶识别和结合的位点，8bp 间隔区是 DNA 链断裂和重组发生的区域。FRT 的方向一样是由 8bp 非对称间隔区决定的。FLP 重组酶也能介导 3 种位点特异性重组：即当 2 个 FRT 位点位于同一个 DNA 分子上且方向相同时，会导致两个 FRT 位点间的序列被删除；若同一个 DNA 分子上的两个 FRT 方向相反，则会发生倒位；当两个 FRT 位点分别位于不同的 DNA 分子上时，会导致它们发生易位。

第二节　载　体

PPT

基因工程的目的就是要把一个外源目的基因转入受体细胞，并使其在受体细胞内扩增、繁殖、表达并稳定地遗传下去。目的基因的本质是一段裸露的 DNA，一般无法直接进入细胞，会被细胞膜或者细胞壁拦截；即使能进入细胞，也会被细胞内的 DNA 酶等防御系统降解消灭掉。并且，外源目的基因的 DNA 片段通常不会含有完整的复制子，不能在受体细胞内复制和增殖，当受体细胞分裂产生子细胞时，目的基因就会丢失，不能稳定地遗传下去。由此可见，目的基因进入受体细胞必须依赖运载工具的帮助。

基因工程操作中，可以把外源 DNA 或目的基因运载进入宿主细胞（host cell）进行扩增和表达的工具称为基因工程载体，简称载体（vector）。基因工程载体主要分为两类，即克隆载体和表达载体。克隆载体（cloning vector）是指能够携带目的基因进入受体细胞并且帮助目的基因大量复制和扩增，即大量克隆的载体。表达载体（expression vector）则是指能够携带目的基因进入受体细胞并且帮助目的基因在细胞内表达产生基因产物的载体。下面分别对克隆载体和表达载体进行介绍。

一、克隆载体

基因工程的克隆载体的模式图如图 2-6 所示。克隆载体必须具备以下条件。①具备复制起始位点（origin，*ori*）或完整的复制子结构，在宿主细胞内必须能够自主复制。载体必须有复制起始位点，才能使与它结合的外源基因在宿主细胞中独立复制繁殖。②有一个或多个用于筛选的标记基因，易于识别和筛选阳性克隆，如对抗生素的抗性，或含有某些基因产物的显色反应等。③具备合适的限制酶单一识别位点［即多克隆位点（MCS）］，MCS 的存在有利于设计多种外源目的基因的插入，同时不影响其复制。④有较高的拷贝数，便于目的基因的大量制备。另外，设计载体时也需要考虑是否具有较大的外源 DNA 片段的装载容量，同时又不影响载体本身的复制。

克隆载体包括质粒载体、噬菌体载体和人工构建的载体，后者如黏粒和人工微小染色体等。

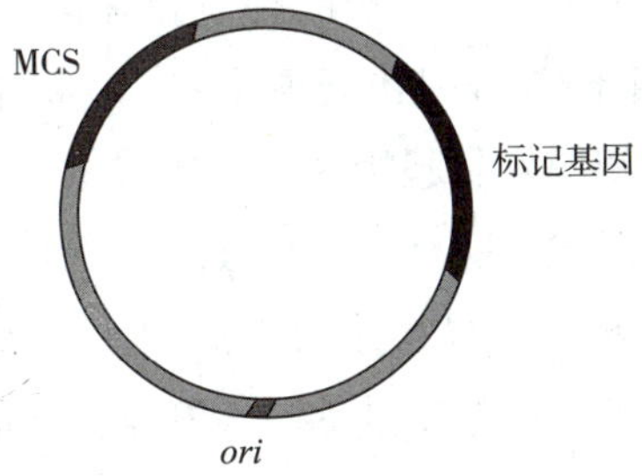

图 2－6　克隆载体模式图

（一）质粒载体 微课 3

1. 质粒的基本特性　一些细菌的细胞内，除了细菌染色体外，还会有小的环状双链 DNA 分子的存在，这就是质粒（plasmid）。质粒存在于某些细菌细胞内，并不是细菌生长和生存必不可少的结构，但是质粒的存在能够帮助细菌更好地适应外部环境，并帮助细菌生长，因为质粒含有一些有利于细菌生长的基因。例如，大肠埃希菌有三种天然的质粒：Col 质粒（大肠埃希菌素质粒，如 ColE1 质粒）、R 质粒（抗药性质粒）和 F 质粒（致育性质粒，F 因子）。Col 质粒含有大肠埃希菌素的基因，它编码一种毒素，这种毒素可以杀死其他入侵大肠埃希菌细胞的细菌，从而有利于大肠埃希菌自身的生长。R 质粒含有很多抗生素抗性基因，含有 R 质粒的大肠埃希菌在有抗生素的环境中也能生长，从而拓宽了细菌的生长环境。F 质粒会使大肠埃希菌细胞外壁产生很多鞭毛状的结构（性菌毛），当性菌毛接触到别的不含 F 质粒的大肠埃希菌细胞（F^- 细胞）时，它能够在两个细胞之间形成一个相通的管道，即“接合管”，从而允许大肠埃希菌的质粒 DNA 甚至染色体 DNA 由一个细胞转移到另一个细胞。正是由于质粒具有从一个细胞转移到另一个细胞的能力，它实质上又是 DNA，可以直接与目的基因相连，还自带抗生素的抗性基因可以作为筛选标记，因此，质粒是最早也是最容易被科学家想到用于基因工程操作的载体工具。

质粒 DNA 可以分为三种构型，分别是呈现超螺旋的 SC 构型（scDNA）、开环 DNA（ocDNA）构型和呈线形分子的 L 构型。质粒 DNA 与其他 DNA 分子的理化性质相似，例如易溶于水、不溶于乙醇等有机溶剂、能吸收紫外线、可嵌入溴化乙锭（ethidium bromide，EB）染料等。实验室常利用这些理化特性鉴定和纯化质粒。

质粒的命名常根据 1976 年提出的质粒命名原则，用小写字母 p 代表质粒（plasmid），在小写字母 p 后面用两个大写字母代表发现这一质粒的作者或者实验室的名称。例如质粒 pUC18，字母 p 代表质粒，UC 是构建该质粒的研究人员的姓名代号，18 代表构建的一系列质粒的编号。质粒通常具有以下 4 项生物学特性。

（1）质粒具有自主复制能力　质粒可以在特定的宿主细胞内存在和复制。通常一个质粒含有一个复制起始区以及与此相关的顺式调控元件（整个遗传单位定义为复制子）。不同的质粒，其复制起始区的组成和复制方式可以是不同的，有滚环复制、θ 复制等方式。

（2）质粒的拷贝数　是指宿主细菌在标准培养基条件下，每个细菌细胞含有的质粒的数目。每种质粒在特定的宿主细胞内保持着一定的拷贝数，按照质粒控制拷贝数的程度，可将质粒的复制方式分为严谨型与松弛型两种。严谨型质粒的复制受到宿主细胞蛋白质合成的严格控制，与宿主染色体复制保持同步，拷贝数有限，为1~10个拷贝。松弛型质粒的复制不受宿主细胞蛋白质合成的严格控制，可随时启动复制过程，拷贝数较多，可达几百个拷贝。大肠埃希菌中使用较多的pBR322质粒的复制子来自pMB1质粒，是严谨型复制子，拷贝数为15~20。pUC系列质粒的复制子则来自pMB1突变的复制子，其拷贝数大于500，是松弛型质粒。

（3）质粒的不相容性（incompatibility） 是指两种质粒在同一宿主中不能共存的现象。它是指在第二种质粒导入后，在不涉及DNA限制系统时出现的现象。不相容的质粒一般都利用同一复制系统，从而导致不能共存于同一宿主中。有相同复制起始区的不同质粒不能共存于同一宿主细胞中，其分子基础主要是它们在复制功能之间的相互干扰：两个不相容性质粒在同一个细胞中复制时，在分配到子细胞的过程中会竞争，随机挑选，起初微小的差异最终会被放大，从而导致在子细胞中只会有其中一种质粒。而不相容群是指那些具有不相容性的质粒组成的一个群体，一般具有相同的复制子。在大肠埃希菌中现已发现30多个不相容群，如ColE1（或pMB1）、pSC101和p15A分别是不同的不相容群中的质粒。

（4）可转移性 质粒具有可转移性，能在细菌之间转移。转移性质粒能通过接合作用从一个细胞转移到另一个细胞中。质粒的这种移动特性，与质粒本身有关，也取决于宿主菌的基因型。具有转移性的质粒带有与转移有关的基因，包括移动基因 *mob*、转移基因 *tra*、顺式作用元件bom及其内部的转移缺口位点nic。非转移性质粒可以在转移性质粒的带动下进行转移。质粒pBR322是常用的质粒克隆载体，本身不能进行接合转移，但有转移起始位点nic，可在第三个质粒（如ColK）编码的转移蛋白的作用下，通过接合质粒来进行转移。接合型质粒的分子量较大，有编码DNA转移的基因，因此能从一个细胞自我转移到原来不存在此质粒的另一个细胞中去。在基因操作中可以将转移必需的因子放在不同的复制单位上，通过顺反互补来控制目的质粒的接合转移。但大多数克隆载体无nic或bom位点（如pUC系列质粒），所以不能通过接合来实现转移。

2. 质粒载体必须具备的条件 基因工程质粒一般选择在染色体外能够独立复制和稳定遗传的一类克隆载体或表达载体。质粒越大，作为克隆载体的效率就越低。因为越大的质粒越不易在体外操作，转化（transformation）效率越低。转化指外源DNA（例如质粒）被吸收并整合进入细菌宿主细胞的过程。通常用较小的（2~4kb）含有1~2种不同抗生素抗性基因标记的非转移性质粒作为载体。质粒作载体使用时必须具备的条件如下。

（1）拷贝数较高 便于实现目的基因的大量复制和扩增。

（2）分子量较小 一般来说，低分子量的质粒通常拷贝数比较高，这不仅有利于质粒DNA的制备，同时还会使细胞中克隆基因的数量增加。分子量小的质粒对外源DNA容量较大，容易分离纯化和转化。当质粒大于15kb时，转化效率会降低。

（3）具有筛选标记 质粒的抗性基因是常用的筛选标记，例如氨苄青霉素抗性（Amp^R）、卡那霉素抗性（Kan^R）、四环素抗性（Tet^R）等。如果抗性基因内有若干单一的限制性酶切位点，更有助于实验设计。当外源基因插入这样的酶切位点时，会使该抗性基因失活，这时宿主菌变为对该抗生素敏感的菌株，容易检测出来。

（4）具有较多的限制性酶切位点 较多的单一限制酶酶切位点为外源基因DNA片段的插入提供了极大的方便。

（5）具有复制起始位点 复制起始位点是质粒扩增必不可少的条件，也是决定质粒拷贝数的重要元件，可使增殖后的宿主细胞维持一定数量的质粒拷贝数。质粒在一般情况下含有一个复制起始位点，构成一个独立的复制子。但穿梭质粒含有原核复制子和真核复制子两个复制子，在原核细胞和真核细胞中均能扩增和增殖。像这种能在两种或两种以上不同的细胞中复制和扩增的载体，称穿梭载体（shuttle vector）。

3. 常用的克隆质粒　基因工程中常用的克隆质粒见表 2－3。

表 2－3　基因工程中常用的克隆质粒

质粒名称	大小	抗药基因	其他
pBR322	4361bp	四环素抗性（Tet^R）和氨苄青霉素抗性（Amp^R）	复制起始位点 *ori*
pUC18/19	2686bp	氨苄青霉素抗性（Amp^R）	复制起始位点 *ori*；大肠埃希菌 β－半乳糖苷酶基因（*lacZ*）的启动子（*lacP*）、操作子（lacO）及其编码 β－半乳糖苷酶氨基端 α－肽链的 *lacZ'* 基因；多克隆位点（MCS）位于 *lacZ'* 基因内部靠近 5'端的地方，内含 13 种限制酶的位点
pMD18－T 载体	2692bp		在 pUC 质粒基础上改建，复制起始位点相同，MSC 增加了 *Eco*R Ⅴ的酶切位点
pCR－Blunt 克隆载体	3.5kb	含有卡那霉素抗性基因（Kan^R）和新霉素抗性基因（Zeo^R）	在 *lacZ'* 基因的下游融合了一个 *ccd B* 基因
pGEM 系列体外转录载体	2743bp	氨苄青霉素抗性（Amp^R）	*lacZ'* 编码基因；具有两个来自噬菌体的启动子，即 T_7 启动子和 SP6 启动子
pBluescript SK 体外转录载体	2958bp	氨苄青霉素抗性（Amp^R）	含有 *lacZ'* 基因，MCS 两侧分别含有 T_7 启动子和 T_3 启动子，可用于体外双向转录

除了表 2－3 所列举的质粒之外，还有 ClonExpress® 技术，是一种简单、快速、高效的新一代 DNA 无缝克隆技术，可将外源 DNA 插入片段定向克隆至任意载体的任意位点。该技术的关键主要是利用重组酶，如 Exnase Ⅱ 能够将具有同源序列的两个线性 DNA 环化连接，使得目的基因与载体发生同源重组而克隆到载体上。与表 2－3 中的克隆质粒通过多克隆位点酶切和连接将外源基因插入载体不同，ClonExpress® 技术是先将载体线性化，并把线性化载体两个末端（15～20bp 长度）的序列通过 PCR 引物引入外源 DNA 片段的两个末端，这样，PCR 扩增的外源基因以及线性化载体的末端就都具有两个一致的同源序列了。最后通过 ExnaseⅡ 将两个具有同源末端的 DNA 分子环化连接，形成重组载体 DNA 分子。再转化细菌，根据标记基因筛选阳性转化子。该技术不依赖酶切和连接反应，建立了一套独特的非连接酶依赖体系，极大地降低了载体自连的概率，且快速高效，无缝连接反应可在 30 分钟内完成，阳性克隆率可达 95% 以上。

质粒虽然是普遍使用的基因工程载体，具有许多技术上的优势，但是也有它的局限性。第一，质粒本身比较小，装载目的基因的大小自然也会受到限制。一般目的基因的长度不能超过 10kb，否则质粒的转化效率就会大大下降。第二，质粒进入细胞的方式是通过转化实现的，转化效率一般不高，阳性转化子往往不到受体细胞的 1%。第三，质粒一般只能被转入体外培养的细胞，难以转化体内的动植物细胞。因此，需要寻求装载能力更强、感染体内细胞效率更高的基因工程载体，如 λ 噬菌体衍生类型和人工染色体等，它们能容纳更大的 DNA 插入片段（10～50kb 或以上），从而可以克服质粒载体的上述问题。

（二）噬菌体载体

噬菌体（bacteriophage，phage）是一类细菌病毒的总称。噬菌体结构简单，由遗传物质核酸和其外壳蛋白组成。噬菌体外壳是蛋白质分子，内部的核酸一般是线性双链 DNA 分子，也有环状双链 DNA、线性单链 DNA、环状单链 DNA 及单链 RNA 等多种形式。大多数噬菌体是具尾部结构的二十面体，如 T_4 噬菌体。噬菌体又可以分为烈性噬菌体和温和噬菌体。烈性噬菌体仅仅有溶菌生长周期，而温和噬菌体既能进入溶菌生长周期，又能进入溶源生长周期。溶源生长的噬菌体在感染过程中不产生子代噬菌体颗粒，而是将噬菌体DNA整合到寄主细胞染色体DNA上，成为它的一个组成部分。以游离DNA分子形式存在于细胞中的噬菌体DNA，称非整合噬菌体DNA。噬菌体在将细菌DNA从一个细胞转移到另一个细胞的过程中起着天然载体的作用，所以用噬菌体作基因工程载体转运外源DNA分子有天然优势。噬菌体载体与质粒相比，结构更为复杂，但噬菌体感染细胞比质粒转化细胞更为有效，所以噬菌体的克隆产量通常要高于质粒。

1. λ噬菌体载体 λ噬菌体是目前研究得最为清楚的大肠埃希菌的一种双链DNA温和噬菌体，也是最早用于基因工程的克隆载体之一，主要用于基因组文库和cDNA文库的构建。λ噬菌体的DNA大小约为48.5kb，其线性双链DNA分子的两端各有一个突出的长度为12bp的互补单链，称黏性末端（cos位点）。当λ噬菌体进入大肠埃希菌细胞后，其cos位点能通过碱基互补作用形成环状DNA分子。cos位点同时也是λ噬菌体包装蛋白的识别位点。λ噬菌体的包装与DNA特性和其他序列无关，但是与cos位点有关，而且λ噬菌体在包装时对包装DNA的大小有严格的要求，包装DNA的大小必须在38～50kb之间。λ噬菌体基因组DNA的基因很多，大致可分为与蛋白质合成相关的基因（基因*A*～*J*）、与DNA复制和调控相关的基因（位于*N*基因的右侧）以及中央区（介于基因*J*～*N*之间）这三大块。蛋白质合成区域又可分为头部蛋白合成区域和尾部蛋白合成区域，这些区域的基因合成λ噬菌体的包装蛋白，与子代噬菌体颗粒的形成和包装有关，因此是λ噬菌体基因组的必需区域。DNA复制和调控区域的基因包含λ噬菌体DNA合成、阻遏蛋白及早期和晚期操纵子的主要调控序列，与DNA的复制与调控相关，也是λ噬菌体基因组的必需区域。λ噬菌体基因组的中央区大约20kb，也称非必要区，其编码基因与保持噬菌斑的形成能力无关，但含有与重组、整合与删除相关的基因，可以被一段相应大小的外源DNA插入片段替代，且不影响噬菌体DNA被包装到噬菌体头部。

通过改造λ噬菌体DNA，研究人员发展了许多不同用途的噬菌体载体。以λ噬菌体为基础构建的常用载体可分两类。①替换型载体：这种载体具有两个对应的酶切克隆位点（多克隆位点），在两个位点之间的DNA区段是λ噬菌体复制等的非必需序列，可被外源插入的DNA片段取代，如Charon系列。替换型载体由于去掉了许多DNA序列，能克隆较大的外源DNA片段（20～25kb）。②插入型载体：这种载体保留了大部分噬菌体DNA的非必需区段，仅仅增加了一个可供外源DNA插入的多克隆位点以及标记基因（如*lacZ*），如λgt系列，所以插入型载体只能插入较小的外源DNA片段（小于10kb）。

λ噬菌体载体的优点如下。①可以携带20kb左右、较大的外源DNA片段。大的外源基因插入片段在质粒中不易稳定，因此，噬菌体和质粒这两种载体可以相互补充。②通过转导（transduction）将外源基因携带进入细菌细胞，基因转移效率比转化效率更高。③由于噬菌体包装对DNA长度有要求，噬菌体载体还可避免出现无插入片段的空载体的情况，如果噬菌体DNA没有插入外源片段，其载体长度会小于包装下限，无法正确包装成为有功能的（具有感染性的）病毒。

2. 丝状噬菌体载体 大肠埃希菌丝状噬菌体包括M13噬菌体和f1噬菌体等。M13噬菌体颗粒的外形呈丝状，其基因组DNA长约6.4kb，成熟的噬菌体基因组为闭合环状单链正链DNA。由于M13单链DNA的复制型呈双链环形，此时的DNA可与质粒DNA一样进行提取和体外操作。且不论是双链还是单链DNA的M13，均能感染寄主细胞，产生噬菌斑或形成侵染的菌落，因此M13噬菌体也可以作为基因工程载体使用，并可用于DNA序列分析及体外定点突变的研究等。M13噬菌体感染大肠埃希菌后，即在菌体内酶的作用下，以感染性单链DNA（正链）为模板，转变为双链DNA，称复制型DNA（RF DNA）。一般当每一个细胞内有100～200个RF DNA拷贝时，双链复制停止，开始滚环形式的单链复制，最后产生有感染性的完整的单链丝状噬菌体并分泌离开菌体。感染M13的大肠埃希菌可继续生长，并不发生裂解，但生长速率较正常细菌慢。

野生型 M13 噬菌体基因组 DNA 大约 6.4kb，含有与噬菌体复制及包装蛋白相关的 10 个基因，这些基因与复制及子代噬菌体形成相关，都是 M13 噬菌体生长和繁殖的必需基因。在构建 M13mp 系列克隆载体时，对野生型 M13 基因组进行改造，在基因*II* 和*IV* 之间的调控区域插入了多克隆位点和 *lacZ* 标记基因及阻遏蛋白的基因 *lacI*，所以也可以利用 IPTG 和 X - gal 对阳性克隆进行蓝白斑菌落筛选。M13mp18/19 克隆载体的多克隆位点 MCS 与质粒 pUC18/19 的多克隆位点相同，两者可以互换外源 DNA 片段。构建 M13mp 系列重组载体时，取感染 M13 的细菌培养液离心，即可从菌体中提取复制形式的 RF DNA，供限制酶切割等分子克隆操作之用；构建重组载体后转入大肠埃希菌，可以得到许多单链 DNA 的扩增产物。从离心后的上清液中，可提取到 M13 噬菌体单链 DNA（ssDNA）。

M13 噬菌体作为载体的优点如下。①噬菌体的基因组是单链 DNA，克隆到此载体上的 DNA 也能产生单链形式的模板 DNA。由于位点特异性诱变容易在单链 DNA 上产生，利用这种方法可以预先对任何一个克隆基因进行 DNA 诱变，如寡核苷酸引物介导的定点突变。②单链 DNA 也使 DNA 测序容易和方便得多，可以制备单链测序模板。③在 M13 噬菌体中的 DNA 是单链的，但是它感染大肠埃希菌细胞后，单链将变换为双链 DNA 的复制型（RF）。用于克隆的正是这种双链复制型的噬菌体 DNA。用一种或两种限制酶切割其多克隆位点后，具有同样酶切末端的外源 DNA 片段便可以插入这个载体的相应酶切位点。然后将这种重组 DNA 转化到宿主细胞中，转化细胞能产生单链重组 DNA 的子代噬菌体。④含有噬菌体 DNA 的噬菌体颗粒从转化细胞中分泌出来后，可以在生长平板上收集它们。

M13 载体也存在着插入片段过短和不稳定等问题。当外源片段超过 1kb 时，在 M13 噬菌体的增殖过程中会发生缺失。

（三）黏粒载体

黏粒（cosmid）是指带有 cos 位点的质粒，也称柯斯质粒，是由 λ 噬菌体的 cos 序列、质粒的复制子序列及抗生素抗性基因序列组合、人工构建而成的一类特殊的质粒载体。cos 序列是 DNA 包装进噬菌体颗粒所必需的。复制子通常是使用 ColE1 或 pMB1 的复制起始位点。

黏粒有 4 个特点。①具有 λ 噬菌体的特性：因为黏粒含有 cos 位点，可以被 λ 噬菌体包装蛋白识别并包装。在克隆了大小合适的外源 DNA 片段并且在体外被包装成噬菌体颗粒后，黏粒也能高效转导对 λ 噬菌体敏感的大肠埃希菌宿主细胞。在宿主细胞内按 λ 噬菌体方式环化，但黏粒载体不含有 λ 噬菌体的其他全部必要基因，不会使宿主菌裂解，无法形成子代噬菌体颗粒，因而又可以在细菌细胞内稳定存在。②具有质粒的特性：黏粒具有质粒的复制子结构，在宿主细胞内可以像其他质粒一样复制，并与松弛型质粒相同，适量的氯霉素可促进扩增。又因黏粒具抗生素基因，可以通过抗生素抗性筛选重组子。黏粒载体在构建时也加上了设在筛选标记基因内会导致插入失活的多克隆位点。③克隆外源 DNA 的容量大：黏粒载体的分子本身较小（2.8 ~ 24kb），但因为要被 λ 噬菌体外壳蛋白包装，所以装载外源 DNA 的容量很高，对外源 DNA 长度的要求是 30 ~ 45kb，上限几乎是 λ 噬菌体载体容量（23kb）的 2 倍，因此，黏粒载体在真核生物基因组文库的构建方面具有相当的优势，可克隆包括 3′和 5′调控区在内的完整的真核生物基因。④能与具有同 cos 位点源序列的质粒载体进行重组。黏粒可以在细菌细胞中永久保存或被体外包装进噬菌体而得到纯化。

黏粒在大肠埃希菌细胞中克隆大片段的真核基因组 DNA 也有两个缺点。一是经过限制酶切割产生的线性黏粒 DNA，彼此间会连接形成多聚体分子，即自我重组，且也可被包装蛋白识别包装形成克隆子，这样一来会降低含有外源 DNA 重组子的重组频率。二是经限制酶部分消化的真核生物基因组产生出来的 DNA 片段，在随后的连接反应中往往会出现由两个或多个片段随机再连接的情况，而它们的结合顺序并不符合在真核基因组中的固有排列顺序，因此，使用含有这种插入片段的克隆做 DNA 序列分析时，所得出的 DNA 在染色体上的排列可能是错误的。

（四）人工微小染色体

人工染色体载体是利用真核生物染色体或原核生物基因组的功能元件构建的能克隆 50kb 以上 DNA 片段的人工载体。其中有的载体既可用于克隆，又能直接转化，是进行基因功能研究的良好载体。近年来陆续发展起来的人工染色体载体有酵母人工染色体（YAC）、细菌人工染色体（BAC）、P1 人工染色体（PAC）和 Ti 质粒人工染色体（TAC）等。这里主要介绍酵母人工染色体。

酵母菌是研究真核生物 DNA 复制、重组、基因表达及调控等过程的理想材料。人们构建了许多能在酵母菌细胞内复制或表达的载体。1983 年，Murry 把酵母染色体的着丝点、自主复制序列和端粒连接在一起，构建了世界上第一个人工染色体，包含真核细胞染色体的必要元件，即着丝粒、端粒、复制起始序列和外源 DNA 序列，总长约 55kb。在此基础上，Burke 于 1987 年构建出了 YAC 载体，可以插入上千 kb 的外源 DNA。在 YAC 载体中，染色体所需的基本结构都存在：适合酵母菌的 DNA 复制起始位点（ARS1），染色体分裂时保证染色体能正确进入子代细胞所需要的着丝粒（CEN4），确保染色体完整性维持和染色体成为线状的端粒结构（TEL）。除了复制需要的元件以外，YAC 还有三个选择性标记，如色氨酸合成酶基因（*TRP1*）、尿嘧啶合成酶基因（*URA3*），还有一个含有 *Sma* Ⅰ 和 *Eco*R Ⅰ 位点的多克隆位点。在插入外源 DNA 之前，YAC 克隆载体保持着环形结构。在端粒（TEL）序列的末端有一个 *Bam*H Ⅰ 的酶切位点，如果用 *Bam*H Ⅰ 酶切将得到一个线形分子，它的末端将类似于真正染色体的端粒，这将赋予这个线形分子稳定性。用 *Sma* Ⅰ 或 *Eco*R Ⅰ 处理，将产生可以插入外源 DNA 的末端。同时用 *Bam*H Ⅰ 和 *Eco*R Ⅰ 酶切将产生两个线形分子，每一个分子的一端含有一个端粒序列，还有一个平末端，供连接外源 DNA 片段。每一个臂含有一个选择性标记（*TRP1* 在左臂，*URA3* 在右臂），以便排除掉单个臂和外源片段连接起来的分子。多克隆位点上的 *SUP4* 标记可以用来区分未被酶切的空载体和与 YAC 重组连接成的分子。相对于细菌质粒而言，YAC 可以运输的外源 DNA 片段更大，插入片段可以达到 800 ~ 1000kb，最大甚至可以达到 2Mb。YAC 是至今为止装载容量最大的克隆载体，被称为“mega”（百万碱基）YAC，所以很适合用于构建高等生物复杂基因组的基因文库。

YAC 克隆载体也有明显的缺点。①在构建的基因组克隆文库中，有大量的嵌合体（chimeric）克隆存在（40% ~ 50%）：嵌合体是由不同染色体来源的 DNA 片段连接在一起构成的克隆，它会给后续的研究造成较大的麻烦。② YAC 克隆载体使 DNA 分离困难：YAC 的大小和性质与酵母染色体无明显差异，不能用简单的方法分离纯化 YAC 的 DNA，在凝胶电泳上有时也与酵母染色体相重叠，以至于很难得到纯化的 YAC DNA 用于测序和基因的克隆研究。

为了克服 YAC 载体分离困难这个问题，后续又出现了 BAC、PAC、TAC 和 MAC（哺乳动物细胞人工染色体）等，它们的装载容量适中，能够携带的外源 DNA 片段大小为 80 ~ 200kb。其中，BAC 是应用较多的文库载体。BAC 是以大肠埃希菌 F 因子为基础构建的一种大 MCS 片段 DNA 克隆载体，含有大肠埃希菌 F 因子的复制起始位点 *oriS* 和 *repE*、分配基因 *parA* 和 *parB*（维持 F 质粒低拷贝和准确分到两个子细胞的基因）以及氯霉素的抗性基因 Cml^R。其装载容量可达 300kb。目前构建的 BAC 基因组文库的克隆片段长度通常在 125 ~ 150kb。BAC 是一种环状 DNA 分子，在大肠埃希菌细胞内非常稳定，不会发生缺失或重排，而且容易分离纯化，近几年使用频率日益增加。但是 YAC 文库经过多年已有大量研究数据积累，人类基因组物理图谱仍然主要是靠 YAC 克隆构建的。BAC 并不能完全替代 YAC。

综上，克隆载体经历了一系列的发展过程，详见表 2 - 4。

表 2-4　克隆载体的发展过程

克隆载体名称	装载容量	备注
质粒	8~10kb	第一代克隆载体
经过改建的 λ 噬菌体	20kb 左右	第二代克隆载体
人工构建的黏粒	30~40kb	第三代克隆载体
酵母人工染色体（YAC）	1~2Mb	第四代克隆载体
包括 BAC、PAC、MAC 在内的新型载体	80~200kb	第五代克隆载体

二、表达载体

含有各种表达调控元件、能够实现目的基因在宿主细胞中表达的载体，被称为表达载体（expression vector）。

表达载体的结构比克隆载体复杂，除了必须具备与克隆载体相同的复制原点、多克隆位点和筛选标记基因以外，还必须具备控制目的基因表达的调控序列，包括启动子、转录终止子等。此外，克隆到表达载体上的目的基因也必须具有完整的起始密码子、终止密码子和核糖体结合位点，才能产生完整的目的蛋白。

外源基因表达的宿主细胞非常广泛，可以是大肠埃希菌、枯草杆菌、酵母、昆虫细胞、培养的哺乳类动物细胞以至整体动植物。对不同的表达系统，需要构建不同的表达载体。

（一）原核表达载体 微课 4

原核表达载体是指促使目的基因在原核细胞中表达的载体。原核表达载体上除了具有复制起始位点（*ori*）和筛选标记外，还必须具有原核细胞的启动子和终止子，才能实现基因的表达。其中，启动子位于多克隆位点 MCS 的 5′端，终止子位于多克隆位点的 3′端，目的基因是插在多克隆位点上的。为了保证核糖体能够与目的基因的 mRNA 结合，进一步开启翻译的过程，往往还需要在多克隆位点上加一个原核细胞核糖体识别和结合位点 SD。所以，“启动子 + SD + MCS + 终止子”就构成了目的基因在原核细胞的表达盒（图 2-7）。

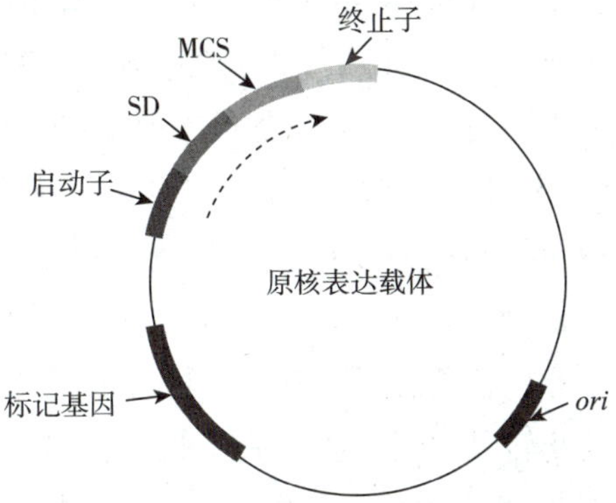

图 2-7　原核表达载体结构示意图

大肠埃希菌培养操作简单、生长繁殖快、价格低廉，人们用大肠埃希菌作为外源基因的表达工具已有几十年的经验积累，大肠埃希菌表达外源基因产物的水平远高于其他基因表达系统，表达的目的蛋白量甚至能超过细菌总蛋白量的 80%。因此，大肠埃希菌是目前应用最广泛的蛋白质原核表达系统。大肠埃希菌作为外源基因表达系统的优点是：①繁殖迅速、培养简单、操作方便、遗传稳定；②基因克隆及表达系统成熟完善；③全基因组测序完成，共有 4405 个开放阅读框架（ORF，指的是从初始密码子到终止密码子的连续的碱基序列，是 DNA 序列中具有编码蛋白质潜能的序列，但不一定每个 ORF 都能表达蛋白）；④被美国 FDA 批准为安全的基因工程受体生物。

1. 大肠埃希菌表达载体的调控元件　大肠埃希菌表达载体都是质粒载体，满足克隆载体的基本要求，即能将外源基因运载到大肠埃希菌细胞中。其基本骨架是最简单的质粒克隆载体中的复制起始位点和氨苄青霉素抗性基因，相当于 pUC 类的载体。在基本骨架的基础上增加表达元件，就构成了表达载体。各种表达载体的不同之处在于其表达元件的差异。

（1）启动子　是 DNA 链上一段能与 RNA 聚合酶结合并起始 RNA 合成的序列，它是基因表达不可缺少的重要调控序列。没有启动子，基因无法转录。由于真核基因的启动子不能被细菌的 RNA 聚合酶识别，原核表达载体所用的启动子必须是原核启动子。

原核启动子的核心序列是由两段彼此分开且又高度保守的核苷酸序列组成的，对 mRNA 的合成极为重要。在转录起始位点上游 5～10bp 处，有一段由 6～8 个碱基组成、富含 A 和 T 的区域，称 Pribnow 盒，又名 TATA 盒或 -10 区。来源不同的启动子，Pribnow 盒的碱基顺序稍有不同。在距转录起始位点上游 35bp 处，有另一段由 10bp 组成的区域，称 -35 区。转录时，大肠埃希菌 RNA 聚合酶识别并结合启动子。-35 区与 RNA 聚合酶 σ 亚基结合，-10 区与 RNA 聚合酶的核心酶结合，在转录起始位点附近 DNA 被解旋形成单链，RNA 聚合酶使第一和第二核苷酸形成磷酸二酯键后，RNA 聚合酶继续向前推进，形成新生的 RNA 链。

原核表达系统中常用的启动子见表 2-5。

表 2-5　原核表达载体常用的启动子

启动子	-35 区序列	-10 区序列	备注
$P_{\lambda L}$	TTGACA	GATACT	来自 λ 噬菌体的早期左向转录启动子
P_{trp}	TTGACA	TTAACT	来自大肠埃希菌的色氨酸操纵子
P_{lac}	TTTACA	TATAAT	来自大肠埃希菌的乳糖操纵子
P_{tac}	TTGACA	TATAAT	是由 lac 和 trp 启动子人工构建的杂合启动子

（2）SD 序列　是 mRNA 上的大肠埃希菌核糖体的结合位点，起始密码子是 AUG 和一段位于 AUG 上游3～10bp 处的由 3～9bp 核苷酸组成的序列。这段序列富含嘌呤核苷酸，可以同大肠埃希菌的核糖体小亚基中的 16S rRNA 3′端区域 3′-AUUCCUCC-5′互补并与之专一性结合，是大肠埃希菌核糖体 RNA 的识别与结合位点。这段序列以它的两位发现者 Shine 和 Dalgarno 命名，称 Shine-Dalgarno 序列，简称 SD 序列。它与起始密码子 AUG 之间的距离是影响 mRNA 转录、翻译成蛋白质的重要因素之一，某些蛋白质与 SD 序列结合也会影响 mRNA 与核糖体的结合，从而影响蛋白质的翻译。另外，真核基因的第二个密码子必须紧接在 AUG 之后，才能产生一个完整的蛋白质。

（3）终止子　在一个基因的 3′末端或是一个操纵子的 3′末端往往有一段特定的核苷酸序列，具有终止转录功能，这一序列称为转录终止子，简称终止子（terminator）。转录终止过程包括：RNA 聚合酶停在 DNA 模板上不再前进，RNA 的延伸也停止在终止信号上，完成转录的 RNA 从 RNA 聚合酶上释放出来。对 RNA 聚合酶起强终止作用的终止子在结构上有一些共同特点：有一段富含 A/T 的区域和一段富含 G/C 的区域，G/C 富含区域又具有回文对称结构。这段终止子转录后形成的 RNA 具有茎环结构，并且与 A/T 富含区对应形成 U 形。转录终止的机制较为复杂，并且结论尚不统一。但在构建表达载体时，为了得到稳定的载体系统，防止克隆的外源基因表达干扰载体的稳定性，一般都在多克隆位点的下游插入一段很强的 rrB 核糖体 RNA 的转录终止子。

2. 诱导表达系统　lac 启动子和 tac 启动子都含有乳糖操纵子的 lacO 序列，受到 *lac*I 产生的阻遏蛋白的负调节，而诱导物乳糖可以与阻遏蛋白结合，解除这种负调节。这便是乳糖操纵子的调控原理。乳糖操纵子的调控元件是由调节基因 *lac*I、启动子 lacP 和操作子 lacO 组成的。野生型状态时，乳糖是这个操纵子的诱导剂。在没有乳糖时，调节基因产生的阻遏蛋白会结合在操作子 lacO 上，从而阻止 RNA 聚合酶与启动子结合。当有乳糖存在时，诱导剂与阻遏蛋白的亲和力高，阻遏蛋白优先与诱导剂结合，RNA 聚合酶就可以稳定地与启动子结合，促使目的基因高效转录。

在基因工程操作中，lac 启动子的诱导剂换成了 IPTG，它是一种乳糖类似物，与阻遏蛋白的亲和力比乳糖还要高。有 IPTG 诱导时，lac 启动子和 tac 启动子下游的目的基因就会表达；无 IPTG 诱导时，目的基因始终处于关闭的状态。通过这种诱导型启动子，可以实现目的基因表达的精确调控。此外，野生型乳糖操纵子的诱导表达除了依赖乳糖的诱导，还要依赖葡萄糖的水平，因为有葡萄糖存在时，细菌优先利用葡萄糖，不会利用乳糖；只有当葡萄糖不存在时，乳糖才具有开启启动子的功能。

含有 lac 或 tac 启动子的载体系统有 pUC、pGEM、pM13、λ 噬菌体、pET、pGEX 等系列载体。它们都是可以被 IPTG 诱导表达的载体。在这些诱导表达系统中，为了保证 IPTG 只能诱导载体上的目的基因表达，而对大肠埃希菌基因组上野生型的乳糖操纵子不做反应，除了在载体启动子序列上进行改造之外，往往还需要将宿主菌染色体上的内源性的野生型乳糖操纵子进行突变，如常用的宿主表达菌 BL21 就是内源乳糖操纵子已经突变的宿主菌，这种细菌本身是不能分解和利用乳糖的。

3. T_7启动子表达系统　上一部分所介绍的诱导表达系统是一个研究非常成熟且操作简便的基因表达系统，大肠埃希菌的 lac 启动子可诱导表达，便于人为操控。细胞内又有现成的大肠埃希菌 RNA 聚合酶可以使用，因此，任何外源目的基因都可以转入大肠埃希菌细胞，开启它的表达。但是也有大肠埃希菌细胞内的 RNA 聚合酶效率不高、目的蛋白表达量较低、目的蛋白分离困难等不利的一面。如果载体携带目的基因进入大肠埃希菌细胞后，只有载体上的目的基因专一表达，而细菌细胞内其他基因都不表达或少表达，将是更为理想的目的基因表达系统。T_7启动子载体系统可望实现这个需求。

T_7启动子来自 T_7噬菌体的启动子，具有高度的特异性，只有 T_7 RNA 聚合酶才能使其启动，故可以使载体上的目的基因独立于宿主细菌基因组之外得到表达。T_7 RNA 聚合酶合成 RNA 的效率要高于大肠埃希菌 RNA 聚合酶，它能使质粒沿模板连续转录几周，许多外源终止子都不能有效地终止它的转录，因此，它可转录某些不能被大肠埃希菌 RNA 聚合酶有效转录的序列。这个系统可以高效表达其他系统不能有效表达的基因。但使用 T_7噬菌体表达系统需要满足 2 个条件：第一是宿主细胞必须具有 T_7噬菌体 RNA 聚合酶，可以由感染的 λ 噬菌体或 F 因子先将 T_7 RNA 聚合酶的基因事先转入大肠埃希菌细胞；第二是在一个待表达基因上游带有 T_7噬菌体启动子的载体。

pET 系列载体是带有 T_7 噬菌体启动子的载体，包括如 pET5、pET15、pET16、pET28、pET30、pET42。pET 载体中应用比较多的有 pET28a，含有 T_7噬菌体启动子、乳糖操纵子调控元件、核糖体结合位点、His6 标签序列、凝血酶切割位点、多克隆位点、T_7噬菌体终止子及乳糖阻遏序列（*lac*Ⅰ）、pBR322 复制子 *ori*、f1 噬菌体复制子、卡那霉素筛选标记序列等。T_7噬菌体启动子、核糖体结合位点等引导目的基因高效转录和翻译。乳糖操纵子和乳糖阻遏序列（*lac*Ⅰ）的存在意义主要在于，可以通过添加阻遏物，控制对大肠埃希菌有毒性的目的蛋白以较低水平表达。His6 标签序列、凝血酶切割位点存在的意义主要在于方便利用针对 His6 的亲和色谱（His. Bind™树脂）分离纯化蛋白，然后利用凝血酶切割去除标签蛋白。

大肠埃希菌 BL21（DE3）是常用的 pET 表达载体的宿主菌。T_7 RNA 聚合酶 – BL21（DE3）是目前应用最广的大肠埃希菌高效表达系统之一。

T_7噬菌体 RNA 聚合酶高效表达系统的优点有：①T_7噬菌体 RNA 聚合酶合成 RNA 的速率高于大肠埃希菌 5 倍；②T_7噬菌体 RNA 聚合酶只识别自己的启动子序列，不启动大肠埃希菌 DNA 任何序列的转录；③T_7噬菌体 RNA 聚合酶对抑制大肠埃希菌 RNA 聚合酶的抗生素有抗性；④T_7噬菌体 RNA 聚合酶/启动子系统在一定条件下，基因表达产物可占细胞总蛋白的 25% 以上。

由于 T_7启动子的专一性和高效性，常常被用于构建体外基因表达系统，如 pBC SK 体外转录质粒以及真核细胞 pcDNA3.1 质粒都在目的基因一端含有 T_7启动子，只要加入成熟的 T_7 RNA 聚合酶，就可以在体外使目的基因转录，获得高表达的目的基因 RNA，制备杂交探针或 RNA 产品。

4. 大肠埃希菌融合蛋白表达系统 目的基因被表达载体携带并转入受体细胞后，可在 T_7 启动子表达系统等强启动子的带领下实现高表达。但是目的基因是外源基因，表达产生的目的蛋白是异源蛋白，它在受体细胞内不稳定；部分目的蛋白不可溶，当表达量高了以后，目的蛋白会聚集在一起形成不可溶的包涵体；并且许多目的蛋白在原核受体细胞内只能形成前体蛋白，不能进一步形成有活性的空间结构。将目的基因与某些已知的、高表达的可溶性蛋白的基因进行融合表达，可有效解决这类问题。

外源基因与载体已有的担体蛋白的编码基因拼接在一起，并作为一个新的开放阅读框进行表达，我们称之为蛋白质的融合表达。载体的担体蛋白基因可以是上述的载体标记基因，从而可以通过标记基因的表达来直观地判断目的基因的表达情况。担体蛋白也可以是可溶性的高表达蛋白，从而保证与目的蛋白融合后目的基因高表达且产生可溶性的目的蛋白。融合表达时，担体基因可以位于目的基因的5′端，也可以位于目的基因的3′端，因此，担体蛋白可以位于融合蛋白的N端，也可以位于融合蛋白的C端（图2－8）。

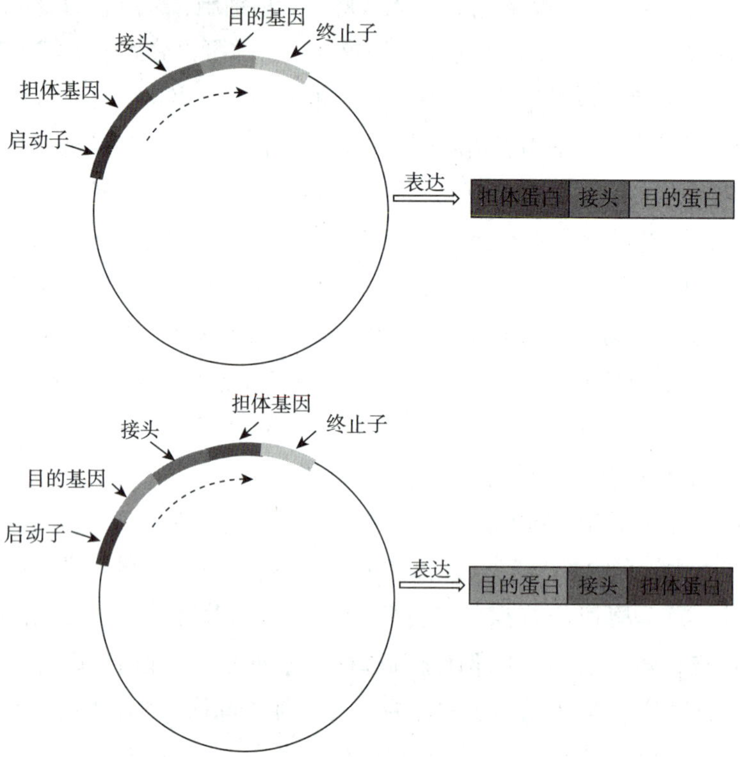

图2－8 融合表达载体结构示意图

担体基因在目的基因的5′端或3′端均可

载体上的担体基因是指载体上携带的已被证明可以稳定表达并能产生可溶性蛋白产物的基因，比如 *lacZ* 基因，它表达产生可溶性的 β－半乳糖苷酶。当目的基因与 *lacZ* 基因融合表达后，目的蛋白也具有很好的可溶性。此外，担体基因往往还具备以下特点。①容易标识和跟踪：如 *lacZ* 和 *GFP* 基因，它们本身是载体上的标记基因，当与目的基因融合表达后，标记基因的产物不受影响，却很容易根据标记基因的表达情况来追踪目的基因的表达。又如 *FLAG* 和 *Myc* 等标签蛋白基因，都有商业化生产的专一抗体提供。当这类标签蛋白基因与目的基因融合表达后，通过标签蛋白的专一抗体进行免疫检测，也很容易追踪到目的蛋白的表达情况。②能够帮助目的蛋白形成正确的空间结构：如谷胱甘肽 *S*－转移酶的基因 *GST*、硫氧还蛋白基因 *TrxA* 及小分子蛋白修饰基因 *SOMO* 和 *Ubi* 等，这些担体蛋白可以发挥分子伴侣的作用，帮助目的蛋白正确折叠，形成有活性的空间结构。③能够帮助目的蛋白使其更容易从受体细胞总蛋白混合物中分离纯化出来：担体蛋白或者具有专一性好的抗体，如上述的 FLAG 和 Myc 标签蛋白，可以利用结合有 FLAG 或 Myc 的专一抗体的琼脂糖柱，把带有 FLAG 和 Myc 标签的目的蛋白分离出来；或者具有专一作用的底物，如 *lacZ*、*GST* 和 *MBP* 基因等。*lacZ* 基因的产物 β - 半乳糖苷酶，能特异结合乳糖及其类似物，把乳糖类似物如 β - 硫代半乳糖苷交联在亲和色谱柱上，就可以将与 *lacZ* 融合表达的目的蛋白分离。*GST* 表达的谷胱甘肽 *S* - 转移酶和麦芽糖结合蛋白 MBP 构建的融合蛋白也可以用类似的方法分离。另外，当担体蛋白具有专一性作用的配体或配基时，如多聚组氨酸，能够特异结合二价镍离子，组氨酸标签的融合蛋白可以通过 Ni^{2+} - NTA 的琼脂糖柱分离。

融合蛋白表达载体是应用最广泛的表达载体。融合表达载体的担体蛋白有时也被称为标签蛋白或标签多肽（Tag），常用的有谷胱甘肽 S 转移酶（GST）、六聚组氨酸肽（polyHis - 6）标签、F_{lag}标签、Myc 标签、蛋白质 A（protein A）、LacZ 和纤维素结合域（cellulose binding domain，CBD）等。

担体蛋白和目的蛋白分离的基本方法有化学裂解和酶解两种。化学裂解可采用溴化氰、BNP - 3 - 甲基吲哚、羟胺等试剂或低 pH 试剂来进行，方法比较便宜而且有效，甚至常常可以在变性条件下裂解非变性不能溶解的蛋白质。但如果目的蛋白中存在裂解位点，或者因为发生了副反应而导致对蛋白质进行了不需要的修饰，会影响目的蛋白的活性或产量。酶解的方法相对来说反应条件比较温和，并且因为酶解所使用的蛋白酶多数都具有高度专一性，酶处理法可以大大降低发生意外切割的可能性。其中常用的酶有凝血酶、肠激酶、Xa 因子、凝乳酶、胶原酶等。所有这些酶都具有较长的底物识别序列（如凝乳酶为 7 个氨基酸），从而降低了蛋白质中其他无关部位发生断裂的可能性。在上面所提及的各种酶中，肠激酶和凝血酶应用最多，因为它们切割各自的识别序列的羧基端，就能使带有天然氨基端的被融合部分得以释放。

融合表达系统的优点有：①与高表达的担体蛋白共同表达，可以保证目的蛋白的表达率高、稳定性好；②担体蛋白常常是结构和功能研究得比较清楚的蛋白质，担体蛋白的分离和纯化较为简单，从而可将融合在一起的目的蛋白也有效分离出来；③还有一些担体蛋白能帮助目的蛋白生成折叠正确、有生物活性的蛋白质，形成正确的空间结构；④通过化学裂解或蛋白酶可将担体蛋白和目的蛋白分开，有利于对目的蛋白进行生物化学研究及功能分析。

构建融合蛋白表达载体在基因工程中十分常见，在构建融合蛋白表达载体时需要注意如下 5 点。

（1）目的基因片段的插入方向　要保证目的片段正向插入载体的多克隆位点，必要时需要对载体中目的基因的插入方向做进一步的鉴定，保证目的基因是正向插入载体，而不是反向。

（2）目的基因的移码问题　融合蛋白的表达就是由担体蛋白基因和目的蛋白基因共同组成一个开放阅读框（ORF）来表达的，如果融合蛋白表达载体上的基因顺序为启动子—担体蛋白基因—目的基因，融合蛋白表达 ORF 的起始密码子必须在担体基因上，与载体连接之后目的基因自身的 ORF 可能会存在移码的问题。如果融合蛋白表达载体上的基因顺序为启动子—目的基因—担体蛋白基因，那么表达融合蛋白的 ORF 的起始密码子在目的基因上，与载体连接之后目的基因自身的 ORF 不存在移码的问题。但需要对目的基因 3′端的终止密码子进行点突变，且同样需要考虑担体蛋白基因的 ORF 移码问题。如 pET28 载体有 a、b、c 三种，当使用 pET28b 或 pET28c 载体时，有时需要在目的基因片段的下游引物上加上或减去一个碱基，以保证 C 端的 6 个 His 标签能完整表达；当使用 pET28a 时，只要目的基因正常读码，C 端的 His 标签就能完整表达；在实际操作中，可以通过软件分析连接后的载体的读码情况，判断融合标签及目的基因能否正常表达。

（3）终止密码子问题　当融合蛋白载体的结构是启动子—担体基因—目的基因这种类型时，担体蛋白一般带有起始密码子，但不会带终止密码子。在载体的多克隆位点后面可含有终止密码子，以保证空载体担体蛋白的表达。但如果载体的结构是启动子—目的基因—担体基因这种类型，要求目的基因必须带起始密码子，但一定不能含有终止密码子，否则担体蛋白不能表达。

（4）IRES 序列的引入　IRES 序列是指内部核糖体进入位点（internal ribosome entry site，IRES）。IRES 序列来源于脑心肌炎病毒，它可翻译一条 mRNA 上的两个 ORF，由其连接的两个基因的表达率相同。在构建融合蛋白表达载体时，一般都是将担体基因与目的基因共同构建一个 ORF；但是某些情况下，融合蛋白的表达形式可能会对目的蛋白的生物活性产生影响，因此需要将担体基因与目的基因分别作为独立的 ORF 共同表达。IRES 序列的引入可以很好地解决这个问题。例如将绿色荧光蛋白报告基因 *GFP* 与目的基因构建融合蛋白表达载体，如果在两个基因之间加入 IRES 序列，目的基因和 *GFP* 基因各自拥有自己的起始密码子和终止密码子，两者都可以表达，通过检测绿色荧光蛋白可以推知目的基因的表达情况，但是目的蛋白又是独立存在发挥活性的。许多真核细胞的融合表达载体都以这种方式表达目的蛋白。

（5）2A 序列的引入　2A 是一种具有自我加工能力的蛋白酶，在不同病毒中，它的长度、作用位点各不相同。如在口蹄疫病毒中的 2A 序列有长、短两种类型，分别为 201bp 和 96bp。两者作用相似，均可独立用于构建双基因或多基因表达载体。构建载体时，将两个目的基因分别克隆到 2A 序列的两侧，去除上游基因的终止密码子形成单一的 ORF，翻译出的多聚蛋白可在编码 2A 区域的 C 末端被切割为两个蛋白，上游蛋白融合了 2A 的 C 端多肽，并释放出完整的下游蛋白。2A 的切割位点在自身 C 端最末位的两个氨基酸之间（甘—脯），切割作用伴随翻译过程的完成，切割活性高达 85% ~99%，因此可用于与 IRES 序列一起构建多顺反子表达载体。研究表明，两个邻近的 IRES 序列可能会降低基因的表达。因此，2A 序列在构建多顺反子时是对 IRES 序列的有益补充。

5. 大肠埃希菌分泌表达载体　将目的蛋白的基因置于原核蛋白信号肽序列的下游，能够实现分泌表达。信号肽通常是由 15 ~30 个疏水氨基酸残基组成的，在其 N 端的小段肽链是以带正电荷的赖氨酸（Lys）和精氨酸（Arg）为特征，随后是一段以疏水氨基酸为主的肽段，在邻近切割位点处常有几个侧链很短的氨基酸，如甘氨酸（Gly）、丙氨酸（Ala）等。其中，N 端带正电荷的一段有助于新生肽链与带负电荷的细胞膜结合；信号肽中的疏水肽段能够形成 α 螺旋结构，信号肽序列之后的一段氨基酸残基也能形成一段 α 螺旋，这两段螺旋以反向平行的方式形成发夹结构之后，容易进入内膜的脂双层；邻近切割位点的氨基酸倾向于形成 β 折叠，这可能是信号肽酶所识别的结构。除此之外，信号肽后面的氨基酸也影响蛋白质的穿膜和随后的切割。

周质蛋白、细胞内膜蛋白和外膜蛋白以带有 N 端信号肽的前体形式在细胞质中合成，随后穿膜运送到周质或定位到内、外膜上。在穿膜的过程中，信号肽被信号肽酶切除。实现蛋白质的分泌表达有许多优点：①在分泌过程中，蛋白质前面的信号肽被切除后生成的蛋白质的 N 末端氨基酸残基和天然产物是一致的；②周质空间中的蛋白酶的活性要比胞质中的低，这使所表达的蛋白能稳定地存在于周质中；③周质中只有少量的细菌蛋白，有利于重组蛋白的纯化；④周质空间提供了一个氧化的环境，更有利于二硫键的正确形成。基于这四个优点，对于许多难以纯化的蛋白可以通过构建分泌型表达载体来实现分泌表达。

利用信号肽序列作为融合标签可将融合蛋白分泌到细胞外，可利用的信号肽包括碱性磷酸酶的信号肽和蛋白质 A 的信号肽。如分泌表达载体 pEZZ18 就是利用了蛋白质 A 的信号肽，其表达调控元件包括 lac 启动子、蛋白质 A 的信号肽序列（S）和两个合成的 Z 结构域。来自金黄色葡萄球菌的蛋白质 A 的 B 结构域具有与抗体 IgG 结合的能力，Z 片段就来源于蛋白质 A 的 B 结构域。融合蛋白表达后，在信号肽序列的指导下，分泌到培养基中。然后利用固定了 IgG 的琼脂糖色谱柱，通过与 ZZ 结构域结合而得到纯化的融合蛋白。而 ZZ 结构域对融合蛋白的正确折叠几乎没有影响。

（二）真核表达载体

当需要原核细胞表达真核生物基因对应的蛋白质时，原核系统会有一些难以解决的缺陷。①缺少真核生物基因转录后加工的功能，不能进行 mRNA 的剪切，所以只能表达 cDNA 而不能表达真核生物的基因组基因。②缺少真核生物蛋白质翻译后加工的功能，表达产生的蛋白质不能进行糖基化、磷酸化等修饰，难以形成正确的二硫键配对和空间折叠构象，因而该蛋白质通常没有足够的生物学活性。③表达的蛋白质经常是不溶的，会在细菌内聚集成包涵体（inclusion body），尤其是当表达的目的蛋白量超过细菌体总蛋白量的 10% 时，就很容易形成包涵体。生成包涵体的原因可能是蛋白质合成速率太快，多肽链相互缠绕，缺乏使多肽链正确折叠的因素，导致疏水基团外露等。细菌裂解后，包涵体能够被离心沉淀下来，无生物活性的不溶性蛋白需要经过复性（renaturation），使其重新散开、重新折叠成具有天然蛋白构象和良好生物活性的蛋白质。也可以设计载体使大肠埃希菌分泌表达出可溶性目的蛋白，但表达量往往不高。

要表达真核生物的蛋白质，采用真核表达系统会比原核系统更有优越性，常用的真核表达系统有酵母、昆虫、动物和哺乳动物细胞等表达系统。真核表达载体至少要包含两类序列：①原核质粒的序列，包括在大肠埃希菌中起作用的复制起始序列、能用在细菌中筛选转化子克隆的抗药性标记基因等，以便能先在大肠埃希菌系统中筛选获得目的 DNA 重组克隆并复制繁殖得到足够使用的数量。②在真核宿主细胞中表达目的基因所需要的元件，包括启动子、增强子、转录终止子和加 poly（A）信号序列、mRNA 剪切信号序列、能在真核细胞中复制或增殖的序列、能在真核细胞中进行筛选的标记基因以及供外源基因插入的单一限制酶酶切位点等。

1. 真核表达载体的组成成分　真核表达载体的组成成分有原核 DNA 序列、启动子、增强子、剪切信号、终止信号和多聚腺苷化的信号和遗传标记等。

（1）原核 DNA 序列　哺乳动物表达载体中通常有一段原核序列，包括一个能在大肠埃希菌中自我复制的复制子、便于在细菌中挑选重组子的筛选标记基因以及便于把真核序列插入载体的多克隆位点。当具备这些序列以后，外源的真核基因序列可在多克隆位点插入载体，形成的重组 DNA 可在大肠埃希菌中增殖，经标记基因筛选后进行 DNA 提取、酶切或测序检测，这样既可以保证目的序列的正确性，也可以增殖得到大量的目的基因的 DNA 序列。所以，真核表达载体往往是“穿梭载体”，即能够在两种或两种以上的不同宿主细胞中复制和增殖的载体。

（2）启动子　真核生物的启动子区域位于 TATA 区上游 100～230bp 之间，TATA 区位于转录起始点上游 25～30bp 处。细胞不同，启动子的转录效率也不同，因此需要根据宿主细胞类型选择不同的启动子。如 PCMV 是真核表达载体常用的强启动子。另外也有许多组织和器官特异性的启动子，如心脏特异启动子——CMLC 启动子等。

（3）增强子　是能显著提高启动子的基因转录效率的一类顺式作用元件，由多个独立的核苷酸序列组成。它们的作用通常不具有方向性，在位于转录起始点的下游或离启动子很远的地方仍有活性。许多增强子只能在特定的组织或细胞中起作用，即具有组织表达的特异性，因此，在构建真核表达载体时，应根据宿主细胞来选择特异性表达的增强子。

（4）剪切信号　真核生物基因往往由许多内含子和外显子组成。基因组基因被转录成 mRNA 前体以后，需通过剪除内含子、连接外显子才能成为成熟的 mRNA。一般 mRNA 拼接需要的基本序列位于内含子的 5′和 3′末端，因此，在替换外显子时应注意，改变拼接位点 5′和 3′末端两侧的外显子序列可能会影响邻近拼接位点的使用效率。

（5）终止信号和多聚腺苷化的信号　转录的终止信号常常位于多聚腺苷化位点下游的一段长度为几百个核苷酸的 DNA 区域内。多聚腺苷化需要两种序列：位于腺苷化位点下游的 GU 丰富区或 U 丰富区，以及位于腺苷化位点上游 11～30 个核苷酸处的一个由 6 个碱基组成并高度保守的 AAUAAA 序列。为了保证目的基因的 mRNA 能有效地多聚腺苷化，真核表达载体上必须包括多聚腺苷化下游的一段序列。最常用的方法是用 SV40 的一段 237bp 长的 *Bam*HⅠ－*Bcl*Ⅰ限制性片段，含有多聚腺苷化的信号。另一种方法是将全长 cDNA 与已组装在表达载体上的一个顺式作用因子的部分片段融合，提供多聚腺苷化的信号。

（6）遗传标记　哺乳动物细胞载体常用的标记基因有胸苷激酶基因 *TK*、二氢叶酸还原酶基因 *DHFR*、氯霉素乙酰转移酶基因 *CAT*、新霉素抗性基因 *NEO* 等。酵母菌表达载体所采用的选择标记则常用营养缺陷型选择标记，如氨基酸和核苷酸生物合成基因 *LEU*、*TRP*、*HIS*、*LYS*、*URA*、*ADE* 等。

2. 酵母细胞表达载体　酵母表达系统能够克服大肠埃希菌表达系统的不足，可以进行蛋白质翻译后的修饰和加工。并且酵母细胞全基因组测序也已经完成，基因表达调控机制比较清楚，遗传操作简便；酵母细胞能将外源基因表达产物分泌至培养基中，不含有特异性的病毒，不产生内毒素，被认定为是安全的受体细胞。所以，酵母表达系统也是基因工程中广泛应用的表达系统之一。

酵母的表达载体主要有两类。一是自主复制型质粒载体（YRp），含有酵母基因组的 DNA 复制起始区、选择标记基因和基因克隆位点等元件，能够在酵母细胞中进行自我复制。在酵母细胞中的转化效率较高，每个细胞中的拷贝数可达 200 个，但经过多代培养后，子细胞中的拷贝数会迅速减少。二是整合型质粒载体（YIp），不含酵母 DNA 复制起始区，不能在酵母中进行自主复制，但含有整合介导区，可通过 DNA 的同源重组将外源基因和部分载体片段整合到酵母染色体上，并随染色体一起进行复制。

酿酒酵母表达系统是早期应用较多的酵母表达系统，但也有其局限性，如缺乏强有力的启动子、分泌效率差、表达菌株不够稳定、表达质粒易于丢失等。因此，人们发展了新一代的酵母表达系统——巴斯德毕赤酵母（*Pichia pastoris*）表达系统。巴斯德毕赤酵母能利用甲醇作为唯一碳源提供能量，故又称它们为嗜甲醇酵母或甲醇酵母。

甲醇酵母之所以能利用甲醇作为碳源，是因为甲醇酵母含有乙醇氧化酶基因。乙醇氧化酶能通过将甲醇氧化成甲醛，为酵母生长提供能量。甲醇酵母中有两个乙醇氧化酶基因：*AOX1* 和 *AOX2*，其中 *AOX1* 表达的乙醇氧化酶活力很强。调控乙醇氧化酶基因表达的启动子是强启动子，可用来调控异源蛋白的表达。当以甲醇为唯一的生长碳源时，*AOX1* 基因的表达受甲醇严格调控，并被诱导到相当高的水平，表达的乙醇氧化酶可占整个细胞可溶蛋白的 30% 以上。

甲醇酵母中没有稳定的质粒，所以其表达载体采用整合型质粒，如胞内表达的 pPIC3.5K 及分泌表达的 pPIC9K 载体等。

3. 哺乳动物细胞系表达载体　采用某种方式将外源基因导入细胞，在哺乳动物细胞中表达获得具有一定功能的蛋白质，这一类真核基因的表达系统称为哺乳动物细胞表达系统。哺乳动物细胞可以表达克隆的 cDNA 基因和真核基因组的 DNA 基因。哺乳动物细胞表达的蛋白质通常可以被适当地修饰，而且表达的蛋白质会恰当地分布在细胞的一定区域并积累。哺乳动物细胞系可以悬浮培养、生长快，能够连续传代，而且能够精确地进行糖基化，又能实现胞外表达，尤其是对于人类基因来说，人本身的细胞系就是人自身的表达系统，因此比其他真核生物更能反映人类自身活性蛋白的真实表达、加工、定位和精确修饰情况。目前已建立了许多哺乳动物和人细胞系，如 HeLa 细胞系、HEK293 细胞系、COS 细胞系、CHO 细胞系等。

哺乳动物细胞系的表达载体有两种，即瞬时转染载体和稳定转染（永久转染）载体。瞬时转染载体所携带的外源 DNA/RNA 不整合到宿主染色体中，因此一个宿主细胞中可存在多个拷贝数，产生高水平的表达，但通常只持续几天，多用于启动子和其他调控元件的分析。稳定转染载体的外源 DNA 既可以整合到宿主染色体中，也可作为一种附加体（episome）而稳定存在于细胞中。外源 DNA 整合到染色体中的概率很低，大约 $1/10^4$ 转染细胞能整合，所以通常需要通过一些选择性标记如潮霉素 B 磷酸转移酶（*HPH*）、胸苷激酶（*TK*）等基因反复筛选，得到稳定转染的同源细胞系。

pEGFP－N1 是一种 pEGFP 载体，即增强型绿色荧光蛋白表达载体（enhanced green fluorecent protein vector）。该载体的特点是：含有增强型绿色荧光蛋白基因 *EGFP*，在 PCMV 启动子的驱动下能在真核细胞中高水平表达绿色荧光蛋白。载体骨架中的 SV40 *ori* 使该载体可以在任何表达 SV40 T 抗原的真核细胞内进行复制。载体中的 pUC *ori* 能保证该载体在大肠埃希菌中的复制，而位于此表达盒上游的细菌启动子能驱动卡那霉素抗性（Kan^R）基因在大肠埃希菌中的表达。pEGFP－N1 表达载体的应用主要是利用 *EGFP* 基因上游有多克隆位点 MCS，将外源基因插入后，能表达外源基因与 *EGFP* 的融合蛋白。根据绿色荧光蛋白的定位和强弱，可确定外源基因在细胞内的表达或亚细胞定位情况。

哺乳动物表达载体还有 SV40 病毒表达载体、逆转录病毒表达载体、腺病毒表达载体、疱疹病毒表达载体等。

实例分析

实例

细菌限制和修饰现象（restriction and modification，简称 R/M 体系）。

问题

1. 已知细菌内存在限制酶和甲基化酶，试分析：噬菌体进入后，感染率非常低？

2. 感染率仅为 10^{-4}，仅有万分之一可以生长，说明并非完全不感染，试分析：在何种情况下，噬菌体仍可以感染新宿主？

实例分析

思考题

1. 简述Ⅱ型限制酶的特点。
2. 简述 *Taq* 酶的优缺点。
3. 质粒的生物学特性有哪些？
4. 原核细胞的表达盒包括哪几部分？各自在表达载体中的作用是什么？
5. 酵母表达系统相比于原核表达载体具有哪些优势？

书网融合……

参考答案　本章小结　微课 1　微课 2　微课 3　微课 4　拓展题

第三章　目的基因的制备与导入

学习目标

【知识要求】

1. 掌握　从基因组文库中筛选目的基因的方法；外源基因导入大肠埃希菌细胞的方法。
2. 熟悉　外源基因导入动物细胞的方法；各种 PCR 技术的用途。
3. 了解　利用 EST 数据库进行分子克隆的方法。

【技能要求】

能够制备目的基因并将其导入受体细胞。

【素质要求】

学习科学家的故事，领悟科研人员求真务实、团结协作的科研态度；培养“重仁”的人道主义精神和严谨求实的科学探索精神。

基因工程的目的是通过合适的载体将目的基因导入一个新的受体细胞，使受体细胞获得目的基因的表达产物或产生一个由目的基因控制的新的遗传性状，因此，目的基因的制备是基因工程操作的首要环节，目的基因导入受体细胞是基因工程是否成功的关键制约因素。

第一节　目的基因的制备

PPT

在基因工程操作中，涉及的目的基因通常是指来源和供体已知的基因，或者目的基因的序列和结构是清楚的，通过基因工程的操作可以研究该基因的功能和调控方式；若目的基因的主要功能是确定的，可通过基因工程操作将该基因导入某些特定的受体细胞去表达一个已知的产物（多肽、酶、抗体、大分子蛋白质甚至 RNA）或使受体获得一个预期的新的遗传性状。在这种前提下，获取目的基因的途径通常有化学合成法、基因文库法、PCR 技术法、电子克隆法以及定点突变改造法等。

一、化学合成法

1977 年，Itakura 和 Riggs 利用化学合成法人工合成了一个生长激素释放抑制因子基因并在大肠埃希菌中表达成功。1978 年，他们用同样的方法合成了人胰岛素 DNA 序列，也在大肠埃希菌细胞中表达成功，且该药物于 1982 年成为第一个上市的基因工程药物。

DNA 的化学合成是在 DNA 合成仪上进行的。首先在没有 DNA 聚合酶和模板的参与下，将已经被二甲氧基三苯甲基（DMT）等保护基团保护了 5′-OH 的单脱氧核苷酸在固相载体上按照预先设计好的顺序，利用化学反应的方法合成短的寡核苷酸片段，再利用 DNA 连接酶将各种序列不同但相互有重叠的短的寡核苷酸片段连接起来，从而获得一个完整的 DNA 片段。

利用化学合成法获取目的基因的优点是时间短，基因序列可靠，基因分离纯化简单，价格低廉。但是它只能合成序列不超过 200bp 的短基因，而且基因的全序列必须完全已知，因此适合小分子多肽类的基因。对于某些来源特异的小分子蛋白质，其氨基酸序列和功能已被研究清楚，而基因定位和基因序列尚不可知时，也可以采用简并密码子的方法设计一系列可能的基因序列，通过化学合成法合成后，分别作为探针与原蛋白质来源物种的基因组 DNA 杂交，进而确定正确的基因序列。

目前，化学合成法的实际用途主要包括合成体外 DNA 合成反应及 PCR 扩增反应的引物、核酸分子杂交的探针、重组 DNA 所需的各种人工接头（polylinker）以及基因定点突变之盒式突变中带有预定突变序列的寡核苷酸片段等。

二、基因文库获取法 微课1

对于复杂的染色体 DNA 分子来说，单个基因所占比例十分微小，如果想从庞大的基因组中将目的基因分离出来，一般需要先进行扩增，建立基因文库。用重组 DNA 技术将某种生物细胞的总 DNA 或 mRNA 的所有片段随机地连接到基因载体上，然后转移到适当的宿主细胞中，通过细胞增殖构成各个片段的克隆，若制备的克隆数目多到可以把某种生物的全部基因都包含在内，这一组克隆的总体就被称为基因文库（gene bank/gene library）。

基因文库包括基因组文库（genome library）和 cDNA 文库（cDNA library）。基因组文库是把某种生物的基因组 DNA 全部提取出来，切成适当大小的片段，分别与载体连接构建成重组 DNA 分子后，再导入到适宜的宿主细胞，形成克隆的集合。cDNA 文库是将生物某一组织细胞中的全部 mRNA 分离出来作为模板，在体外用逆转录酶合成与之互补的 cDNA 第一条链，再在 DNA 聚合酶 I 的作用下合成 cDNA 的第二条链，然后将双链 cDNA 分子连接到合适的载体上，转入宿主细胞后形成的克隆的集合体。

（一）基因组文库的构建与筛选

基因组文库的构建一般包括下列基本步骤：①细胞染色体大分子 DNA 的提取和大片段 DNA 的制备；②载体 DNA 的准备；③载体与基因组大片段 DNA 的连接；④体外包装及基因组 DNA 文库的扩增；⑤重组 DNA 的筛选和鉴定等（图 3－1）。

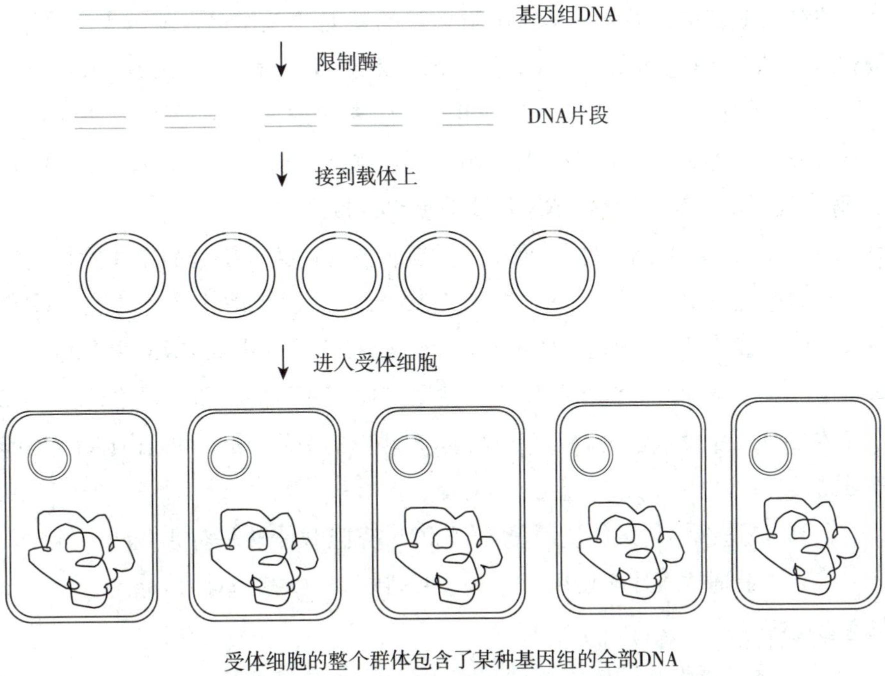

图 3－1　基因组文库构建过程示意图

1. 细胞染色体大分子 DNA 的提取和大片段 DNA 的制备 构建基因组 DNA 文库的关键是制备高分子质量的基因组 DNA。为了最大限度地保证基因组 DNA 文库的完整性，在提取和制备构建基因组文库的基因组 DNA 时，应尽量减少提取过程中 DNA 的丢失。为了保证基因组 DNA 与载体连接时片段大小是均一的，并且长度符合载体的要求，制备 DNA 时还要尽量保证 DNA 有足够的长度。如果构建 λ 噬菌体基因组文库，可采用经典的 DNA 制备方法：在 EDTA 和 SDS 存在下，用蛋白酶 K 消化细胞，然后用苯酚－三氯甲烷混合液抽提蛋白质，再用透析法去除低分子量杂质，获得的基因组 DNA 通常在 100～150kb 之间，再通过机械剪切法或限制酶消化法，可以得到长度约 20kb 的 DNA 片段，符合载体的要求。如果用人工染色体作为载体构建基因组文库，通常采用低熔点琼脂糖包埋固定法：首先将真核细胞包埋在低熔点琼脂糖凝胶块内，直接在凝胶块内完成细胞的裂解和蛋白质的消化等步骤，这样制备的染色体 DNA 为大分子量 DNA，长度可达 500kb，符合载体的要求。

2. 载体 DNA 的准备 构建基因组文库所用的载体通常有三种：λ 噬菌体、柯斯质粒及人工染色体 YAC 和 BAC。除 YAC 作载体必须用酵母细胞作为受体细胞外，其余载体都用大肠埃希菌作为受体细胞。

采用 λ 噬菌体作载体时，由于在载体左臂、右臂和中央片段的连接处通常有一个连接头（polylinker），该连接头上有多种限制酶的识别序列，如 *Sal* Ⅰ、*Bam*HⅠ、*Eco*RⅠ等，如果用这些酶酶切载体，λ 噬菌体载体会被切割成左、右两臂和中央片段三个部分，经过密度梯度离心或凝胶电泳将两臂与中央片段分离开来，回收两臂，除去中央片段。载体两臂再与消化好的基因组 DNA 片段连接重组。

柯斯质粒比 λ 噬菌体能容纳更大的外源 DNA 片段（30～45kb），用于构建基因组文库时，也必须尽可能保证基因组 DNA 片段有足够的大小。载体重组时，柯斯质粒的载体只需用限制酶将载体切成线性 DNA 分子，无需像 λ 噬菌体那样进一步分离酶解产物，除去中央片段。但是，为了防止柯斯质粒的自身连接，酶切后的柯斯质粒须用碱性磷酸酯酶处理，去除 5′－磷酸基团。此外，连接重组时，为了保证较好的连接效率，柯斯质粒的 DNA 量要比插入片段的 DNA 量高 10 倍以上。

真核生物有不少长度超过 1000kb 的大基因，如果利用前述两个载体，就只会克隆到一组彼此重叠的基因片段，而不可能将一个完整的基因包含在一个克隆中。并且基因组越大，载体的装载能力越小，基因组文库所需的克隆数就越多，因此从文库中筛选目的基因的工作量也就越大。为了克服这些问题，需要引入装载量很大的人工染色体载体 YAC 和 BAC。例如 YAC 载体中最常用的 pYAC4，可先选用 *Bam*HⅠ和 *Eco*RⅠ双酶切消化，就会产生具有 *Eco*RⅠ黏性末端的两条载体臂和一段很短的端粒序列片段，其中在每一条臂分子中都带有一段端粒序列和一个选择标记。去除两条端粒序列间的 DNA 片段，分离回收 YAC 双臂，就可用于与基因组 DNA 片段的重组连接了。

3. 载体与基因组大片段 DNA 的连接 DNA 片段与载体的连接主要是插入片段与经过特定限制酶处理的载体的连接，从而产生重组 DNA 分子的过程。DNA 插入片段与载体之间的连接效率主要受两种因素影响：一是插入片段与载体 DNA 的物质的量之比，二是反应体系中的 DNA 总浓度。

重组反应体系中，对于单片段同源重组反应，载体与插入片段的物质的量之比为 1∶2；对于多片段同源重组反应，载体与插入片段摩尔比为 1∶1。摩尔数对应的 DNA 质量可以由以下公式粗略计算获得。

单片段同源重组反应：

$$\text{最适线性化载体使用量} = [0.02 \times \text{克隆载体碱基对数}]\text{ng}$$

$$\text{最适插入片段使用量} = [0.04 \times \text{插入片段碱基对数}]\text{ng}$$

多片段同源重组反应：

$$\text{最适线性化载体使用量} = [0.02 \times \text{克隆载体碱基对数}]\text{ng}$$

$$\text{最适插入片段使用量} = [0.02 \times \text{每个片段碱基对数}]\text{ng}$$

具体操作时，根据上述所得的DNA使用量以及对应的核酸浓度，即可计算重组反应体系需加的体积值。

4. 体外包装及基因组DNA文库的扩增　当基因组DNA片段与载体连接后，对于λ噬菌体载体和柯斯质粒，还需要完成体外包装的过程，形成噬菌体颗粒，再以细菌感染的方式将重组DNA分子导入大肠埃希菌。具体步骤如下：首先将噬菌体头部包装蛋白的全部基因和尾部包装蛋白的全部基因分别在体外表达，然后将表达后的头部蛋白、尾部蛋白及重组载体DNA在试管中完成组装过程，形成完整的噬菌体颗粒。噬菌体颗粒感染细菌的转导效率比重组DNA直接转化细菌的效率可提高100～1000倍。

重组DNA转化细菌后，菌落克隆经过储藏，细菌的成活率会剧烈下降，而且菌落克隆群体在增殖过程中，并不是所有重组子都是等速增殖的。而噬菌体感染细菌后，涂布平板会产生噬菌斑形成的克隆，这种噬菌斑几乎可以无限期地储藏，比以细菌菌落形式保存的克隆要稳定许多。以噬菌体或其衍生载体构建的DNA文库还可以收集噬菌体液并分装成小份，加入2%～3%的三氯甲烷后可在4℃下保存数月，添加7%的二甲基亚砜（DMSO）后可在－80℃保存数年。对BAC文库来说，保存时先将重组克隆挑至含抗冻液和抗生素的液体培养基的384孔板或96孔板中培养过夜，待培养液浑浊后，用384针或96针复制器制备多个拷贝，按编号保存于－80℃超低温冰箱。由于文库反复冻融会影响细菌的活性，一般文库的原始拷贝留在－80℃内，不让其发生冻融。

5. 基因组文库质量的评价　基因组文库构建好后，文库是不是可用和有效，要看这个文库是不是完整的。基因组文库的完整性包括两层含义：一是文库具有代表性，即文库中所有克隆所携带的DNA片段重新组合起来可以覆盖整个基因组，或者说基因组中的任何一段DNA都可以从文库中分离得到；二是具有随机性，即基因组每段DNA在文库中出现的频率都应该是均等的。

在正常情况下，质量优良的基因文库的代表性与基因文库的大小（即克隆数多少）呈正相关。Clack－Carbor计算公式如下：

$$N=\ln(1-P)/\ln(1-F)$$

式中：

N——重组子（空斑或菌落）的数量；

P——所需要的概率；

F——某一插入片段与相应生物基因组大小的比值。

例如，人的基因组总长度为3×10^9bp，P为99%，假如以噬菌体作载体构建基因组文库，插入片段平均长度为1.7×10^4bp，代入上述公式，算出：

$$N=\ln(1-0.99)/\ln[1-1.7\times10^4/(3\times10^9)]=8.1\times10^5$$

即用噬菌体作载体构建人的基因组文库，至少需要81万个克隆数目，才能有99%的概率从文库中筛选到任何一个目的DNA片段。

从上述公式也可以看出，载体容纳外源片段的能力越大，完整文库所需的克隆数越小，从文库中筛选目的DNA片段的工作量越小；反之，载体容纳外源片段的能力越小，完整文库所需的克隆数目越大，从文库中筛选到目的DNA片段的工作量就越大。

6. 基因组文库的应用　构建基因组文库除了方便获取目的基因外，还可以分析特定基因的结构，如编码区和非编码区的组成、内含子和外显子的信息、调控序列的信息等；通过比较不同物种或近缘种的基因组序列，基因组文库也可用于研究基因的起源与进化；基因组文库还可以用于研究基因的表达调控、构建基因组物理图谱和大规模基因组测序等。

（二）cDNA 基因文库的构建与筛选

由于真核生物基因组 DNA 十分庞大，其复杂程度是蛋白质和 mRNA 的 100 倍左右，还含有大量的重复序列和非编码序列，因此，真核生物基因组文库所包含的克隆数目是十分庞大的，从中筛选目的基因的工作量十分巨大。但是，在不同的组织中基因的表达却是有选择性的，通常表达的基因只占总基因数的 15% 左右，每种特定组织中大约只有 15000 种不同的 mRNA 分子。如果从 mRNA 出发分离目的基因，将可以大大缩小搜寻目的基因的范围，降低分离目的基因的难度。

cDNA 文库的构建共分为四步：①细胞总 RNA 的提取与 mRNA 的分离；②cDNA 第一链的合成；③cDNA第二链的合成；④双链 cDNA 克隆进质粒或噬菌体载体并导入宿主细胞繁殖。

1. 总 RNA 的提取与 mRNA 的分离 细胞中总 RNA 包括 mRNA、tRNA、rRNA 和其他各种非编码 RNA。构建 cDNA 文库的第一个步骤是分离细胞总 RNA，然后将 mRNA 从 tRNA、rRNA 等 RNA 的混合物中分离出来。利用真核 mRNA 分子的 3′端有 poly(A)尾结构，根据碱基 A 和 T 配对原理，人工合成互补的寡脱氧胸苷酸［oligo(dT)］并杂交，可以方便地从大量的 tRNA 和 rRNA 混合物中分离出 mRNA。目前常用的分离 mRNA 的标准方法为寡脱氧胸苷酸亲和色谱法，将一个一般为 12～18 个碱基的寡脱氧胸苷酸连接到纤维素的亲和色谱柱上，不具有 poly(A)尾巴的 RNA 不能结合，最后用低盐缓冲液将已结合的 mRNA 从柱上洗脱下来。

2. cDNA 第一链的合成 从 mRNA 到合成 cDNA 的过程称为逆转录，是由逆转录酶（reverse transcriptase）催化的。常用的逆转录酶有两种，即 AMV（禽源）和 MLV（鼠源），二者都是依赖于 RNA 的 DNA 聚合酶。逆转录酶具有 5′→3′DNA 聚合酶活性，但不具有 3′→5′DNA 核酸外切酶活性，因此，它缺乏错配碱基修复的能力，在高浓度 dNTP 和 Mn^{2+} 存在时，每 500 个碱基就会有一个错误碱基掺入。逆转录酶合成 DNA 时需要引物引导，目前常用的引物主要有两种，即 oligo（dT）和随机引物，有时候也会用到某个基因的特定序列作引物。Oligo（dT）引物一般由包含 10～20 个脱氧胸腺嘧啶核苷和一段带有稀有酶切位点的引物共同组成，随机引物一般是包含 6～10 个碱基的寡核苷酸短片段。

以 oligo（dT）作引物合成 cDNA 的第一条链时，oligo（dT）结合在 mRNA 的 3′端，因此，得到的 cDNA 第一条链的 5′端是完整的。但是合成全长的 cDNA 需要逆转录酶从 mRNA 分子的 3′端慢慢移动到 5′端，有时逆转录酶容易从 mRNA 分子上脱离，这就导致全长 cDNA 的合成难以实现，特别是 mRNA 链很长时，可能会导致 cDNA 第一条链的 3′端不一定是完整的。

随机引物引导的 cDNA 合成法（randomly primed cDNA synthesis）的基本原理是，根据各种可能的序列合成 6～10 个碱基长度的寡核苷酸片段作为随机引物，这种随机短片段的混合物往往可以同时与 mRNA 模板上的许多位点结合，而不仅仅从 3′末端的 poly（A）处开始合成。因此，这种方法对于长的 mRNA 分子来说，容易获得靠近 mRNA 5′端的比较完整的序列。

3. cDNA 第二链的合成 逆转录酶虽然没有 3′→5′DNA 外切酶活性，但是它具有 5′→3′以及 3′→5′RNA 外切酶的活性（即 RNase H 的活性），可以从两端降解 DNA－RNA 杂交双链中的 RNA 链。DNA－mRNA 杂交双链中的 mRNA 降解后，再在 DNA 聚合酶 I 或其大片段 Klenow 片段的作用下合成 cDNA 的第二条链。

（1）自身引导法　是合成 cDNA 第二条链的传统方法，主要源于合成的单链 cDNA 分子的 3′末端发生自身环化，形成发卡结构，这就为第二条链的合成提供了现成的引物，在 DNA 聚合酶的作用下则可以合成第二条链。

（2）置换合成法　是利用大肠埃希菌的 RNase H 识别 DNA－mRNA 杂交链，并消化杂交链的 mRNA

链，形成切口和缺口，在此过程中，mRNA 被切割成短的片段，成为合成第二条链的引物，再在大肠埃希菌 DNA 聚合酶 Ⅰ 的作用下合成第二条链。

（3）随机引物法　是用六核苷酸在 DNA 链上随机引发合成第二条链，这样可以合成全长 cDNA，mRNA 的 5′端不丢失。

（4）均聚物引发法　是用末端脱氧核苷酸转移酶，加入一种 dNTP，在 cDNA 第一条链的 3′端形成均聚物尾巴，然后以配对的寡聚物作为引物合成第二条链。

（5）序列已知　可用特定引物来合成第二条链。

4. 双链 cDNA 克隆进质粒或噬菌体载体并导入宿主细胞扩增　得到双链 cDNA 分子之后，还需要将双链 cDNA 分子与适当的载体连接形成重组载体分子，再导入宿主细胞扩增形成克隆。

构建 cDNA 基因文库的载体通常有三种：质粒、λ 噬菌体和噬菌粒。第一代载体质粒具有易于操作、重组效率高、可直接进行功能表达筛选等优点，但重组质粒转化效率低，致使一些低丰度 mRNA 对应的 cDNA 难以包含到所构建的文库中，因此一般仅在构建较高丰度 cDNA 文库和次级 cDNA 文库时使用。第二代 λ 噬菌体载体目前应用最广泛，它具备可构建低丰度 cDNA 文库、重复性高、构建文库的克隆效率比质粒载体构建文库要高 10～50 倍等优点。而用 λ 噬菌体载体构建 cDNA 文库时，虽然在重组子鉴定及文库扩增等操作方面较为繁琐，但其克隆效率高，可达 10^7 克隆子/μg cDNA。目前通常用 λgt10/λgt11 及与其相似的载体来构建 cDNA 文库。

5. cDNA 基因文库的完整性　在一个细胞中往往有上万种 mRNA，但是各种 mRNA 的拷贝数是不同的，也就是丰度不同。一般可以将细胞内的 mRNA 分为高丰度、中丰度和低丰度三种类型。一个正常细胞含 10000～30000 种不同的 mRNA，当某一种 mRNA 在细胞总计数群中所占比例少于 0.5% 时，称低丰度 mRNA。

cDNA 文库的完整性也可以通过 Clack－Carbor 公式来计算：

$$N = \ln(1-p)/\ln(1-1/n)$$

式中：

N——完整文库所需的克隆数；

p——得到完整文库的概率，比如 0.99 或 99%；

$1/n$——某一种低丰度 mRNA（拷贝数不超过 14）占总 mRNA 的比值。

例如，人的成纤维细胞大约含有 12000 种 mRNA 分子，每个细胞内不到 14 份拷贝的低丰度 mRNA 分子约占整个 mRNA 的 30%，这种 mRNA 大约有 11000 种。因此，如要包含所有这类低丰度 mRNA 分子在内，克隆数至少应有 11000/30% ≈37000 个。$1/n$ 即是 1/37000，代入公式：

$$N = \ln(1-0.99)/\ln(1-1/37000) = 1.7\times10^5$$

意味着要构建包含人成纤维细胞内所有丰度 mRNA 所对应的 cDNA 分子在内的完整 cDNA 文库，至少必须具有 17 万个克隆数。

6. cDNA 基因文库的应用　一个完整的 cDNA 基因文库所包含的克隆数要比一个完整的基因组文库所包含的克隆数少很多，因此大大简化了筛选特定目的基因序列克隆的工作量；真核生物 cDNA 基因文库可用于在原核细胞中表达的克隆，直接用于基因工程操作，无需经过剪切和修饰就能获得具有活性的蛋白质产物；cDNA 基因文库还可用于真核细胞 mRNA 的结构和功能研究。

值得注意的是，由于 cDNA 文库只包含某种生物体特定组织、特定发育阶段表达的基因，不同组织、不同发育阶段的 cDNA 文库是有差异的。而基因组文库则不同，它的初始材料是完整的生物基因组

DNA，每一个基因都存在于完全的基因组文库中，并不受生物组织或发育阶段不同的影响。

三、PCR 技术法 微课2 微课3

聚合酶链反应（polymerase chain reaction，PCR）作为一种体外快速扩增目的 DNA 片段的技术，因灵敏、快速、自动化等特点而广泛应用于基因工程及分子生物学研究。目前，PCR 技术已经成为基因操作中获取目的基因的主要手段。

在实际应用中，待分离的目的基因一般有两种情况，一种是已知基因全长序列，另外一种是只知道基因部分序列，针对两种情况，采用的 PCR 技术不同。

（一）已知基因全长序列

根据目的基因编码区的两侧序列设计上、下游引物，两个引物必须保证能扩增出基因的编码序列。在 PCR 之前，提取材料的总 RNA，通过逆转录酶的作用合成 cDNA 第一链，这种方法称为逆转录 PCR，即 RT－PCR（reverse transcription PCR）。

1. 一步法 RT－PCR RT－PCR 一般分两个步骤，第一步是在 42℃以 mRNA 为模板经逆转录酶的作用合成 cDNA 的第一条链，第二步再以 cDNA 的第一条链为模板做常规 PCR，从而获得双链 cDNA 分子。RT－PCR 是获得特异双链 cDNA 分子的有效方法。在进行逆转录反应时，引物可用 poly(T)，也可用目的基因 3′端特异序列。如果逆转录引物仅用目的基因 3′端的特异序列，通常逆转录只会得到目的基因的 cDNA 第一链，该引物随即用于第二步 PCR 的特异扩增，称一步法 RT－PCR。

2. 两步法 RT－PCR 首先用逆转录酶合成 cDNA，然后以 cDNA 为模板进行 PCR，即 RNA 逆转录与 PCR 扩增分两步进行。两步法 RT－PCR 时，必须用目的基因的一对特异引物才能将目的基因特异扩增出来。不管逆转录采用哪种方式，在 PCR 反应的初期，只有一条模板链，所以是不对称扩增的。但是经过几轮反应之后，两条模板链都起作用，最终得到双链 cDNA 分子。

一步法 RT－PCR 和两步法 RT－PCR 的比较见图 3－2。

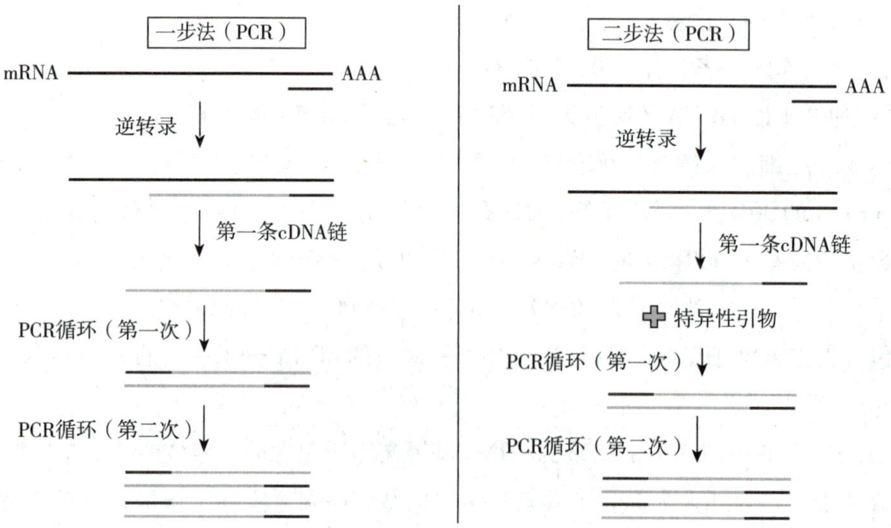

图 3－2 一步法 RT－PCR 和两步法 RT－PCR 比较

（二）已知基因部分序列

在实际工作中获得的目的基因 DNA 片段是不完整的，若仅知道基因上一小段序列信息，在这种情况下通过 RT－PCR 技术很难获得目的基因的完整序列。随着 PCR 技术的发展，出现了反向 PCR（reverse PCR）、锚定 PCR（anchored PCR）、连接介导 PCR（ligation－mediated PCR，LM－PCR）、盒式 PCR（cassette PCR）和 cDNA 末端快速扩增技术（rapid amplification of cDNA ends，RACE），通过这些技术可以快速获得目的基因的全长序列，大大节约了人力和物力。

1. 锚定 PCR　也称单侧特异引物 PCR（single－specific sequence primer PCR，SSP－PCR），是一种根据已知目的基因的一小段序列信息来快速扩增已知序列上游或下游片段的技术。锚定 PCR 的一条引物是根据已知序列设计的基因特异引物（gene specific primer，GSP），而该已知序列通常是由纯化蛋白的部分氨基酸序列推测出来或从其他材料中获得的部分 mRNA 序列；另一条引物是根据序列的共同特征设计的非特异性引物，非特异性引物所起的作用是在其中一端附着，故称锚定引物，与锚定引物结合的序列称为锚定序列。具体分为以下两种情况。

（1）目的基因已知序列下游3′端未知序列的扩增方法　其操作相对较为简单，原理如图3－3所示。同聚物是锚定 PCR 中常用的锚定引物，由于大多数真核 mRNA 的3′端具有 poly(A)尾，可以利用这一序列特征设计 oligo（dT）作为锚定引物，以 cDNA 为模板进行扩增。扩增目的基因已知序列下游3′端未知序列的基本步骤是：首先，分离细胞总 RNA 或 mRNA；然后，在逆转录酶的作用下合成 cDNA；最后，以基因特异引物和锚定引物 oligo（dT）扩增得到特定序列。

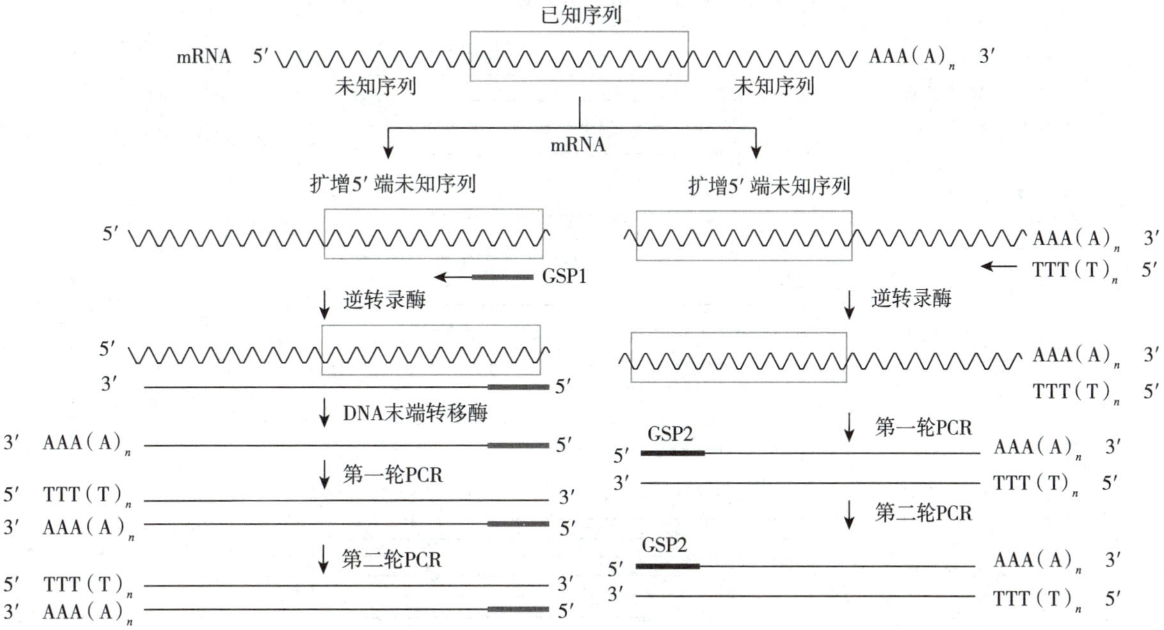

图3－3　锚定 PCR 原理示意图

（2）目的基因已知序列上游5′端未知序列的扩增方法　可概括为：以分离到的总 RNA 或 mRNA 为模板，在逆转录酶的作用下，以基因特异引物引导合成 cDNA；利用 DNA 末端转移酶，在 cDNA 的3′末端加上 poly(dA)尾，与此 poly(dA)相对应的 poly(dT)即为锚定引物（anchoring primer，AP）；最后以基因特异引物和锚定引物 poly(dT)扩增得到5′端未知序列，为保证扩增的特异性，锚定引物长度通常都在12个碱基以上，其5′端可带上限制酶序列或其他序列信息。

2. 连接介导的 PCR　只知道 DNA 一端序列又要对未知的一端进行测序，或对体内甲基化图谱或 DNA 印迹进行分析，此时就需要用到连接介导的 PCR。连接介导的 PCR 在普通 PCR 过程中增加了连接的步骤，即通过连接反应加上一个公共接头，这样，在 PCR 中使用的引物一个是通过目的基因的已知序列设计的基因特异引物，另一个是接头引物。实验操作步骤见图 3 -4。第一步，通过特异性的酶或化学方法随机切割基因组 DNA。第二步，利用根据基因已知序列设计的 GSP1，对切割中产生的单链损伤 DNA 进行退火和延伸，得到大量一端为平端的 DNA 片段的测序梯或印迹梯，这些片段的其中一端是相同的，因为是由 GSP1 决定的，而片段的另一端则是随酶或化学切割部位的不同而异，因而得到的每个片段是不同的。第三步，通过 DNA 连接酶，在 DNA 片段碱基组成不同的那一端加上一个相同的核苷酸序列，即公共接头。第四步，根据公共接头的核苷酸序列设计公共接头引物，并根据基因已知序列再设计一个 GSP2，并满足 GSP2 在 GSP1 的 3′端的条件，以测序梯或印迹梯为模板，用公共接头引物和 GSP2 进行 PCR 扩增。第五步，根据基因已知序列设计末端标记的 GSP3，GSP3 须在 GSP2 的 3′端，而且 GSP3 还必须与 GSP2 重叠，以第四步的 PCR 产物为模板，利用末端标记的 GSP3 进行两轮 PCR，以标记 DNA。最后，对标记的 DNA 进行变性聚丙烯酰胺测序凝胶电泳，从而进行序列分析。当然，也可以采用其他方法对 PCR 产物进行测序。

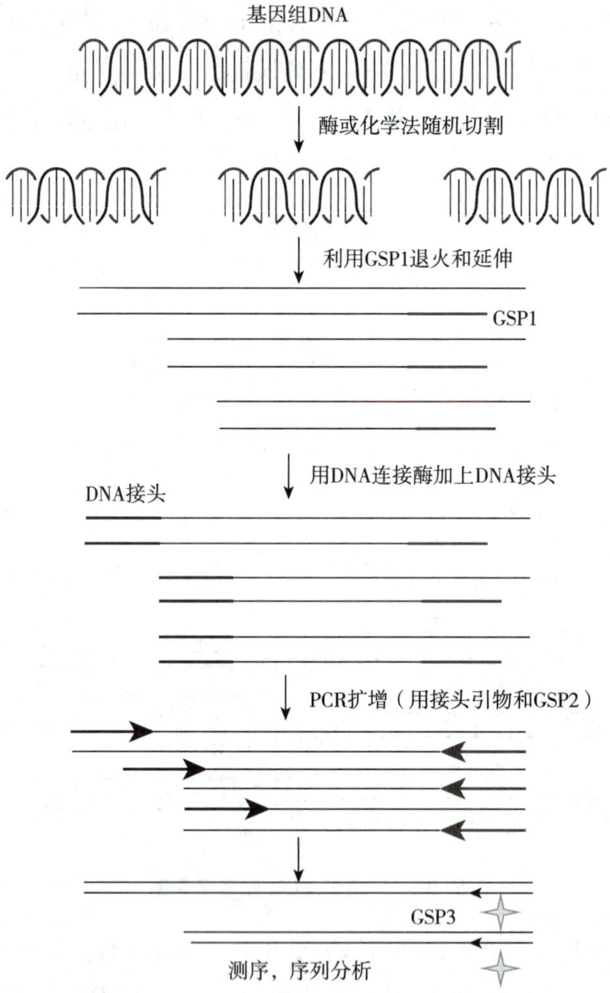

图 3 -4　连接介导的 PCR 原理示意图

3. 盒式 PCR　是在普通 PCR 过程中加入了一个 Cassette（盒），即人工合成的带有限制酶的黏性末端的双链 DNA 分子，利用 Cassette 以及 Cassette 引物，盒式 PCR 可特异性地扩增 cDNA 或基因组 DNA 上的未知区域。具体步骤（图 3 -5）如下。用适当的限制酶将待克隆的目的 DNA 完全分解，所使用的限制酶必须满足在目的基因已知序列中没有识别位点，这样就可产生含有上、下游未知序列的 DNA 片段。然后，利用 DNA 连接酶，将酶切产生的 DNA 片段与具有对应的限制酶酶切位点的 Cassette 进行连接。接着，根据目的基因已知序列设计两条基因特异引物 GSP1 和 GSP2（正义引物）以及两条基因特异引物 AGSP1 和 AGSP2（反义引物），设计方向分别为需要扩增的已知序列的上游未知区域的方向和下游未知区域的方向，而且 GSP2 的位置应设计在 GSP1 的内侧，AGSP2 的位置设计在 AGSP1 的外侧，但两个引物间的距离没有严格的规定，同时，还必须要合成两条 Cassette 引物 CP1 和 CP2。这时开始进行第一次 PCR 扩增，扩增基因的上游未知区域时用引物 CP1 和引物 GSP1，扩增基因的下游未知区域时则用引物 CP1 和引物 AGSP1。随后进行第二次 PCR 反应，特异性地扩增目的 DNA 片段，即取第一次 PCR 反应产物的一部分作为模板，分别使用内侧引物 CP2 和 GSP2 扩增基因的上游未知区域、CP2 和 AGSP2 扩增基因的下游未知区域。最后，对 PCR 产物进行序列分析，得到目的基因已知序列上、下游的未知序列。

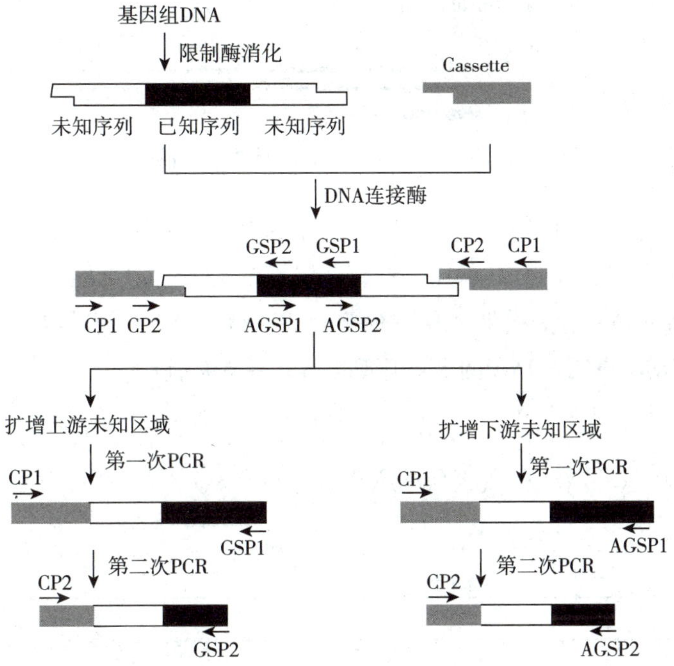

图 3-5 盒式 PCR 原理示意图

4. cDNA 末端快速扩增技术（RACE） 普通 RT-PCR 很难获得基因全长的 cDNA 片段，但是在基因工程研究中，分析基因的全长 cDNA 序列是十分重要的。RACE 是一种基于逆转录 PCR 从样本中快速扩增 cDNA 的 5′端及 3′端的技术，因此也称为单侧 PCR 技术。若已知单侧序列可供设计特异性引物时，应用 RACE 仍能完成扩增。利用 RACE 可以通过已知的部分 cDNA 序列来得到完整的 cDNA 的 5′端和 3′端。

首先以 mRNA 为模板逆转录成 cDNA 第一链，然后用 PCR 扩增出 cDNA 内某一已知序列位点到其 3′端或 5′端之间的未知序列，分别称为 3′ RACE 和 5′ RACE。RACE 技术可应用于 mRNA 不同剪切体和基因的不同转录起始位点的研究，可同时对含有已知序列的所有 mRNA 进行扩增和分析。

3′ RACE（图 3-6）首先根据 mRNA 3′末端天然存在的 poly(A)尾部设计逆转录引物，逆转录获得第一条 cDNA 链。根据已知的 cDNA 序列设计 GSP，合成第二条 cDNA 链。随后以 GSP 及正义链 3′末端引物作为一对引物，对得到的 cDNA 链进行 PCR 扩增，从而得到 cDNA 的 3′端序列（GSP→3′末端）。

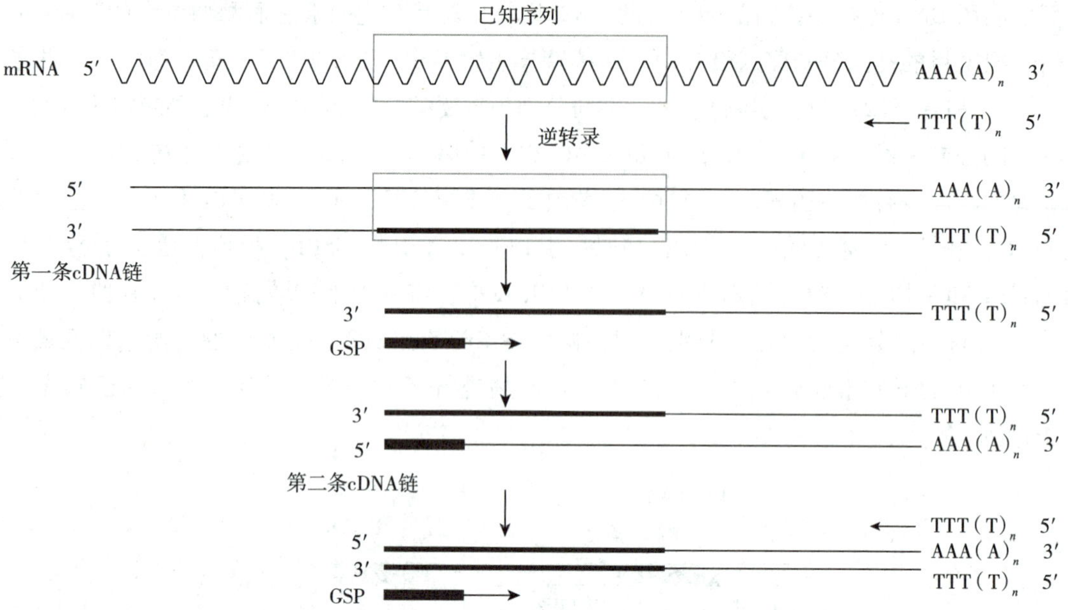

图 3-6　经典 3′ RACE 原理示意图

5′ RACE 中（图 3-7）根据已知的 cDNA 序列设计 GSP，逆转录获得第一条 cDNA 链，同时用末端脱氧核苷酸转移酶（TdT）在 cDNA 3′端加 poly(C)尾。依据 poly(C)尾设计特定引物，合成第二条 cDNA 链。随后以第二条 cDNA 链为模板，利用 GSP 合成双链 cDNA。最后以 GSP 及反义链 3′末端引物为一对引物进行 PCR 扩增，获得 cDNA 的 5′端序列（GSP→5′末端）。

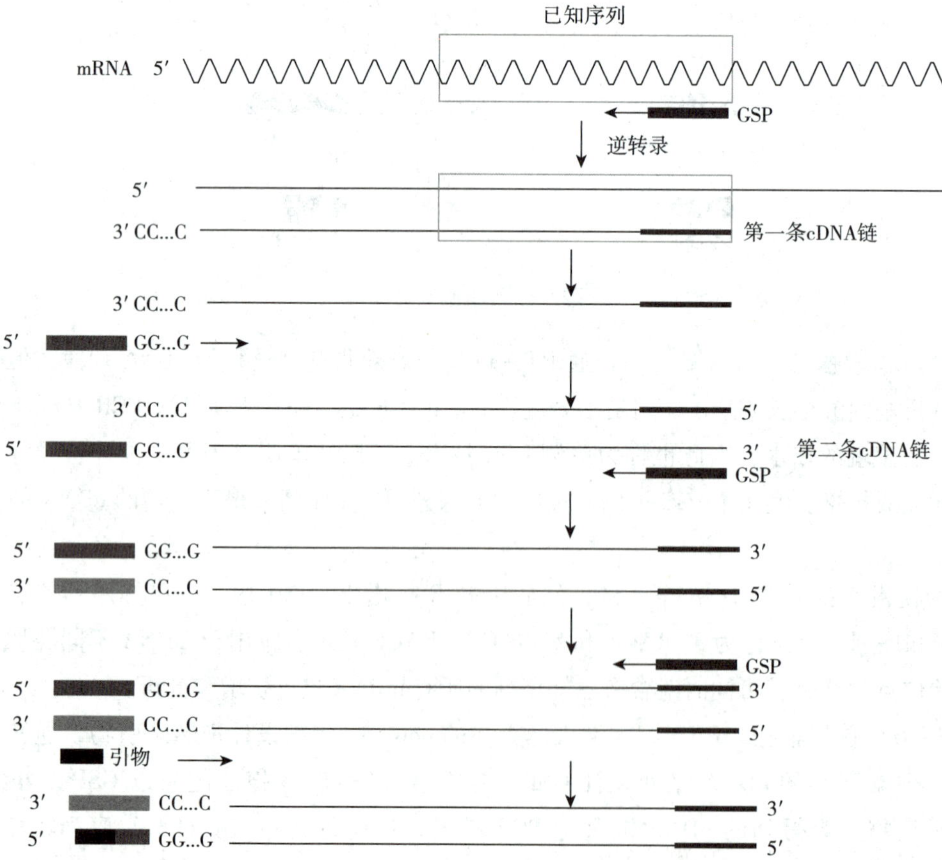

图 3-7　5′ RACE 原理示意图

在实际操作中，为提高结果的特异性，实际操作步骤会比上述原理复杂，需要在传统 RACE 技术的基础上进行改进。RACE 技术的改进主要涉及引物的设计及 PCR 技术的改进两部分。

（1）引物设计的改进　3′ RACE 以 3′末端的 poly(A)序列设计逆转录引物时，使用 oligo(dT)和一段接头序列作为引物（图 3－6），这样就在 cDNA 末端接上了一段特殊的接头序列，在得到第一条 cDNA 链之后，依据接头序列设计 GSP，如此则后续 PCR 扩增中的一对引物均为 GSP，可以有效提高扩增的特异性；5′ RACE 在以第一条 cDNA 链 3′末端的 poly(C)设计扩增引物时，使用 poly(G)和一段接头序列作为引物（图 3－7），在第二条 cDNA 链后接入一段特殊的接头序列。依据接头序列设计 GSP，并用此引物和根据已知 cDNA 序列设计的 GSP 作为一对引物进行 PCR 扩增。

（2）PCR 技术的改进　①提高逆转录的温度：mRNA 逆转录成 cDNA 第一链决定了 5′ RACE 的成败，由于靠近 mRNA 的 5′端 GC/AU 比率较高，可能形成稳定的二级结构，从而导致在逆转录时产生切短的 cDNA 片段。这些片段不但可以与完整的 cDNA 片段进行同样的加尾反应，而且在后面的 PCR 中还会被优先扩增，从而产生大量的非特异性产物。因此，可以采用提高逆转录温度的方式来降低逆转录过程中 mRNA 二级结构的稳定性。②采用巢式 PCR：巢式 PCR 是指使用两对或两对以上的引物进行 DNA 扩增的技术，即先设计一对特异性引物（GSP1、GSP2）进行第一轮扩增，随后使用在第一对引物内部的第二对特异性基因（GSP3、GSP4）进行第二轮扩增，也可根据需要设计第三对引物（GSP5、GSP6）进行第三轮扩增。利用巢式 PCR 可提高 PCR 扩增的特异性。

5. Bubble－PCR　要获得与已知序列相邻的未知序列，可采用连接介导的 PCR，但得到的产物是一个带有确定的已知序列的复杂 DNA 群体，不能特异性地扩增单一的目标条带，对这一方法进行改进，就产生了 Bubble－PCR，也称 Vectorette－PCR，其特点是用到一段由不配对的序列形成的一个“泡”形接头。具体原理（图 3－8）如下：首先选择一种限制酶切割基因组 DNA（图中用 *Hind*Ⅲ示例），得到 5′突出末端的 DNA 片段（*Hind*Ⅲ酶切后得到带有 AGCT 黏性末端的片段）。然后，两条不完全互补的 DNA 退火形成一个“泡”形接头，接头的一端设计为带有上述限制酶的黏性末端，通过 DNA 连接酶将其与酶切好的基因组 DNA 进行连接，这样就在其两端连接上了“泡”形接头。接着，

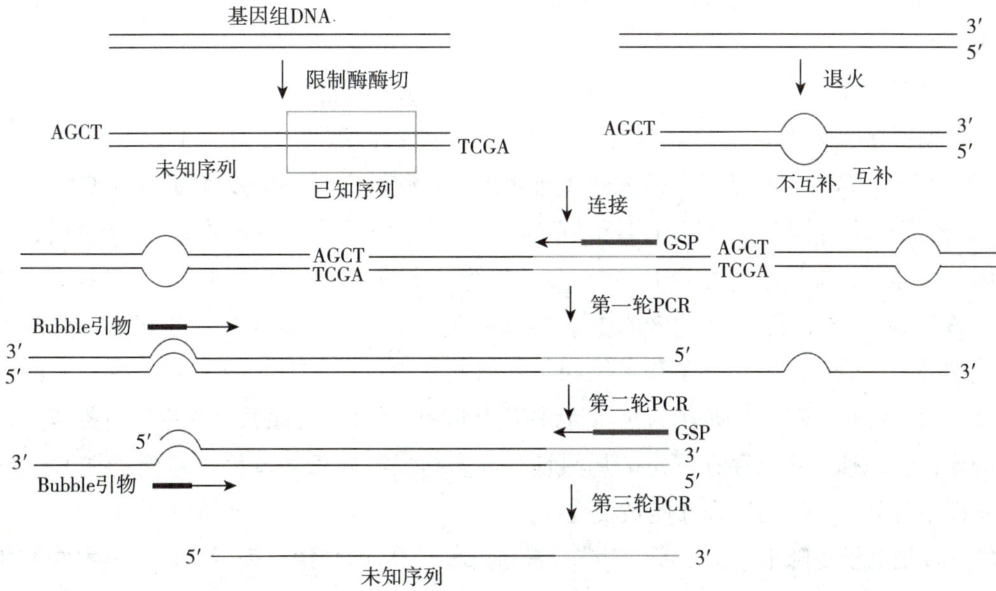

图 3－8　Bubble－PCR 原理示意图

根据基因已知序列的相对保守部位设计一条 GSP，根据上游“泡”形接头的中间部分设计一条 Bubble 引物，这样，两个接头中间的未知序列使用 GSP 和 Bubble 引物可扩增得到。由于只有用 GSP 引导合成了“泡”形接头的互补序列后，Bubble 引物才能退火参与扩增，也就是 Bubble 引物只能参与第二轮的 PCR 反应，这样就很大程度上避免了接头引物的单引物扩增。最后，PCR 扩增产物只有单一的目标片段。

四、电子克隆法

随着基因定位（连锁图谱、物理图谱、转录图谱）和人类基因组测序及生物信息技术的迅猛发展，特别是人类基因组计划的完成，表达序列标签（expressed sequence tag，EST）已成为人类寻找未知功能的新基因，以及克隆不同时空差异表达基因和疾病相关基因的重要标志物。电子克隆（*in silico* cloning）是新的基因组时代基于 EST 和基因组数据库发展起来的一种快速基因克隆新技术。其技术核心是利用生物信息学技术组装延伸 EST 序列，获得基因的部分乃至全长 cDNA 序列后，进一步利用 RT－PCR 的方法进行克隆分析和验证，具有效率成本低、针对性强等特点。

电子克隆目的基因的原理主要是借助计算机和 EST 来克隆基因。EST 是从 cDNA 克隆中随机挑选出来进行一次性测序获得的结果，一般长约 20500bp，通常作为基因的标志。由于 EST 数据库中有大量来源于各种生物、各种不同发育阶段和不同组织的 ESTs，同一个基因会有许多相互重叠的 EST 序列，因此可以采用头尾相接的方法不断延伸从而用它们来构建重叠克隆群（contig），再以该重叠克隆群产生的新生序列为种子，重复上述过程，直至不能延伸，最后生成的新生序列便是种子序列的延伸产物。在众多的 EST 中，通过仔细的筛选，有可能找出一个基因的大部分序列，甚至 cDNA 全长序列的信息。

（一）利用 EST 数据库进行电子克隆

由于新的基因组时代 EST 数据库容量扩增迅速，在 EST 数据库的基础上，通过生物信息学方法由一个已知基因进行功能基因的电子克隆已经成为目前最常用的基因克隆手段，许多新基因就是通过 EST 序列的拼接发现的。

基于 EST 数据库进行电子克隆的大致步骤如下。第一步，选择其他物种尤其是亲缘关系较近物种的某基因全长 cDNA 序列查询探针，或者以该物种某基因 EST 为查询探针，搜索 EST 数据库进行 Blast 比对，得到许多 EST 序列，从中寻找感兴趣的 EST（通常为：同源长度≥100bp，同源性 50% 以上、85% 以下）。第二步，把感兴趣的 EST 基于基因银行（Genbank）中的非冗余数据库进行 Blast 分析，判断其是否是已知基因的一部分，筛选出新的 EST。第三步，将筛选出的 EST 在该物种的 EST 数据库中进行搜索，找到部分重叠的 EST 进行拼接。经严格分析，尽量避免含有旁系同源基因，拼接后产生序列重叠群，相当于实验中的一部分 cDNA 步移工作。第四步，以新获得的重叠群为新的查询探针，继续搜索 EST 数据库，直到没有新的 EST 可供拼接为止。将拼接得到的序列在非冗余数据库中进行搜索，以证明这是一个全新的序列。这种策略也存在一定的局限性，许多拷贝数较低的基因很难涵盖在 EST 数据库中，这些基因只能通过分析基因组序列才能被发现。

EST 序列的拼接是电子克隆中非常重要的环节，得到 EST 相应的同源序列后，就需要把它们拼接起来。常用的拼接软件有很多，表 3－1 列出了一些比较常用的拼接软件和网址，研究者可根据具体情况选择不同的拼接软件，以得到最好的结果。

表 3-1　常用 EST 拼接软件和网址

程序名称	网址	用途
Phrap	http://www.phrap.org/phrap.docs/phrap.html	常用于基因组序列拼接
TIGR	http://www.tigr.org/tdb/hed/overview.html	常用于基因组序列拼接
CAP	http://bioinfomatics.iastate.edu/aat/sas.html	专门针对 EST 序列的拼接
BioEclone	http://www.biosino.org	用于 EST 序列匹配和拼接
zEST assembler	http://mapage.noos.fr/hubert.wassner/ESTelusters/zEST - intro.html	专门针对 EST 序列的拼接
ESTBLAST	http://bioinfo.biosino.org:9090/bioelone.html	用于 EST 序列拼接并对结果做检测

（二）利用基因组数据库进行电子克隆

Genbank（https://www.ncbi.nlm.nih.gov/genbank）始建于 1988 年，是由美国国立卫生研究院（NIH）和美国国立生物技术信息中心（NCBI）建立和维护的基因序列数据库，它是一个综合性的公共核苷酸和蛋白质序列数据库，包含所有已知的核酸序列和蛋白质序列，并提供相关的文献目录和生物学注释。Genbank 与日本 DNA 数据库（DNA Data Bank of Japan，DDBJ）以及欧洲生物信息研究所的欧洲分子生物学实验室（European Molecular Biology Laboratory，EMBL）核苷酸数据库都是国际核苷酸序列数据库合作的成员，三者数据同步。

基于基因组数据库的电子克隆大致步骤如下。第一步，选择其他物种尤其是亲缘关系较近物种的某基因全长 cDNA 序列或 EST 序列为查询探针，或者以该物种某基因 EST 为查询探针，基于 GenBank 中的非冗余数据库 nr（核酸）进行 Blast 分析，从结果中筛选出同源性较高、含外显子的该物种基因组重叠群或 BAC 克隆，并通过超级链接得到其所在的基因组序列，同时根据比对结果对基因组序列可能造成的移码测序错误进行修正。第二步，将这些序列根据内含子和外显子的剪切特征“GT…AG”，通过人工拼接或者通过基因预测软件预测，得到可能的新基因序列。第三步，把可能的新基因序列基于非冗余数据库做 Blast 分析，检验其新颖性。第四步，把筛选后的新基因序列提交到 dbEST 数据库做 Blast 分析并延伸，进一步确认其真实度。

（三）全长 cDNA 的判断

运用上述方法得到的 cDNA 序列还不能确定其为全长的 cDNA 序列，需要进行判断。直接从序列上可以从如下几个方面进行判断。

5′端：①有同源全长基因的比较，通过与其他生物已有的对应基因末端进行 Blast 来判断。②无同源基因的新基因。第一步，判断编码框架是否完整。首先看起始密码子。在开放阅读框架（ORF）的第一个 ATG 上游有同框架的终止密码，需要注意的是，有时真正的翻译起始密码子并非出现在 mRNA 中的第一个 ATG，在有的真核细胞中，起始密码子 ATG 的上游非编码区有可能出现一到几个 ATG，称非编码的 5′-ATG。这种 5′-ATG 并不是真实的起始密码子，以其开始的 ORF 通常很快遇到终止密码子。其次，看终止密码子，无终止密码的则考虑是否有保守的 Kozak 序列。第二步，判断是否有转录起始位点。在 5′-帽结构后，一般都有一段富含嘧啶的区域，另外，如果 cDNA 的 5′-序列与基因组序列中经 S1 酶切保护的部分相同，则可以确定得到的 cDNA 是全长的。

3′端：①有同源全长基因的比较，方法同 5′端；②编码框架的下游有终止密码子；③有一个以上的 poly(A)加尾信号；④无明显加尾信号的，则也有 poly(A)尾。

通过电子克隆确定得到的全长 cDNA 序列还只是在计算机上的“虚拟克隆”，最终还必须通过 RT-RCR、RACE-PCR、序列测定、Northern 杂交等方法进行实验验证，以保证序列的准确性。

（四）电子克隆基因的生物信息学分析

通过电子克隆获得一个基因的序列后，还需要对其进行生物信息学分析，从中尽量发掘信息，从而进一步指导分子克隆和基因功能研究。比如通过染色体定位分析、内含子/外显子分析、开放阅读框架分析以及基因表达谱分析等，能够阐明基因的基本信息。通过启动子预测、CpG 岛分析和转录因子分析等，识别调控区的顺式作用元件，可以为基因的表达调控研究提供线索。通过蛋白质基本性质分析，如亲水性分析、跨膜区预测、信号肽预测、亚细胞定位预测、抗原性位点预测等，可以对基因编码的蛋白质的性质和功能做出初步预测等。因此，对一个新基因进行生物信息学分析，基本内容通常包括：①基因的开放阅读框分析；②基因的数字化表达图谱分析；③基因的染色体定位分析；④基因的酶切位点图谱分析；⑤基因的 CpG 岛的计算机分析；⑥基因的启动子预测分析；⑦基因表达蛋白质序列的计算机分析，包括蛋白质的理化特征、蛋白基序分析、蛋白质的跨膜区分析、蛋白质的疏水性分析、蛋白质的同源性分析、蛋白质的细胞内定位预测等。

五、DNA 诱变

在研究基因功能时，有时需要利用特定的方法对基因的序列进行诱变，以达到优化基因表达、破坏或增强基因功能等目的。目前用来进行 DNA 诱变的方法可以概括为两类：定点突变和随机突变。

（一）定点突变

取代、插入或者缺失克隆基因或 DNA 序列中的任何一个特定的碱基，这种体外特异性改变某个碱基的技术称为定点诱变（site－directed mutagenesis），现已发展成为基因操作的一种基本技术。

1. 基于 PCR 的定点诱变 目前，PCR 介导的定点诱变方法已成为定点突变的主要技术。 微课 4

（1）重叠延伸 PCR 法（over－lap extension PCR） 在头两轮 PCR 反应中，应用两个互补的并在相同部位具有相同碱基突变的内侧引物，扩增形成两条有一端彼此重叠的双链 DNA 片段，两者在其重叠区段具有同样的突变。这两条双链 DNA 片段经变性和退火，形成两种异源双链分子，其中具有 3′末端的双链分子，在用两个外侧寡核苷酸引物进行第三轮 PCR 扩增时，可产生出一种突变位点远离片段末端的突变体 DNA。其原理如图 3－9 所示。此法突变效率高，但需要两个诱变引物、三次 PCR 反应才能构建突变。

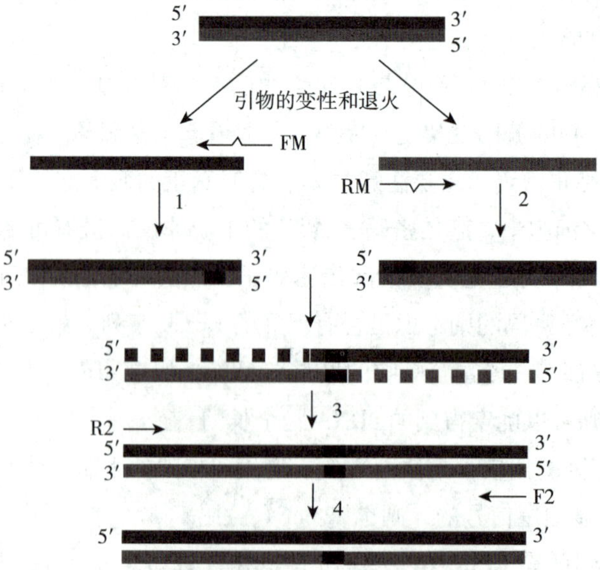

图 3－9 重叠延伸 PCR 法介导的定点突变原理图

后来出现了改进方法。1997 年，Urban 等提出一步重叠延伸 PCR 法，使得三个 PCR 反应得以在一个试管中进行，并省略了中间产物的纯化过程。其原理是首先将待突变的 DNA 以相反的方向克隆到两个载体中，这两个载体（例如 pUC18/19）除了多克隆位点相反外，其余均相同，这样便得到了两个模板。将这两个模板、两个突变引物及一个与载体互补的通用引物置于一个试管中进行一次 PCR 反应，即可得到含突变的目的基因。

（2）大引物 PCR（megaprimer PCR）　该方法包括两轮 PCR，需要两个外侧引物、一个包含预设碱基替换的内部诱变引物。模板通常是克隆到载体中的待诱变的野生型目的基因。首先，由诱变引物和相应的外侧引物引发第一轮 PCR 扩增，这一 PCR 扩增所得到的突变体分子经纯化后作为大引物（megaprimer）又与另一外侧引物用于第二轮 PCR 反应，最后扩增出含突变位点的终产物。所得产物为包含突变的双链 DNA，大小为两个外侧引物（引物 1 和引物 3）的距离（图 3－10）。

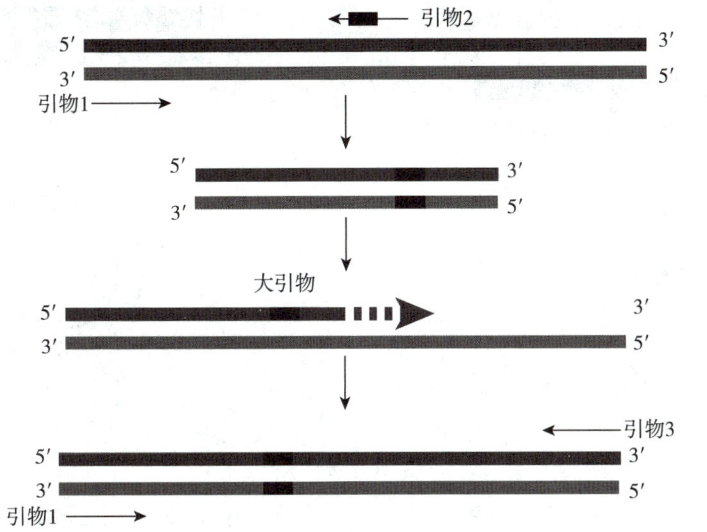

图 3－10　大引物 PCR 法流程

（3）特殊位置碱基的定点突变　当需突变的碱基位于某些特殊位置时，就可以简单地运用一次 PCR 实现定点突变。若需突变碱基位于基因的末端，定点突变便非常简单易行。只需设计一对引物，其中一个为突变引物，含有待突变的碱基，另一个引物则完全与模板互补。2 个引物在 5′端均含有适宜的限制性酶切位点，经过多轮退火、延伸，得到含突变位点及两个限制性酶切位点的 PCR 产物，扩增产物经酶切后便可克隆入载体。若需突变的碱基附近含唯一的限制性酶切位点，可以设计一对引物，其中，突变引物含有上述限制性酶切位点及待突变的碱基。以野生型基因为模板进行 PCR 扩增，随后用限制酶将野生型基因的待突变区切除，并将 PCR 扩增产物与野生型基因的残留片段连接，就得到完整的含突变基因。突变碱基附近必须含有一限制性酶切位点，并且这一位点在整个基因的其他位置不存在。实际运用中，符合这一条件的情况不多见，因此这一方法受到很大限制。

（4）扩增环状质粒全长的突变方法　当待突变的基因已经克隆入环状质粒时，利用一对含突变的引物扩增整个环状质粒，从而得到含突变的线性 DNA，随后将线性 DNA 环化便，得到完整的含突变的质粒。由于引物设计策略的不同，这一方法又可以分为两种。一种方法是，两个引物反向、紧邻但没有重叠区，扩增产物是平末端的线性 DNA，需用 T_4连接酶环化处理（图 3－11）。另一种方法为：两个引物也是反向的，并且其 5′端有 15 个碱基以上的重叠区，扩增产物为带黏性末端的线性 DNA，可自行环化（图 3－12）。上述两种方法在理论上简单又经济，应该成为首选，但事实上，要扩增出完整的质粒并非易事，尤其是当质粒较大时，对聚合酶的质量要求较高，循环参数也需精确调节，而且模板质粒要求有 80% 以上是超螺旋的，带切口的质粒不能作为模板。

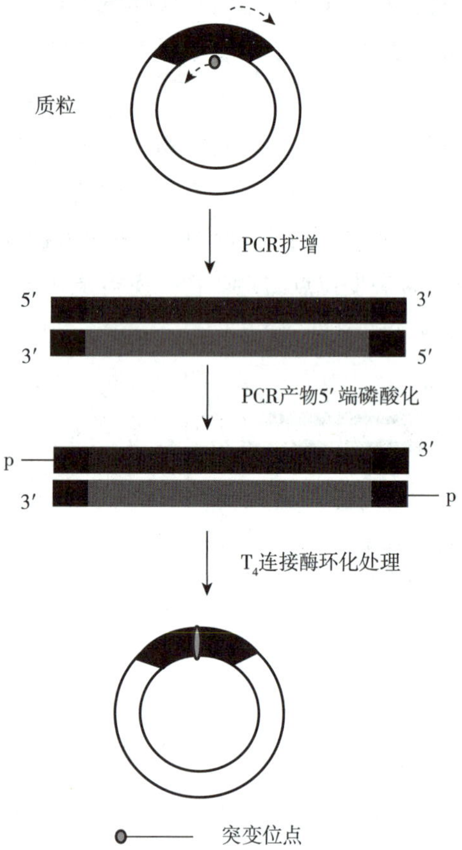

图 3－11　两个引物反向、紧邻但没有重叠区的扩增环状质粒全长的突变方法

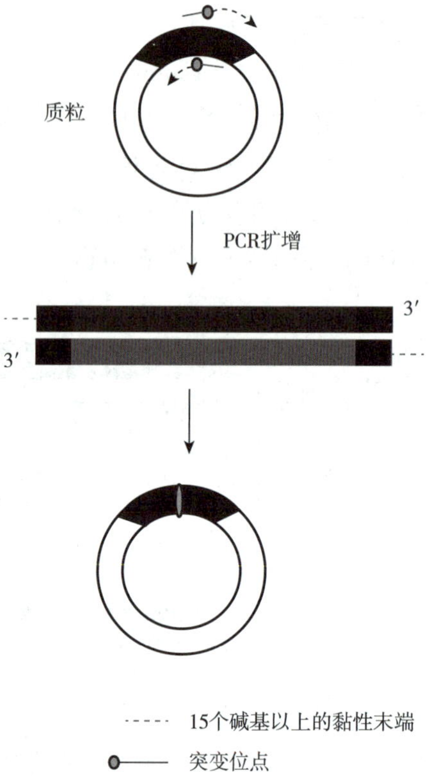

图 3－12　两个引物反向、有重叠区的扩增环状质粒全长的突变方法

以上四种方法统称为 PCR 介导的定点诱变。PCR 介导定点诱变的优点主要有：①突变体回收率高；②能以双链 DNA 为模板，几乎可在任何位点引入突变；③高温度的利用，可降低模板 DNA 形成二级结构的能力，这些结构会使单链 DNA 模板的延伸反应效率降低；④快速简便。

PCR 介导定点诱变也存在不足之处：①PCR 产物有相对高的错误率，需要通过限制扩增的循环数，应用更好的热稳定 DNA 聚合酶来改善；②在扩增 DNA 的 3′末端引入非预设的核苷酸，这可通过用 *Pfu* DNA 聚合酶代替 *Taq* 酶来解决；③一些以 PCR 为基础的方法，每个诱变实验需大量的引物和扩增反应；④进行 PCR 反应的每套引物和模板的条件都需要优化；⑤以亲本野生型 DNA 为模板的 PCR 反应中，污染可导致高比例的非突变的克隆；⑥标准 PCR 反应不能有效扩增大于 3kb 的片段。

2. 不依赖于 PCR 的定点诱变方法　包括盒式诱变、寡核苷酸介导的诱变、Kunkel 法等。

（1）盒式诱变（cassette mutagenesis）　是利用一段人工合成的具有突变序列的寡核苷酸片段，即所谓的寡核苷酸盒取代野生型基因中的相应序列。首先将目的基因克隆到适当的载体上，接着用定向诱变的方法在准备诱变的目的位点两侧各引入一个单酶切位点，再连到同一载体上，然后将此载体用新引进的两个酶切位点切开成线型，最后用人工合成的只有目的密码子发生了变化的双链 DNA 诱变盒和线型载体酶促连接，转化筛选所需的突变子。相比于 PCR 法，盒式诱变简单易行，由于指定的突变区域 DNA 是合成的，可以得到任何可能的突变，而又不会产生任何混合的或非目的位点的突变，所以对于蛋白质功能的研究尤为有利。但是盒式诱变需要在突变位点两侧具有唯一的限制性酶切位点，大多数情况下这一条件很难满足，因此这种方法不具有通用性。

（2）寡核苷酸介导的诱变（oligonucleotide - directed mutagenesis）　是通过人工合成的少量密码子发生变化的寡核苷酸介导得到诱变目的基因的一种诱变方式。首先将待突变基因克隆到 M13 噬菌体上，以 5′端磷酸化的带突变碱基的寡核苷酸引物与含目的基因的 M13 单链 DNA 混合，退火形成一小段碱基错配的异源双链 DNA，在 DNA 聚合酶的催化下，引物链以 M13 单链 DNA 为模板合成全长的互补链，而后由连接酶封闭缺口，产生 M13 闭环的异源双链 DNA 分子。然后，转化和初步筛选异源双链 DNA 分子，产生野生型、突变型的同源双链 DNA 分子，可以用限制性内切法、斑点杂交法和生物学法来初步筛选突变的基因。

该方法产生突变效率低，其主要原因是大肠埃希菌中存在甲基介导的碱基错配修复系统。针对这一问题，又发展出硫代磷酸诱变法及 Kunkel 定点诱变法，即用尿嘧啶取代 DNA 的选择作用来提高突变效率。

（3）Kunkel 法　在带有 *dut* 突变而引起 dUTP 酶缺陷的大肠埃希菌菌株中，由于细胞不能把 dUTP 转变为 dUMP，细胞内 dUTP 的含量大大增加，其中一些 dUTP 可掺入 DNA 在正常情况下由胸苷嘧啶占据的位置。在正常情况下，大肠埃希菌可合成尿嘧啶 - *N* - 糖基化酶，以除去掺入 DNA 的尿嘧啶残基。而在 ung^-菌株中，尿嘧啶不能去除。Kunkel 定位诱变法正是利用了这样一种对尿嘧啶取代的 DNA 的选择作用。首先在 dut^-ung^- F′的大肠埃希菌菌株中培养适当重组的 M13 噬菌体，制备模板 DNA。然后用所得的带尿嘧啶的单链 DNA 作模板，按照标准诱变方案产生杂交体分子，其中，模板链含尿嘧啶，而在体外反应中合成的链则含胸腺嘧啶，用该 DNA 转化 ung^+菌株，结果为模板链被破坏，野生型噬菌体的产生受到抑制。因此，大部分（可达 80%）的后代噬菌体是由所转染的不带尿嘧啶的负链复制而来的。由于该链的合成引物是诱变寡核苷酸，后代噬菌体多带有目标突变。在此基础上，Perlak 又发明了在一个反应中引入多个寡核苷酸诱变引物从而实现大规模定点诱变的方法，使诱变率进一步提高。

（二）随机突变

一般来说，只有对某段序列的功能有确切了解，已知改变某个或某几个碱基可能会产生明显的效果时，才采用定点突变法。然而在很多情况下，研究者对目的序列的了解是有限的，这时为了研究目的序列的功能，往往需要引入大量的随机突变，构建突变库，再逐个筛选和鉴定。随机突变包括化学或物理诱变法以及 PCR 随机诱变法。

1. PCR 介导的随机突变　主要有两种策略。一种是利用简并引物，简并引物的特点是其 5′端有十几个碱基是随机组合的。这一方法除引物特殊外，其余均与定点突变技术完全一样。利用简并引物可以产生大量随机突变，并且这些突变都集中在很窄的一段区域内。另一种方法即易错 PCR 技术，其原理在于，如 *Taq* 酶这样忠实性较低的聚合酶在特定措施下很容易向扩增产物中掺入随机突变，为增加错配率，一般采取的措施包括：使用低保真度的 DNA 聚合酶；加入 $MnCl_2$，降低聚合酶对模板的特异性；增加 $MgCl_2$浓度，稳定非互补的碱基对；增加某些 dNTP 的浓度，促进错误掺入；加入 dITP 配以某种 dNTP 的减少（dITP 掺入后可被任何一种 dNTP 取代进而造成突变）；用 5 - 溴脱氧尿苷三磷酸（BrdUTP）部分取代 dTTP（BrdUTP 是 dTTP 的类似物，以酮式状态存在时与腺嘌呤配对，以烯醇式状态存在时则与鸟嘌呤配对而造成突变，可引起 A - T→G - C 的复制错误）等。

2. DNA 改组　1994 年，美国的 Stemmer 首先提出 DNA 改组，该技术现已发展成为比较完善的体系。DNA 改组是依赖于 PCR 的体外诱变技术。它是将单个基因或相关基因家族的靶序列通过物理或化学方法随机片段化，由于这些小片段之间具有一定的同源性，通过无引物 PCR 和有引物 PCR 组装成全长的嵌合体基因，即嵌合体文库。然后对嵌合体文库进行高通量或超高通量的筛选，选择具有改进功能或全新功能的突变体作为下轮 DNA 改组的模板，重复上述步骤进行多轮改组和高通量的筛选，直到获得理想的突变体。作为一种高通量的突变和筛选技术，不仅可以实现基因序列的点突变，还可以实现其他突变技术不能实现的基因片段插入、缺失、倒转和整合等，而且可以反复改组，实现突变的优势积累效应。

3. StEP（staggered extension process）重组 其原理为：在 PCR 反应中，将两个以上相关的含不同点突变的单模板相混合，引物先在一个模板上延伸，随之进行多轮变性和短暂的退火/延伸反应。在每一轮 PCR 反应中，那些部分延伸的 DNA 小片段可以随机结合到其他模板上继续延伸，由于模板转换而实现不同模板间的重组，这种交错延伸过程继续进行，直到获得全长的基因。该技术应用于随机诱变产生或自然发生的同源基因（大约 80% 的同源性）变种间的重组。

4. RAISE（random insertional - deletional strand exchange mutagenesis）重组 RAISE 方法通常由三步组成，利用物理或化学方法将目的基因片段化，然后利用末端脱氧核苷酸转移酶（TdT）在基因片段的 3′端引入大约 5bp 的随机序列，再通过无引物和有引物 PCR 聚合成原长的基因。此种方法和 DNA 改组相似，只是增加了利用 TdT 在基因片段的 3′端加尾，是 DNA 改组的又一创新，通过增加这个步骤，能够将各种长度的随机插入、缺失和替代引入整个目的基因。由于此技术可以引入大量的突变，通常与高通量的筛选方法相结合。

5. 随机引导重组（random - priming recombination，RPR） 其原理为：用随机序列引物来产生互补于模板序列不同部分的大量的 DNA 小片段。由于碱基的错误掺入和错误引导，这些 DNA 小片段中也因而含有少量的点突变。DNA 小片段之间可以相互同源引导和重组。在 DNA 聚合酶的作用下，经反复的热循环可重新组装成全长的基因。与 DNA 改组相比，RPR 技术具有以下优点。①RPR 可直接利用单链 DNA 或 mRNA 作模板。②DNA 改组利用 DNaseⅠ随机切割双链 DNA 模板，在 DNA 片段重新组装成全长序列之前，DNaseⅠ必须去除干净。一般说来，RPR 技术使基因的重新组装更容易。③合成的随机引物长度一致并缺乏序列的偏向性，保证了点突变和交换在全长的后代基因中的随机性。④随机引导的 DNA 合成不受 DNA 模板长度的影响，这给小肽的改造提供了机会。⑤所需亲代 DNA 比 DNA 改组所需的量少 10 ~ 20 倍。

DNA 诱变的方法很多，在具体运用时需充分考虑现有条件及各种方法的优缺点，以便选择最适宜的方法，达到最佳的效果。某些情况下，综合利用两种或几种不同的方法可能会取得更好的效果。

第二节　重组 DNA 分子导入受体细胞的方法

PPT

重组 DNA 分子必须导入合适的宿主细胞，才能进行复制、增殖和表达。所以，外源 DNA 与载体在体外连接成重组 DNA 分子（嵌合 DNA）后，需将其导入受体细胞，随着受体细胞生长、增殖，重组 DNA 分子得以复制、扩增，这一过程即为无性繁殖。筛选出的含目的 DNA 的重组体分子，即为一无性繁殖系或克隆。根据转移对象与宿主类型的不同，目前已发展出许多种转移方法，下面主要介绍一些常见的和有代表性的方法。

一、把目的基因导入大肠埃希菌 微课 5

大肠埃希菌是使用最多、最方便和成熟的原核表达系统，生长迅速，遗传背景清楚，异源蛋白能实现高效表达；此外，任何重组 DNA 分子的扩增和检测都要依赖大肠埃希菌细胞，在大肠埃希菌细胞中克隆后，再进行重组子的检测和鉴定。

大肠埃希菌属革兰阴性菌，具有繁殖迅速、培养简便、代谢易于控制等优点。在自然界中，外源 DNA 进入大肠埃希菌细胞的方法主要有 3 种。①转化（transformation）：即 DNA 分子直接从培养基进入细菌细胞的现象。细菌转化的本质是指受体细胞直接摄取供体细胞的遗传物质（DNA 片段），将其同源部分进行碱基配对，组合到自己的基因中，从而获得供体细胞的某些遗传性状。②接合（conjugation）：即两个细菌细胞借助接合管通道直接接触传递 DNA 的现象。③转导（transduction）：即外源 DNA 被噬菌体携带并被注入细菌细胞的现象。

（一）转化作用

转化是指微生物细胞直接吸收外源 DNA 的过程。通过转化接受了外源 DNA 的细胞称为转化子。原核细菌的转化是一种较为普遍的遗传变异现象，但是只有部分细菌的种属容易实现天然的转化过程，如肺炎链球菌、芽孢杆菌、链球菌、假单胞菌以及放线菌等。而在大肠埃希菌等肠杆菌科的细菌，却很难实现天然的转化事件，分析其原因，可能一方面是转化因子难以被吸收，另一方面是受体细胞内往往存在着降解线状转化因子的核酸酶系统。

基因工程技术中提到的转化是指重组 DNA 分子人工导入受体细胞的方法，包括转化、转染、接合和其他物理手段等，其中导入的外源基因一般不整合到细菌细胞的基因组中去，而且受体细胞也是经过了特殊的遗传变异处理，丧失了对外源 DNA 分子的降解作用，才能保证较高的转化率。

1. Ca^{2+}诱导的大肠埃希菌转化法　1970 年，Mandel 和 Higa 发现用 $CaCl_2$处理过的大肠埃希菌能够吸收 λ 噬菌体 DNA。1972 年，Stanley Cohen 团队发现 $CaCl_2$处理大肠埃希菌也能促进 R 质粒 DNA 转化。该法重复性好，操作简便快捷，适用于成批制备感受态细胞。感受态细胞是指用理化方法诱导细胞，使其处于最适摄取和容纳外来 DNA 的生理状态，从而吸收周围环境中的 DNA 分子。

Ca^{2+}诱导的大肠埃希菌转化法的整个操作程序为：①将处于对数生长期的细菌细胞置于 0℃ 的 $CaCl_2$低渗溶液中，使细胞膨胀，同时 Ca^{2+}使细胞膜磷脂层形成半晶格状态，使得位于外膜与内膜间隙中的部分核酸酶离开所在区域，构成大肠埃希菌人工诱导的感受态；②此时加入 DNA，Ca^{2+}又与 DNA 结合形成抗脱氧核糖核酸酶（DNase）的羟基磷酸钙复合物，并黏附在细菌细胞膜的外表面上；③经短暂的 42℃ 热激处理后，细菌细胞膜的半晶格状态变成流动性，并出现许多间隙，致使膜通透性增加，DNA 分子便趁机进入细胞（图 3－13）。

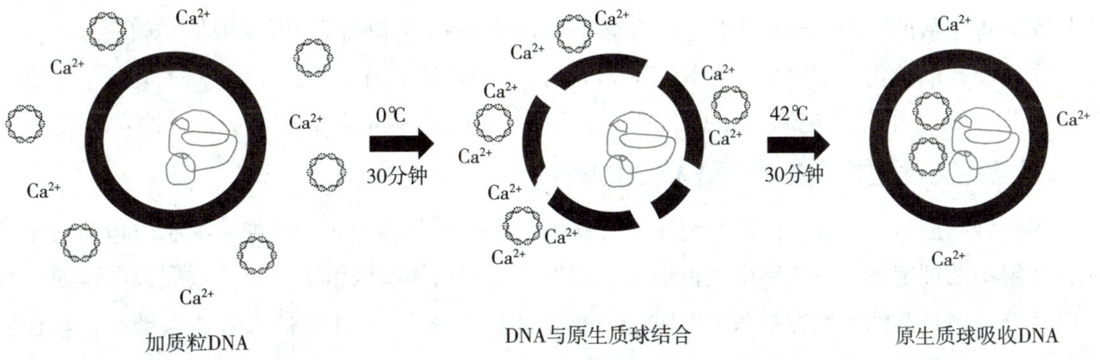

图 3－13　Ca^{2+}诱导的大肠埃希菌转化法

二价阳离子（Ca^{2+}）处理大肠埃希菌能促进大肠埃希菌吸收外源 DNA 的详细分子机制仍不清楚，推测可能是阳离子中和了大肠埃希菌外膜表面的负电荷。大肠埃希菌的外膜与内膜之间有由多种脂蛋白质组成的通道，穿过由肽聚糖（peptidoglycan）组成的细胞壁，这些通道可能成为外源 DNA 进入大肠埃希菌细胞的途径。外膜表面有很多脂多糖（lipopolysaccharide），含有大量带负电的基团。如果带负电的DNA分子靠近这些脂多糖，就会受到脂多糖的负电荷排斥。当大肠埃希菌细胞经 $CaCl_2$ 处理后，其外膜表面的脂多糖的负电荷被 Ca^{2+} 中和，同时冰点的温度使大肠埃希菌细胞膜的磷脂双分子层成为半晶格状态，维持脂多糖的电中性状态和膜结构。此时，外源DNA分子能进入脂多糖内并贴附在磷脂双分子层外侧，当温度突然升至42℃时，半晶格的磷脂双分子层变为液态流动状态，DNA分子趁机穿过细胞膜上的通道进入细胞。

转化处理过程中可能感染杂菌，导致假阳性转化子的出现，因此须设以下几种对照处理。①DNA对照处理：转化处理液中用0.2ml无菌水代替0.2ml感受态细胞，检验DNA溶液是否染菌。②感受态细胞对照处理：转化处理液中用0.1ml NTE缓冲液代替0.1ml DNA溶液，检验感受态细胞是否染菌。③感受态细胞有效性对照处理：在0.2ml感受态细胞中加入0.1ml已知容易转化这种感受态细胞的质粒DNA。

2. 电穿孔转化法 电穿孔（electroporation）是一种电场介导的细胞膜可渗透化处理技术。受体细胞在电场脉冲的作用下，细胞壁和细胞膜上瞬间形成一些可逆的微孔通道，使得DNA分子直接与裸露的细胞膜磷脂双分子结构接触，并引发吸收过程。

由于电穿孔转化法是利用瞬间高压和电脉冲在细胞壁和细胞膜上打孔，使DNA在电场力的作用下进入细胞，随后细胞复苏和弥合，从而实现质粒DNA的物理转移。为避免电击时出现“击穿”产生电流的情况，细胞悬浮液应含有尽量少的导电离子。为此，用处于对数生长期的细胞在制备感受态细胞时，要用10%甘油重悬。

电穿孔转化法的步骤也是分两步进行的。第一步，制备感受态细胞。选取对数生长期的大肠埃希菌细胞低温离心，弃上清液。用双蒸水（ddH_2O）或低盐缓冲液充分清洗，降低细胞悬浮液的离子强度。并用10%甘油重悬细胞，使其细胞浓度为 3×10^{10} 个/ml。分装，在干冰上速冻后，置于－70～－80℃储存。这样，每小份细胞溶解后即可用于转化，有效期达6个月以上。第二步，在低温（0～4℃）下进行电场转化。从－80℃冰箱中取出感受态细胞，置于冰上解冻，加入待转化的质粒DNA，冰浴。同时将电转化杯进行冰浴。将冰浴后的感受态细胞和质粒DNA转移至电转化杯室，轻轻混匀，推入电转仪。打开电转仪，调节合适的电转参数（如25μF、2.5kV、200Ω的电场处理4.6毫秒），即可获得理想的电场转化效率。

电穿孔转化法的效率受电场强度、电脉冲时间、外源DNA浓度、DNA的拓扑结构、温度、宿主细胞的生长状态等参数的影响，通过优化这些参数，每微克DNA可以得到 10^9～10^{10} 个转化子。与 $CaCl_2$ 转化法相比，电穿孔的转化效率较高，尤其是能转化近1000kb的大分子DNA，适合于大分子克隆，其转化240kb大分子DNA的效率也能达到 10^6 CFU/μg DNA（CFU：colony forming units，即克隆数）。

（二）外源基因通过噬菌体转导进入受体细胞

噬菌体感染细菌后，把噬菌体基因组注入受体细菌进行复制和表达，在细菌细胞内包装成子代噬菌体颗粒，裂解细菌细胞后，继续感染其他细菌。如果子代噬菌体基因组中重组了被裂解供体细菌的DNA裂解片段，并在感染其他溶原性细菌细胞时把所携带的供体菌DNA片段带入受体菌细胞，整合到受体细菌染色体上，这个过程被称为噬菌体介导的基因转导（transduction）。

在基因工程操作中，基因转导常用的噬菌体是λ噬菌体。λ噬菌体是大肠埃希菌的一种双链DNA噬菌体，其分子量为 3.1×10^6 Da，基因组DNA分子的长度为48.5kb，是一种中等大小的温和噬菌体。λ噬菌体感染大肠埃希菌的过程也是先通过噬菌体侵染细菌，注入自身DNA，降解细菌的染色体，在细菌细胞内复制噬菌体DNA。包装成子代噬菌体颗粒后，溶解细菌，释放出子代噬菌体。因此，λ噬菌体是常用的一种噬菌体载体，具有很高的感染效率，在构建基因组文库时有广泛的用途。用λ噬菌体作载体时，要通过λ噬菌体的包装蛋白包装重组 DNA 分子，因此，重组 DNA 分子上要有λ噬菌体包装蛋白的包装识别信号（cos 序列），还要求重组 DNA 的长度必须在λ噬菌体野生型基因组的 75% ~105% 范围内（38 ~50kb）。用重组λ噬菌体颗粒感染受体细胞，需要将重组λ噬菌体 DNA 分子进行体外包装（*in vitro* packaging）。所谓体外包装，是指在体外模拟λ噬菌体 DNA 分子在受体细胞内发生的一系列特殊的包装反应过程，将重组λ噬菌体 DNA 分子包装为成熟的具有感染能力的λ噬菌体颗粒的技术，其感染受体细菌的转导效率增加，可提高 100 ~1000 倍，具有扩增的效应。

λ噬菌体的体外包装过程是根据λ噬菌体 DNA 体内包装的途径，分别获得缺失 D 包装蛋白的λ噬菌体突变株和缺失 E 包装蛋白的入噬菌体突变株。由于不具备完整的包装蛋白，这两种突变株在细菌内均不能单独地包装入噬菌体 DNA，但将两种突变株分别感染大肠埃希菌，分别提取缺失 D 蛋白的包装物（含有正常 E 蛋白）和缺失 E 蛋白的包装物（含有正常 D 蛋白），两者混合后就能包装重组λ噬菌体 DNA。经过体外包装的噬菌体颗粒可以感染适当的受体菌细胞，并将重组λ噬菌体 DNA 分子高效导入细胞。在良好的体外包装反应条件下，每微克野生型的λ噬菌体 DNA 可形成 10^8 ~ 10^9 PFU（plaque - forming unit，即噬菌斑克隆数）。而对于重组的λ噬菌体 DNA，包装后的成斑率要比野生型的有所下降，但仍可达到 10^6 ~ 10^7 PFU，完全可以满足构建真核组基因文库的要求。

二、把目的基因导入酵母细胞　微课 6

酵母是结构最为简单的真核生物之一，作为一个真核生物表达系统，酵母的优势是：①基因表达调控机制比较清楚，并且遗传操作相对简单；②具有原核细菌无法比拟的真核生物蛋白质翻译后修饰加工系统；③不含有特异性的病毒，不产生毒素，有些酵母属（如酿酒酵母）在食品工业中有着几百年的应用历史，属于安全型基因工程受体系统；④大规模发酵工艺简单，成本低廉；⑤能将外源基因表达产物分泌至培养基中，便于产物的提取和加工；⑥利用酵母表达动植物基因能在相当大的程度上阐明高等真核生物乃至人类基因表达调控的基本原理以及基因编码产物结构与功能之间的关系。因此，酵母是外源真核基因最理想的表达系统，在现代生物技术领域具有极为重要的经济意义和学术价值。

目前已广泛用于外源基因表达的酵母有酵母属（如酿酒酵母 *Saccharomyces cerevisiae*）、克鲁维酵母属（如乳酸克鲁维酵母 *Kluyveromyces lactis*）、毕赤酵母属（如巴斯德毕赤酵母 *Pichia pastoris*）、裂殖酵母属（如非洲粟酒裂殖酵母 *Schizosaccharomyces pombe*）和汉逊酵母属（如多态汉逊酵母 *Hansenula polymorpha*）等，其中，酿酒酵母的遗传学和分子生物学研究得最为详尽。利用经典诱变技术对野生型菌株进行多次改良，酿酒酵母已成为酵母中高效表达外源基因尤其是高等真核生物基因的优良宿主系统。酵母的转化方法通常有以下两种。

（一）聚乙二醇介导的酵母转化

酵母的细胞壁主要由多糖（polysaccharide）和糖蛋白（glycoprotein）组成，如葡聚糖、几丁质和甘露糖蛋白等。对于这类有细胞壁的生物，外源基因不容易转入。

1978 年，美国康奈尔大学的 Gerald Fink 团队首次建立利用聚乙二醇（polyethylene glycol，PEG）转化酵母球浆体的技术。他们用蜗牛酶除去 *leu*$^-$ 酵母的细胞壁，把酵母球浆体放在 1mol/L 的山梨醇中，然后在 0.5ml 含有 1mol/L 山梨醇、10mmol/L Tris - HCl 和 10mmol/L $CaCl_2$ 的溶液（pH 7.5）中重悬，加入终浓度为 10 ~20μg/ml 的酵母质粒 DNA，室温下放置 5 分钟，再加入 5ml 含有 40% 的 PEG4000、10mmol/L Tris - HCl 和 10mmol/L $CaCl_2$ 的溶液（pH 7.5）处理 10 分钟，最后离心收集菌体，放至含有

3%琼脂的基本培养基上筛选恢复野生型的酵母，并重生细胞壁。

虽然聚乙二醇介导酵母球浆体转化法应用广泛，但是聚乙二醇转化酵母细胞的转化率并不高，对酵母整合型质粒（YIp），只能获得1～10个转化子/μg DNA；酵母复制型质粒（YRp）的转化率能达到0.5×10^3～2.0×10^3个转化子/μg DNA；酵母附加体质粒（YEp）的转化效率最高，但也只能达到0.5×10^4～2.0×10^4个转化子/μg DNA。而且聚乙二醇转化法有两个缺点，一是转化后的酵母细胞需要在含琼脂的培养基中再生细胞壁；二是由于使用PEG会导致球浆体融合，得到的转化子中相同基因的二倍体甚至多倍体占很高的比例。因此，这种方法后来逐渐被其他高效转化的方法替代。

（二）金属阳离子介导的酵母转化

1983年，Kousaku Murata团队试验了用多种金属阳离子处理酵母细胞来制备酵母感受态的方法。他们发现，Ca^{2+}或Zn^{2+}虽然能诱导大肠埃希菌甚至植物细胞成为感受态，但对酵母细胞无能为力，而某些单价碱性阳离子（如Na^+、K^+、Rb^+、Cs^+、Li^+）与PEG合用则能刺激完整的酿酒酵母D13－1A和AH－22细胞吸收质粒DNA。他们先用100mmol/L的阳离子溶液处理酵母细胞，然后加入质粒DNA和终浓度为35%的PEG4000，30℃孵育1小时，最后放入42℃水浴热休克5分钟，立刻降至室温，直接涂板筛选。结果发现，PEG处理和42℃热休克处理是不可缺少的步骤。在NaCl、KCl、RbCl、CsCl、LiCl、CH_3COOLi处理过的D13－1A酵母细胞中，用CH_3COOLi处理得到的转化子最多，能得到400个转化子/μg DNA。后来经过大量的摸索和改进，逐渐把转化率提高至10^4个转化子/μg DNA。CH_3COOLi与PEG联用转化酵母细胞的最大优点在于此法可转化完整的带细胞壁的酵母细胞，因而无需对酵母细胞进行原生质体处理。现在，用CH_3COOLi处理已成为酵母转化的常规步骤。据分析，CH_3COOLi处理可使酵母细胞产生一种短暂的感受态，能够更容易摄取外源性DNA。加入PEG处理则可在高浓度CH_3COOLi环境中保护酵母细胞膜，减少CH_3COOLi对细胞膜结构的过度损伤，同时使质粒与细胞膜接触更紧密。

三、把目的基因导入植物细胞 微课7

植物细胞外层为坚韧的细胞壁，人们根据植物细胞的特点发明了多种基因转移技术，根据原理的不同，主要分为物理方法和生物学方法两大类。

（一）物理方法

1. 基因枪 是将外表附有DNA的高速运动的微小金属颗粒射向靶细胞，金属颗粒穿过细胞壁和细胞膜，同时将DNA分子引入受体细胞（图3－14），这种颗粒直径为0.2～0.4μm，由钨或金制成。基因枪技术可应用于动物细胞、真菌、植物的组织。

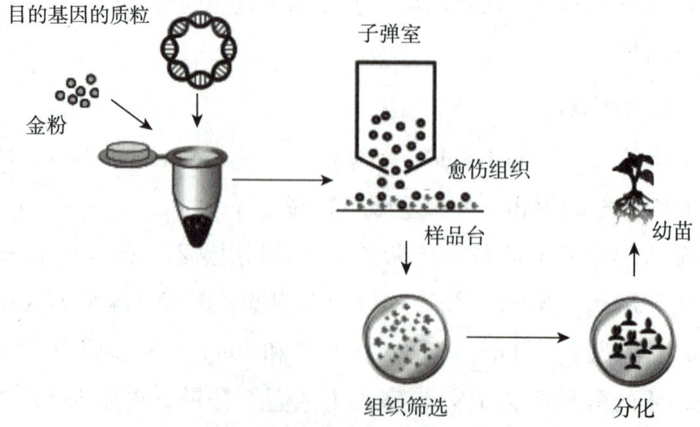

图3－14 基因枪介导基因转移到植物细胞中

2. 电击法　是一种直接将外源基因转移进入受体植物细胞的方法。这种方法可用于单子叶植物及双子叶植物细胞原生质体的转化。其基本原理是在适当的外加电压下，细胞膜有可能被击穿，但不影响或很少影响细胞质的生命活动，移去外加电压后，膜孔在一定时间内可以自动恢复，细胞膜通透性的这种可逆变化使得溶液中的大分子物质（如 DNA）进入细胞，并改变细胞的遗传物质构成。可逆击穿的临界电压、脉冲时间长度、温度（包括热激及冷淬处理）、PEG 的浓度和处理时间、各成分的添加顺序、溶液性质及细胞类型等因素都影响转化的频率。不同研究者所得的最佳转化条件也不一样。利用这一技术已经成功地转化了烟草、玉米和水稻的原生质体，其转化效率在 0.1% ~1.0% 之间。本法具有简单方便、细胞毒性低等优点；但转化效率较低，且仅限于能由原生质体再生出植株的植物。

3. 显微注射法　显微注射借助显微注射仪，将外源 DNA 或 mRNA 通过机械方法直接注射到受体细胞中。此方法适用的植物样品有游离细胞、原生质体、分生组织和胚胎组织等多细胞结构。显微注射法转化效率高，可达 60% 以上，使用范围广，但该法需要进行原生质体、带壁细胞或细胞团的固定，因缺乏有效的固定胚性细胞团的方法而受到很大限制。该法对操作者的技术要求较高，费时费力，每次只能处理一个细胞，因此在植物转基因操作中使用很少。

4. 花粉管通道法　是将外源 DNA 片段在自花授粉后的特定时期注入植物柱头或花柱，外源 DNA 沿花粉管通道或传递组织通过株芯进入胚囊，转化不具备正常细胞壁的受精卵、合子及早期的胚体细胞。这一技术可用于任何开花植物。该法的特点是参与了被转化植物的生殖过程，直接操作于整体植株，避免了传统的基因枪法和土壤农杆菌法转化所要求的组织培养技术，转化方法简单、易操作，单、双子叶植物都可应用，育种时间缩短，有很强的实用性。

（二）农杆菌 Ti 质粒载体介导法

土壤农杆菌介导的基因转移是目前最常用的获得转基因植物的方法，它主要用于双子叶植物系统。该法的基因转移再生效率很高，且外源基因转入并整合到植物基因组中后未发生任何重大的修饰改变。一般来说，使用土壤农杆菌介导法转入的外源基因拷贝数较低，大多是单拷贝转移。

1. Ti 质粒的结构组成　根瘤农杆菌（*Agrobacterium tumefaciens*）可以引发植物产生冠瘿瘤（crown gall），干扰被侵染植物的正常生长。根瘤农杆菌主要感染双子叶植物形成冠瘿瘤，但很少感染单子叶植物。多数农杆菌携带有一种称为 Ti 的质粒（tumor inducing plasmid），它是一种双链环状 DNA 分子，长 200 ~ 250kb，根据合成冠瘿碱种类的不同，Ti 质粒可分 4 种：章鱼碱型（octopine）、胭脂碱型（nopaline）、农杆菌素碱型（agropine）和琥珀碱型（succinamopine）。冠瘿碱为一些谷氨酸的双环糖衍生物，可以为农杆菌的生长提供能源。

常见的一种野生型 Ti 质粒是一个 194kb 大小的大型环状质粒，约有 196 个基因，编码 195 个蛋白质。天然 Ti 质粒的结构可分 4 个区：①复制起始区（origin of replication，*ori* 区），该区段基因调控 Ti 质粒的自我复制；②结合转移区（region encoding conjugation，*Con* 区），该区段存在着与细菌间接合转移有关的基因，调控 Ti 质粒在农杆菌之间的转移；③转移 DNA 区（transferred－DNA region，T－DNA 区），T－DNA 是农杆菌感染植物细胞时，从 Ti 质粒上切割下来转移到植物细胞的一段 DNA；④毒性区（virulence region，*Vir* 区），该区段上的基因能激活 T－DNA 转移，使农杆菌显出毒性（图 3－15）。

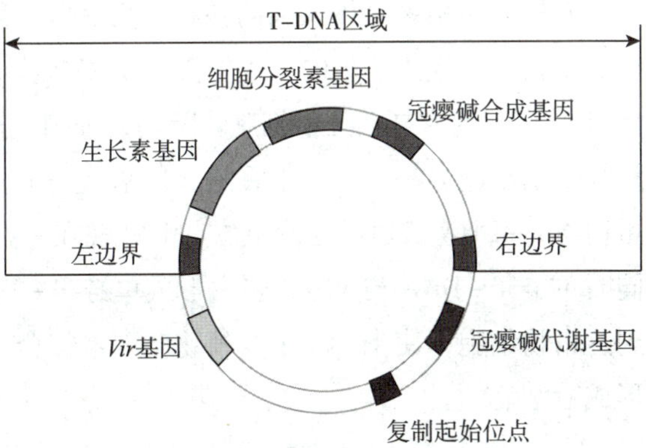

图 3－15　Ti 质粒结构示意图

2. T－DNA 的结构与功能 T－DNA 能够转移并整合进植物基因组，导致冠瘿瘤的形成。T－DNA 的长度在 12～24kb 之间。T－DNA 两端左、右边界各为 25bp 的重复序列，分别称为左边界（LB 或 LT）和右边界（RB 或 RT）。右边界在 T－DNA 转移中起着重要作用。在章鱼碱型 T－DNA 的右边界的右边还存在一个约 15bp 的超驱动序列（overdrive），为转移 LT、RT、T－DNA 所必需，起增强子作用。T－DNA 的 5′端和 3′端都有真核表达信号，如 TATA box、AATAA box 及 poly(A)等。

在 T－DNA 左、右边界之间，含有三类结构基因，即生长素合成基因、细胞分裂素合成基因和冠瘿碱合成基因，这些基因的表达产物与植物产生冠瘿瘤密切相关。当三个结构基因随着 T－DNA 转移并整合至植物基因组上后，生长素合成基因和细胞分裂素合成基因的表达产物引起质粒转化区植物细胞不断分裂与生长，加上冠瘿碱合成基因不断利用植物细胞的氨基酸（精氨酸、丙氨酸、谷氨酰胺）合成冠瘿碱并不断积累，导致植物细胞感染处形成冠瘿瘤。

3. 毒性区的基因与功能 *vir* 区位于 T－DNA 区以外，长约 40kb，由 7 个操纵子组成，分别是 *virA*、*virB*、*virC*、*virD*、*virE*、*virF*、*virG*。在这 7 个操纵子中，*virA*、*virB*、*virD*、*virE*、*virF* 及 *virG* 对于 T－DNA 的转移和肿瘤的诱导是绝对必需的。其中，*virA* 和 *virG* 编码的两个蛋白质在出现酚类化合物时，对其他毒性基因的调节和表达起激活作用。*virA* 编码一个跨膜组氨酸蛋白激酶（histidine protein kinase），定位于细菌细胞膜上。*virG* 是一个细胞质应答调节因子（cytoplasmic response regulator）。*virA* 被激活后，即可激活 *virG*。*virG* 进一步激活其他 *vir* 基因的表达。在双子叶植物中，酚类化合物乙酰丁香酮（acetosyringone，As）和羟基乙酰丁香酮（hydroxyacetosyringone，OH－As）对于激活毒性基因有重要作用。*virB* 含 11 个开放阅读框架（ORF），其所编码的蛋白质被运输到细胞膜或周质中，在农杆菌细胞膜上形成通道，是 T－DNA 从农杆菌运输到植物细胞的通道。*virD* 含 5 个 ORF，编码蛋白质 VirD1～VirD5，其中 VirD2 蛋白具有特异性的核酸内切酶活性，识别 T－DNA 右边界重复序列，并在此处把 T－DNA 切开一个切口，并与切口的 5′端结合。*virE* 含 2 个 ORF，其中 VirE2 为单链结合蛋白，多个 VirE2 蛋白质分子结合在单链 T－DNA 上，形成核蛋白丝（nucleoprotein－filaments）。VirD2 和 VirE2 都有植物细胞核定位信号，能护送 T－DNA 进入植物细胞核。毒性区基因相互作用，从而形成由 VirD2 蛋白牵头、VirE2 蛋白作为外壳的单链 T－DNA 转移复合体，这一复合体不仅可穿过 VirB 在农杆菌细胞膜上形成的通道到达植物细胞，而且还可保护 T－DNA 不被植物核酸水解酶降解。

4. T－DNA 整合机制与诱导植物致瘤的过程 农杆菌 Ti 质粒上 T－DNA 导入植物基因组的整个过程大致可分为以下 6 个步骤：①农杆菌对受体细胞的识别；②农杆菌附着到植物受体细胞上；③诱导启动毒性区基因表达；④通道复合体的合成和装配；⑤T－DNA 的加工和转运；⑥T－DNA 的整合。

农杆菌对植物受体识别的基础是细菌的趋化性，即菌株对植物细胞所释放的化学物质产生趋向性反应。受伤植物组织产生的一些糖类、氨基酸类、酚类物质具有趋化作用。在植物创伤部位生存了 8～16 小时之后的农杆菌处于细胞调节期，细菌会产生细微的纤丝，将自身束缚在植物细胞壁表面。接着，植物受伤细胞分泌的乙酰丁香酮和羟基乙酰丁香酮等酚类物质诱导 Ti 质粒上毒性区基因的表达，VirD2 蛋白将T－DNA 从边界的特定位点上（现在一般认为是边界末端第 3 和第 4 碱基处）切下单链 T－DNA。同时单链 T－DNA 与 VirE2 蛋白形成单链 T－DNA 转移复合体，穿过 VirB 蛋白在细胞膜上形成的通道，到达植物细胞，使 T－DNA 与植物基因组整合。T－DNA 上的三个结构基因在植物细胞内表达，使植物形成冠瘿瘤。

5. Ti 质粒衍生的载体系统 Ti 质粒虽然是一种有效的天然载体，但是作为常规的克隆载体是有缺陷的，如转化细胞生长过程中产生的植物激素会阻碍转化细胞的再生；冠瘿碱合成会消耗能源，降低植物的产量；Ti 质粒过于庞大（大于 200kb），不利于操作；Ti 质粒在大肠埃希菌中不能复制，在细菌中操作和保存会很困难。因此，Ti 质粒必须经改建才能满足转基因操作的要求。

改建 Ti 质粒载体的基本原则如下。①使载体具备 2 个 DNA 复制原点：一个作为大肠埃希菌的复制位点，另一个作为农杆菌的复制位点，即构建成为大肠埃希菌 - 农杆菌穿梭载体。②至少具备 2 个筛选标记：一个是植物细胞选择标记基因，便于转化植物细胞后的选择；另一个是大肠埃希菌和农杆菌的选择标记，便于载体构建和克隆的筛选。③减小质粒分子量：天然质粒由于分子量太大，不利于克隆操作，因此要尽量减小质粒分子量。通常将 T - DNA 上的三个结构基因去除，代之以目的基因和植物细胞筛选标记，Ti 质粒上其他非必需序列也要去除。④删除质粒上多余的酶切位点，增加多种酶的单一酶切位点即多克隆位点（MCS）：多克隆位点一般插在 T - DNA 序列上，便于外源基因的克隆和转入。

现在，农杆菌介导的遗传转化已在许多植物上被广泛采用，外植体种类逐渐扩展到叶柄、子叶、子叶柄、下胚轴、茎段、茎尖分生组织、表皮薄壁细胞、块茎、匍茎节段、愈伤组织及胚性悬浮细胞、原生质体等。土壤农杆菌介导的基因转化，其成功的关键在于找到合适的组织培养和再生技术。之前用土壤农杆菌介导的基因转移都局限在双子叶植物的范围内，但是近几年，用土壤农杆菌转化单子叶植物也取得了重大的突破。许多实验已经证明，土壤农杆菌可以将 T - DNA 转入玉米细胞，并在其中稳定表达；利用土壤农杆菌转化的水稻中，外源基因也能稳定表达，转基因水稻植株的再生频率可以达到 10% ~30%。

四、把目的基因导入动物细胞 微课 8

把外源基因导入动物细胞分两种情况。一是把外源基因导入体外培养的离体动物细胞，如体外培养的小鼠细胞和人类各种肿瘤细胞系，常见的包括小鼠 L 细胞、猴肾细胞、中国仓鼠卵巢细胞（CHO）、人 HeLa 细胞、成纤维细胞、骨髓细胞系等，基因导入的方法通常有化学试剂介导、病毒载体介导和物理方法介导等几种类型。现在把这种通过各种方法将外源目的 DNA 直接导入动物细胞的方法统称为转染（transfection）。二是把外源目的基因导入动物受精卵、早期胚胎或胚胎干细胞（E 细胞）等，制备活体转基因动物。转基因动物的基因导入方法主要有显微注射法、体细胞核移植法、胚胎干细胞法、逆转录病毒感染法和精子载体法等。

（一）外源基因导入离体培养的动物细胞

动物细胞，尤其是哺乳动物细胞作为受体细胞具有以下优点：①能识别和除去外源真核基因中的内含子，剪切和加工成熟的 mRNA；②真核基因表达的蛋白质在翻译后能被正确加工或修饰，产物具有较好的蛋白质免疫原性，为酵母细胞的 16 ~20 倍；③易被重组 DNA 质粒转染，具有遗传稳定性和可重复性；④经转化的动物细胞可将表达产物分泌到培养基中，便于提纯和加工，成本低。因此，离体培养的哺乳动物细胞是优良的真核基因表达系统，不仅可用于基因表达调控的研究，也可用于生产重组蛋白药物。

外源目的基因转染离体培养的动物细胞的方法主要有以下几种。

1. 磷酸钙共沉淀法　操作流程是先把病毒 DNA 或质粒 DNA 溶入 pH 7.05 的 HEPES 磷酸盐缓冲液中，然后加入终浓度 125mmol/L 的 $CaCl_2$ 溶液，室温混合 30 ~40 分钟后，产生非常细小的磷酸钙沉淀。弃掉贴壁细胞上的培养基，换成磷酸钙沉淀溶液，DNA 附着在磷酸钙表面共沉淀到细胞表面。20 分钟后，细胞通过某种方式把沉淀和所携带的 DNA 摄入。磷酸钙共沉淀法由于操作简单，对细胞和载体类型没有限制，是真核细胞常用的转染方法。

2. 脂质体介导法　脂质体是由脂类形成的一种可以高效包装 DNA 的人造单层膜，是一种脂质双层包围水溶液的脂质微球。其结构和性质与细胞膜极为相似，二者易于融合，DNA 由于细胞的内吞作用进入细胞。1979 年，Robert T. Fraley 创立了脂质体介导 DNA 转移的方法，他用脂质体包埋 pBR322 质粒，成功转化了大肠埃希菌 SF8 菌株。后来为了提高脂质体的转染效率，开始人工合成带正电荷的阳性脂质体，如 DOTMA［（2，3－二油氧基丙基）三甲基氯化铵］。带正电的脂质体与带负电的核酸更容易结合，形成脂－DNA 复合物（lipid－DNA complex，lipoplex），进入细胞。阳性脂质体的转染率比磷酸钙和 DEAE－dextran 法高 5～10 倍，是一种简便、高效、低毒的转染方法。

由于阳性脂质体 DNA 基因转移系统在体外研究中的应用已趋于成熟，脂质体转染法不仅用于转染动物细胞，也用于人体细胞的基因治疗载体。用于基因治疗的人工脂质体膜具有如下特点：①与体细胞相容，无毒性和免疫原性；②可生物降解，不会在体内堆积；③可制成球状（0.03～50nm），包容大小不同的生物活性分子；④可带有不同的电荷；⑤具有不同的膜脂流动性、稳定性及温度敏感性，能适应不同的生理要求。

3. 电穿孔法 可以转化大肠埃希菌细胞，也可以转化酵母细胞和植物原生质体。1982 年，德国马普研究所 Neumann 团队首次用电穿孔法用带有单纯疱疹病毒 *tk* 基因的质粒 pTK2 转化小鼠 LM（TK^-）细胞，用 HAT 选择性培养基筛选到了 TK^+ 细胞，说明电穿孔法也可以转染动物细胞。

4. 病毒载体法 动物病毒颗粒能高效地感染特定种类的动物细胞，并携带病毒基因组进入宿主细胞，把基因组整合到宿主基因组中。基因工程可以利用动物病毒这种感染机制进行转导，即用病毒外壳蛋白包装重组病毒 DNA 去感染靶细胞，借此把外源 DNA 送入靶细胞。目前使用较多的病毒载体有慢病毒载体和腺病毒载体。

（二）外源基因导入在体动物细胞

将外源目的基因导入动物细胞制备转基因动物的方法中，比较经典的有显微注射法、逆转录病毒法、体细胞核移植法、精子载体法以及胚胎干细胞法。其中，胚胎干细胞法是将外源基因先转入胚胎干细胞（embryonic stem cell，ESCs，简称 ES、EK 或 ESC 细胞），然后筛选带有外源基因的 ES 细胞并将它们移植到囊胚，得到嵌合体后代后，再杂交筛选转基因个体。外源基因转染 ES 细胞的方法与转染离体动物细胞是一样的。

1. 显微注射法（microinjection） 是指将在体外构建的外源目的基因，在显微操作仪下用极细的注射针注射到动物受精卵中，使之通过 DNA 复制整合到动物基因组中，最后通过胚胎移植技术将注射了外源基因的受精卵移植到受体动物的子宫内继续发育，通过对后代进行筛选和鉴定得到转基因动物的方法。

显微注射法是制备转基因动物最早、最经典、应用最广泛的方法，采用显微技术把外源基因注射进受精卵的雄原核。注入雄原核的外源基因会整合进入胚胎部分细胞的基因组，从而在后代中获得一定比例的转基因个体。显微注射法的优点是：转移率高，实验周期相对较短，导入过程直观，外源基因（DNA）的大小不受限制，没有化学试剂等对细胞的毒性作用等。但它的缺点也比较明显：①需要昂贵的设备，而且操作复杂，技术难度较高；②胚胎受到的机械损伤较大，导致存活率下降；③只能增加 DNA，不能删除或定点进行基因修饰；④是外源基因随机整合，基因的表达和遗传稳定性没有保证，随机整合也可能破坏内源基因或激活癌基因，甚至导入基因可能会发生沉默，而且整合率低，对大动物进行显微注射尤其困难。如针对鱼类的外源基因整合率通常可达 10%～15%，小鼠为 6%～10%；但对比较大的动物，通过显微注射来得到转基因动物的效率不高，如猪和羊分别只有 0.98% 和 1%。

2. 逆转录病毒载体法 逆转录病毒是一类 RNA 病毒，由外壳蛋白、核心蛋白和基因组 RNA 三部分组成。逆转录病毒含有逆转录酶，病毒的 RNA 进入宿主细胞后，在逆转录酶的催化下合成病毒 DNA，病毒 DNA 会整合到动物细胞的基因组上。因此，逆转录病毒可以用于感染动物细胞制备转基因动物。

逆转录病毒能够感染动物细胞并将自身 DNA 整合进宿主基因组，因此，可以把外源基因插入病毒长末端重复序列的下游，这种重组病毒感染受精卵或早期胚胎后，就有可能获得转基因嵌合体后代，再经过一代繁殖得到转基因动物。在各种基因转移的方法中，通过逆转录病毒载体将基因整合入宿主细胞基因组是最为有效的方法之一。慢病毒载体也是一种逆转录病毒载体，由于整合和表达效率高而受到特别关注。将重组的慢病毒颗粒注射至小鼠受精卵，能够高效获得转基因小鼠，利用这种方法也相继高效获得了转基因大鼠、转基因牛和转基因猪等。慢病毒载体法还特别适用于家禽的转基因动物制备。因为对家禽而言，只需在新生受精蛋的胚盘下腔注入重组慢病毒载体，就能高效获得转基因鸡嵌合体，并且生殖嵌合的比例很高。

逆转录病毒载体的优点是：宿主范围广，操作简单，外源基因的整合效率高，而且多为单拷贝整合。但这种方法的缺陷在于：导入的外源基因较小，一般不超过 10kb。病毒载体可能会激活原癌基因或其他有害基因，有一定的安全隐患。病毒载体整合后，DNA 序列可能发生甲基化，导致基因表达沉默，表达率低，以及病毒载体的长末端重复序列可能会抑制内源基因的表达等。

3. 体细胞核移植法（somatic cell nuclear transplantation，NT） 是指将动物早期胚胎卵裂球或动物体细胞的细胞核移植到去核的受精卵或成熟的卵母细胞胞质中，从而获得重构卵，并使其恢复细胞分裂，继续发育成与供体细胞基因型完全相同的后代的技术。

体细胞核移植技术已经成为制备大型转基因哺乳动物的有效方法。1997 年，英国 PPL 公司的科学家 Schnieke 与罗斯林研究所的 Wilmut 等通过体细胞核移植技术，利用绵羊乳腺细胞率先在世界上成功制作了第一只体细胞克隆绵羊“多莉”（Dolly），这一成果开创了哺乳动物核移植之先河。1997 年，Wilmut 研究小组报道以胚胎细胞为核供体，获得了表达治疗人血友病的凝血因子区转基因克隆绵羊“波莉”（Polly）。1998 年，Gibelli 等通过该技术成功获得了含有 *lacZ* 基因的转基因牛。

体细胞核移植法的优点是：适用于大多数物种，试验周期短，无需进行嵌合体育种就可直接获得转基因个体，且转基因动物的遗传背景相同，便于大规模育种。可以在细胞水平检测外源基因是否整合，从而大大缩短转基因动物的制备流程；多种细胞类型都可以用来作为细胞核的供体，容易获得且可以冻存，而且操作时间从容，不受胚胎发育规律制约。但体细胞克隆法也有一些缺陷：比如操作程序复杂，对设备和技术的要求比较高。由于体细胞核移植涉及细胞重编程、细胞核与细胞质的相互作用，有些转基因动物可能会表现出生理缺陷，克隆效率不高，胚胎流产率高等。

4. 精子载体法 制备转基因动物还有一种非常简便的方法，就是精子载体法。这种方法是把成熟的精子与外源 DNA 进行预培养后，使精子有能力携带外源 DNA 进入卵细胞，使之受精，并使外源 DNA 整合到染色体中。这种方法利用精子的自然属性来克服人为机械操作对胚胎的损伤，具有简便易行、耗费低、转染率高和适应性广等优点，对大动物的转基因具有重要意义。到目前为止，至少在 12 种动物中获得了转基因后代，其中包括小鼠、家兔、牛、猪和鸡等，在小鼠、家兔中的整合率可以达到 30% 以上。但这种方法不够稳定，仍然存在外源基因随机整合进宿主基因组的问题，因此，目前还无法利用此方法随意地获得理想的转基因动物。

实例分析

实例

苦瓜 *MAP30* 基因的毕赤酵母表达载体构建及重组菌株的筛选。

实例分析

问题

1. 目的基因 *MAP30* 是用什么方法提取的？提取步骤是什么？
2. 目的基因 *MAP30* 是如何导入毕赤酵母细胞的？

思考题

1. 什么是基因组文库？其构建方法是怎样的？
2. 什么是 cDNA 文库？它的构建流程是什么？
3. PCR 介导的定点突变是如何实现的？
4. DNA 诱变的方法有哪些？
5. 对一个新基因进行生物信息学分析的基本步骤是什么？
6. 外源基因导入大肠埃希菌细胞有哪些方法？
7. 外源基因导入酵母细胞有哪些方法？
8. 如何构建 Ti 质粒的双元载体系统？
9. 体细胞克隆法的优势是什么？

书网融合……

参考答案　本章小结　微课 1　微课 2　微课 3　微课 4

微课 5　微课 6　微课 7　微课 8　拓展题

第四章　重组子克隆的筛选和鉴定

PPT

学习目标

【知识要求】

1. 掌握　重组子克隆筛选与鉴定的目的和原理；期望重组子表型选择法。

2. 熟悉　期望重组子核酸分子杂交检测法及原理。

3. 了解　其他期望重组子的筛选和鉴定方法。

【技能要求】

能够根据不同的克隆载体和宿主系统选择适合的筛选和鉴定方法；应用载体表型选择法进行重组子克隆的筛选和鉴定。

【素质要求】

实验操作和数据分析工作需要团队合作，通过团队合作，可以共同解决问题、提高工作效率，应认识到团队合作的重要性，培养相互信任、相互尊重的团队合作精神。

当重组 DNA 分子通过转化或转导等手段导入宿主细胞后，必须从大量宿主细胞中筛选出人们所需要的阳性克隆子，并对其进行进一步鉴定与分析。

通常我们将导入外源 DNA 分子后能够稳定存在的受体细胞称为转化子（transformant），将含有重组 DNA 分子的转化子称为重组子（recombinant），若重组子含有外源目的基因则，又称阳性克隆子或期望重组子。在重组 DNA 分子的转化、转染或转导过程中，并非所有受体细胞都能被转入重组 DNA 分子。相对于数量极大的受体细胞而言，仅有少数能被导入外源 DNA 分子而成为转化子。然而，转化子相对于某种特定重组子又成为数量巨大的群体。大量的转化子会接纳多种类型的 DNA 分子，包括：①不带任何外源 DNA 插入片段，仅是由线性载体分子自身连接形成的环状 DNA 分子；②由一个载体分子和一个或数个外源 DNA 片段构成的重组 DNA 分子，也就是我们需要的重组 DNA 分子；③单纯由数个外源 DNA 片段彼此连接形成的多聚 DNA 分子，当然这类多聚 DNA 分子不具备复制基因和复制起始位点，也不能在转化子中长期存留，最终由于细胞分裂被消耗掉，成为无用分子。因此，面对这种混合的 DNA 制剂转化来的大量克隆群体，需要采取行之有效的方法，来筛选出可能含有外源 DNA 片段的重组子克隆，然后用特殊的方法鉴定出含有目的基因的期望重组子。

对不同的克隆载体及其相应的宿主系统，重组子的筛选和鉴定方法都不尽相同，概括起来主要有以下几种：载体表型选择法、插入基因表型选择法、DNA 电泳检测法、核酸分子杂交检测法、免疫化学检测法、转译筛选法。

第一节　载体表型选择法

微课 1

载体表型选择法是根据载体分子所提供的表型特征直接选择重组 DNA 分子的方法，主要包括抗药性标记插入失活选择法和 β－半乳糖苷酶显色反应选择法。

一、抗药性标记插入失活选择法

pBR322质粒是分子克隆中最常用的一种载体分子，编码有四环素抗性（Tet^R）和氨苄青霉素抗性（Amp^R），可使带有该质粒的宿主细胞能在含有四环素或氨苄青霉素的培养基中生长。

插入失活（insertional inactivation）选择法是检测外源DNA分子插入的一种方法。在pBR322质粒的Tet^R基因内有*Bam*HⅠ和*Sal*Ⅰ两种限制酶的单一识别位点，均可供外源DNA插入。这两个位点中的任何一个，一旦有外源DNA的插入，都会导致Tet^R基因出现功能性失活，于是，形成的重组体转化子都将具有$Amp^R Tet^S$的表型。将此转化子先涂布在含有氨苄青霉素的平板上，并将存活的菌落原位影印到另一个含有四环素的平板上，凡是在氨苄青霉素平板上生长而在四环素平板上不生长的菌落，就可能是已经获得了这种重组体质粒的期望重组子。

同样，在pBR322质粒的Amp^R序列中，可以利用*Pst*Ⅰ的识别位点插入外源DNA片段，也能利用插入失活作用检测重组质粒。当然，此时所挑选的菌落应该具有$Amp^S Tet^R$的表型。

二、β－半乳糖苷酶显色反应选择法

除抗生素抗性筛选之外，质粒等载体上常用的另一种筛选标记是β－半乳糖苷酶显色反应。当外源DNA插入载体*lacZ*标记基因时，导致β－半乳糖苷酶基因失活，我们就可通过大肠埃希菌转化子菌落在添加有X－gal－IPTG培养基中的颜色变化直接观察出来。

β－半乳糖苷酶可以把乳糖水解成半乳糖和葡萄糖。将宿主细胞培养在补加有X－gal（5－溴－4－氯－3－吲哚－D－半乳糖苷）和乳糖诱导物IPTG（异丙基－β－D－硫代半乳糖苷）的培养基中，由于基因互补作用，宿主细胞可形成有功能的半乳糖苷酶，可将培养基中无色的X－gal切割成半乳糖和深蓝色的底物5－溴－4－氯－靛蓝（5－bromo－4－chloro－indigo），使菌落呈现蓝色反应。但当外源DNA插入到载体*lacZ*标记基因内部的多克隆位点上时，该基因的读码结构被阻断，其编码的α肽失去活性，从而产生白色菌落。因此，根据这种半乳糖苷酶的显色反应，便可以检测出含有外源DNA插入序列的期望重组体。

第二节　插入基因表型选择法

将重组体DNA分子转化到大肠埃希菌宿主细胞中后，若在载体分子上插入的外源基因能够实现其功能表达，那么根据表型特征的直接选择法，就是分离带有此种目的基因的期望重组子最简便的途径。

插入基因表型选择法的基本原理是：通过转化进入宿主细胞的外源DNA所编码的蛋白，能够对大肠埃希菌宿主菌株所具有的突变发挥体内抑制或互补效应，从而使被转化的宿主细胞表现出外源基因编码的表型特征。例如，已知亮氨酸（Leu）是Leu菌的必需氨基酸，若外源目的基因可表达产生亮氨酸，将含该基因的重组子转入Leu缺陷菌，在不含亮氨酸的基本培养基平板中，只有重组子表达的亮氨酸才能被Leu缺陷菌所利用，从而使其能生长繁殖，形成菌落。因此，能生长的细菌菌落均为阳性的重组子克隆；相反，无该重组子的Leu缺陷菌在不含亮氨酸的平板上则不能生长，不能形成菌落。

目前，人们已拥有相当数量的对其突变已做了详尽研究的大肠埃希菌实用菌株，而且其中包含许多种类型的突变，只要克隆的外源基因产物获得低水平的表达，相应的突变便会被抑制或发生互补作用。研究表明，一些真核生物的基因也能够在大肠埃希菌中表达，并且还能与宿主细胞的营养缺陷突变发生互补作用。小鼠的二氢叶酸还原酶（dihydrofolate reductase，DHFR）基因便是利用类似方法实现成功分离的。

然而，插入基因的表型选择法受到一定的条件限制，它不但要求克隆的DNA片段必须大到足以包含一个完整的基因序列，而且还要求目的基因能够在大肠埃希菌宿主细胞中实现功能表达。无疑，真核生物基因比较难以满足这些要求，其主要原因是许多真核基因是不能对大肠埃希菌的突变发生抑制作用或起互补效应的。此外，大多数的真核基因内部都存在着间隔序列，而大肠埃希菌又不存在真核基因转录加工过程中所需要的剪辑机制，这样便阻碍了它们在大肠埃希菌宿主细胞中实现基因产物表达。当然，在有些情况下可以通过使用mRNA的cDNA拷贝来构建重组体DNA的办法来克服这类问题。

第三节 电泳检测法

分离质粒DNA并测定其分子长度是证明重组体质粒分子质量增加的直接方法。对此，电子显微镜测定无疑是有效的方法，但对于以筛选为目的的实验来说，则显得过于烦琐，因此通常用操作程序比较简单的凝胶电泳测定来代替。由于质粒DNA的电泳迁移率是与其分子质量大小成比例的，那些带有外源DNA插入序列、分子质量较大的重组体DNA在凝胶中的迁移率比不具有外源DNA插入序列、分子质量较小的质粒DNA要小。根据这种差别，就可鉴定出哪些菌落的载体含有外源DNA片段了。

第四节 核酸分子杂交检测法 微课2

1968年，Britten及其同事创建了核酸分子杂交技术。其基本原理是：具有一定同源性的两条核酸（DNA或RNA）单链在适宜的温度、离子强度等条件下，可按碱基互补配对原则高度特异地复性形成双链。该技术也可用于重组子的筛选鉴定，杂交的双方是待测的核酸序列和用于检测的已知核酸片段（称探针）。这也是目前应用最为广泛的一种重组子的筛选方法，只要有现成可用的DNA探针或RNA探针，就可以检测克隆子是否含有目的基因。基本做法是将待测核酸变性后，用一定的方法将其固定在硝酸纤维膜（或尼龙膜）上，这个过程也称为核酸印迹（nucleic acid blotting）转移，然后用经标记示踪的特异核酸探针与之杂交结合，洗去其他的非特异性结合核酸分子后，示踪标记将指示待测核酸中能与探针互补的特异性DNA片段所在的位置。

根据待测核酸的来源以及将其分子结合到固相支持物上的方法的不同，核酸分子杂交检测法可分为菌落印迹原位杂交、斑点印迹杂交、Southern印迹杂交和Northern印迹杂交四类。

一、杂交方法

（一）Southern印迹杂交

Southern印迹杂交是由Southern于1975年首先建立并使用的。它是根据毛细管作用的原理，使在电泳凝胶中分离的DNA片段转移并结合在适当的滤膜上，然后通过与已标记的单链DNA或RNA探针的杂交作用来检测这些被转移的DNA片段。Southern印迹杂交是针对DNA分子进行的印迹杂交技术，又称DNA印迹杂交或Southern DNA印迹杂交等。

传统Southern印迹杂交的操作步骤（图4-1）如下：首先将进行DNA电泳分离的琼脂糖凝胶经过碱变性等预处理之后，平铺在用电泳缓冲液饱和了的两张滤纸上，在凝胶上部覆盖一张硝酸纤维素滤膜，接着加上一叠干燥滤纸或吸水纸，最后再压上一重物。由于干燥滤纸或吸水纸的虹吸作用，凝胶中的单链 DNA 便随着电泳缓冲液一起转移，一旦同硝酸纤维素滤膜接触，就会牢固地结合在它的上面，这样，在凝胶中的 DNA 片段就会按原谱带模式吸印到滤膜上（图 4－2）。在 80℃下烘烤 1～2 小时或采用短波紫外线交联法，使 DNA 片段稳定地固定在硝酸纤维素滤膜上。然后，将此滤膜移放在加有放射性同位素标记探针的溶液中进行核酸杂交。这些探针是与被吸印的 DNA 序列互补的 RNA 或单链 DNA，一旦与滤膜上的单链 DNA 杂交之后，可以牢固结合。漂洗去除游离的、没有杂交上的探针分子，经放射自显影后，便可鉴定出与探针的核苷酸序列同源的待测 DNA 片段。据此，可以将含有外源 DNA 片段的期望重组子筛选出来。

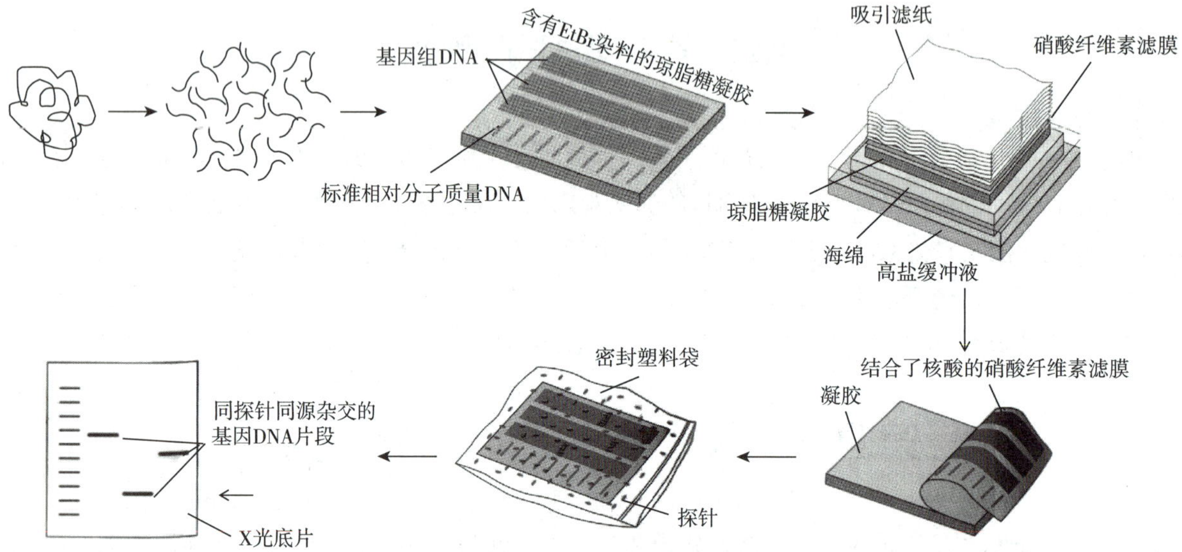

图 4－1　Southern 印迹杂交法示意图

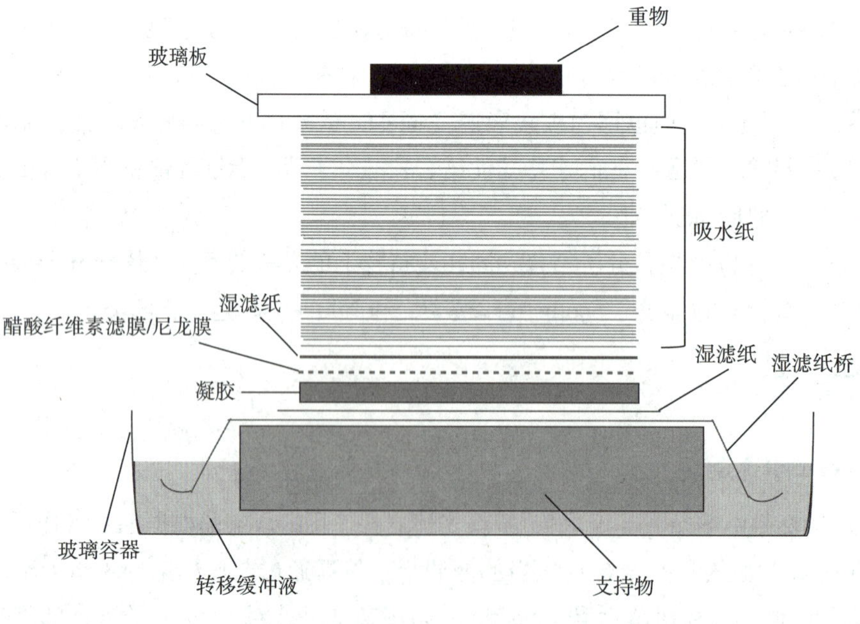

图 4－2　Southern 印迹杂交中的转膜

Southern 印迹转移的时间取决于酶切片段的大小。小于 1.0kb 的片段，1 小时即可基本完成转移过程；大于 15kb 的 DNA 片段需要 18 小时以上，而且转移并不完全。为了进行有效的 Southern 印迹转移，使不同大小的 DNA 片段能够同步地从电泳凝胶转移到硝酸纤维素滤膜上，须对电泳凝胶做适当的预处理。通常的做法是将电泳凝胶浸泡在 0.2 ~ 0.25mol/L 的稀 HCl 溶液中，做短暂的脱嘌呤处理之后，再行碱变性处理。由于在脱嘌呤位点发生了碱水解作用而使 DNA 分子断裂成短片段，从而提高转移效率。但是这种做法必须保持一定的限度，因为片段过小可能产生两个问题：一是不能与膜有效地结合；二是扩散作用增大。这种预处理一般只在 DNA 片段大于 15kb 时使用。

在印迹技术中，硝酸纤维素滤膜是目前应用最广的一种固相支持物，但它也存在一些不足之处：第一，硝酸纤维素滤膜是依赖疏水性相互作用结合 DNA 的，这种结合并不十分牢固，随着杂交及洗膜进程的推进，DNA 会慢慢脱离硝酸纤维素滤膜，从而使杂交效率下降；第二，硝酸纤维素滤膜质地较脆弱，容易碎裂，因此操作须小心谨慎（特别是经烘烤后）；第三，硝酸纤维素滤膜与核酸的结合有赖于高盐浓度，在低盐浓度时结合 DNA 效果不佳，不适宜于电转印迹法；第四，硝酸纤维素滤膜对于小分子质量 DNA 片段（特别是小于 200bp 的 DNA 片段）的结合能力不强。因此，现在人们更倾向于使用尼龙膜。尼龙膜结合 DNA 和 RNA 的能力强于硝酸纤维素滤膜，对小分子质量的核酸也能较好地结合，经烘烤或紫外线照射后，这种结合更加牢固。同时尼龙膜韧性强，操作较方便，对离子浓度要求不高，可重复用于杂交。但其杂交信号本底较硝酸纤维素滤膜高，这可通过增加预杂交液中非特异性封闭试剂用量的方法加以克服。

Southern 印迹杂交方法操作简单，结果十分灵敏，在理想的条件下，应用放射性同位素标记的特异性探针和放射自显影技术，即使每个电泳条带仅含有 2ng 的 DNA，也能被清晰地检测出来，因此 Southern印迹杂交技术在分子生物学及基因克隆实验中的应用极为普遍。

（二）Northern 印迹杂交

Northern 印迹杂交是指将 RNA 分子变性及电泳分离后，从电泳凝胶转移到固相支持物上进行核酸杂交的方法，又称 Northern RNA 印迹杂交等，该方法是在 Southern 印迹杂交的基础上发展起来的，主要针对 RNA 分子的检测，基本步骤与 Southern 印迹杂交相似。但 RNA 分子与 DNA 分子有所不同，一般不能采用碱变性处理，同时在 RNA 电泳时必须解决两个问题：一是防止单链 RNA 形成高级结构，故必须采用变性凝胶电泳；二是电泳过程中始终要有效抑制 RNase 的作用，防止 RNA 分子未被降解破坏。

在 RNA 变性凝胶电泳中，常用的变性剂有甲醛、乙二醛、羟甲基汞、尿素和甲酰胺等。尿素和甲酰胺会引起琼脂糖固化，故只限用于 RNA 的聚丙烯酰胺凝胶电泳。羟甲基汞对 RNA 的变性作用效果好，但由于毒性大而不宜采用。乙二醛变性效果较甲醛好些，杂交后的条带也比甲醛变性电泳清晰，但在操作上不如甲醛变性凝胶电泳简便，故使用最多的还是甲醛变性凝胶电泳。

甲醛变性凝胶电泳的原理是它能与 RNA 分子上的碱基结合形成具有一定稳定性的化合物，阻止了碱基间的配对。同时，甲醛对蛋白质分子中的亲核基团如 ε - 氨基、胍基、巯水基等具一定反应性，可使酶分子失活，防止其对 RNA 分子的降解破坏。

RNA 变性凝胶电泳时一般要求较低电压，通常以 3 ~ 4V/cm 为宜。电泳过程中要注意监测电极液的 pH，由于电极缓冲液的缓冲容量有限，电泳一段时间后电极槽中缓冲液的 pH 会发生变化，而 pH 超过 8 小时，会引起甲醛 - RNA、乙二醛 - RNA 复合物解离。增加缓冲液的离子强度，虽然可以增大缓冲容量，但增加离子强度会使泳动速率下降而不宜采用，因此在 RNA 变性电泳过程中，缓冲液要不断循环，无循环设备时，每隔 30 分钟左右更换一次缓冲液，或将两槽的缓冲液混合后再分配到两槽中（注意：操作时要关闭电源）。

甲醛变性凝胶电泳时，上样缓冲液中可加入 1μg 的 EB，电泳后凝胶可以直接置于紫外线下观察、照相。如果条带不清晰，可先将凝胶浸泡在 0.1 × SSC 溶液中约 20 分钟，以除去甲醛，然后再将凝胶置于含 0.5μg/ml EB 的 0.01×SSC 溶液中染色 20 分钟。对于丰度低的 RNA 及乙二醛变性时，因 RNA 与溴化乙锭结合后转移效率下降，宜采用电泳后染色。

Northern 印迹转移完毕，取下的固相膜无须漂洗，应立即在室温条件下进行干燥处理，然后于 80℃ 真空烘烤 2 小时以上，使 RNA 固定。经固定结合在膜上的 RNA 不再对 RNase 敏感，可长时间保存。变性剂的存在会干扰杂交灵敏度，因此在与探针进行杂交前，可以将真空干燥后的固相膜转至 20mmol/L、pH 8.0 的 Tris－HCl 缓冲液或 NH_4Ac 中，95℃放置 5～10 分钟，洗脱与 RNA 结合的甲醛或乙二醛，极大提高杂交灵敏度。

（三）斑点印迹杂交和狭线印迹杂交

如果只需检测克隆菌株、动植物细胞株或转基因个体、器官、组织提取的总 DNA 或 RNA 样品是否含有目的基因，则可采用斑点印迹杂交（dot blotting）或狭线印迹杂交（slot blotting）进行检测，它们是在 Southern 印迹杂交的基础上发展起来的两种相似的快速检测特异核酸（DNA 或 RNA）分子的核酸杂交技术。两种方法的基本原理和操作步骤相同，即通过特殊的加样装置将变性的 DNA 或 RNA 核酸样品直接转移到适当的杂交滤膜上，然后与核酸探针分子进行杂交以检测核酸样品中是否存在特异性 DNA 或 RNA。两者的区别仅在于呈现在杂交滤膜上的核酸样品分别为圆斑状和狭线状。斑点杂交法主要用于基因组中特定基因及其表达情况的定性和定量研究。与其他核酸分子杂交法相比，斑点杂交法具有简单、快速、经济等特点，一张滤膜上可以进行多个样品的检测，同时也适用于粗提核酸样品的检测，但该法不能用于鉴定所测基因的分子质量，且特异性不高，有一定比例的假阳性。

如果没有特殊的加样装备，也可采用手工直接点样。将核酸样品变性后，用微量进样器直接点在干燥的硝酸纤维素滤膜上，点样时应避免样斑过大，一般采用小量多次法加样，待第一次样品完全干燥后，再在原位置进行第二次点样。如核酸样品为 RNA，可采用甲醛变性后点膜，有时 RNA 样品亦可不经变性处理，直接于 10×SSC 液中点膜；对于 DNA 样品而言，可采用碱性缓冲液或煮沸方法变性。

（四）菌落（或噬菌斑）原位杂交

1975 年，Grunstein 和 Hosness 根据检测重组子 DNA 分子的核酸杂交技术原理，对 Southern 印迹技术做了一些修改，提出了菌落原位杂交技术。1977 年，Benton 和 Davis 又建立了与此类似的筛选含有克隆 DNA 的噬菌斑的杂交技术。与其他分子杂交技术不同，这类技术是直接把菌落或噬菌斑印迹转移到硝酸纤维素滤膜上，不必进行核酸分离纯化、限制酶酶解及凝胶电泳分离等操作，而是经溶菌和变性处理后使 DNA 暴露出来，并与滤膜原位结合，再与特异性 DNA 或 RNA 探针杂交，筛选出含有插入序列的菌落或噬菌斑。因为生长在培养基平板上的菌落或噬菌斑是按照其原来的位置转移到滤膜上，然后在原位发生溶菌、DNA 变性和杂交作用，所以菌落杂交或噬菌斑杂交隶属原位杂交（*in situ* hybridization）范畴。以菌落原位杂交为例，其操作步骤如图 4－3 所示。

第一步，将大小适宜的硝酸纤维素滤膜铺放在生长着转化菌落的平板表面，使其中的质粒 DNA 转移到滤膜上。

第二步，做好标记，小心取出滤膜，将吸附菌体的一面朝上，放置在预先被强碱溶液浸湿的普通滤纸上进行溶菌和碱变性处理。强碱可以裂解细菌，释放细胞内含物，降解 RNA，并使蛋白和 DNA 变性。

第三步，10 分钟后，将滤膜转移至预先被中性缓冲液浸湿的普通滤纸上，中和 NaOH。

第四步，将滤膜转移到清洗缓冲液中，短暂浸泡 3 分钟，洗去菌体碎片和蛋白质。

第五步，取出滤膜，在普通滤纸上晾干，置于 80℃下干燥 1～2 小时，使单链 DNA 牢固地结合在硝酸纤维素滤膜上。

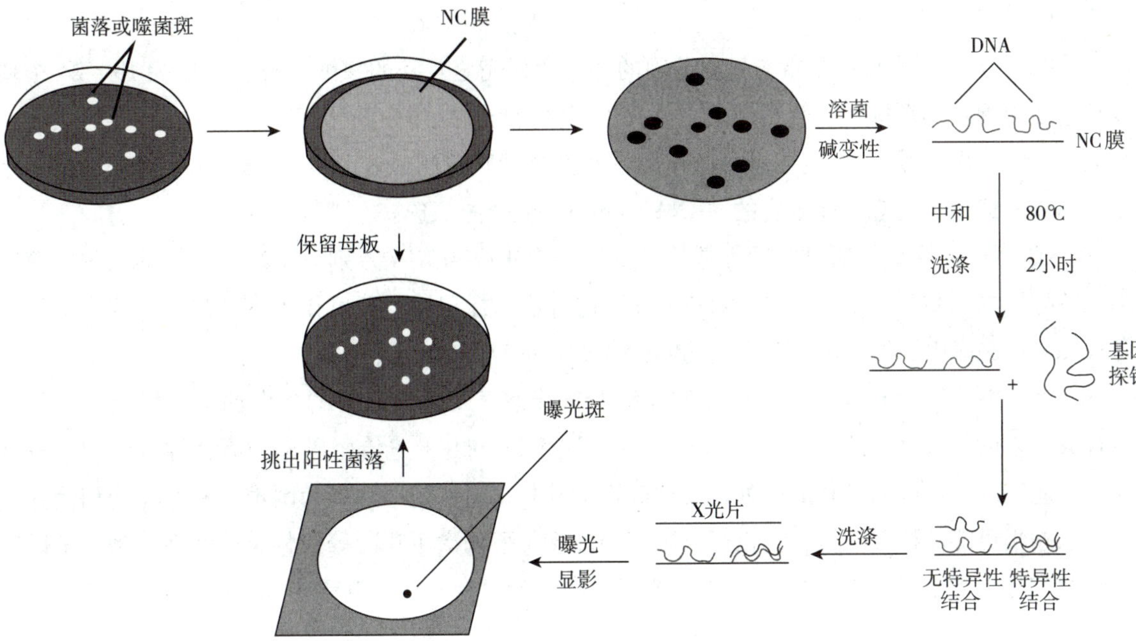

图4-3　菌落（噬菌斑）原位杂交过程

第六步，将滤膜转入探针溶液，在合适的温度和离子强度条件下进行杂交反应。离子强度和温度的选择取决于探针的长度以及与目的基因的同源程度，一般温度越高、离子强度越大，杂交反应越不易进行。因此，对于同源性高并具有足够长度的探针，通常在高离子强度和高温度的条件下进行杂交，这样可以大幅度降低非特异性杂交的本底。

第七步，杂交反应结束后，清洗滤膜，除去未特异性杂交的探针，然后晾干。

第八步，将滤膜与X线胶片压紧置于暗箱内曝光，根据胶片上感光斑点的位置，在原始平板上挑出相应的阳性重组子菌落。

一般情况下，在直径为85mm的平皿上长有100～200个转化菌落时进行原位杂交效果较理想。菌落太多，容易混杂，导致杂交信号弥散，难以区分菌落位置。可用无菌牙签将相应位置的菌落挑在少量的液体培养基中，经悬浮稀释后涂板培养，待长出菌落后再进行一轮杂交，即可获得阳性重组子。如果平皿上菌落太过稀少，也可用无菌牙签将各平皿菌落转至一个平皿上，适当培养后再进行实验。

1980年，Hanahan和Meselsoh又把上述方法加以改进，用于高密度菌落的检测。通过大规模操作，一次可同时筛选数十万个细菌菌落，大大提高了检测效率。原位杂交也随之成为有效的手段，广泛地用于筛选基因组DNA文库和cDNA文库等。

上述程序用于噬菌斑筛选则更为简单，因为每个噬菌斑中有足够数量的噬菌体颗粒，可以免去37℃扩增培养；同时由于噬菌体结构简单，不会产生菌体碎片而干扰杂交效果，检测灵敏度高于菌落原位杂交。噬菌斑杂交法的另一个优越性是，从一个母板上很容易得到几张含有同样DNA印迹的滤膜，不仅可以进行重复筛选，增加筛选的可靠性，同时也可使用一系列不同的探针对一批重组子进行多轮筛选。

二、核酸杂交探针

所谓杂交探针，是指具有一定序列的核苷酸片段，它能与互补的核酸序列复性杂交，并且通过适当标记进行检测。

（一）探针的种类

1. 同源或部分同源探针 是指与目的基因的部分序列完全互补的核酸探针，长度为19～24个核苷酸。该长度足以保证同源探针能够利用杂交方式将靶序列与其他序列区分开来。

2. 总cDNA探针 是利用逆转录酶的作用，对生物细胞总的或经分离的poly（A）mRNA进行示踪标记制备的。一般用于对应于高丰度的mRNA的cDNA克隆的筛选。

3. 特异性cDNA探针 通过差示筛选法、减法杂交法或mRNA差别显示法等从目的细胞中筛选获得的某些特异性的cDNA片段。用这些cDNA片段进行示踪标记后，即可作为探针使用。这类探针一般用于筛选cDNA文库中那些对应于低丰度的mRNA的目的克隆。

4. 人工合成的寡核苷酸探针 寡核苷酸探针的核苷酸序列是根据目的蛋白的一小段已知氨基酸序列推导合成出来的，长度一般为10～30bp，甚至可达50bp。由于遗传密码子的简并性，已知的氨基酸序列往往对应于多种不同的核苷酸序列，要精确推测其真正的目的序列极为困难。一般应选用简并度低的密码子以缩小可能的核苷酸范围，也可以采用中性核苷酸如次黄嘌呤等代替简并度高的密码子以增加杂交体的稳定性，但通常使用一组寡核苷酸的混合物作为探针，用于基因组DNA文库或cDNA文库的筛选。

（二）探针标记物

常用于分子杂交的探针标记物可分为放射性及非放射性两大类。

1. 放射性标记物 是指用放射性同位素对核苷酸等进行标记后的产物，常见的放射性同位素有^{32}P、^{3}H、^{35}S、^{14}C、^{125}I等，其中以^{32}P、^{3}H、^{35}S最为常用。^{32}P标记的核苷酸具有高放射性，放射自显影检测灵敏度高，但其分辨力低，半衰期短（14.3天），探针不能长期保存。与^{32}P标记物相比，^{35}S的放射性较弱，检测灵敏度低于^{32}P，但其分辨力高，放射自显影的本底低，适于细胞原位杂交等；此外，^{35}S的半衰期较长（87.1天），辐射危害较小，使用较为方便安全。^{3}H主要用于制备高分辨力的原位杂交探针，因其释放的放射能很低，放射自显影的本底也不高，但却需较长的曝光时间；^{3}H的半衰期长（12.3年），标记探针可较长时间保存。

标记物放射性的检测主要使用盖革计数器和液体闪烁计数器等射线探测仪来完成。

2. 非放射性标记物 最大的优势是无放射性污染，分辨力高，稳定性好，可以较长时间保存使用，但与放射性探针相比，多数非放射性探针的敏感性及特异性较差。目前已广泛应用的非放射性标记物有生物素（biotin）标记的核苷酸、地高辛（digoxigenin）标记的核苷酸、荧光素（fluorescein）标记的核苷酸等。此外，乙酰基氨基芴（AAF）或乙酰基氨基碘芬（AAIF）、汞离子、金颗粒、银颗粒及磺基等标记的核苷酸也能作为标记物使用。

生物素是一种水溶性维生素，又称维生素H。其分子中的戊酸羟基经化学修饰活化后可携带多种活性基团，能与核苷酸或核酸等多种物质发生偶联，从而使这些物质带上生物素标记。如生物素与dUTP分子中嘧啶碱基的第5位的碳原子通过一个碳链连接臂共价结合，形成biotin－11－dUTP及biotin－16－dUTP（图4－4），这是最为常用的生物素标记物。如果生物素偶联上某种光敏的芳香基团，即可成为光敏生物素，也较为常用。生物素标记的探针可通过生物素－抗生物素蛋白的亲和系统检出，也可以通过生物素－抗生物素抗体的免疫系统检出。抗生物素蛋白（avidin），又称亲和素、卵白素等，是一种从卵清中提取的碱性的四聚体糖蛋白，与生物素分子有极高的亲和力，具有专一、迅速及稳定的特点。同时，抗生物素蛋白还可与酶、荧光素等检测标记物结合，利用这些检测标记物即可确定生物素标记探针或与靶DNA形成的杂交复合体的位置信息等。使用生物素标记的核酸探针时，需注意不能用酚法纯化探针，因为结合在探针上的生物素能使 DNA 进入酚相。

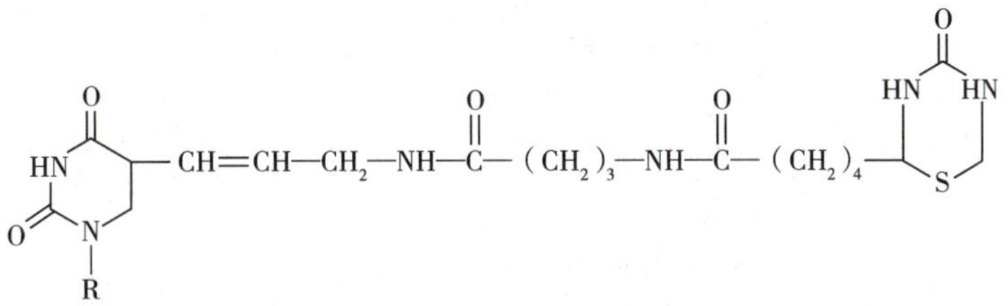

图 4-4　biotin-16-dUTP 结构图

地高辛（DIG）是一种类固醇类的半抗原，又称异羟基洋地黄毒苷配基，自然界中仅在毛地黄植物中发现，因此其他生物体不含有抗地高辛的抗体，避免了采用其他半抗原作标记可能带来的背景问题。该配基通过一个由 11 个碳原子组成的连接臂与尿嘧啶核苷酸嘧啶环上的第 5 个碳原子相连，形成地高辛标记的尿嘧啶核苷酸。地高辛与抗地高辛抗体能发生免疫结合，利用抗地高辛抗体上带有的酶标记就可进行探针的检测（图 4-5）。

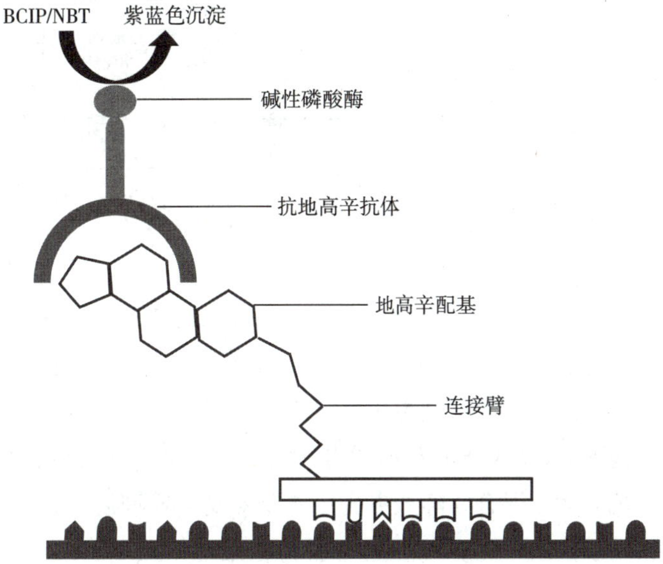

图 4-5　地高辛的酶标检测

荧光素是一类能在激发光的作用下发射出荧光的物质，包括异硫氰酸荧光素、羟基香豆素、罗达明等。荧光素与核苷酸结合后即可作为探针标记物，主要用于原位杂交检测。荧光素标记探针可通过荧光显微镜观察检出，或通过免疫组织化学法来检测。

（三）探针的标记方法

1. 切口平移标记法　涉及 DNA 酶 I 和 DNA 聚合酶 I 两种酶的作用。DNA 酶 I 是核酸内切酶，它能在双链 DNA 分子的单链上随机产生切口，但不破坏双链结构。DNA 聚合酶 I 则是一种多功能酶，除具有 5′→3′的聚合作用外，还具有 5′→3′的外切作用及 3′→5′的外切作用。在 Mg^{2+} 存在的条件下，微量的 DNA 酶 I 在待标记的双链 DNA 分子上随机产生若干单链切口，然后利用 *E. coli* DNA 聚合酶 I 的 5′→3′外切作用在切口的 5′端将脱氧核苷酸逐个切除，同时在 DNA 聚合酶 I 的 5′→3′聚合作用下，将反应体系中的核苷酸底物依次连接到切口的 3′羟基上，以互补的 DNA 单链为模板合成新的 DNA 单链，这个过程即为切口平移作用。若反应体系含有某种放射性的核苷酸底物，则该标记物将取代原来的核苷酸残基，从而形成高放射性标记的 DNA 探针（图 4-6）。

切口平移标记是一种快速、简便、成本较低、高效率的 DNA 标记法，可以用来制备专一序列的探针、进行基因文库的筛选、基因组 DNA 印迹分析等。切口平移标记产生的均一性标记探针平均长度为 600 个核苷酸。

DNA 酶 I 的活性高低对能否产生理想的切口平移标记至关重要。切口太少时难以有效地掺入标记物，缺口太多则将导致标记的 DNA 太短而无法使用。通常标记 0.5～1μg 的 DNA 样品时，仅需加入 20～100pg 的 DNA 酶 I，反应时间一般为 1～2 小时。

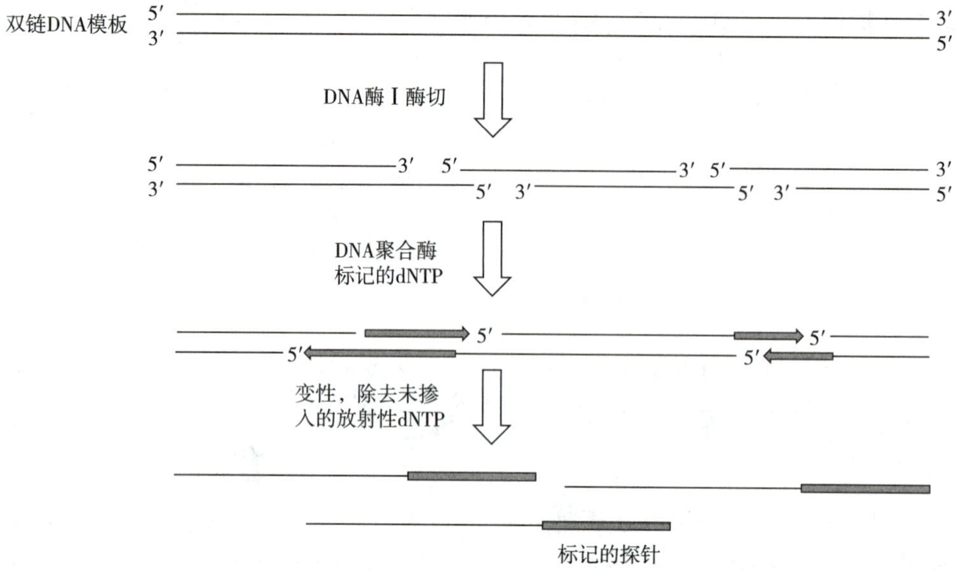

图 4-6 切口平移法标记核酸探针

2. 随机引物标记法 是近年来发展起来的一种较理想的核酸探针标记方法，具有操作简便、标记活性高、适用范围广等特点。随机引物一般指含有各种可能排列的寡核苷酸片段的混合物，此混合物可人工合成，一般长度为 6 个核苷酸残基，含有 4096（4^6）种可能的排列顺序，也可用 DNase Ⅰ酶解小牛胸腺 DNA 或鲑精 DNA 产生大量长 6～12 个核苷酸的单链 DNA 片段。将待标记的 DNA 模板与过量的随机引物相混合，经煮沸变性和冷却复性处理后，在大肠埃希菌 DNA 聚合酶Ⅰ的 Klenow 片段催化下，利用杂交结合的寡核苷酸为引物合成与模板 DNA 互补的 DNA 链，同时将反应液中的[$\alpha-{}^{32}P$]dNTP（如[$\alpha-{}^{32}P$]dCTP）掺入 DNA 形成放射性标记的 DNA 探针（图 4-7）。

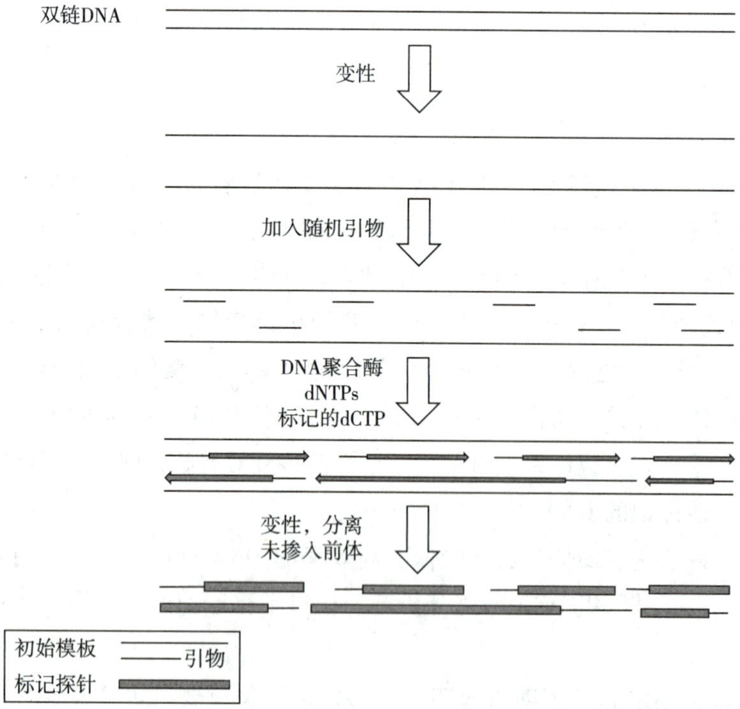

图 4-7 随机引物法标记核酸探针

使用随机引物标记的探针一般长 400～600 个核苷酸，具多种序列，但都与模板互补。与切口平移法不同的是，该方法标记的是模板互补链，而非模板本身。在随机引物标记过程中，标记物的掺入率可达 50% 以上，标记的探针可直接使用，不必去除未掺入的核苷酸。

3. 末端标记法　标记的是线性 DNA 或 RNA 的 5′端或 3′端，属非均一性标记。

（1）3′-凸出末端的加尾标记法（tailing labeling）　末端脱氧核苷酸转移酶可将三磷酸脱氧核糖核苷加到 DNA 分子游离的 3′-OH 端，使 3′端形成一个延伸的“尾巴”。若加入的是带有标记的某种 dNTP，则成为一种末端标记探针。这种探针适用于基因库中克隆序列的鉴定、基因组 DNA 样品的点突变检测和原位杂交等。该法一般不用 dTTP 和 dATP 加尾，因为 dTTP“尾巴”能和 mRNA 的 poly(A)序列杂交，dATP“尾巴”也可能和基因组 DNA 中的 poly(dT)区域杂交，这样会产生高的本底。如果使用具 dTTP 或 dATP“尾巴”的探针，为减少杂交干扰，应先将靶样品在过量未标记 poly(dT)或 poly(dA)存在下预杂交。

（2）双链 DNA 的 3′-隐蔽末端的填充标记　以双链 DNA 的凸出序列为模板，若反应系统中含有全部与模板序列互补的 dNTP，则在 Klenow 酶或 T_4 DNA 聚合酶的催化下可使 3′-OH 隐蔽端延伸，直至与 5′-凸出端补齐。如果其中有一种是标记的 dNTP，则产生末端标记的探针，反应过程可参照随机引物标记法，只是不须加引物。

（3）5′-末端标记　T_4 多聚核苷酸激酶可将 γ-^{32}P 标记的 ATP 的磷酸基团转移到游离的 5′-OH 上，产生 5′端标记的探针。此方法适用于 5′端脱磷酸化的双链或单链 DNA 的标记。

4. PCR 标记法　PCR 可用于 DNA 片段的大量扩增，如果 PCR 反应系统中使用一种标记的 dNTP，则 PCR 扩增片段成为一种探针。这种探针适用于探测被克隆的扩增片段。

5. 光敏标记法　是一种常用的核酸探针的化学标记法，主要用于生物素和地高辛等非放射性标记物的探针的制备。以生物素标记探针的制备为例，具体做法是：先将一光敏基团（多为芳香叠氮化合物）连接到生物素分子上，制备出光敏生物素，然后将光敏生物素与待标记的核酸混合，在一定条件下强光照射约 15 分钟，使光敏生物素与核酸间形成牢固共价结合，从而得到生物素标记的核酸探针。

第五节　免疫化学检测法

免疫化学检测法的基本过程与前述菌落分子杂交法相似，不同的是该法使用抗体探针而非 DNA 探针来鉴定目的基因表达产物。免疫化学检测法具有专一性强、灵敏度高的特点，只要有一个拷贝的目的基因在克隆子细胞内表达合成蛋白质，就可以检测出来。但使用这种方法的前提条件是克隆基因可在宿主细胞内表达，并且有目的蛋白的抗体。

根据实验手段的不同，免疫化学检测法可以分为抗体测定法（antibody test）和免疫沉淀测定法（immuno-precipitation test）等类型。

一、抗体测定法

（一）放射性抗体测定法

1978 年，Broome 和 Gilbert 设计了一种免疫学筛选方法，现已发展成为常规的放射性抗体测定法之一，其基本依据有以下三种。

第一种，一种免疫血清中含有多种类型的免疫球蛋白 IgG 分子，这些 IgG 分子分别与同一抗原分子上不同的抗原决定簇特异性结合。

第二种，抗体分子或其某部分可牢固地吸附在固体支持物（如聚乙烯塑料制品）的表面，因此不会被洗脱掉。

第三种，通过体外碘化作用，IgG抗体会迅速地被放射性^{125}I标记上。

具体的操作过程是：首先将转化的菌体涂布在琼脂平板培养基上，长出菌落后，再影印到另一块琼脂平板上培养。待影印琼脂平板上的菌落长好后，用三氯甲烷饱和气体裂解菌落，使阳性菌落产生的抗原释放出来。将吸附了未经标记的IgG抗体的聚乙烯薄膜覆盖在琼脂平板表面，如释放抗原和抗体具有对应关系，则在薄膜上形成抗原－抗体复合物。小心取下薄膜，再用^{125}I标记的IgG处理，^{125}I－IgG便会与结合在聚乙烯薄膜上的抗原决定簇结合。漂洗聚乙烯薄膜，去除过剩的^{125}I－IgG，然后于空气中干燥薄膜，经放射自显影后，从母板上就可获得所需的重组克隆。这种方法十分灵敏，抗原含量低至5pg时仍然可被检测出来。

在上述方法中，首先吸附到固体支持物上的是抗体，相应的抗原与之反应后在固体支持物表面形成抗原－抗体复合物，再用同位素标记的抗体检测该复合物，并通过放射自显影鉴定重组克隆子。而目前所采用的免疫学检测方法中，更多的是先将待检测的菌落或噬菌斑按原位影印到硝酸纤维素膜等固相支持物上，然后裂解细胞，使目的蛋白抗原结合到硝酸纤维素膜上，进一步与相应的抗体（即第一抗体）反应，形成抗原－抗体复合物。对抗原－抗体复合物的检测，既可采用放射性^{125}I标记的第二抗体（抗第一抗体种特异性抗原决定簇的抗体）直接检测，也可采用放射性^{125}I标记的A蛋白进行间接分析。在直接检测法中，针对不同的第一抗体，应分别标记相应的第二抗体进行检测；而在间接分析法中，只须标记一种A蛋白分子便可检测多种不同的第一抗体。A蛋白是金黄色葡萄球菌细胞壁的一种组分，它可以牢固地结合到多种免疫球蛋白分子的Fc段，形成多分子复合物。因此，用一种碘化标记试剂就可以检测筛选产生不同抗原的重组克隆子，而不必每次标记不同的抗体（第二抗体）。

另一种放射性抗体测定法是由Broome和Gilbert等建立的双位点检测法（two site detection method），主要针对含有杂种多肽或表达融合蛋白菌落的鉴定而设计。

例如含有重组质粒DNA的菌落，可以产生由蛋白质A和蛋白质B融合形成的杂种多肽（A－B）。如要从转化子菌落群体中检测出合成这种杂种多肽的克隆，可以把抗（A－B）杂种多肽中蛋白质A部分的抗体固定在支持物上，再把抗蛋白质B的抗体在体外用^{125}I标记上，作为检测抗体使用。因为第一种抗体只同A部分的蛋白结合，标记的第二种抗体只同B部分的蛋白结合，所以，只有含杂种蛋白（A－B）的克隆才能呈现阳性反应，这样便可以十分准确地检测出重组DNA分子。

（二）非放射性抗体测定法

非放射性抗体分析技术的发展得益于非放射性标记物的广泛成功的应用。例如，可以采用直接与辣根过氧化物酶（HRP）或碱性磷酸酶（AP）偶合的第二抗体，检测目的蛋白抗原－抗体复合物；也可采用与HRP偶联的抗生物素蛋白，检测与生物素偶联的第二抗体等。这些方法也称为酶联免疫吸附分析法（ELISA），具有较高的灵敏度和特异性，也没有使用放射性核素标记物带来的半衰期短和安全防护等问题，是一类很有发展前途的检测方法。

二、免疫沉淀测定法

免疫沉淀测定法也可用于筛选含目的基因的克隆子。在生长有转化子菌落的培养基中，加入与目的基因产物相对应的标记抗体。如果菌落会产生与抗体相对应的抗原蛋白（目的基因产物），则其周围就会出现一种称为沉淀素（precipitin）的抗体－抗原沉淀物形成的白色圆圈。该方法操作简便，但灵敏度不高，实用性较差。

第六节　转译筛选法

转译筛选法可以分为杂交选择转译（hybrid selected translation）和杂交抑制转译（hybrid arrested translation）两种不同的筛选策略，其突出优点在于将克隆的 DNA 同所编码的蛋白质产物之间的关系对应起来。

一、杂交抑制转译检测法

杂交抑制的转译检测法所依据的原理是，在体外无细胞的转译体系中，目的基因的转录产物 mRNA 一旦同 DNA 分子杂交之后，就不能再指导蛋白质多肽的合成。从转化子菌落或噬菌体群体中制备质粒 DNA，变性后选择有利于形成 DNA－RNA 杂种分子，但不利于形成 DNA－DNA 杂种分子，同时又能阻止线性质粒 DNA 再环化的反应条件，与原菌落或噬菌体群体的总 mRNA 进行杂交。从杂交混合物中回收核酸，加到无细胞转译体系中进行体外转译。由于在无细胞转译体系加入有^{35}S标记的甲硫氨酸，由此转译合成的多肽蛋白质可以通过聚丙烯酰胺凝胶电泳和放射自显影进行分析。把其结果同未经杂交处理的 mRNA 的转译产物作比较，找出两者间的差别。若杂交组缺少某种蛋白质（被杂交抑制了的mRNA 的产物），表明供杂交用的那部分克隆子群体中含有目的基因。然后，将这个群体分成若干较小的群体，并重复上述实验程序，直至最后鉴定出含目的基因的单一克隆子。

如果被研究的目的基因能编码丰富的 mRNA，采用杂交抑制转译检测法筛选阳性克隆子尤为适合。常用的无细胞转译体系包括麦胚提取物和网织红细胞提取物等，系统中包含基因表达所需要的所有因子，如 RNA 聚合酶、核糖体、tRNA、核苷酸、氨基酸以及合适的缓冲液组成成分。

二、杂交选择转译检测法

杂交选择的转译检测法，有时也称杂交释放转译法（hybrid released translation），是一种比杂交抑制转译法灵敏度更高的阳性重组子筛选法，可适用于低丰度 mRNA（只占总 mRNA 的 0.1% 左右）产物的 cDNA 重组分子的检测。与杂交抑制转译法有所不同，杂交选择转译法是通过杂交手段选择目的 mRNA 进行体外转译，而非抑制目的 mRNA 的体外转译。基本做法是从克隆文库中挑取转化菌落或噬菌体群体，分离制备其质粒 DNA 分子，经适当处理后牢固结合在硝化纤维素滤膜上。然后用同一菌落或噬菌体群体的 mRNA（甚至是总的细胞 RNA）进行杂交，通过洗脱作用，分离出能与结合的 DNA 分子杂交的 mRNA。如果用于杂交的 DNA 分子并非固定在固相支持物上，而是处于溶液状态，则可通过柱色谱从总 mRNA 中分离出杂种分子。回收杂交的 mRNA，加到无细胞体系中进行体外转译，通过凝胶电泳分析或根据生物活性鉴定转译合成的带放射性标记的多肽产物。一旦获得某种呈阳性反应的克隆群体，可将它分成许多小库，直到用划线培养法获得一个或数个呈阳性反应的单菌落重组子为止。

应用杂交选择转译筛选法，曾成功地由从白细胞提取的总 mRNA 中分离到干扰素基因。在这个筛选流程中，采用非洲爪蟾（*Xenopus laevis*）的卵母细胞体系进行 mRNA 的体外转译。基本检测步骤是，将待测 DNA 固定在固相支持物上，与同一材料的 mRNA 进行杂交，从 DNA－mRNA 杂交分子中洗脱出 mRNA，再以微量注射法注入非洲爪蟾卵母细胞进行体外转译。最后通过聚丙烯酰胺凝胶电泳技术分析转译产物，并用免疫沉淀技术做最后鉴定。转译合成的蛋白质中，干扰素能被细胞分泌到周围的培养基环境中，因而可以根据其抗病毒活性予以检测。干扰素的 mRNA 占总 mRNA 的 0.01% ~0.1%，理论上必须筛选约 10000 个转化子克隆才能获得含干扰素基因的阳性克隆子，但要逐个地筛选这些菌落既费时又费力，因此实际操作中，最初用的 DNA 是从总数为 512 个菌落的 12 个菌落群体（或称菌落库）中分离出来的。其中有 4 个菌落群体呈阳性反应，于是对这 4 个群体进行再分离、再检测，重复此过程，直到鉴定出单克隆为止。

实例分析

实例

转新型双抗虫基因棉花的遗传分析。

问题

1. 转新型双抗虫基因棉花的检测采用了哪些方法？
2. 转基因棉花抗虫性检测的原理是什么？
3. 转基因棉花 Southern 印迹杂交检测的步骤是怎样的？

实例分析

思考题

1. 重组子筛选主要有哪些方法？
2. 简述 Southern 印迹杂交的原理。
3. 简述菌落原位杂交的操作步骤。
4. 什么是探针？探针的种类有哪些？
5. 简述放射性抗体测定法的操作过程。
6. 为什么 pUC 系列的载体与外源基因形成的重组体可用蓝白斑实验进行筛选？

书网融合……

参考答案　本章小结　微课 1　微课 2　拓展题

第五章　基因工程新技术

PPT

学习目标

【知识要求】

1. **掌握**　基因编辑技术；基因相互作用研究技术。
2. **熟悉**　基因突变研究技术；基因敲除与敲减技术。
3. **了解**　DNA 合成技术；基因测序技术。

【技能要求】

能够根据实验目标选取适合的基因工程技术；具有 CRISPR 基因编辑技术的实验设计和技术操作能力。

【素质要求】

认识到生命科学是一把“双刃剑”，在给临床治疗提供崭新思路的同时也引发了一些问题，在使用基因工程技术时，必须坚守人类伦理道德规范和法律底线，遵循相关法律法规，坚持“科技向善”，利用生物技术这一利器，实现为人类服务、造福社会的目的。

20 世纪 70 年代初，科学家第一次将两个不同的质粒加以拼接，组装成一个杂合质粒，并将其引入大肠埃希菌体内表达。这种被称为基因转移或 DNA 重组的技术立即在学术界引起了很大的轰动。由于基因转移是将不同的生命元件按照类似于工程学的方法组装在一起，生产出人们所期待的生命物质，因此也被称为基因工程。基因工程的出现使人类跨进了按照自己的意愿创建新生物的伟大时代。虽然从它的诞生至今不足 50 年，但这一学科却获得了突飞猛进的发展。本章介绍基因工程发展过程中的一些新技术。

第一节　基因突变研究技术

一、物理化学诱变

通过物理和化学因素诱发基因产生突变是经典遗传学的重要研究手段，该方法对诱变的条件要求较低、操作方法比较简单、费用比基因工程手段等育种方法低，曾广泛应用于微生物遗传学和农作物的育种领域，获得了大量的突变品系和农作物新品种。

化学诱变相对于电离辐射来说比较温和，引起染色体断裂的概率较小，主要引起基因点突变和微缺失，而且化学诱变的可操作性强，简单易行；特异性和随机性也很强，能诱变定位到 DNA 上的任意碱基；突变后代较易稳定遗传，一般到 F_3 代就可稳定。EMS（甲基磺酸乙酯）是最常用的化学诱变剂，诱变率高，随机性强，能诱发任一基因位点产生突变，是随机性饱和诱变的首选诱变剂。随着模式生物在功能基因组学研究中的大量应用，另一种化学诱变剂 ENU（*N* - 乙基 - *N* - 亚硝基脲）也被用来进行小鼠和斑马鱼的全基因组饱和诱变。ENU 是一种高效烷化剂，通过将“乙烷基”转移至靶分子来改变靶分子的结构，从而影响其功能。DNA 分子中，腺苷酸的 N_1、N_3或 N_7位，鸟苷酸的 O_6、N_3或 N_7位，胸腺嘧啶的 O_2、O_4或 N_3位，以及胞嘧啶的 O_2或 N_3位最容易被修饰，其结果造成细胞进行下一轮复制时 DNA 碱基错配，最终形成点突变或微小缺失。ENU 诱发点突变最常见（99%）的结果是 AT 到 TA 的倒位和 AT 到 GC 的转换。极少情况下（1%的概率），ENU 会造成小片段 DNA 的丢失。

常用的微生物物理诱变剂有紫外线（UV）、γ 射线、α 射线及 N^+ 离子束等，当机体受到辐射的能量传递后，会产生各种各样的电离和激发的分子，作用于机体内自由原子与基团，进而改变其核酸与蛋白质结构，导致机体发生变异。目前有一种高效新型的物理诱变技术——由清华大学与天木生物科技有限公司合作研发的常压室温等离子体（atmospheric and room temperature plasma，ARTP），作为一种新型的诱变育种技术，具有操作简单、安全高效、不污染环境、得到的突变株具有较高的遗传稳定性等优点，广泛用于各类微生物菌种筛选过程。ARTP 技术是使用氦气作为工作气体，通过射频辉光放电产生富含各种高能活性粒子的等离子体，所产生的活性粒子能够对菌株/植株/细胞等的遗传物质造成损伤，并诱发生物细胞启动 SOS 修复机制。SOS 修复过程为一种高容错率修复，因此修复过程中会产生种类丰富的错配位点，并最终稳定遗传进而形成突变株。ARTP 的主要优点包括：放电均匀，射流温度低，可以维持在 40℃以下；诱变效果好，且能够广泛应用于原核生物和真核生物；设备操作简单，诱变处理过程快捷；使用安全，无污染物排放，对操作人员无任何伤害。

二、蛋白质工程 微课1

在 DNA 分子水平，位点专一性地改变结构基因编码的氨基酸序列，使之表达出比天然蛋白质性能更为优异的突变蛋白；通过基因编码区的融合操作，合成包含多种天然蛋白质的融合蛋白；采用体外分子进化技术，建立突变蛋白文库；或者借助基因的人工合成，设计制造出自然界不存在的全新工程蛋白。以上这些用人工突变基因达到操纵蛋白质结构和性质的目的的过程，称蛋白质工程。

蛋白质工程主要有两大设计理念：①建立在对蛋白质结构与性质之间的对应关系深入理解基础上的分子理性设计；②建立在体外模拟自然进化过程基础上的分子定向进化，属于蛋白质的非理性设计范畴。

蛋白质工程分子理性设计策略的基本流程有：①克隆一个酶或功能蛋白的结构基因；②测定其核苷酸编码序列；③获得相应的氨基酸序列；④确定蛋白质的生物学性质；⑤建立蛋白质的三维空间结构；⑥设计工程蛋白的分子蓝图；⑦借助 DNA 定点突变技术，更换密码子；⑧分析突变蛋白的生化特性；⑨确立蛋白质“序列－结构－功能”三者之间的对应关系；⑩将此对应关系反馈至第⑥步，并进行下一轮操作，直到获得所期望的工程蛋白质。

蛋白质分子蕴藏着巨大的进化潜力，有许多功能待于开发，这是蛋白质工程分子定向进化的先决条件。该策略的实施事先不需要了解目的蛋白的三维结构信息及作用机制，它着重于体外模拟自然进化的过程，使基因发生大量变异，并定向选择出特定功能的目的蛋白，从而在几天或几周内实现自然界需要数百万年才能获得的进化结果。蛋白质的分子定向进化策略是以灰箱方式体外模拟自然进化过程，需要快速、简便、高效地构建一个随机突变的基因文库以及一套灵敏、准确的高通量筛选系统，事实上这也是当前蛋白质工程研究的热点。

（一）基因的体外定向突变

在 DNA 水平产生多肽编码顺序的特异性改变，称基因的定点诱变。利用该技术一方面可对某些天然蛋白质进行定位改造，另一方面还可以确定多肽链中某个氨基酸残基在蛋白质结构及功能上的作用，以收集有关氨基酸残基线性序列与其空间构象及生物活性之间的对应关系，为设计制作新型的突变蛋白提供理论依据。含有单一或少数几个突变位点的基因定向突变可选用局部随机掺入法、碱基定点转换法、部分片段合成法、引物定点引入法和 PCR 扩增突变法等策略，而大片段的定位突变一般采取基因全合成的方法。

（二）基因的体外定向进化

基因分子定向进化的主要目标是利用分子定向进化方法构建突变文库，在短时间内获取任何期望的突变基因及其编码产物，它的基本策略是在体外对特定基因实施随机突变，然后借助适当的高通量筛选程序准确、迅速地获得所需要的突变基因。分子定向进化方法包括易错 PCR、DNA 改组、体外随机引发重组、交错延伸、同源序列非依赖性蛋白质重组等。

近年来，随着创建多样性随机重组文库的飞速发展，基因或蛋白质文库的高通量和超高通量筛选技术也取得了很大的进展。例如核糖体和 mRNA 展示技术，由于在体外无细胞翻译体系中进行，不受受体细胞转化率的限制，大大提高了文库容量和筛选通量。细胞表面展示技术和噬菌体表面展示技术，将靶蛋白活性与转录信号相偶联的三元杂交系统，以光信号为指示的反射增进系统以及荧光共振能量转换仪 - 荧光激活细胞筛选仪联用程序，这些都使样品筛选速率大大提高。其他高通量筛选技术还有液体微流控技术以及各类智能化的高通量微生物克隆筛选系统。

三、转座子介导的诱变技术

转座子（transposable elements）是存在于基因组中的具有转移自身位置特性的相对独立的 DNA 序列，该 DNA 序列含有两种转座必需的成分，即位于 DNA 序列两个末端的转座序列和位于序列中间的转座酶基因。转座子能够在转座酶的介导下随机插入具有一定特征的位点，导致此位点原有的基因发生突变。

转座序列早期又被称为转座基因，常为末端倒转重复序列（inverted terminal repeats，IR 或 ITR），具有转移的活性，但其转移事件的发生依赖于转座酶基因编码的转座酶。除细菌的简单插入序列转座子外，其他大部分的转座子序列中都还含有其他与转座无关的基因。当转座序列和转座酶基因同时存在时，转座子可以转移到基因组 DNA 的许多位点上。如果转座子插在基因的内含子或顺式调控序列中间，会影响基因的表达调控活性；而若插入位点是一个功能基因，那么转座子的插入会引起该基因失活而失去正常的功能。因此，转座子的活跃转位可被用作基因诱变的方法，引起全基因组的诱变。利用转座子进行基因突变有许多优点，比如操作简便易行，便于规模化应用，诱导产生的突变多为较大片段的突变，而不是单个位点的突变；且一般只保留转座子上完成转座过程的特定片段，同时加入筛选标记（如抗性基因）和报告基因，因此，使得突变位点易于鉴定。

第二节　基因敲除与敲减技术

一、基因敲除技术

基因敲除（gene knock - out）是 20 世纪 80 年代发展起来的一项生物学技术，它是利用外源已突变的基因通过同源重组的方法替换掉内源正常同源基因，从而使靶基因失活、缺失或序列发生变化，进而达到精确的定点修饰和基因改造，具有定位性强、随染色体 DNA 稳定遗传等优点。

（一）基于 Rec 同源重组系统的基因敲除

同源重组系统存在于大多数生物细胞中，原核生物中研究最早最多的重组系统是 RecA 重组，最典型代表为 *E. coli*。RecA 重组系统是 *E. coli* 内源性重组系统，由 RecA 和 RecBCD 组成。RecBCD 蛋白具有核酸外切酶 V 活性，可以降解细菌体内线性 DNA 分子，而且宿主菌内存在的限制修饰系统也使外源双链 DNA 被降解，所以导入的外源 DNA 必须要以环状质粒的状态存在，才能保证不被降解掉。因此，为了与目的基因发生重组，需要将包含靶基因两侧 200bp 以上的 DNA 序列构建在载体上，并在靶基因中间插入抗性基因作为筛选标记，形成同源重组载体。载体构建完成后导入受体菌，依靠受体菌中的 RecA 重组系统整合到细菌的染色体上。整合到细菌染色体上的质粒还可以发生第二次同源重组（即双交换），但是有两种可能结果：一种是回复到最初的分子状态，质粒和染色体以未整合状态存在；另一种结果是发生双交换，使目的基因失活，所以可以通过抗性基因筛选到基因敲除突变体。但是，该技术也存在一定的缺点：一是需要较长的靶基因同源臂，而且需要插入抗性筛选标记，操作比较烦琐；二是 RecA 重组发生的概率较低，重组子的获得比较难。

细菌的基因敲除的步骤主要包括同源重组载体的构建、同源重组载体导入受体细胞、基因敲除突变体的筛选，该筛选可以抗性标记初步筛选突变体或者以目的基因功能的失活来检测筛选。最后，利用 PCR、RNA 表达水平差异、Southern 杂交、靶基因功能回补型的构建等技术做进一步验证。

目前常用的有两种类型的载体，用于构建同源重组载体。①自杀型载体（suicide vector）：是借助不能够在宿主中复制的质粒对宿主染色体上的靶基因进行突变。此载体的重组具有以下特点：该质粒在靶宿主中不能够复制；必须具有一个在靶宿主中可用的抗性标记基因；必须带有与靶宿主染色体高度同源的基因片段。当同源重组载体被导入宿主菌后，将会发生两次同源重组，从而对靶基因进行敲除。此系统具有很长的应用历史，但是其效率比较低下，需要进行大量的筛选工作。特别是对那些转化效率比较低的革兰阳性菌（G^+）来说，运用其进行基因敲除更加困难。②温敏型载体（temperature sensitive vector）：载体系统含有温敏型复制子（在低于某一温度时该质粒能够进行复制，而在高于某一温度条件下该质粒的复制将会被关闭），在一定的温度条件下无法复制，只有通过靶基因与染色体基因组发生同源重组而整合到染色体中，才能进行复制。相比于自杀型载体，该载体具有较高的重组效率，同源重组载体导入宿主后，在低温下可以让质粒复制获得大量的拷贝，因此不会受到 G^+ 转化效率低的限制。同时，当这个质粒整合到染色体上（第一次同源重组）后，在后续低温下诱导质粒的复制将会得到更高的剪切效率（第二次同源重组，发生双交换将靶基因剪切掉）。

（二）基于 Red 重组系统的基因敲除

来源于 λ 噬菌体的 Red 重组系统能够启动细菌染色体与外源 DNA 发生同源重组，Red 重组系统含有 Exo、Beta 和 Gam 三种蛋白。Exo 是一种核酸外切酶，可结合在双链 DNA 的末端，从 DNA 双链的 5′端向 3′端降解 DNA，产生 3′-突出末端。Beta 是一种单链 DNA 结合蛋白，在溶液中可自发地形成环状结构，紧紧地结合在由 Exo 消化产生的 3′-单链 DNA 突出末端，防止 DNA 单链被核酸酶降解，同时促进该单链 DNA 末端与互补链的结合并体内重组，Beta 只需结合 35bp 的同源单核苷酸链。Gam 可以抑制宿主菌的 RecBCD 核酸外切酶对线性双链 DNA 的降解，协助 Exo 和 Beta 完成同源重组。Red 重组技术就是利用整合到细菌染色体或质粒中的 Red 系统，实现外源 DNA 片段与靶基因的同源重组。

Red 重组技术所需的同源臂短，重组效率高于 Rec 介导的重组，且可直接应用外源线性 DNA 比如 PCR 产物或人工合成的寡核苷酸片段（在它们的两翼各含有与靶基因两翼同源的序列 40～60bp）对靶 DNA 分子进行有目的的修饰。这样省去了体外 DNA 酶切和连接等步骤，使细菌染色体靶基因的敲除与替换操作相对简单，逐渐成为基因功能探索以及新菌株构建的有力手段。此外，Exo、Beta 和 Gam 三种蛋白可以通过质粒转入宿主细胞，通过一定的方式进行诱导表达，在宿主细胞内发挥 Red 同源重组的功能。

二、基因敲减技术

基因敲减（gene knock - down）主要是指在转录后水平或翻译水平使基因表达失活或基因沉默，而基因的 DNA 序列没有发生改变的技术，所以基因敲减的表型通常不能稳定遗传。基因敲减技术包括 RNA 干扰、Morpholino 干扰、反义核酸、核酶以及显性负抑制突变等。

RNA 干扰（RNA interference，RNAi）现象，是指在进化过程中高度保守的、由双链 RNA 诱发的、同源 mRNA 高效特异性降解的现象。RNA 干扰现象是一种进化上保守的抵御转基因或外来病毒侵犯的防御机制。RNAi 广泛存在于生物界，从低等原核生物到真菌、植物、无脊椎动物，甚至近来在哺乳动物中也发现了此种现象。因此，科学家人为地引入与内源靶基因具有同源序列的双链 RNA，从而诱导内源靶基因的 mRNA 降解，达到阻止基因表达的目的，从而产生相应的功能表型缺失。

RNA 干扰具有很高的特异性，能够特异性、高效率地抑制同源的内源基因的表达，但是双链 RNA 却不能稳定遗传下去，因为它并没有破坏基因组基因的结构，只是降解转录后的 mRNA，从而使基因不能翻译表达蛋白。于是科学家们开发了一系列 RNA 干扰的载体，让 RNA 干扰能够在体内遗传下去。首先针对靶基因的表达序列设计一段 19 ~ 21bp 长的特异序列，将此片段通过 8 个无关碱基形成的环（loop）反向连接，组成一个 siRNA 表达盒（21bp 正义链—环—21bp 反义链），表达盒两端加上酶切位点，克隆到 siRNA 载体（图 5 - 1）。转入细胞后，插入位点上游的启动子将转录 siRNA 表达盒，产生 21bp 正义链—环—21bp 反义链的 RNA。因为正义链与反义链会发生序列互补配对，所以会在细胞内形成发夹结构的双链 siRNA，从而诱导靶基因 RNA 干扰的发生。

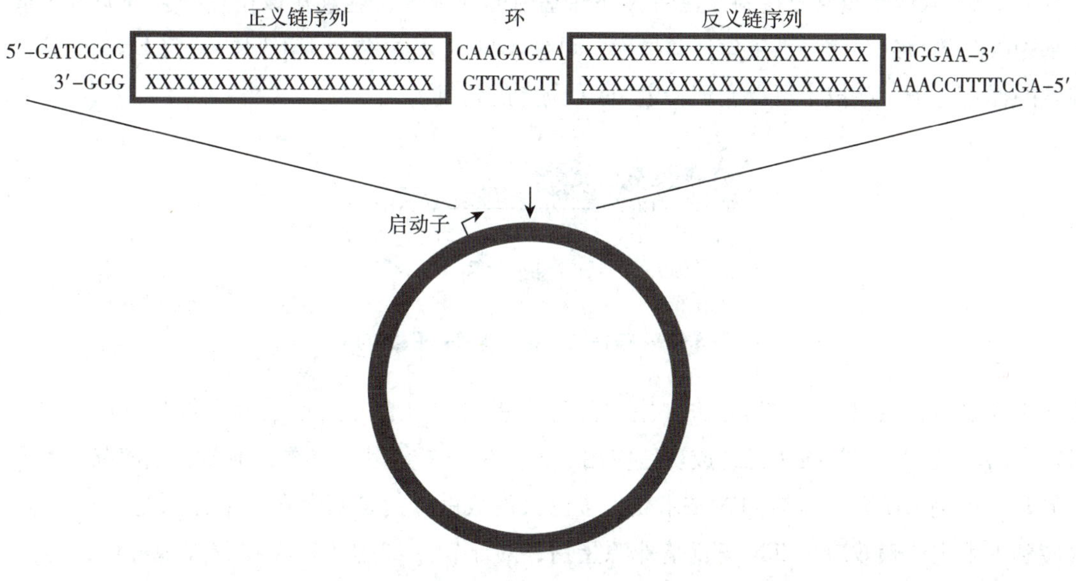

图 5 - 1　siRNA 载体示意图

第三节　基因编辑技术

虽然基因敲除技术可以通过同源重组的手段靶向体内特定的目的基因，实现体内基因的敲除、缺失和替换，使得基因敲除技术成为研究基因功能最强有力的手段，但是由于 ES 细胞分离和培养技术困难以及同源重组频率很低的原因，通过同源重组实现的基因敲除效率也很低，所以传统的基因敲除较费时、费力、费钱。因此，不断有新的基因打靶技术涌现。这些体内靶向基因敲除的技术可以在包括体细胞在内的任何细胞内完成特定基因序列的改变，且可造成基因的碱基缺失、重复、插入、移码突变和目的基因的替换及敲入，实现基因组序列的替换、缺失、剪切和单碱基改变，即随意“编辑”基因组或某个特定基因的序列，称基因编辑（gene editing）技术。新一代基因编辑技术包括锌指核酸酶基因敲除技术、TALEN 基因编辑技术和 CRISPR 基因编辑技术。

一、锌指核酸酶基因编辑技术

锌指核酸酶基因编辑技术来源于锌指核酸酶（zinc finger nucleases，ZFN）介导的特异基因编辑，是最早发展起来的一种可用于动植物转基因、人类遗传疾病基因治疗以及微生物基因组改造的新兴技术。在发展初期，该技术就以其高效性和特异性受到高度重视。

锌指核酸酶是一种能特异剪切基因组某段 DNA 的人工合成的核酸内切酶，主要包括两个结构域，即锌指蛋白 DNA 结合域和非特异性核酸酶（*Fok* Ⅰ）催化结构域。典型的锌指蛋白含有 3 个锌指结构，每个锌指可特异性地识别 DNA 链上 3 个核苷酸碱基，3 个锌指能识别 9 个连续碱基，因此锌指蛋白与 DNA 的结合具有高度特异性，而且 3 锌指核酸酶比多锌指核酸酶更有效，对细胞的毒性较低。

锌指核酸酶技术就是利用锌指蛋白对 DNA 的特异性结合和核酸酶对 DNA 双链的切割机制，形成一种具有高效性和特异性的基因修饰新技术。锌指核酸酶有一个特异的 DNA 结合域和非特异的核酸酶催化结构域，两个锌指核酸酶以二聚体的形式特异地结合到目标 DNA 上，然后二聚锌指核酸酶将中间的 6 个核苷酸切断（图 5－2）。这种核酸酶就像一把剪刀，可识别特异的 DNA 位点并切割 DNA，通过细胞内固有的 DNA 双链断裂修复机制，在引入外源基因的前提下，达到在该位点插入外源基因或者将该位点的基因敲除的目的。通过人工设计锌指库，可使不同的 ZFN 结合于不同的特定 DNA 的位点。在催化结构域的作用之下，该技术可以实现特定 DNA 位点的切割。

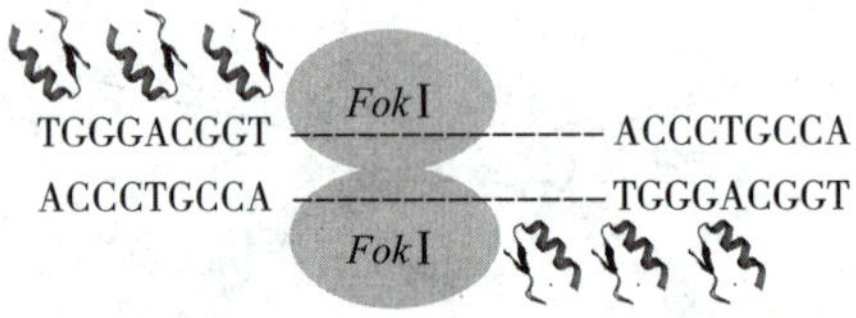

图 5－2　锌指核酸酶与 DNA 相互作用

ZFN 出现之后，人们对其构建方法（主要是锌指蛋白的组装方法）进行了很多改进。作为第一代基因组定点编辑技术，ZFN 技术已经成功地应用于人、牛、羊、鼠、鱼类、番茄、拟南芥、酵母和藻类等物种的基因组编辑研究。虽然 ZFN 技术获得了巨大的成就，但是其存在三个方面的缺陷：细胞毒性、脱靶效应和上下文依赖效应。ZFN 毕竟是外源蛋白，对于宿主细胞而言存在着细胞毒性，转入 ZFN 所编码的 mRNA 进入细胞，将会产生不可预估的副作用。ZFN 依赖于锌手指识别靶基因，二聚锌指核酸酶一共可以识别 18 个碱基，但是很难保证这 18 个碱基在基因组序列中就是唯一的，何况还不可避免地存在一些错配现象。这样，ZFN 就有可能靶向其他基因位点，在其他位点造成不可预期的基因敲除，产生脱靶现象。如果增加锌手指的数量，又会给 ZFN 的载体构建带来麻烦，延长基因打靶的时间，这也涉及 ZFN 的第三个缺陷，锌指中各个锌指蛋白大小不一，它们之间可以相互作用、相互影响，如果大小不匹配，就不能识别和结合特定核苷酸序列，这就是锌指核酸酶的上下文依赖效应。实际上，找到 3 个大小匹配的锌指蛋白去识别特定的 DNA 序列已经比较困难，如果需要找到 4 个大小匹配的锌指蛋白将变得十分困难。这些不足严重限制了 ZFN 的适用范围，同时也使得科研工作者继续寻求、开发新的人工核酸内切酶工具。

二、TALEN 基因编辑技术

ZFN 技术的出现促使基因组定点修饰技术向前迈进了一大步，但是设计和筛选高效率、高特异性的 ZFN 仍然存在一些技术难题，而且降低 ZFN 的细胞毒性也是一个相当大的技术挑战。科学家在植物病原体黄单胞菌（*Xanthomonas*）中发现了一种转录激活效应样因子（transcription activator - like effector, TALE），TALE 的发现和其结合 DNA 的特点为开发更简易的新型基因组定点修饰技术提供了新途径。

与锌指核酸酶技术相似，TALEN 也由两部分组成，一是 DNA 的特异性识别和结合区域 TALE，二是与 ZFN 相同的 *Fok* I 核酸酶催化结构域，通过二聚体化使目的基因产生双链 DNA 的断裂，通过激活细胞内的修复机制，可产生各种类型的序列改变。

TALE 由 N 端转运信号、C 端核定位信号、转录激活结构域以及 DNA 特异性识别与结合结构域组成。其中，DNA 特异性识别与结合结构域由高度保守的锌指模块同源重复序列组成，每个锌指重复序列对应识别 1 个碱基，共含有 33 ~ 35 个氨基酸。这些重复单元的氨基酸组成相当保守，除了第 12、13 位的氨基酸可变外，其他氨基酸都是相同的，这两个可变氨基酸称为重复序列可变的双氨基酸残基（repeat variable diresidues, RVD）。TALE 识别 DNA 的机制在于每个重复序列的两个 RVD 可以特异识别 DNA 4 个碱基中的一个，目前发现的 RVD 共有 5 种：HD、NI、NN、NG、NS。经统计分析发现，HD 特异识别 C 碱基，NI 识别 A 碱基，NN 识别 G 或 A 碱基，NG 识别 T 碱基，NS 对 4 种碱基都可以识别。

自然界中，不同 TALE 的 DNA 结合域的氨基酸重复序列数目不同，因此其结合靶 DNA 的碱基数目也不同。这一特点可以用来设计基因编辑的工具，理论上可以根据实验目的对 DNA 结合域的重复序列进行设计，得到特异识别任意序列靶位点的 TALE，因而通过对 TALE 重复序列进行人工设计并将其与一些功能域融合而产生的 dTALE（designer TALE - type transcription factors）和 TALEN 引起了人们极大的兴趣。这些功能域包括激活子、抑制子、核酸酶、甲基化酶和整合酶等。TALE 的 DNA 结合域与 *Fok* I 核酸内切酶的切割域融合，就产生了能够在特定位点产生双链断裂（double strand breaks, DSB）的嵌合酶——TALEN（图 5 - 3）。

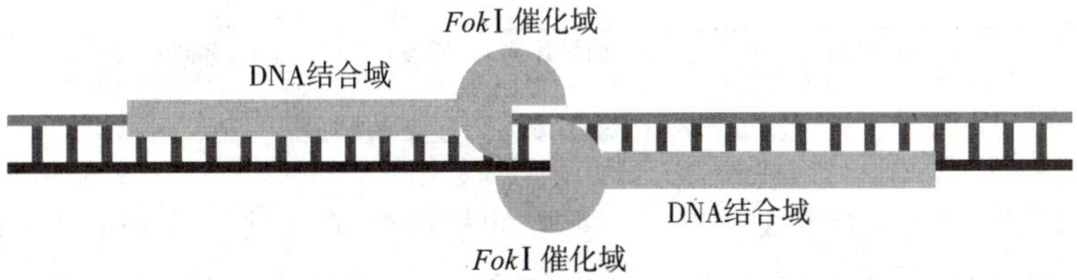

图 5 - 3 TALEN 结构示意图

TALEN 技术拥有 ZFN 技术所具有的一切优点，而且其打靶效率比 ZFN 还要高。最为重要的是，TALEN 真正实现了模块的自由编程，由于一个 TALE 模块只识别 1 个碱基，所以理论上只要有 4 个模块就可以识别 DNA 的任意一种序列；而锌指蛋白识别 3 个碱基，则需要 64 个锌指蛋白才可以识别所有的 DNA 序列。TALE 模块在识别碱基时大小合适，模块与模块之间相对独立，避免了锌指蛋白由于大小不能匹配而使得识别受限制的问题，TALE 模块可以任意拼接去识别任意 DNA 靶序列。也正是因为如此，

TALEN 可以识别更长的靶序列，从而降低了脱靶效应。尽管如此，降低脱靶效应并不代表能消除脱靶效应。而且 TALE 的模块需要一个个地组建，其过程十分烦琐，耗时也相对较长。这使得 TALEN 作为基因编辑工具不是那么轻便好用。真正轻便好用的基因敲除工具，是 CRISPR/Cas 技术。

三、CRISPR 基因编辑技术 微课2

CRISPR/Cas 系统是古细菌或细菌中特有的一种获得性免疫系统。相较于锌指核酸酶（ZFNs）和转录激活样效应因子核酸酶（TALENs）等传统的基因编辑方法，基于 CRISPR/Cas 系统的识别和剪切作用开发出的基因编辑工具能够使用较短的向导 RNA（guide RNA，gRNA）序列实现精准定位，大大降低了设计难度和应用成本，已在微生物、植物、动物及人体细胞内得到了广泛的应用。

CRISPR 基因编辑系统依赖于 2 个关键组件：靶位点识别组件和切割 DNA 组件。靶位点识别组件是一段成簇的规律间隔的短回文重复序列（clustered regularly interspaced short palindromic repeats，CRISPR）。CRISPR 编码 CRISPR - RNA 前体（pre - crRNA），前体加工成短的成熟的 CRISPR - RNA（crRNA），crRNA 将与靶基因 DNA 通过碱基互补配对的方式进行识别。切割 DNA 的组件，是一种名为 Cas 的核酸内切酶（CRISPR - associated proteins，Cas）。CRISPR 与 Cas 结合形成一种 RNA - 蛋白质的复合体，RNA 引导 Cas 进入细胞核，靶向目的基因，Cas 发挥内切酶活性，使得靶基因产生双链缺口，通过非同源末端连接或者同源重组修复途径，进而实现基因的敲除与修饰。

目前发现，至少有 11 种不同的 CRISPR/Cas 系统存在，可以被划分为 3 种主要的类型。其中，Ⅰ型和Ⅲ型的 Cas 核酸酶都是多蛋白效应复合物，与 crRNA 结合促进靶向识别或者摧毁目的基因序列。相比于前两者，Ⅱ型系统中的 Cas 核酸酶是单个蛋白，如 Cas9，更容易构建。基于对Ⅱ型 CRISPR/Cas 系统的研究，人们已经优化改造出一种相对高效且成熟的基因编辑工具，这就是 CRISPR/Cas9 系统。

（一）CRISPR/Cas9 基因编辑系统

1. CRISPR/Cas9 系统的结构组成 CRISPR/Cas9 系统由 CRISPR 和 Cas 核酸酶组成。其中，CRISPR 序列分别由前导区、高度保守的重复序列与间隔区序列组成。前导区负责启动转录并合成 crRNA 前体（pre - crRNA），该区域富含腺嘌呤和胸腺嘧啶碱基序列，一般长度为 300 ~ 500bp。有研究表明，CRISPR/Cas 基因座附近会表达 tracrRNA（反式激活 RNA），tracrRNA 参与 crRNA 与 Cas9 蛋白的结合。tracrRNA 对 CRISPR 发挥两个作用，一是通过 RNaseⅢ启动 crRNA 的成熟，二是通过互补结合 crRNA 来激活 Cas9 的核酸内切酶活性（图 5 - 4）。

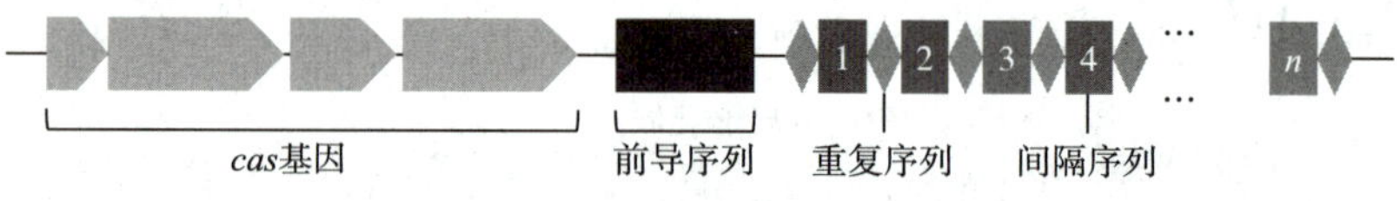

图 5 - 4 CRISPR 序列及系统组成

Cas9 核酸酶由 1409 个氨基酸组成，有 2 个重要的核酸酶结构域，分别是 RuvC 和 HNH 结构域。HNH 结构域负责切断通过 crRNA 互补靶向的 DNA 单链，切割位点位于 PAM（protospacer adjacent motif）序列上游 3nt 处。RuvC 结构域负责切开另一条 DNA 链，切割位点位于 PAM 序列上游 3 ~ 8nt 处。Cas9 核酸酶行使功能时，非常依赖 PAM 序列。PAM 序列是位于靶向 DNA 序列 3′端长度为 3bp 的核苷酸序列，碱基组成通常为 NGG，其中 N 指任一种碱基。RNA - DNA 双链是在 PAM 位点开始形成的，crRNA/tracrRNA 结合在 PAM 序列的附近，通过 RuvC 和 HNH 结构域诱导 Cas9 核酸酶的活性。通常将 crRNA 和 tracrRNA 这两种 RNA 通过基因工程手段连成一条单链向导 RNA（single - guide RNA，sgRNA）（图 5 - 5）。

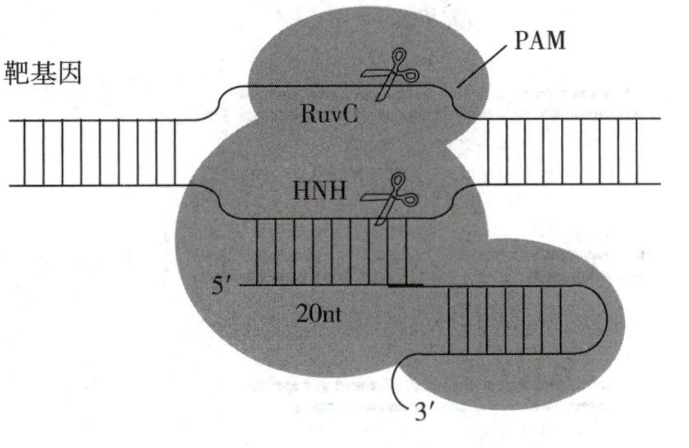

图 5-5 CRISPR-Cas9 系统的作用机制

2. CRISPR/Cas9 系统的断裂修复机制 DNA 产生 DSB 后，细胞中存在多种修复机制可维护遗传信息的完整性和准确性，主要包括非同源末端连接修复、同源介导修复和单链退火修复 3 种方式。

（1）非同源末端连接（NHEJ）修复 当 DNA 受到损伤后，DSB 可能导致大片段染色质区域的丢失，在 DNA 损伤类型中危害最大。NHEJ 修复不需要同源 DNA 序列的参与，直接依赖 DNA 连接酶将两个断裂的 DNA 双链末端连接起来，因此 NHEJ 修复可以发生在整个细胞周期中，是哺乳动物细胞中产生 DSB 后的主要修复方式。

当 DNA 双链发生断裂损伤后，DSB 末端首先被 Ku70/80 识别并结合，之后与 DNA 依赖性蛋白激酶（DNA-PKcs）结合组成 DNA-PK 复合体，即 NHEJ 起始复合体（DNAPK）。继而，两个 DNAPK 将断裂的 DNA 末端结合，同时招募后续的 NHEJ 修复因子（XRCC4 与 XLF）以及 DNA 连接酶Ⅳ（LigⅣ），将断裂的 DNA 修复。

（2）同源介导修复（HDR） DNA 损伤后除了启动 NHEJ 修复机制外，为了保护基因组的完整性，还存在另一种修复机制。这种有较高保真度的修复途径发生在含有同源序列的 DNA 之间，称同源介导修复。真核生物染色体中非姊妹染色单体的交换、姊妹染色单体的交换，细菌及某些低等真核生物的转化，细菌的转导与结合及噬菌体重组等都属于这一类型。真核生物中，由于需要未受损的姊妹染色单体的同源序列作为修复模板，HDR 过程一般发生在细胞周期的合成期后期至合成后期。

HDR 过程中起重要作用的蛋白有 Rec 家族蛋白，该家族以发现的第一个成员 RecA 命名，RecA 在大肠埃希菌的 HDR 过程和 DNA 复制中起重要作用。RecA 存在很多同源蛋白，如噬菌体中的 UvsX 和哺乳动物中的 Rad51 等，统称 RAD52 异位显性集合（RAD52 major epistasis group），其中最重要的蛋白有 Rad51、Rad52 和 Rad54。真核生物中 HDR 的基本过程为：DSB 发生后，在解旋酶和核酸内切酶的共同作用下，双链断裂末端同样形成一个突出的 3′-单链 DNA（ssDNA），之后 Rad52 蛋白连接到 DNA 单链末端，在 Rad52 的作用下，MRX 同源重组修复复合物（Mre11-Rad50-Xrs2）被募集至 DSB 断裂处，从而启动 Rad51 蛋白介导的以同源 DNA 为模板的链交换，修复 DSB 引起的碱基缺失并使断裂的 DNA 重新连接。

（3）单链退火（single-strand annealing，SSA）修复 是在 DNA 同一方向上相距较近的两段同源序列之间产生 DSB 时发生的一种特殊的修复机制。当 DSB 形成后，断裂缺口两侧游离的双链通过外切活性产生 3′-单链 DNA（single strand DNA，ssDNA），同源互补的两条 3′-sDNA 经单链退火的方式相互结合形成新的双链中间产物。该双链中间产物再经切除无关序列及 3′-ssDNA 尾巴等加工后，最终连接形成 DNA 双链（图 5-6）。

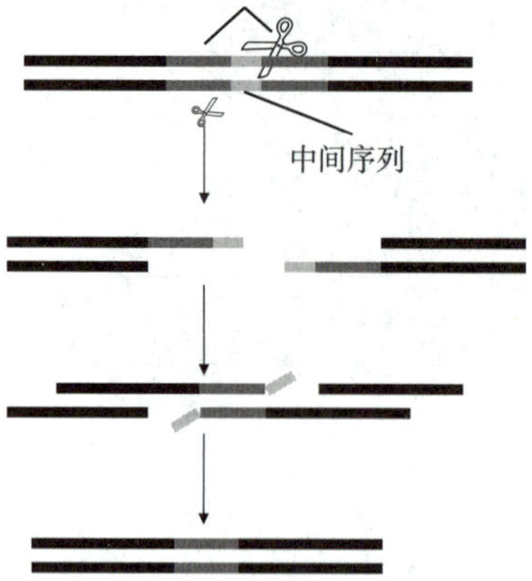

图 5－6　DNA 双链断裂引起的 SSA 修复机制

（二）CRISPR 基因编辑技术的应用

CRISPR 基因编辑技术短时间内在几乎跨越从原核生物到包括人类在内的灵长类等的一切物种细胞中得到了有效性的验证。目前，通过对 CRISPR/Cas 系统的优化和改造，已经开发出了一系列基因编辑与调控工具，在合成生物学等领域得到了广泛的应用，为生命科学、生物工程、生物医药和农业新物种培育领域带来了创造性的变革。在农业、工业和医学研究等诸多方面，其应用之广度和深度正在或已经颠覆了人类对于多个行业的传统认知。

在农业方面，CRISPR 技术正在创造新型的健康食物，实现由传统转基因作物向基因编辑作物的概念性转变。传统的转基因是将外源 DNA 序列插入作物的基因组，而基因编辑的概念则是精确地编辑、改良和改造作物中原来基因组中特定的基因，就如同给植物的每一个特质性状安上可控的开关，人为地强化自然赋予植物的优良性状。这样，可以一洗多年来存在于大众心中错误认识的转基因“污名”，彻底打破推动基因编辑作物日常化和产业化的壁垒。超级稻和杂交稻对重金属镉元素的亲和能力更强，而目前我国耕地受包含镉在内的重金属污染严重，杂交水稻之父袁隆平院士利用 CRISPR 技术修改掉超级杂交水稻根部细胞中调控金属离子跨膜转运蛋白和韧皮部镉转运蛋白的基因，培育出富集镉含量更少的新一代抗镉超级稻。针对高产、优质、抗逆和抗病等品种改良，经过 CRISPR 创造出的新型作物将应接不暇地进入我们的生活。

在工业方面，凡是以生物为原料的工业产品都可以通过改造生物性状来影响生产。自然界的一些真核微藻能够通过光合作用固定 CO_2，并将其转化和存储为油脂。因此，作为一种潜在的可规模化生产的清洁能源和固碳减排方案，微藻能源近年来受到了广泛的关注。我国青岛能源所单细胞研究中心徐健课题组以微拟球藻为模型，率先建立了基于 Cas9/gRNA 的工业产油微藻基因组编辑技术，通过分子育种的方式，成功地实现了产油微藻的品种改良。

在医学研究方面，CRISPR 技术的诞生让人们对于“治”病的概念也发生了转变，因为基因编辑的便利，使得人类的致病基因可以被“修”补，修补不成的器官和细胞还可以被更“换”。前者就是基因治疗，后者就是细胞或者器官的移植，包含经过基因编辑的细胞治疗和异种器官移植。但是在治疗之前，还有一个机制的“探”病和诊断的“查”病过程。CRISPR 在疾病的“探”“查”“修”“换”四个方面都展现着诱人的应用前景。

（三）CRISPR 基因编辑技术的优缺点

基因组编辑技术是新兴地、能精确地对生物体基因组目标靶基因进行特定修饰和定点改造及研究基因功能的一项技术。CRISPR/Cas9 技术是继 ZFN 和 TALEN 技术之后的第三代新型靶向基因组编辑技术。CRISPR/Cas9 技术是 CRISPR/Cas 系统中应用最广泛的一种。

就像 TALEN 拥有 ZFN 的一切优点一样，CRISPR 拥有着 TALEN 的一切优点，而且几乎将基因编辑工具的便捷性和高效性发挥到了极致（表 5－1）。就便捷性而言，对于识别组建，CRISPR 采用了一个 RNA 碱基识别一个 DNA 碱基的方式，任何可以想象得到的识别方式几乎已经不可能比它更简单了。从基因编辑效率上看，CRISPR 也表现出史无前例的高效。正因为这样，CRISPR 可以在同一个细胞中实现多个基因敲除和同一时间实现多个细胞的敲除。因此，CRISPR 可以用于高通量的癌症基因筛选，同时还可以派生出一些意想不到的应用。

表 5－1　三种基因编辑技术的比较

项目	ZFN	TALEN	CRISPR
组成成分	锌指模块 + Fok Ⅰ	TALE 模块 + Fok Ⅰ	gRNA + Cas9
靶向元件	锌指模块	TALE 模块	gRNA
切割元件	Fok Ⅰ	Fok Ⅰ	Cas9
识别模式	蛋白质与 DNA 相互作用	蛋白质与 DNA 相互作用	RNA 与 DNA 相互作用
识别序列	以 3bp 为单元	单碱基，5′－前一位为 T	单碱基，3′－序列为 NGG
技术难度	难度大	较容易	容易
细胞毒性	大	较小	较小
编辑数量	单基因	单基因	多基因
构建成本	高	较低	低
脱靶效应	较高	较低	较低

尽管 CRISPR 几乎满足了人们理想中基因编辑工具的所有需求，但是仍然存在技术缺憾。如果我们从高效性、简便性、普适性、特异性和安全性来考虑一种基因编辑工具的好坏，那么就不难发现 CRISPR 技术的局限。

就普适性而言，CRISPR 识别位点具有 PAM 依赖性，在 CRISPR 靶向的位点必须存在 NGG 序列，这样就决定了 CRISPR 并不能够在任意位点进行随心所欲的基因编辑，再加上染色质的空间构象经常对于靶位点的识别产生空间位阻，所以由于靶位点的受限，不同基因在进行 CRISPR 打靶时效率存在差异。

就特异性而言，CRISPR 的脱靶效应是阻碍 CRISPR 应用的最大障碍。但 CRISPR 的高脱靶效率似乎与生俱来，细菌在捕捉到噬菌体可能入侵的信号时，采取“宁肯错杀一千，绝不放过一个”的策略，以最大限度地保全自己。所以 CRISPR 在识别时，对碱基错配的容忍度比较高。有报道，crRNA 与靶序列可以最多容纳 5′端多达 6 个碱基的错配；同时，在非邻近 3′端的单碱基错配并不会影响切割效率。2017 年，一篇名为《CRISPR－Cas9 在体内编辑中不可预期的突变》的文章轰动了学术界，文中指出：在全基因组测序的视角下，发现单基因敲除的小鼠中伴随着上百个位点的突变。因此，业内对 CRISPR 精确编辑的热议和质疑经久不息。

就安全性而言，CRISPR 的脱靶效应本来就会造成安全隐患，而且 CRISPR 的安全问题还被发现与诱发癌变有关。2018 年，有研究对于某些 CRISPR 打靶成功率不高的原因进行了分析，认为 CRISPR/Cas9 造成的 DNA 链断裂会诱发细胞激活 *p53*，开始修复被编辑的基因，如果修复未完成，将启动凋亡机制，以防止细胞癌变。由此可以推测，通过抑制 *p53* 的活性可以增加编辑效率，但代价是会触发细胞的癌变。有人据此进一步推测，机体中容易被 CRISPR 编辑的细胞很可能是 *p53* 失活的细胞，而 *p53* 失活的细胞有致癌的风险，也就是说，癌细胞容易被 CRISPR 编辑。如果在体外筛选富集 CRISPR 被编辑的阳性细胞，将这些细胞回输至体内，会具有患癌的风险。

（四）CRISPR 基因编辑技术的发展和前景

正因为 CRISPR 技术还不够完美，针对 CRISPR 系统的研究在全世界科学家的锐意创新、努力奋斗下不断升级。

1. 普适性改良，扩大编辑工具的可编辑范围 由于 Cas 蛋白依赖 PAM 序列进行快速识别，PAM 序列是 CRISPR/Cas9 技术的必要条件。当研究人员不考虑 PAM 序列时，即使 sgRNA 与目标序列完全匹配，Cas 蛋白也不会切割 DNA。因此，PAM 序列在 CRISPR 系统中具有重要意义。PAM 序列越严格，编辑工具脱靶的风险越低，可设计的靶序列的数量将大大减少。因此，拓宽 PAM 序列、寻找新的 Cas 蛋白、设计新的 Cas 蛋白变体或制造新的工具尤为重要。

2. 特异性升级，降低基因编辑脱靶效应 不同的基因编辑工具都存在很高的脱靶问题，在经典的 CRISPR/Cas9 编辑中，sgRNA 引导 Cas9 酶结合到特定位点进行切割。一般来说，sgRNA 识别序列约为 20bp，但 Cas9 允许在一定的容错率内进行错配切割，导致脱靶。

解决 CRISPR 脱靶效应，防止其不可预期的切割，关键在于 gRNA 的序列和设计。有两种方法可以解决该问题。其一是升级 CRISPR 系统，比如增加 crRNA 识别碱基的长度，以确保在基因组中只存在唯一的靶向位点；还可以通过改良 Cas9 蛋白实现。考虑到 Cas9 酶自身的某些部分与靶 DNA 分子的骨架相互作用是特异性靶向的物理基础，科学家的策略是通过改构 Cas9 来调整其与靶 DNA 的作用力，从而升级 CRISPR 系统的靶向特异性。其二是在另外一个系统中验证 gRNA 的有效性和特异性，使得脱靶效应变得可以预期。

第四节 基因相互作用研究技术

为了研究一个新基因的功能，可以从其表达谱来推测，因为如果基因对某个器官的发育有功能，它往往会在该器官和相应的组织中特异表达。此外，还可以从研究基因的相互作用来推测，因为一般来说，如果一个未知功能的基因能够与一个已知功能的基因相互作用，它们可能会具有相同或相似的功能，因为生物体的性状表现和发育过程就是由一系列的基因相互作用而形成错综复杂的信号调控网络共同实现的。基因的相互作用包括核酸与核酸的相互作用、核酸与蛋白质的相互作用以及蛋白质与蛋白质的相互作用。核酸与核酸的相互作用内容可参考第四章中的核酸分子杂交检测法，本节主要介绍核酸与蛋白质的相互作用以及蛋白质与蛋白质的相互作用。

一、核酸与蛋白质相互作用技术

（一）凝胶迁移率阻滞技术

凝胶迁移率阻滞实验（electrophoretic mobility shift assay，EMSA）是一种用于研究核酸和蛋白质相互作用的技术。最初是用于启动子与转录因子相互作用的验证性实验，也可应用于蛋白质 - DNA、蛋白质 - RNA 相互作用研究。因此，该技术常用于在体外研究特定的 DNA 序列与特定的蛋白质之间的相互作用，确定 DNA 上的转录因子结合位点等。

EMSA 主要是基于蛋白质 - 探针复合物在凝胶电泳过程中迁移较慢的原理。根据实验设计特异性和非特异性探针，当核酸探针与样本蛋白混合孵育时，样本中可以与核酸探针结合的蛋白质将与探针形成蛋白质 - 探针复合物。这种复合物由于分子量大，在进行聚丙烯酰胺凝胶电泳时迁移较慢，而没有结合蛋白的探针则较快。孵育的样本在进行聚丙烯酰胺凝胶电泳并转膜后，在 DNA 探针条带的后面产生另一条移动慢的条带（DNA 在凝胶中的迁移率受到阻滞），说明有蛋白质与目标探针发生相互作用。由于

DNA 序列带有同位素标记，可通过放射自显影显示这两条带的位置。EMSA 在基因表达调控研究中鉴定顺式作用元件与反式作用因子的相互作用、启动子分析以及信号途径的上、下游关系确定和靶基因的结合位点确定中具有重要作用。

在 EMSA 技术的反应体系中，若使用的是非纯化的蛋白样本，那么它与一个特定的探针可形成一个或几个特异的蛋白复合物，导致确定复合物中蛋白的特征变得困难。此时，可以加入目的蛋白的抗体，进行超迁移实验，即 super shift EMSA，抗体和蛋白质 - 探针复合物中的蛋白质结合，使复合物的迁移延迟，形成超迁移。

（二）染色质免疫沉淀技术

真核生物的基因组 DNA 以染色质的形式存在。因此，研究蛋白质与 DNA 在染色质环境下的相互作用是阐明真核生物基因表达机制的基本途径。染色质免疫沉淀技术（chromatin immunoprecipitation assay，CHIP）是目前唯一一种研究体内 DNA 与蛋白质相互作用的方法。

CHIP 的基本原理是在活细胞状态下固定体内蛋白质 - DNA 相互作用的复合物，然后将染色质 DNA 提取出来并将其用超声波随机切断为一定长度范围内的染色质小片段，再通过免疫学方法用某种蛋白质特异的抗体来沉淀此复合体，特异性地富集目的蛋白结合的 DNA 片段，通过对目的 DNA 片段的纯化与检测，获得 DNA 序列信息，从而确定与特定蛋白质相互作用的 DNA 序列。

CHIP 不仅可以确定体内某个特定的蛋白质与某个特定的 DNA 分子是否结合，而且通过与基因芯片和高通量测序技术联用，还可确定体内这个特定的蛋白质能结合的所有 DNA 序列。CHIP 与基因芯片相结合建立的 CHIP - on - chip 方法已广泛用于特定反式因子靶基因的高通量筛选；CHIP 与高通量测序技术相结合，称 CHIP - Seq 技术，可用于检测某个特定蛋白质在活细胞内结合的全部 DNA 序列。由此可见，随着 CHIP 的进一步完善，它必将会在基因表达调控研究中发挥越来越重要的作用。

二、蛋白质与蛋白质相互作用技术

（一）免疫共沉淀技术

免疫共沉淀（Co immunoprecipitation，CO - IP）是以抗体和抗原之间的特异免疫反应为基础研究两种蛋白质在完整细胞内生理活性状态下相互作用的有效方法。其基本原理是：当细胞在非变性条件下被裂解时，完整细胞内存在的许多蛋白质 - 蛋白质相互作用被保留了下来。如果加入蛋白质 A 对应的特异性抗体，那么蛋白质 A 被抗体沉淀的同时，与 A 蛋白在体内结合的蛋白质 B 也能被沉淀下来。经过纯化、洗脱，收集免疫复合物，SDS - PAGE 电泳，western blot 和（或）质谱，可鉴定出与蛋白质 A 相互作用的蛋白质。这种方法常用于测定两种目的蛋白质是否在体内结合，也可用于确定一种特定蛋白质的新的作用搭档。

（二）酵母双杂交技术 微课 3

酵母双杂交（yeast two - hybrid，Y2H）技术作为发现和研究在活细胞体内的蛋白质 - 蛋白质相互作用的技术，得到了广泛应用。研究发现，许多真核生物的转录激活因子都是由两个可以分开的、功能上相互独立的结构域（domain）组成的。例如，酵母的转录激活因子 Gal4 是由两个可以分开的、功能上相互独立的 domain 组成，在 N 端有一个 DNA 结合域（DNA binding domain，BD），C 端有一个转录激活域（transcription activation domain，AD）。DNA 结合域可以和上游激活序列（upstream activating sequence，UAS）结合，转录激活域能激活 UAS 下游的基因进行转录。但是，这两个 domain 必须同时存在才能保证 Gal4 因子的转录激活活性，单独的 DNA 结合域不能激活基因转录，单独的转录激活域也不能激活 UAS 的下游基因，它们之间只有通过某种方式结合在一起时才具有完整的转录激活因子的功能。

酵母双杂交系统（图5－7）就是利用酵母的Gal4的这个特性，通过两个杂交蛋白在酵母细胞中的相互结合及对报告基因的转录激活来研究活细胞内蛋白质的相互作用，对蛋白质之间微弱的、瞬间的作用也能够通过报告基因敏感地检测到。首先，将BD结构域的基因序列和一个已知功能的蛋白质基因（称诱饵蛋白，bait protein）构建在一个载体上，称BD－Bait载体，基因表达时将形成BD－Bait的融合蛋白；AD结构域的序列与待检测的蛋白（称猎物或靶蛋白，prey or target protein）构建在一个载体上，称AD－Prey载体，基因表达时将会产生AD－Prey的融合蛋白。两个载体均为大肠埃希菌－酵母菌的穿梭载体，可以在大肠埃希菌中增殖，也可以转化酵母细胞使基因扩增与表达。之所以用大肠埃希菌－酵母菌的穿梭载体，是为了使构建AD或BD结构域融合蛋白的基因操作可以在大肠埃希菌中进行，只有在检测两个蛋白质的相互作用时再转化酵母细胞，这样的操作更加简单、方便、快捷。

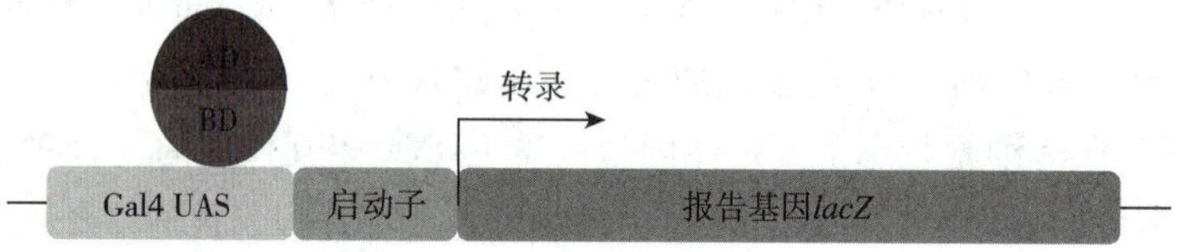

图5－7 Gal4转录因子的原理

在宿主酵母细胞中，有被Gal4因子的UAS增强子控制的报告基因，如*lacZ*（编码β－半乳糖苷酶），报告基因的表达依赖于Gal4因子的激活。如果只有BD－Bait载体转化酵母细胞，由于它只能含有BD结构域，缺失AD活性，将不能使报告基因表达。如果只有AD－Prey载体转化酵母细胞，由于它只含有AD结构域，缺乏BD与UAS序列的结合，也不能使报告基因表达。如果BD－Bait载体与AD－Prey载体共同转化酵母细胞（双杂交），Bait蛋白不能与Prey蛋白相互作用，Gal4因子的BD结构域和AD结构域还是分开的，依然不能驱使报告基因表达。只有BD－Bait载体与AD－Prey载体共同转化酵母细胞以后，表达产生的Bait蛋白与Prey蛋白相互作用，形成BD－Bait－Prey－AD复合体，在BD和AD的共同作用下，才能启动报告基因的表达（图5－8）。

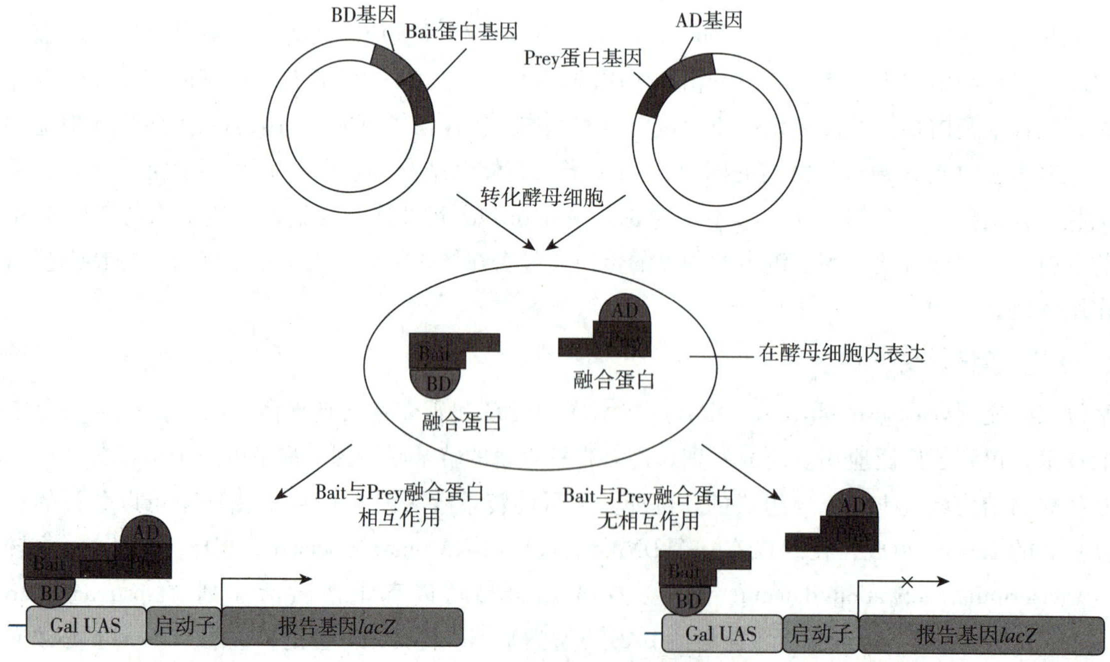

图5－8 酵母双杂交系统检测蛋白质相互作用的原理

酵母双杂交技术作为发现和研究在活细胞体内蛋白质－蛋白质相互作用的技术平台，近几年来得到了不断的应用和发展，它已被广泛应用于分子生物学的各个领域。

1. 确定待测靶蛋白与已知蛋白的相互作用　对于已经鉴定出来的存在相互作用的两个蛋白质，还可以进一步把蛋白质的结构域拆开，分别构建载体，确定蛋白质的结构域之间的相互作用。

2. 筛选和发现新的相互作用蛋白　酵母双杂交技术最开始是为了确定两个已知蛋白质之间的相互作用，但如果在与目的蛋白相互作用的蛋白质未知的情况下，可以通过筛文库的方法来筛选和搜寻与目的蛋白相互作用的蛋白质群。这时，将目的蛋白与 BD 载体构建融合蛋白，称诱饵蛋白（bait protein）；将 cDNA 文库与 AD 载体构建融合蛋白，称文库蛋白（library protein）。由于 cDNA 文库中包含各类 cDNA 分子，由 cDNA 文库与 AD 载体构建的重组载体也有很多。当 AD－Library 载体与 BD－Bait 载体共转化酵母细胞时，每一次转化一个酵母细胞只会接受一种 cDNA 分子的重组载体，于是会形成很多不同的酵母细胞，也就是每个酵母细胞接收的 cDNA 分子可能都不一样，因此产生的每个酵母细胞克隆也不一样。有些酵母细胞内报告基因会转录，产生阳性克隆，说明这些克隆里面的 cDNA 分子表达的蛋白与诱饵蛋白存在相互作用；而有些酵母细胞内报告基因不会转录，说明这些克隆里面的 cDNA 分子表达的蛋白与诱饵蛋白不存在相互作用；最后，只要把阳性克隆里面的质粒 DNA 提取出来，进行测序鉴定，就可知哪些 cDNA 分子的产物能够与待测的诱饵蛋白相互作用，从而筛选出与诱饵蛋白相互作用的新蛋白质。另外，该方法也可作为研究已知基因的新功能或研究多个筛选到的已知基因之间功能相关性的主要方法。

3. 用于蛋白质组学的研究　如在果蝇中利用酵母双杂交建立了全基因组蛋白相互作用网络。

4. 筛选药物作用位点及药物对蛋白相互作用的影响　酵母双杂交报告基因的表达取决于诱饵蛋白与靶蛋白之间的相互作用。对于能够引发疾病反应的蛋白间相互作用可以采取药物干扰的方法，阻止它们的相互作用以达到治疗疾病的目的。

5. 在细胞体内研究抗原和抗体的相互作用　ELISA、免疫共沉淀（CO－IP）技术都是利用抗原和抗体间的免疫反应来研究抗原和抗体之间的相互作用。但是，它们都是基于体外非细胞的环境研究蛋白质－蛋白质相互作用，而在细胞体内的抗原和抗体的免疫反应则可以通过酵母双杂交进行检测。

酵母双杂交技术是分析蛋白质－蛋白质相互作用的有效和快速的方法，有多方面的应用，其优点如下。①高敏感性：检测的结果是基因表达产物的累积效应，可检测存在于蛋白质间的微弱或暂时的相互作用。②真实性：检测在活细胞内进行，作用条件与作用力无需模拟，在一定程度上代表细胞内的真实情况。③简捷性：融合蛋白相互作用后，减少了制备抗体和纯化蛋白质等的烦琐步骤。④广泛性：采用不同组织、器官、细胞类型和分化时期的材料构建 cDNA 文库，能分析不同亚细胞部位和功能的蛋白质，适用于部分细胞质、细胞核及膜结合蛋白。

但酵母双杂交技术也存在一些局限性，主要是以下两个方面。①它并非对所有蛋白质都适用：因为融合蛋白的相互作用激活报告基因是发生在细胞核内的，所以表达的融合蛋白在细胞内能否正确折叠并被运输至核内是检测蛋白之间相互作用的前提条件。而许多蛋白间的相互作用依赖于翻译后加工，如糖基化、二硫键形成等，这些反应在核内无法进行。另外，有些蛋白的正确折叠和功能有赖于其他非酵母蛋白的辅助，这限制了某些细胞外蛋白和细胞膜受体蛋白等的研究。②该技术假阳性的发生频率较高：由于某些蛋白本身具有激活转录功能或在酵母中表达时发挥转录激活作用，使 DNA 结合域杂交蛋白在无特异激活域的情况下可激活转录。另外，某些蛋白表面含有对多种蛋白的低亲和力区域，能与其他蛋白形成稳定的复合物，从而引起报告基因的表达，产生“假阳性”结果。

（三）双分子荧光互补分析技术

双分子荧光互补（bimolecular fluorescence complementation，BiFC）分析技术，是2002年由Hu等人最先报道的一种直观、快速判断目的蛋白在活细胞中的定位和相互作用的新技术。该技术巧妙地将荧光蛋白分子的两个互补片段分别与目的蛋白融合表达，如果荧光蛋白活性恢复，则表明两目的蛋白发生相互作用。其后发展出的多色荧光互补技术（multicolor BiFC）不仅能同时检测到多种蛋白质复合体的形成，还能够对不同蛋白质间产生相互作用的强弱进行比较。目前，该技术已用于转录因子、不同蛋白质间产生相互作用强弱的比较以及蛋白质泛素化等方面的研究。

将荧光蛋白在某些特定的位点切开，形成不发荧光的N端和C端2个多肽，称N片段和C片段。这2个片段在细胞内共表达或体外混合时，不能自发地组装成完整的荧光蛋白，在该荧光蛋白的激发光激发时不能产生荧光。但是，当这两个荧光蛋白的片段分别连接到两个有相互作用的目的蛋白上，在细胞内共表达或体外混合这两个融合蛋白时，由于目的蛋白的相互作用，荧光蛋白的两个片段在空间上互相靠近互补，重新构建成完整的具有活性的荧光蛋白分子，并在该荧光蛋白的激发光激发下，发射荧光。简言之，如果目的蛋白之间有相互作用，则在激发光的激发下，产生该荧光蛋白的荧光；反之，若蛋白质之间没有相互作用，则不能被激发产生荧光。

第五节 DNA合成技术

脱氧核糖核酸（deoxyribonucleic acid，DNA）是生命体遗传信息的主要载体，对生命体的研究、改造乃至创造都要从DNA入手。合成生物学是继DNA双螺旋结构发现和人类基因组计划之后的“第三次生物科学革命”，其带来了颠覆性技术和对产业的变革性作用。DNA合成技术是合成生物学的关键使能技术之一，为合成生物学基础研究和应用领域提供了大量人工设计合成的DNA分子作为改造和构建生命体的起始原料。

DNA合成的方法主要包括化学合成法和酶促反应法两种。

一、化学合成法

寡核苷酸的化学合成始于20世纪50年代，于80年代开发出亚磷酰胺三酯化学合成法，并应用于柱式合成，90年代又应用于基于芯片的高通量合成技术。

亚磷酰胺三酯合成法由脱保护、偶联、加帽和氧化四步化学反应组成循环，通过分步活化结合在核苷酸3′-位和5′-位的化学活性保护基团实现可控合成，在固相载体上按3′→5′方向逐个延伸合成寡核苷酸链（图5-9）。①脱保护：将连接在固相载体上的亚磷酰胺核苷上的保护基团——DMT（dimethoxytrityl）基团，通过三氯乙酸的处理去除掉，获得游离的5′-羟基。②偶联：新的DMT保护的亚磷酰胺核苷通过与四氮唑混合进行活化，得到活化的3′端，与上一个亚磷酰胺核苷的游离5′-羟基发生缩合反应。③盖帽：对步骤2中没有偶联成功的5′-羟基，通过加入乙酸酐和*N*-甲基咪唑进行乙酰化反应，避免与后续碱基的偶联反应，减少寡核苷酸合成过程中的删除错误。④氧化：通过氧化剂碘的作用，将亚磷形式转化为稳定的五价磷形式。通过以上4个步骤的循环，将与预定合成寡核苷酸序列一致的碱基，通过3′→5′的方式一个个延伸合成。

根据实现方式的不同，寡核苷酸化学合成技术主要包括柱式寡核苷酸合成以及芯片寡核苷酸合成。

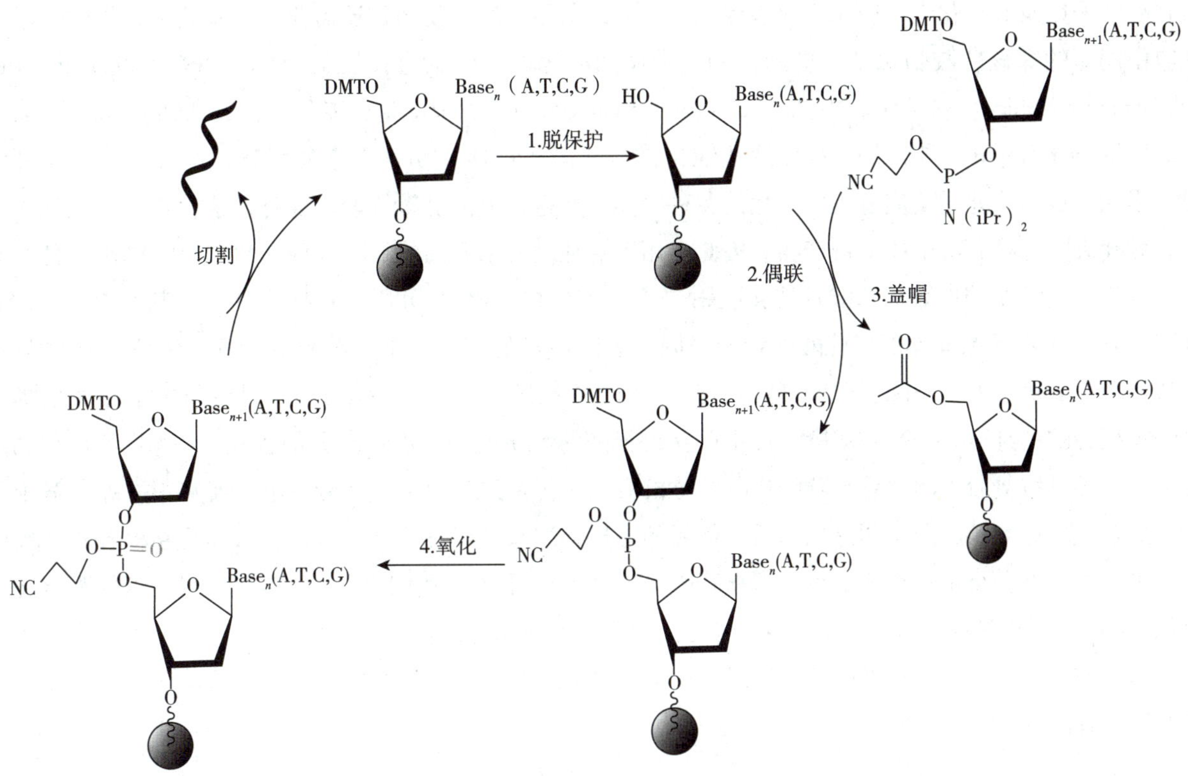

图 5-9　亚磷酰胺四步化学寡核苷酸合成法

1. 柱式寡核苷酸化学合成　该方法是利用一个带有反应腔的合成柱，装载用于寡核苷酸合成的固相载体，配合流体系统，来实现化学寡核苷酸合成的四步循环反应。目前常用固相载体为可修饰的多孔玻璃（controlled pore glass，CPG）载体，通过高分子聚乙烯等材料的颗粒包埋而成。而固相载体材料内部的孔腔，能够允许亚磷酰胺化学寡核苷酸合成的四步化学反应的试剂在其中流动，并依赖于 CPG 载体，将修饰的亚磷酰胺碱基一个个合成上去。寡核苷酸在合成柱上完成合成后，通过能破坏固相载体和寡核苷酸之间连接间臂的化学反应从合成柱上切割下来。柱式寡核苷酸化学合成是目前多款商用自动化合成仪采用的主要方法。

2. 芯片寡核苷酸化学合成　不同于柱式合成，芯片合成中，寡核苷酸的化学合成反应在修饰芯片载体上完成。为了实现高通量并行的寡核苷酸化学合成，芯片合成技术需要保证在一个非常小的芯片位点上，能够不受干扰地单独完成每一轮的化学反应。为了实现这一目的，高通量光脱保护芯片合成技术、电化学脱保护芯片合成技术及喷墨打印合成技术等被开发出来。这些技术通过在芯片的点阵上独立实现合成脱保护和偶联的过程，达到在芯片上高通量并行合成的目的；同时，因为芯片合成中单个反应体积小，可极大减少试剂的消耗，实现低成本合成的目的。高通量芯片寡核苷酸合成能够一次合成寡核苷酸多达数十万条，而成本仅是柱式合成的 $1/10^4 \sim 1/10^2$。不同于柱式合成，合成出来的寡核苷酸是每条单独存在，高通量芯片合成的寡核苷酸通常以混合库的形式存在；同时，合成的混合库中，单条寡核苷酸的量也远远低于柱式合成，从 fmol 到 pmol 不等。这一定程度上也限制了芯片寡核苷酸合成的应用。目前的芯片寡核苷酸合成主要用于突变体库构建、探针捕获文库构建、CRISPR 文库构建等对合成量要求不高但序列种类复杂的领域。

3. 寡核苷酸的纯化方法　由于四步寡核苷酸化学合成法的每一轮化学合成的反应效率无法保证 100%，同时合成过程中也伴随有一些副反应的发生，合成的产物中掺杂有比目的寡核苷酸序列短的寡核苷酸产物以及其他化学反应副产物。因此，合成的寡核苷酸产物通常还需要进一步纯化，以除去化学反应中的短的寡核苷酸和化学反应副产物。常用的纯化方法包括直接脱盐纯化、OPC（oligonucleotide purification cartridge）柱纯化、PAGE（polyacrylamide gel electrophoresis）纯化、HPLC（high performance liquid chromatography）纯化等。直接脱盐纯化是将从固相载体上切割下来的引物，通过反复的溶剂洗脱，去除合成引物化学反应过程中产生的各种盐类，获得合成的寡核苷酸混合物。这种纯化方式几乎无法有效地去除寡核苷酸中的短链产物，因此多用于对纯度要求不高的寡核苷酸纯化。OPC柱是一种填有对带有5′-DMT基团的寡核苷酸具特异吸附能力的纯化柱。通过OPC柱对最后一个碱基带有5′-DMT基团（在合成步骤保留）寡核苷酸的特异吸附，去除截短的寡核苷酸。纯化的带5′-DMT基团的目的寡核苷酸最后通过酸处理除去DMT基团，获得目的寡核苷酸。这种方法虽然在理论上能够很好地提高目的寡核苷酸的纯度，但是在实际应用中要获得很好的纯化效果，需要充分的优化。PAGE纯化是利用变性聚丙烯酰胺凝胶电泳对寡核苷酸进行纯化的方法。优化的聚丙烯酰胺凝胶电泳能够很好地分辨不同长度的合成单链寡核苷酸。通过电泳后，将目的寡核苷酸条带切割下来，再通过溶剂将寡核苷酸从胶中释放出来，能够获得纯度较高的目的寡核苷酸。这种方法可以用于不同长度、不同应用场景的寡核苷酸纯化。HPLC纯化是利用C18或者离子交换色谱柱，能够获得较其他方法更高的纯度。分子生物学实验中常用的qPCR探针、NGS探针等多采用这种方法纯化。然而，HPLC纯化方法多适用于小于100个碱基的寡核苷酸的纯化。

二、酶促反应法

亚磷酰胺化学合成法需要用到各种烈性的化学试剂，反应过程中也会产生有毒副产物与危险废弃物，并且由于合成原理的限制，其极限合成长度大约为200nt，无法满足日益增长的DNA合成需求。最近几年出现的酶法DNA合成，有望以更低的成本与更温和的环境合成更长的DNA分子。基于生物酶的酶促核酸聚合方法在合成精准度及合成长度方面具有可以颠覆现有化学方法的巨大潜力，可以成长为下一代DNA合成技术的核心。其中，末端脱氧核苷酸转移酶（TdT）是唯一模板非依赖性DNA聚合酶，在DNA聚合反应中具有快速、灵敏度高、特异性好等优点。以TdT酶为核心的DNA聚合技术已经从实验室阶段进入初期的商业应用阶段，全球多家科技公司涌现并推出了各具特色的技术平台。

首先，通过试剂将TdT和dNTP耦合起来形成偶联物。随后将DNA引物与偶联物混合，引物上的3′端与偶联物中核苷酸的5′端自动结合。最后，用试剂或者光照将TdT与核苷酸之间的连接断开，从而将一个特定的核苷酸加在DNA引物上。由于酶的特异性和温和性，不会产生有毒副产物或者造成DNA损伤，也不会产生危险废弃物。而且这种DNA合成方法可以从天然DNA（即碱基上没有保护基团的DNA）开始合成。

化学法DNA合成技术相对成熟，其关键指标是偶联效率和错误率，由于化学偶联反应自身的特点，反应效率随着寡核苷酸链的增长而降低，DNA合成的完整性、精确度和产量也随着长度的增加而下降。酶法是快速发展中的DNA合成技术，但保护基团的不稳定性和生物酶的效率限制了其合成的稳定性和准确性，目前仍不成熟。

第六节　基因测序技术

基因测序技术是最常用的分子生物学技术之一，对推动本学科发展发挥了巨大的引擎作用。第一代测序技术主要有化学降解法、双脱氧链终止法和荧光自动化测序仪，第二代测序技术进入了高通量、低成本时代，第三代测序技术出现了单分子测序。

一、第一代测序技术

（一）化学降解法

化学降解法于 1977 年发明，其基本原理是先将双链 DNA 变性成单链，将其 5′端用同位素标记后，用不同化学试剂进行核苷酸裂解，最后进行凝胶电泳分离和放射自显影，根据不同泳道的条带信息获得 DNA 分子的碱基序列（图 5－10）。

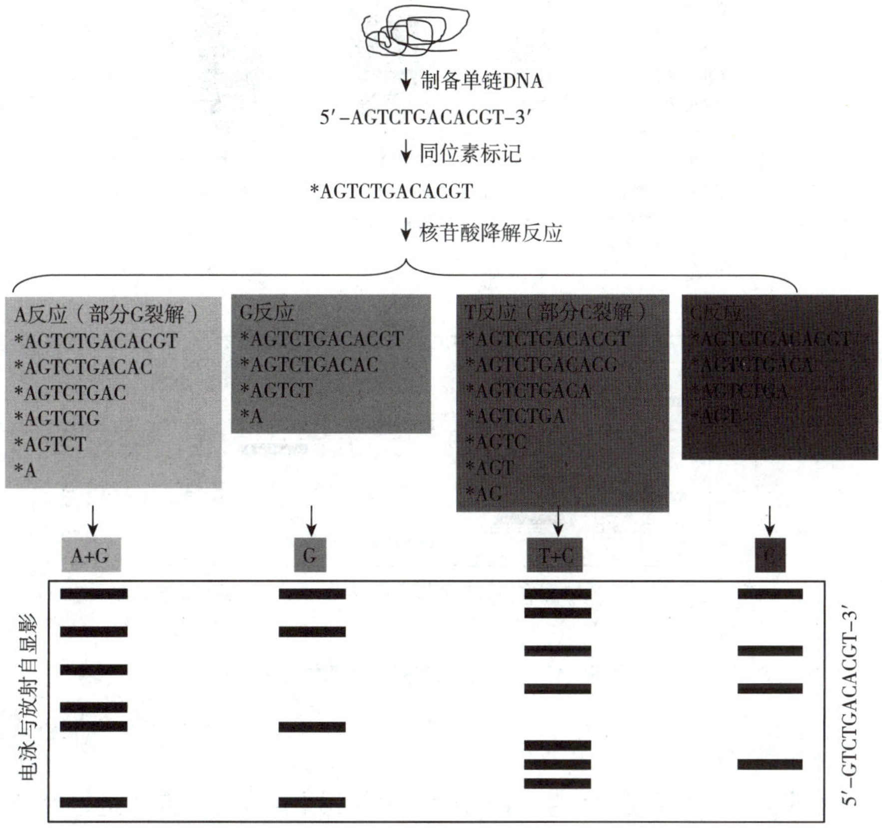

图 5－10　化学降解法的基本原理

化学降解法的显著特点为所测序列是 DNA 分子本身而不是酶促反应产物，避免了 DNA 合成过程中可能产生的人为错误。该方法可以分析 DNA 的甲基化修饰、构象和蛋白质－DNA 相互作用。缺点是操作较复杂，目前已被其他测序方法取代。

（二）双脱氧链终止法

双脱氧链终止法由 Sanger 等于 1977 年发明，也称 Sanger 测序法，测序包括四个独立的反应，每个反应由 DNA 模板、测序引物、DNA 聚合酶、足量脱氧核糖核苷三磷酸（dNTP）和限量同位素标记双脱氧核糖核苷三磷酸（ddNTP，包括 ddATP、ddGTP、ddCTP 和 ddTTP）组成。其中，DNA 聚合酶负责互补链的引物延伸，当添加 dNTP 时，因能形成 3′,5′－磷酸二酯键而使 DNA 链得以延伸；但当添加缺少 3′－羟基的 ddNTP 时，因不能形成 3′,5′－磷酸二酯键而使 DNA 链延伸终止。在第一个反应物中，ddATP 会随机代替 dATP 参加反应，一旦 ddATP 加入了新合成的 DNA 链，由于其 3 位的羟基变成了氢，不能继续延伸，所以第一个反应中所产生的 DNA 链都是到 A 就终止；同理，第二个反应产生 DNA 的都是以 G 结尾，第三个反应都是以 C 结尾，第四个反应都是以 T 结尾。四个反应产物是不同长度的寡核苷酸聚合物，分别在 A、T、C 和 G 处终止，经凝胶电泳分离和胶片曝光后，根据条带信息可以获得 DNA 的碱基序列（图 5－11）。双脱氧链终止法具有准确性高等优点，是使用最多的第一代测序技术。

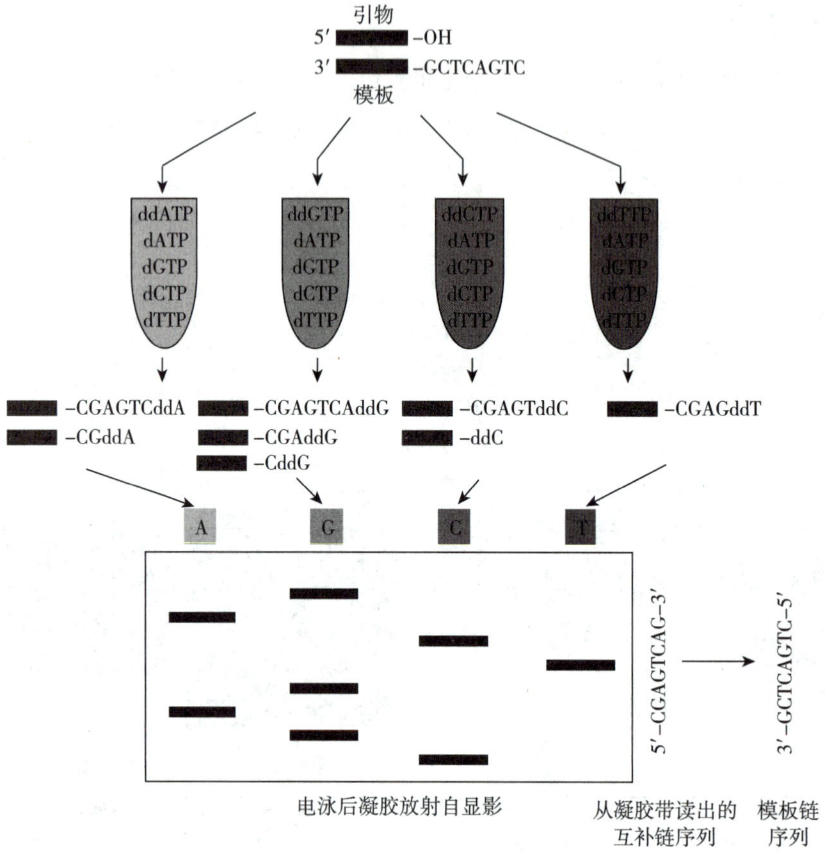

图 5－11 Sanger 测序法的基本原理

（三）荧光自动化测序仪

第一代测序技术的主要缺点是耗时和存在同位素放射性污染。经过不断改进，1987 年 Applied Biosystems 公司推出了第一代自动化测序仪 AB370，由于采用了毛细管电泳技术，测序效率和准确性均有显著提高。此外，因使用不同荧光标记的 ddNTP 进行 DNA 合成，合成产物可在一个电泳泳道内分离，通过计算机处理激光激发产生的不同波长信号来获得碱基序列。1998 年推出的第二代自动化测序仪 AB370xl 至今仍在广泛使用，读序可达 900bp，准确性可达 99.9%。

二、第二代测序技术

人类基因组计划的完成对第二代测序技术开发发挥了巨大的推动作用。2005 年以来，454、Solexa 和 Agencourt 公司先后推出了焦磷酸测序平台、Ilumina 测序平台和 SOLiD 测序平台，此三大平台是第二代测序技术的典型代表，具有通量高、费用低等共同优点。第二代测序技术的基本程序大体相同，主要包括测序文库制备、测序文库放大、序列测定以及数据分析与显示。

（一）测序文库制备

1. 核酸片段制备 有双链 DNA 和 RNA 两种情况。

（1）双链 DNA 双链 DNA 片段制备方法主要有机械剪切法和酶切法。其中，机械剪切法需用专门的超声波仪进行，由于不同功率超声波仪制备的 DNA 片段长度不同，必要时需用凝胶电泳进行 DNA 片段选择。酶切法可用 DNase I 或其混合物进行，虽然与机械剪切法同样有效，但产生的插入或缺失较多。DNA 测序文库的插入片段长度一般为 500bp 左右，但取决于测序仪和测序目的。

（2）RNA 在多数情况下，制备 RNA 测序文库也需要进行片段化，但可在逆转录前或逆转录后进行。逆转录前的 RNA 片段化可在温控条件下用镁、锌等金属阳离子进行消化，通过调整消化时间可以获得长度合适的片段。逆转录后的 cDNA 片段化与双链 DNA 相似。RNA 测序文库插入片段的大小同样取决于研究目的。

2. 片段末端修补 在获得 DNA 片段后，需要对片段两端进行化学修饰。5′端平端化和磷酸化可用 T_4 噬菌体多核苷酸激酶、T_4 噬菌体 DNA 聚合酶和 DNA 聚合酶 Klenow 片段混合物进行，3′端腺苷酸加尾可用 *Taq* 聚合酶或 Klenow 片段进行，其中 *Taq* 聚合酶的加尾效率较高，不需要加热时可选用 Klenow 片段。

3. 接头分子连接 在进行连接反应时，接头分子与 DNA 片段的比例一般为 10∶1，接头过多时不仅容易形成接头二聚体，而且更容易被 PCR 扩增。在连接反应后，接头二聚体可用凝胶色谱等方法去除。为了便于多重测序，每一样品可与不同条形码接头连接，或用条形码引物进行 PCR 扩增。

由于天然 miRNA 带有 5′-磷酸基，其测序文库制备十分简单。先用截短 T_4 噬菌体 RNA 连接酶Ⅱ将 3′端封闭的腺苷酸化接头分子与 RNA 样品连接，由于该酶仅以 3′-腺苷酸化的接头分子为底物，RNA 样品中的非 miRNA 无法连接；因 3′端被封闭，接头分子也不能相互连接。然后加入 RNA 接头分子、ATP 和 RNA 连接酶Ⅰ，与 5′-磷酸化的 RNA 分子进行连接，将逆转录引物与 3′-接头分子杂交后便可进行 RT-PCR 扩增。

在制备 mRNA 测序文库时，可用随机或 oligo(dT)引物进行 cDNA 合成，也可将接头分子与 mRNA 片段连接后进行 RT-PCR 扩增。当用随机引物进行 cDNA 合成时，要尽量去除核糖体 RNA，或用 oligo(dT)偶联琼脂糖珠进行 mRNA 富集。

（二）测序文库放大

测序文库放大主要有固相放大和乳滴 PCR（emulsion PCR）放大。固相放大可在称为流动池的特制玻璃板表面进行，每块板有若干泳道，每泳道包被与接头分子互补的寡核苷酸。当单链测序文库在泳道中流动时，DNA 片段通过接头分子与互补寡核苷酸结合，经过桥接 PCR（bridge PCR）反复放大后，每个片段能在原位获得数百万倍的扩增，形成所谓的克隆集群（clonal cluster）。

乳滴 PCR 放大在特制的 PTP 板（Pico Titer Plate，一种微型的塑料板）上进行，这种反应板上的各孔仅能容纳一个琼脂糖珠。当加入带有琼脂糖珠的测序文库时，每孔仅允许单个糖珠-DNA 片段进入，各孔间以油乳剂相隔成独立的微反应器，经过 PCR 扩增后，可以获得含数百万个拷贝的克隆集群。

（三）测序系统

1. 454 焦磷酸测序系统 焦磷酸测序最先由美国 454 生命科学公司研发，2005 年，454 公司被罗氏（Roche）诊断公司收购，推出了第一代 454 基因组测序仪。测序反应是将 PCR 扩增产物、DNA 聚合酶Ⅰ、ATP 硫酸化酶、荧光素酶、ATP 双磷酸酶、腺苷酰硫酸、D-荧光素和 PCR 引物加入 PTP 板进行 PCR 扩增，每次循环添加一种 dNTP，进行 DNA 合成反应。如果这种 dNTP 能与模板配对延伸，那么在合成之后会释放出焦磷酸基团，焦磷酸基团会在腺苷酰硫酸的存在下由 ATP 硫酸化酶催化形成 ATP，ATP 和荧光素酶共同氧化反应体系中的荧光素分子并发出荧光。由于光信号的产生及其强度取决于整合的核苷酸种类，通过光信号检测即可判定模板链的 DNA 序列。

454 测序仪的出现解决了高通量测序问题，其最大优势是速率快（仅需 7～10 小时），缺点是所用试剂较昂贵和测序准确性相对较低，适合单核苷酸多态性基因分型、病毒和细菌分型、特异基因突变检测和基因转录分析等研究。

2. SOLID 测序系统 SOLID 测序系统是基于连接酶测序法，即利用 DNA 连接酶在连接过程中进行测序。在测序反应时，并没有常规的在聚合酶作用下的 DNA 合成反应，模板链的延伸是在测序引物的末端连接一段寡核苷酸，并持续延伸多次。

在制备测序文库时，先将 DNA 片段与接头分子连接，再与琼脂糖珠连接后，在 PTP 上进行 PCR 扩增。测序利用独特的 8 碱基探针进行 DNA 模板链探测，探针第 1 碱基为连接部位，第 5 碱基为裂解位点，第 8 碱基连有 4 种不同的荧光染料。测序反应的第一步是将通用引物 N 与 DNA 片段上的接头分子杂交结合，然后添加荧光素标记探针和连接酶。如果探针与 DNA 模板链互补，测序引物则能被连接，就能检测到荧光信号。在洗去非互补探针并裂解去除互补探针的荧光基团后，再用通用引物（N）进行连接反应。但经过一轮连接反应后，仅能测得部分核苷酸序列，对应于探针简并碱基的序列，需用短 1～2 个碱基的引物重新进行测序，直到测完为止。

3. Illumina 测序系统 2006 年，Solexa 公司推出了第一代基因组测序仪。Illumina 公司兼并 Solexa 公司后，推出了 GA HiSeq 测序系统。该测序系统采用 DNA 簇、桥式 PCR 和可逆阻断等核心技术，通过边合成边测序的方式，按“去阻断、延伸→激发荧光→切割荧光基团→去阻断”循环方式，依次读取模板 DNA 上的碱基排列顺序。测序时向反应体系中同时添加 DNA 聚合酶、接头引物和 4 种带有碱基特异性荧光基团的标记 dNTP。由于这些 dNTP 的 3′－羟基被化学方法保护，每轮合成反应都只能添加一个 dNTP。在 dNTP 被添加到合成链上后，所有未使用的游离 dNTP 和 DNA 聚合酶都会被洗脱。再加入激发荧光所需的缓冲液，用激光激发荧光信号，用光学设备完成荧光信号的记录，再通过计算机分析转化为测序结果。

（四）数据分析与显示

在测序完成后，所获原始数据需要进行去除接头序列、低质量读序的前加工、与已知参考序列的比对分析、从头测序的序列组装和编码序列分析，以及生物信息学分析。生物信息学分析包括插入、缺失、单核苷酸多态性分析、新基因或调节序列鉴定、基因转录水平、RNA 剪切替代机制以及转录起始和终止部位的确定等，某些情况下还包括疾病相关的体细胞或生殖细胞基因突变分析。

三、第三代测序技术

近来能实现单分子测序的技术不断发展，这些相关的测序技术被称为第三代测序技术。与前两代技术相比，它们最大的特点是可以实现单分子测序（single molecule sequencing，SMS），在对于那些稀有样品的测序方面具有无可替代的优势。目前开发的第三代测序技术的具体原理不同，但都具有单分子测序的特点，即样品无需提前扩增，无需荧光标记，读长更长，后期数据处理更加方便。有的利用荧光信号进行测序，也有的利用不同碱基产生的电信号进行测序，主要有 HeliScope 单分子测序技术、SMRT 单分子实时测序技术、纳米孔测序技术、微滴珠测序技术等。

实例分析

实例

基于 CRISPR/Cas9 技术的产品 NTLA－2001 基因治疗 hATTR 患者的安全性及有效性评价。

实例分析

问题

1. NTLA－2001 产品有哪些组分？
2. 采用 NTLA－2001 治疗的原理是什么？
3. 体内 CRISPR 基因编辑治疗人类遗传疾病存在的问题有哪些？

思考题

1. 什么是基因敲除技术？
2. 什么是 RNA 干扰技术？
3. TALEN 打靶的原理是什么？
4. CRISPR 系统如何实现靶向基因编辑？
5. EMSA 实验的主要作用是什么？
6. 简述酵母双杂交系统的基本原理。
7. 第二代测序技术的基本流程是什么？

书网融合……

参考答案　本章小结　微课 1　微课 2　微课 3　拓展题

第六章　基因工程技术制药 微课

PPT

学习目标

【知识要求】

1. 掌握　基因工程菌的不稳定性；基因工程菌发酵的影响因素与控制方法。

2. 熟悉　基因工程药物分离纯化的方法。

【技能要求】

能够采取有效措施来提高基因工程菌的稳定性；具备基因工程菌培养能力，能够进行工艺放大和验证的方案设计及操作；学会基因工程药物的质量控制。

【素质要求】

培养创新意识，了解基因工程技术制药的产业化情况，尽早建立个人的职业规划，并进一步稳定专业思想，提升专业课学习热情。

自 1982 年第一个基因重组产品——重组人胰岛素在美国问世以来，利用基因工程技术研制新型药物已经成为现实，将生物技术用于疾病的预防和疑难病症的治疗，给生物医药产业带来了巨大的社会效益和经济效益。

基因工程药物的生产是一项十分复杂的系统工程，上游阶段是研究开发，主要是获得目的基因、构建基因工程菌（细胞）；下游阶段是从基因工程菌（细胞）的大规模培养一直到产品的分离纯化、质量控制。基因工程菌的发酵工艺不同于传统的抗生素和氨基酸发酵，需要对影响目的基因表达的因素进行分析，对各种影响因素进行优化，建立适于目的基因高效表达的发酵工艺，以便获得较高产量的目的基因表达产物。为了获得合格的目的产物，还必须建立起一系列相应的分离纯化、质量控制、产品保存等技术。

第一节　基因工程菌的不稳定性及对策 微课 1

稳定是基因工程菌高水平发酵生产的基本条件，要予以关注。

一、质粒的不稳定性

克隆有外源基因的质粒载体转移到受体细胞后，会产生一系列的生理效应，影响其自身的稳定性。基因工程菌至少应维持 25 代稳定。基因工程菌在传代过程中经常出现质粒不稳定现象，质粒不稳定分为分裂不稳定和结构不稳定。

质粒的分裂不稳定是指细胞分裂过程中，有一个子细胞没有获得质粒 DNA 拷贝，并最终增殖为无质粒的优势群体。它主要与两个因素有关：①含质粒菌产生不含质粒子代菌的频率、质粒丢失率，与宿主菌、质粒特性和培养条件有关；②这两种菌比生长速率差异的大小。由于丢失质粒的菌体在非选择性培养基中一般具有生长优势，一旦发生质粒丢失，基因工程菌在培养液中的比例会随时间快速下降，因此，丢失质粒的菌能在培养中逐渐取代含质粒菌而成为优势菌，从而严重影响外源基因产物的表达。

质粒的结构不稳定是指质粒结构（序列）的不稳定性，即重组质粒上某一区域的DNA序列发生插入、缺失、重排和修饰等现象，导致其表观生物学功能的丧失。质粒自发缺失与质粒中短的正向重复序列之间的同源重组有关，具有两个串联启动子的质粒更容易发生缺失；在无同源性的两个位点之间也会发生缺失；培养条件也对质粒结构不稳定性产生影响。

一般情况下，质粒的结构不稳定性可以通过选用合适的宿主菌株来消除。因此在质粒不稳定的研究过程中，人们更关注质粒的分裂不稳定性。

质粒稳定性的分析方法如下。将基因工程菌培养液样品适当稀释后，均匀涂布于不含抗性标记抗生素的平板培养基上，置37℃培养过夜。随机挑取不少于100个单菌落，分别接种到含抗性标记抗生素和不含抗生素的培养皿中，置37℃培养过夜，统计长出的菌落数。通过比较在含有或不含抗生素培养基上的菌体存活数，可以检测质粒的丢失率，考查质粒稳定性。一般应重复2次以上，计算质粒丢失率。

二、提高质粒稳定性的方法

由于基因工程菌的培养与发酵受诸多因素与条件的影响，而且随机性和可变性大，要使基因工程菌的质粒保持稳定的遗传性状，仍存在很多亟待解决的工程问题。基因工程菌具有多样性，采用的手段常缺乏通用性，需要采取具有针对性的措施，才能获得较好的效果。为了提高基因工程菌的稳定性，可以进行以下操作。

（一）选择合适的宿主菌

重组质粒的稳定性在很大程度上受宿主菌遗传特性的影响，宿主菌的比生长速率、基因重组系统的特性、染色体上是否有与质粒和外源基因同源的序列等都会影响质粒的稳定性。一般质粒的结构不稳定性可以通过选用宿主菌来消除。同一宿主菌对不同质粒的稳定性不同，而同一质粒在不同宿主菌中的稳定性也有差别。因此，不同的表达系统、外源基因表达产物的性质、表达产物是否需要进行后加工及其复杂程度将决定宿主菌的选择，如真核或原核生物、蛋白酶缺陷型或营养缺陷型等的宿主菌。一般而言，重组质粒在大肠埃希菌中比较稳定，在枯草芽孢杆菌和酵母中较不稳定。

（二）选择合适的载体

质粒载体的大小与拷贝数是影响质粒分裂不稳定性的重要因素。插入DNA片段的大小及特性与质粒分裂不稳定性有关。为了构建稳定的重组体，最好利用小质粒，小的质粒在高密度发酵中遗传性状比较稳定，而大的质粒由于发酵环境中各种因素的影响，往往出现变异的概率较高。

对于松弛型质粒载体，伴随着细胞分裂，质粒以随机方式分配到子细胞中，而质粒载体的寡聚化效应会导致质粒载体拷贝数大大降低，从而加重质粒的分裂不稳定性，含低拷贝数质粒的基因工程菌产生不含质粒的子代菌的概率较大。因此，增加这类基因工程菌的质粒拷贝数能提高质粒的稳定性；质粒拷贝数越高，出现无质粒子代菌的概率就越低，质粒就越稳定。但是由于大量外源质粒的存在，含质粒菌的比生长速率明显低于不含质粒菌，一旦产生不含质粒的菌，它能较快地取代含质粒菌而成为优势菌，因此，对这类菌进一步提高质粒拷贝数反而会抑制含质粒菌的生长，对质粒的稳定性不利。对同一基因工程菌来说，通过控制比生长速率可以改变质粒的拷贝数。

（三）选择压力

在基因工程菌培养过程中，通常采用增加选择压力来提高基因工程菌的稳定性。选择压力通常包括如下。①在质粒构建时加入抗生素抗性基因：在生物反应器的培养基中加入抗生素，以抑制无质粒菌的生长和繁殖。在培养基中增加选择压力（如抗生素），是基因工程菌培养中提高质粒稳定性常用的方法。含有抗性基因的重组质粒转入宿主菌，基因工程菌获得了抗药性，发酵时在培养基中加入适量的相应抗生素可以抑制质粒丢失菌的生长，消除了重组质粒分裂不稳定的影响，从而提高发酵生产率。但应尽量避免使用抗生素，必须使用时，应选择安全、风险相对较低的抗生素品种，且产品的后续纯化工艺应保证可有效去除制品中的抗生素；如后续工艺不能有效去除，则不得添加。严禁使用青霉素或其他 β－内酰胺类抗生素。②利用营养缺陷型细胞作为宿主菌，构建营养缺陷型互补质粒，设计营养缺陷型培养基，以抑制无质粒菌的生长和繁殖。

选择压力对于质粒或宿主细胞本身发生了突变（虽保留了选择性标记，但不能表达目的产物）的细胞无效。

（四）分阶段控制培养

为了提高基因工程菌培养中质粒的稳定性，工程菌的培养一般采用两阶段培养法，第一阶段先使菌体生长至一定密度，第二阶段诱导外源基因的表达。由于第一阶段外源基因未表达，减小了重组菌与质粒丢失菌的比生长速率的差别，增加了质粒的稳定性。

（五）控制培养条件

基因工程菌的培养条件对其质粒的稳定性和表达效率影响很大。培养条件的变化对大肠埃希菌的比生长速率有很大的影响，而基因工程菌的比生长速率对质粒稳定性也有很大影响，提高比生长速率有助于提高质粒稳定性。基因工程菌的比生长速率与培养环境有关，如温度、溶氧、pH、限制性营养物质浓度、有害代谢产物浓度等。由于含质粒的基因工程菌对发酵环境的改变比不含质粒的宿主菌反应慢，可以采用改变培养条件的方法来改变这两种菌的比生长速率，从而改善质粒的稳定性。

某些基因工程菌在复合培养基中具有较高的质粒稳定性，含有机氮源如酵母抽提物、蛋白胨等营养丰富的复合培养基提供了生长必需的氨基酸和其他物质，微生物的生长较基础培养基中快。在基础培养基中，造成携带质粒的基因工程菌比例下降的主要原因是基因工程菌和宿主菌比生长速率的差异；而在复合培养基中，则是比生长速率的差异以及质粒丢失的概率二者共同起作用。当采用大肠埃希菌温度敏感型启动子，例如 P_L、P_R 和 P_RP_L 等时，温度诱导模式的选择对外源蛋白表达量的高低至关重要。常规诱导模式是将大肠埃希菌的培养温度由 30℃ 升到 42℃，启动子开始启动外源基因表达。培养基因工程菌需要维持一定的 pH 和溶氧水平，基因工程菌在低溶氧环境下稳定性差的原因是氧限制了能量的提供，因而在发酵过程中需要保持较高的溶氧，通过间隙供氧和改变稀释速率的方法都可提高质粒的稳定性。

（六）固定化基因工程菌

固定化可以提高基因工程菌的稳定性、生物量和基因产物的产量。对基因重组大肠埃希菌进行固定化后，质粒的稳定性及目的产物的表达率都有了很大提高。在游离基因工程菌系统中，常用增加抗生素、氨基酸等选择压力来稳定质粒，但在大规模生产中难以应用。而采用固定化方法后，这种选择压力可被省去。不同的宿主菌及质粒在固定化系统中均表现出良好的稳定性。大肠埃希菌 B（pTG201）的质粒稳定性较差，游离细胞经 85 代连续培养，丢失质粒的细胞占 60% 以上；而固定化细胞在 10～20 代培养后，丢失质粒的细胞只有 9%，以后维持该水平不变。

第二节 基因工程菌的中试

中试是衔接产业链上、下游，促进科研成果产业化的重要环节。中试就是产品正式投产前的试验，是产品在大规模量产前的较小规模试验。基因工程菌中试应考虑以下问题：选择适合商品化生产的基因工程菌、设计发酵反应器、选择反应过程、发酵培养基组成、维持生产工艺最佳化的方法、工艺监测方法、工艺控制方法、工艺自动化使用方法、生物催化剂使用、产品提取方法的选择、新反应器设计与使用、分离精制技术的选择、生产工厂的设计等。

一、基因工程菌选择

（一）基因工程菌应具备的条件

能用一般基因重组技术获得，能以工业原料（碳源）为培养基，表达蛋白有高产潜力，生产工艺可采用一般工业生产经验，不致病、无毒性，能安全生产、符合国家药品监督部门有关规定。

（二）基因工程菌选择需考虑的问题

1. 产率 是发酵工艺成败的关键因素，对产品能否投产有决定作用。应保持发酵条件最佳化，提高基因量或扩大其表达量。

2. 蛋白质产品 有淋巴因子、生长因子、疫苗和溶血性蛋白质这4类。生产蛋白质产品的基因工程菌高产能力取决于以下7个因素：获得的蛋白质基因拷贝数、由基因到mRNA的转录率、mRNA转译率、mRNA降解率、培养基内细胞浓度、细胞生长率和蛋白质产品稳定性。

二、生物反应器（发酵罐）设计

发酵罐设计应符合生物反应与化学工程的需要。实验室多用小型罐，罐身附有各种传感器，能收集各种参数。设计前，应取得5个生物数据：培养细胞系特性，细胞生长率，发酵罐消毒方法，温度、pH、溶氧、二氧化碳及代谢产物，后处理效果。着手设计时，力求从化学工程角度满足生物反应要求。对此，设计中应考虑的问题包括：可变性，即视实验条件需要，能连续发酵，又能分批发酵，并附有加料管、取料管及测量仪表；易安装与移动；仪表所得数据可靠；数据重复性好；可任意装置附件，罐体为不锈钢材料，罐体与各附配件均打光，避免残渣积存。

三、发酵培养基组成

培养基与菌种关系密切，其组成及作用有：①提供化学元素，如细胞生长所需的碳、氮、氧、氢、磷及一些微量元素和金属离子；②提供特殊营养源，如氨基酸、维生素等；③提供能源，如葡萄糖，以维持代谢，促进菌体生长与产物合成；④控制代谢，培养基中加入活性物质或改变温度、pH等，诱导菌种改变生长速率或代谢途径以增加产量。

四、工艺最佳化与参数监测控制

（一）工艺最佳化

工艺最佳化需对不同的菌种做大量试验，取得重复性好的准确数据后，模拟发酵代谢曲线，预测放大值。大规模生产中参数交叉的复杂性高，需应用计算机模拟计算。只有对菌种生物特性与发酵工艺成竹于胸，最佳工艺条件设计才更合理，更易实现。工艺最佳化包括最快周期、最高产量、最好质量、最低消耗、最大安全性、最周全的废物处理效果与最低失败率等的综合指标。

（二）参数监测控制

随着发酵控制手段的进一步发展，监控的发酵参数越来越详细，可真实地了解和掌握细菌代谢过程，建立最佳工艺。生物反应中，有 4 种参数需监测与控制：①物理参数，包括转速、温度、压力、体积、流量等；②物理化学参数，包括 pH、溶解氧、CO_2尾气分析、氧化还原电位；③化学测量，包括基质、葡萄糖浓度、产物浓度、乙酸等；④生物学和生化测量，包括呼吸熵、生物量、酶活性、细胞形态等。这些测量可提供反映环境变化和细胞生长的许多重要信息，作为研究和控制发酵过程的基础，但还远远不能反映细菌的动态代谢过程。因此，高密度发酵的发展趋势是重组菌代谢理论更完善，检测和调控手段更完备，发酵设备更加自动化，发酵放大工艺更完善。

五、计算机应用

以计算机兼容的传感器监测生物反应各项参数，重复率达 100%。监测方法视参数性质而定。温度可用热电耦测量，各种元素可用离子敏感电极测定，还原电位可用氧化还原电极测定，热平衡可用热量计测定，全部数据均可储存在计算机内，经对比、计算，择优用于生产。出现问题，计算机自动予以调整。计算机记录与控制全部生产过程的数据，使工艺最佳化，产品产量与质量不断提高，原材料与能源消耗不断下降，成本不断降低。经计算机计算，确定控制微生物生长最重要因素，模拟出一个高质、高产、低成本生产、工艺最佳化的控制微生物数学公式。

第三节　基因工程菌的培养

在进行工业化生产时，基因工程菌株大规模培养的优化设计和控制对外源基因的高效表达至关重要。优化发酵过程既包括工艺方面的因素，也包括生物学方面的因素。工艺方面的因素，如选择合适的发酵系统或生物反应器，目前应用较多的有罐式搅拌反应器、鼓泡反应器和气升式反应器等。生物学方面的因素包括多方面：首先是与细菌生长密切相关的条件或因素，如发酵系统中的溶氧、pH、温度和培养基的成分等，这些条件的改变都会影响细菌的生长及基因表达产物的稳定性。其次是对外源基因表达条件的优化，基因工程菌在发酵罐内生长到一定的阶段后，开始诱导外源基因的表达，诱导的方式包括添加特异性诱导物和改变培养温度等，使外源基因在特异的时空进行表达不仅有利于细胞的生长代谢，而且能提高表达产物的产率。最后是提高外源基因表达产物的总量，外源基因表达产物的总量取决于外源基因表达水平和菌体浓度，在保持单个细胞基因表达水平不变的前提下，提高菌体密度有望提高异源蛋白质合成的总量。

良好的发酵工艺对表达外源蛋白至关重要，直接影响产品的质量和生产成本，决定着产品在市场上的竞争力。由于细胞生长和外源基因表达之间有着较大的差异，各培养参数在全过程中必须分段控制。发酵条件不同，基因工程菌的代谢途径可能不同，因而对下游的纯化工艺会造成不同的影响，要尽量建立有利于纯化的发酵工艺，以提高产品的纯度、改善其性质。

一、基因工程菌的培养方式

（一）分批培养（batch culture）

分批培养是一种间歇的培养方式，除了进气、排气和补加酸碱调节 pH 外，在培养过程中与外界没有其他的物料交换，这种方式在实际应用中较少。

（二）补料分批培养（fed－batch culture）

补料分批培养也是一种间歇的培养方式，与分批培养的不同之处在于，在培养过程中需要向发酵液中补加新鲜的营养成分。在分批培养中，为保持基因工程菌生长所需的良好微环境，延长其生长对数期，获得高密度菌体，通常把溶氧控制和流加补料措施结合起来，根据基因工程菌的生长规律来调节补料的流加速率。

（三）连续培养（continuous culture）

连续培养是在连续流加培养基的同时连续放出发酵液。由于重组菌的不稳定性，进行连续培养难度较大。为解决基因工程菌连续培养的不稳定性，将工程菌的生长阶段和基因表达阶段分开，进行两阶段连续培养。优化诱导水平、稀释率和细胞比生长速率这 3 个参数，保证在第一阶段培养时质粒稳定，在第二阶段可获得最高表达水平或最大产率。

（四）透析培养（dialysis culture）

透析培养是利用膜的半透性原理使代谢产物和培养基分离，通过去除培养液中的代谢产物来解除其对生产菌的不利影响。在发酵过程中用蠕动泵将发酵液打入罐外的膜透析器的一侧循环，其另一侧通入透析液循环。例如，在补料分批培养中，大量醋酸在透析器中透过半透膜，降低了培养基中醋酸浓度，从而获得高菌体密度。

（五）固定化培养（immobilization culture）

基因工程菌经固定化培养后，解决了质粒的稳定性问题，该培养方式对分泌型菌更有利。例如，对重组大肠埃希菌进行固定化后，质粒的稳定性和目的产物的表达量都得到了很大提高。

二、基因工程菌的发酵条件

（一）培养基的影响

优良的培养基的组成既要提高工程菌的生长速率，又要保持重组质粒的稳定性，使外源基因能够高效表达。常用的碳源有葡萄糖、甘油、乳糖、甘露醇、果糖等。常用的氮源有酵母提取物、蛋白胨、酪蛋白水解物、玉米浆和氨水、硫酸铵、硝酸铵、氯化铵等。另外，培养基中还应加一些无机盐、微量元素、维生素、生物素等。对营养缺陷型菌株，还要补加相应的营养物质。

碳源对菌体生长和外源基因表达有较大的影响。使用葡萄糖和甘油作为碳源，菌体的比生长速率及呼吸强度相差不大；但以甘油为碳源，菌体得率较大；而以葡萄糖为碳源，菌体产生的副产物较多。

在各种有机氮源中，酪蛋白水解更有利于产物的合成与分泌。培养基中的色氨酸对 *trp* 启动子控制的基因表达有影响。

无机磷在许多初级代谢的酶促反应中是一个效应因子，过量的无机磷会刺激葡萄糖的利用、菌体生长和氧的消耗。由于启动子在低磷酸盐时才被启动，必须控制磷酸盐的浓度。当菌体生长到一定密度，磷酸盐被消耗至较低浓度时，目的蛋白才开始表达。通常，起始磷酸盐浓度应控制在 0.015mol/L，浓度过低影响细菌生长，浓度过高则影响外源基因表达。

（二）接种量的影响

接种量是指移入的种子液体积和培养液体积的比例。它的大小影响发酵的产量和发酵周期，接种量小，延长菌体延迟期，不利于外源基因的表达；采用大接种量，由于种子液中含有大量水解酶，有利于对基质的利用，可以缩短生长延迟期，并使生长菌能迅速占领整个培养环境，减少污染机会。但接种量过高往往会使菌体生长过快，代谢产物积累过多，反而会抑制后期菌体的生长，所以接种量的大小取决于生产菌种在发酵中的生长繁殖速率。

（三）温度的影响

温度对基因表达的调控作用可发生在复制、转录、翻译或小分子调节分子的合成等水平。在复制水平，可通过调控复制来改变基础拷贝数，影响基因表达；在转录水平，可通过影响 RNA 聚合酶的作用或修饰 RNA 聚合酶来调控基因表达；温度尚可在 mRNA 降解和翻译水平影响基因表达，也可能通过细胞内小分子的量来影响基因表达，还可通过影响细胞内 ppGpp 量来调控一系列基因表达。

对于一些温度敏感型质粒，温度较低时质粒拷贝数较少；升温后质粒大量复制，拷贝数就处于失控状态，对菌体生长有很大影响。对含此类质粒的工程菌，通常在发酵前期控制在较低温度，使外源基因不过量表达，重组质粒稳定地遗传；到后期升温，以大量增加质粒拷贝数，使外源基因高表达。

温度还影响蛋白质的活性和包涵体的形成。

（四）溶解氧的影响

溶解氧是工程菌发酵培养过程中影响菌体代谢的一个重要参数，对菌体的生长和产物的生成影响很大。菌体在生长繁殖过程中，进行耗氧的氧化分解代谢，及时供给饱和氧是很重要的。发酵时，随溶解氧浓度的下降，细胞生长减慢，尤其在发酵后期，下降幅度更大。外源基因的高效转录和翻译需要大量的能量，促进了细胞的呼吸作用，提高了对氧的需求，因此，只有维持较高水平的溶解氧浓度（≥40%）才能提高带有重组质粒细胞的生长，利于外源蛋白产物的形成。

调节搅拌转速可以改善培养过程中的氧供给，提高活菌产量。在发酵前期采用较低转速，满足菌体生长；在培养后期，提高转速才能满足菌体继续生长的要求。这样既可以满足工程菌生长，获得高活菌数，又可以避免发酵培养全过程采用高转速，从而节约能源。

（五）pH 的影响

pH 对细胞的正常生长和外源蛋白的高效表达都有影响，所以应根据工程菌的生长和代谢情况，对 pH 进行适当的调节。如采用两阶段培养工艺，培养前期着重于优化工程菌的生长条件，培养后期着重于优化外源蛋白的表达条件，细胞生长期的最佳 pH 范围一般在 6.8～7.4，外源蛋白表达的最佳 pH 为 6.0～6.5。

总之，工程菌发酵工艺与异源蛋白的表达关系重大，最佳化工艺是获得最快周期、最高产量、最好质量、最小消耗、最大安全性、最周全的废物处理效果与最低失败率等指标的保障。

第四节　基因工程菌的高密度发酵

高密度发酵又称为高密度培养。一般指微生物在液体培养中，细胞群体密度超过常规培养 10 倍以上时的生长状态或培养技术。现代高密度培养技术主要是在用基因工程菌生产多肽类药物的实践中逐步发展起来的。若能提高菌体培养密度，提高产物的比生产速率（单位体积单位时间内产物的产量），不仅可减少培养容器的体积、培养基的消耗和提高下游工程中分离、提取的效率，还可缩短生产周期、减少设备投入和降低生产成本，从而大大提高产品竞争力。

但高密度发酵的工艺是比较复杂的，仅仅对营养物质、溶氧浓度、pH、温度等影响因素单独地加以考虑是远远不够的，因为各因素之间有协同和（或）抵消作用，需要对它们进行综合考虑，对发酵条件进行全面的优化，才可以尽可能地提高菌体密度和基因产物的生成。

一、高效表达系统的构建

为了获得高效表达的重组菌株，表达系统的构建是关键。在构建重组菌时，宿主菌和载体的选择、偏爱密码子和启动子的选择和诱导等都需全面考虑。

（一）宿主菌和载体的选择

工业应用较成熟的大肠埃希菌宿主菌有 BL21 系列、K802 系列和 JM109 系列等。目前高密度发酵广泛应用的 BL21(DE3)plysS，其自身携带有编码 T_7 溶菌酶的小质粒，能保持较高的目的蛋白表达水平，还能抑制宿主蛋白的表达，从而作为宿主菌而被广泛应用。重组大肠埃希菌中质粒载体的构建对外源基因的表达起着关键作用，常用的基因表达载体如 pET、pUC、pSC、pPBB 系列及其衍生的系列载体，在构建过程中要重点考虑宿主菌与质粒载体相兼容的问题，质粒与宿主菌相互作用、培养环境等都会影响质粒在不同宿主菌中的稳定性，质粒不稳定将直接影响目的蛋白的产量，例如 BL21(DE3)plysS 适用于与基于 T_7 启动子的表达系统（例如 pRSET、pCR^{TM} T_7 和 pET）配合使用。

（二）偏爱密码子和启动子的选择和诱导

每个物种对密码子的利用都有一定的差异或偏爱，在蛋白质合成过程中，同义密码子的使用频次也不尽相同。因此，在进行目的基因设计时应选择最优密码子。通过优化表达系统，能实现目的蛋白的高表达。目前最成功的重组大肠埃希菌诱导系统是受 *lac* I 阻遏蛋白所调控的 *tac* 启动子（*trp* - *lac* 杂合启动子），该系统需利用异丙基硫代半乳糖苷（IPTG）进行诱导，目的蛋白能快速高效表达且专一性高，但 IPTG 价格昂贵并有一定毒性。另外，λ 噬菌体 P_L启动子、T_7 噬菌体启动子和 *tac* 启动子等也是常用的诱导系统。λ 噬菌体 P_L启动子受温敏 *cI*857 突变等位基因的调控，培养温度改变即可调控 P_L启动子的诱导或关闭。应用较多的含 P_L启动子的质粒载体有 pPLC24、pRE1、pG408N 等，但该系统能耗过大，并易诱发热激基因蛋白的产生。T_7 噬菌体启动子系统可使克隆化基因独立表达，并且使某些在其他表达系统中不能有效表达的基因也能实现高效表达，因而备受关注。pET、pTO - N、pGEM3Z 等是目前常用的 T_7 启动子质粒载体。pMALc、pCW、pGEX - 4T - 1 等是目前常用的含 *tac* 启动子的质粒载体。

二、培养环境的选择

要实现高密度发酵，除了基于工程菌自身的表达特性外，还必须筛选出适宜其生长和目的蛋白表达的最适环境条件，包括适宜的培养基组分、发酵控制条件、补料策略等。

（一）培养基的选择

高密度发酵过程中，基因工程菌在短时间内迅速分裂增殖，使菌体浓度迅速升高，而基因工程菌分裂速率提高的基本条件是必须满足其生长所需的营养物质。因此，在培养基成分的选择上，要尽量选择容易被基因工程菌利用的营养物质。如以葡萄糖为碳源，葡萄糖需经氧化和磷酸化作用生成 1,3 - 二磷酸甘油醛，才能被微生物利用。如以甘油作为碳源，它可以直接被磷酸化，从而被微生物利用，即利用甘油作为碳源可缩短基因工程菌的利用时间，增加分裂繁殖的速率。目前，普遍采用浓度达 6g/L 的甘油作为高密度发酵培养基的碳源。另外，高密度发酵培养基中各组分的浓度也要比普通培养基高 2 ~ 3 倍，才能满足高密度发酵中基因工程菌对营养物质的需求。

（二）补料策略的制定

结合重组大肠埃希菌各阶段的比生长速率、养料消耗速率、产物生成速率、有害代谢产物的积累、质粒稳定性等动力学规律及其相互关系选择合理的补料策略，是重组大肠埃希菌发酵过程优化的关键。由于基础培养基养料浓度受限，要实现重组菌的高密度发酵，只能通过分批补料来维持工程菌的正常生长与表达。在过高的葡萄糖浓度或过低的溶氧状况下重组大肠埃希菌会产生“葡萄糖效应”，累积大量有害物质（主要为乙酸）而影响重组菌的生长和异体蛋白的高效表达。因此，在不同的时期应制定合理的补料策略，降低葡萄糖效应，维持有害物质的低含量。发酵补料可简单分为非反馈补料和反馈补料两种方式。①非反馈补料：有恒速流加、梯度流加和指数流加三种方式。A. 恒速流加培养：是以恒定的速率流加限制性的碳源，该方法简单易行，常用于培养周期较短的低密度发酵。该补料策略的缺点在于，补料前期能满足菌体生长的需要，但随着菌体密度的增大，发酵后期会存在养料供应不足而菌体生长受抑制的问题。B. 梯度流加：可有效避免恒速流加后期养料匮乏的缺陷，根据发酵不同生长阶段的密度情况设置不同的补料流速梯度，以满足菌体对养料的需求。C. 指数流加：相对来说是最具优势的补料策略，补料速率与工程菌培养密度的指数增加相吻合，有利于获得更高的发酵密度，但该补料方法需要补料软硬件支持，需按照指数曲线精确控制各阶段的补料速率，对设备自动化要求较高。大量的研究表明，指数流加策略是大肠埃希菌高密度发酵最常选用的补料策略。②反馈补料：是根据发酵过程中pH、DO等参数发生变化来判断工程菌的代谢状态，从而进行针对性补料的方法。反馈补料法在高密度发酵领域应用广泛，可根据所反馈的信息及时调整补料策略，从而高效调控营养物质浓度。恒溶解氧补料法、恒pH补料法和CER（carbon dioxide excretion rate）法是最常见的三种反馈补料策略（表6-1）。

表6-1 *E. coli* 菌株高密度发酵中的反馈补料法策略

流加技术	说明
恒pH法	在线检测葡萄糖或甘油浓度，控制碳源的浓度；通过pH的变化，推测细菌的生长状态；调节流加葡萄糖速率，调节pH为恒定值
恒溶解氧法	以溶解氧为反馈指标，根据溶解氧的变化曲线调整碳源的流加量
菌体浓度反馈法	通过检测菌体的浓度，拟合营养的利用情况，调整碳源的加入量
CER法	通过检测二氧化碳释放率，估计碳源的利用情况，控制营养的流加
DO-stat法	通过控制溶解氧、搅拌和补料速率，维持恒定的溶解氧，减少有机酸的生产

（三）提高供氧能力

溶解氧浓度是高密度发酵过程中影响菌体生长的重要因素之一。为了在发酵过程中保持一定的溶氧浓度，可适当提高搅拌速率，但过高的转速会产生大量的泡沫，反而会导致溶氧浓度的降低。现在有的小型发酵罐采用通纯氧来提高氧分压，但使用纯氧不安全、不经济，同时在大发酵罐中可能出现局部混合不均，易使细菌产生氧中毒，反而会抑制菌体的生长。生产中经常采用在发酵液中流加过氧化氢，在细胞过氧化氢酶的作用下，释放出氧气供菌体利用。

（四）诱导剂的使用

重组大肠埃希菌培养过程由细菌生长和目的蛋白表达两个阶段构成。发酵过程中，诱导剂的加入会显著影响工程菌的生长和目的蛋白表达，诱导剂对蛋白影响较大，因此需要选择合适的诱导剂，摸索诱导剂浓度、诱导时机和诱导时间等。常用的诱导剂有IPTG、乳糖、半乳糖，以IPTG最为常用。但因乳糖具有无毒、价廉且能被大肠埃希菌当作碳源利用的特点，可取代IPTG作为诱导剂，对于工业发酵生产重组蛋白具有重要意义。

三、构建产乙酸能力低的工程化宿主菌

高密度发酵后期由于菌体的生长密度较高，培养基中的溶氧饱和度往往比较低，氧气的不足导致菌

体生长速率降低和乙酸的累积，乙酸的存在对目的基因的高效表达有明显的阻抑作用，这是高密度发酵工艺研究中最迫切需要解决的问题。虽然在发酵过程中可采取通氧气、提高搅拌速率、控制补料速率等措施来控制溶氧饱和度，减少乙酸的生成，但从实际应用上看，这些措施都有一定的滞后效应，难以做到比较精确地控制。通过切断细胞代谢网络上产生乙酸的生物合成途径，构建出产乙酸能力低的工程化宿主菌，是从根本上解决问题的途径之一。

目前已知，大肠埃希菌产生乙酸的途径有两条：一是丙酮酸在丙酮酸氧化酶的作用下直接产生乙酸，二是乙酰辅酶A在磷酸转乙酰基酶（PTA）和乙酸激酶（ACK）的作用下转化为乙酸。后者是大肠埃希菌产生乙酸的主要途径。根据大肠埃希菌葡萄糖的代谢途径，目前应用的代谢工程策略主要如下。

（一）阻断乙酸产生的主要途径

用基因敲除技术（使缺失）或基因突变技术（使失活）针对大肠埃希菌的磷酸转乙酰酶基因 *ptal* 和乙酸激酶基因 *ackA* 进行处理，使从丙酮酸到乙酸的合成途径被阻断。

（二）对碳代谢流进行分流

丙酮酸脱羧酶和乙醇脱氢酶Ⅱ可将丙酮酸转化为乙醇。改变代谢流的方向，把假单胞菌的丙酮酸脱羧酶基因 *pdcl* 和乙醇脱氢酶基因 *adh2* 导入大肠埃希菌，使丙酮酸的代谢有选择地向生成乙醇的方向进行，结果是使转化子不积累乙酸而产生乙醇，乙醇对宿主细胞的毒性远小于乙酸。

（三）限制进入糖酵解途径的碳代谢流

大肠埃希菌对葡萄糖的摄取是在磷酸转移酶系统（PTS）的作用下，通过基团转位的方式进行的，该系统系由磷酸转移酶Ⅰ（酶Ⅰ）、HPr 和磷酸转移酶Ⅱ（酶Ⅱ）组成。其中，酶Ⅰ和 HPr 对所有糖类都是通用的，通常为可溶性蛋白，存在于细胞质中；酶Ⅱ对葡萄糖具有特异性。对葡萄糖转运有贡献的酶Ⅱ由酶ⅡA^{Glc}和酶ⅡCB^{Glc}组成，其中，由 *crr* 基因编码的酶ⅡCB^{Glc}存在于细胞质中，由 *ptsG* 基因编码的酶ⅡCB^{Glc}位于细胞膜上，采用基因敲除方法破坏 *ptsG* 基因，*ptsG* 基因缺陷能够在很大程度上降低葡萄糖的摄取速率，可望由此降低乙酸的累积。

（四）引入血红蛋白基因

透明颤菌血红蛋白能提高大肠埃希菌在贫氧条件下对氧的利用率，利用生物学性质，把透明颤菌血红蛋白基因 *vgb* 导入大肠埃希菌细胞，以提高其对缺氧环境的耐受力，减少供氧这一限制因素的影响，从而降低菌体产生乙酸所要求的溶氧饱和度阈值。

已有一些目的基因在乙酸能力低的工程化宿主菌中获得了比较理想的表达，一般可以使表达水平在原有基础上提高 10% ~15% 。

四、构建蛋白水解酶活力低的工程化宿主菌

可溶性或以分泌形式表达的目的蛋白，随着发酵后期各种蛋白水解酶的累积，会被降解。为了使对蛋白水解酶比较敏感的目的蛋白获得较高水平的表达，需要构建蛋白水解酶活力低的工程化宿主菌。

rpoH 基因编码大肠埃希菌 RNA 聚合酶的 r32 亚基，r32 亚基对大肠埃希菌中多种蛋白水解酶的活力有正调控作用。*rpoH* 基因缺陷的突变株已经被构建，研究结果表明，它能明显提高目的基因的表达水平。到目前为止，已知的大肠埃希菌蛋白水解酶基因缺陷的突变株都已获得，其中一部分具有实际应用的潜力。

第五节 基因工程药物的分离纯化 微课2

基因工程药物的分离和纯化主要分为两个方面：①目的产物的初级分离，主要是在细胞培养后，将细胞从培养液中分离出来，然后再破碎细胞释放产物、溶解包涵体、复原蛋白以除去大部分杂质；②目的产物的纯化，是在分离的基础上，用各种具有高选择性的精密仪器，使产物按要求进行纯化。

基因工程药物的分离纯化过程有下列特点：①产物大多处于细胞内，提取前需将细胞破碎，环境组分复杂，增加了很多困难；②产物浓度较低，杂质多，而最后成品要求达到的纯度高；③产物都是大分子蛋白，通常不稳定，遇热、极端 pH、有机溶剂和剪切力等易失活。

一、影响基因工程产物分离纯化工艺的主要因素

（一）产物活性、纯度和杂质

活性的测定可以指导和评价整个分离纯化工艺中各单元的操作，是分离纯化工作的前提。纯度和杂质分析可以评价分离纯化单元操作的效率，也作为质量控制的要求，需要灵敏的分析手段，通常采用的方法为 SDS－PAGE、HPLC、毛细管电泳、等电点聚焦、肽谱分析和氨基酸分析等。

（二）产物表达形式和表达水平

不同宿主本身具有不同的蛋白质合成、转运和后加工机制，因此，基因表达产物通常以不同形式存在。真菌和动物细胞一般以分泌的形式表达，产物表达水平在 1～100mg/L 之间，差别很大。*E. coli* 由于自身的特点，其表达基因产物的形式有胞内不溶性表达（包涵体）、胞内可溶性表达、细胞周质表达等多种。

（三）产物本身的分子特性

蛋白产物分子的理化参数和生物学特性等会影响分离纯化工艺的设计。此外，真核表达系统中，糖基化可能会引起产物分子特性的改变，而糖基化程度的不同则会引起分子理化性质的改变。

（四）产物的用途和需求量

产物的用途决定了产品所要达到的纯度，如体外诊断试剂允许存在一定量的杂质，一般要求纯度在80％以上，纯化工艺较为简单，主要是分离去除影响蛋白产物保存期的蛋白水解杂质。体内治疗的产品应具有较高的纯度，一般应达到98％以上，因而纯化工艺较复杂，要求毒素、免疫原和其他残余的有害物质都应分离去除。最后，产品的需求量则决定了工艺应具有的规模。

二、基因工程菌发酵产物的分离纯化技术

基因工程菌经过大规模培养后，产生的目的产物含量很低，杂质含量却很高，所以，要得到合乎医疗要求的基因工程药物，其分离纯化要比传统产品困难得多。另外，由于基因工程药物是由转化细胞而不是由正常细胞生产的，对产品的纯度要求也高于传统产品。

基因工程药物的分离纯化一般不应超过 5 个步骤，包括：细胞破碎、固液分离、重组蛋白的分离纯化等，其一般流程如图 6－1 所示。

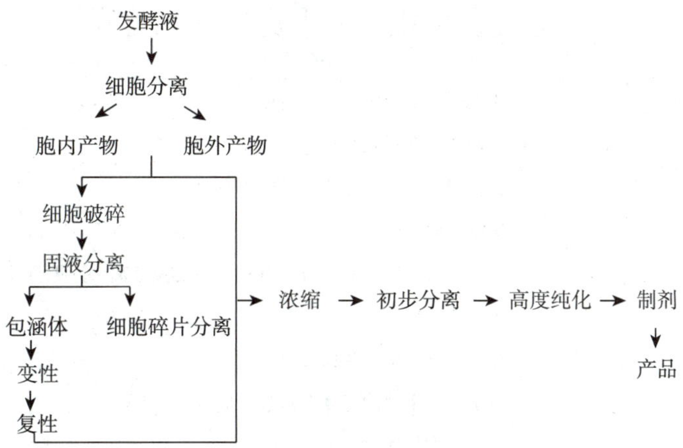

图 6-1　基因工程药物分离纯化的一般工艺流程

（一）细胞破碎

以大肠埃希菌为宿主的基因工程药物多为胞内产物，分离提取这类物质时，需经细胞收集、细胞破碎和细胞碎片分离等步骤。细胞收集常用离心和膜过滤法。细胞破碎的方法很多，可按是否外加作用力而分为机械破碎法和非机械破碎法两类，亦可按所用方法的属性分为物理破碎法、化学破碎法和生物破碎法三类。常用的物理破碎法主要是匀浆法、珠磨法和超声法，化学破碎法主要是渗透冲击和增溶法，生物破碎法主要是酶溶法。各种方法都各有其自身的优缺点，在应用时，应根据工艺和上、下游要求统筹考虑，合理选择。若单一方法不能达到预期效果，则可将不同方法组合应用。

（二）固液分离

分离细胞碎片比较困难，可以用离心、膜过滤或双水相分配的方法，同时也起部分纯化作用。①离心：离心是固液分离的主要手段，包括高速离心和超速离心。②膜过滤：常用的膜过滤技术有微滤、超滤和反渗透等。微滤用于分离细胞、细胞碎片、包涵体和蛋白质沉淀物等固体颗粒。超滤用于浓缩蛋白质、多糖和核酸等大分子物质。反渗透用于脱去抗生素、氨基酸等小分子中的水分。③双水相分配：双水相系统是由两种水溶性高聚物或一种高聚物与无机盐在水溶液中混合而成。由于两相均含较多的水，称双水相。常用的双水相系统有聚乙二醇-葡聚糖和聚乙二醇-无机盐。双水相萃取的操作过程是：将破碎后的细胞悬液与双水相系统混合，然后离心分相。聚乙二醇富集的上相一般含有目的产物和其他杂蛋白，下相含有细胞碎片、核酸、多糖等。在实际操作中，如何使细胞碎片等杂质分配到下相中，同时又使活性物质尽可能多地分配到上相中，需要综合考虑聚乙二醇浓度、无机盐浓度、pH 等诸多因素。

（三）重组蛋白的分离纯化

基因工程菌或工程细胞经过细胞破碎和固液分离之后，目的产物仍与大量的杂质混合在一起，这类杂质可能有病毒、热原、氧化产物、核酸、多聚体、杂蛋白、与目的物类似的异构体等。因此，为了获得合格的目的产物，必须对混合物进行分离和纯化。最终产品达到多大纯度，要根据产品使用的目的和剂量而定，一般来说注射剂比外用剂的纯度要求高，杂质的限度要更低；高剂量的产品对纯度的要求比低剂量的要高。

分离纯化主要依赖色谱分离方法。色谱技术是医药生物技术下游过程中精制阶段的常用手段，其优点是具有多种多样的分离机制、设备简单、便于自动化控制和分离过程中无发热等有害效应。色谱技术分为离子交换色谱、疏水色谱、反相色谱、亲和色谱、凝胶过滤色谱、高效液相色谱等。蛋白质纯化方法通常根据产物分子的物理、化学参数和生物学特性进行设计，其在分离纯化中的作用见表 6-2。

表 6-2 产物的主要特征及其在分离纯化中的作用

产物主要性质	在分离纯化中的作用
等电点	决定离子交换的种类及条件
相对分子质量	选择不同孔径及分级、分离范围的介质
疏水性	决定与疏水、反向介质结合的程度
特殊反应性	决定采取氧化、还原及其他催化性能
聚合性	决定是否采用预防聚合、解聚的方法及分离去除聚合体
生物特异性	决定亲和配基
溶解性	决定分离体系及蛋白浓度
稳定性	决定工艺采用的温度及流程时间等
微不均一性	影响产物的回收

选择纯化方法应根据目的蛋白和杂蛋白的物理、化学和生物学方面性质的差异，尤其重要的是表面性质的差异，例如：表面电荷密度、对一些配基的生物特异性、表面疏水性、表面金属离子、糖含量、自由巯基数目、分子大小（相对分子质量）和形状、pI 值和稳定性等。选用的方法应能充分利用目的蛋白和杂蛋白之间上述性能的差异。几乎所有的蛋白质理化性质均会影响色谱类型的选择。基因工程药物生产过程中常用的分离纯化方法见表 6-3。

表 6-3 基因工程药物生产过程中常用的分离纯化方法

方法	目的
离心/过滤	去除细胞、细胞碎片、颗粒性杂质（如病毒）
阴离子交换色谱	去除杂质蛋白、脂质、DNA 和病毒等
40nm 微孔滤膜过滤	进一步去除病毒
阴离子交换色谱	去除牛血清蛋白或转铁蛋白等
超滤	去除沉淀物及病毒
疏水色谱	去除残余的杂蛋白
凝胶过滤	与多聚体分离
亲和色谱	分离能特异性结合配体的目的蛋白
0.22μm 微孔滤膜过滤	除菌

三、基因工程菌各种不同形式表达产物的分离纯化方法

（一）胞内不溶性表达产物——包涵体

大肠埃希菌表达系统表达的真核生物异体蛋白有些以不溶性形式产生并聚焦形成蛋白质聚合物，即包涵体。包涵体可以较容易地与胞内可溶性蛋白杂质分离，重组蛋白的纯化也较易完成。但是，包涵体中重组蛋白产物经过了一个变性复性过程，较易形成蛋白产物的错误折叠和聚合体。包涵体的分离及其重组蛋白的纯化步骤通常包括：菌体细胞的收集与破碎，包涵体的分离、洗涤与溶解，变性蛋白的纯化，重组蛋白的复性等。

1. 菌体细胞的收集与破碎 发酵完毕，离心收集的湿菌体细胞可采用物理、化学和酶学三种方法进行破碎，使包涵体释放出来。物理方法包括超声波破碎、高压匀浆和加砂研磨。前者适于中、小规模，后两者通常用于工业生产规模。化学方法中最常用的是碱和表面活性剂。碱可有效地促使菌体释放其中的蛋白质，但可引起目的蛋白的不可逆变性。表面活性剂包括离子型和非离子型，前者活性较强，

在破菌的同时将包涵体一起溶解，不利于后期的纯化。酶解法中常用溶菌酶溶解菌体细胞壁，适于中、小规模。破碎前，菌体细胞可用酸或热处理，或暴露于非极性溶剂（苯酚、甲苯），有利于提高蛋白质的数量。

2. 包涵体的分离、洗涤与溶解　菌体细胞破碎后，包涵体释放出来，通过离心法进行液固相分离，使包涵体与上清液中的碎片及蛋白质分开。与包涵体一起被离心沉淀的杂质包括可溶性杂蛋白、RNA 聚合酶的四个亚基、细胞外膜蛋白、16S 和 23S rRNA、质粒 DNA 以及脂质、肽聚糖、脂多糖等。可先用 TE 缓冲液反复洗涤以除去可溶性蛋白、核酸及外加溶菌酶。在包涵体溶解前，为使其杂质含量降至最低水平，常用低浓度弱变性剂（如尿素）或温和的表面活性剂（如 Triton X－100）等处理，可去除其中的脂质和部分膜蛋白，使用浓度以不溶解包涵体中的目的蛋白为原则。此外，硫酸链霉素沉淀和酶提取可去除包涵体中部分核酸，从而降低包涵体溶解后提取液的黏度，以利于色谱分离。

包涵体的溶解是在变性条件下进行的，目的是将蛋白产物变成一种可溶形式，以利于分离纯化。溶解包涵体需要破坏包涵体中蛋白质分子内和分子间的非共价键、离子键和疏水作用，使多肽伸展。溶解包涵体的试剂有尿素、盐酸胍、SDS、碱性溶剂和有机溶剂等。变性剂尿素和盐酸胍是通过离子间的相互作用使蛋白质变性并破坏高级结构，但分子内共价键和二硫键仍保持完整，而去污剂 SDS 主要是破坏蛋白质肽链之间的疏水作用。从保护蛋白质生物活性和安全性等方面考虑，一般很少使用碱性溶剂和有机溶剂。

此外，还有一种用离子交换树脂溶解包涵体的方法，溶解了的蛋白质能够折叠形成活性构象，然后选择合适的 pH 和盐浓度洗脱，可清除约 90% 吸附在菌体中的杂蛋白。

3. 变性蛋白的纯化　变性蛋白的纯度是影响复性效果的重要因素，虽然在洗涤和溶解包涵体时杂质已被大量去除，但要获得高纯度的重组变性蛋白，仍须对包涵体抽提物进行进一步的分离纯化。

4. 重组蛋白的复性　采用适当的条件使伸展的变性重组蛋白重新折叠成为可溶性的具生物活性的蛋白质，即为复性。为了获得高产率的复性蛋白，重折叠时应考虑下列因素：蛋白质浓度、杂质含量、重折叠速率、氧化还原剂的用量和比例、重折叠配体的掺入以及温度、pH 和离子强度等。

（二）分泌型表达产物

分泌型表达产物通常体积大、浓度低，必须在纯化以前进行浓缩处理，以尽快缩小溶液体积。浓缩的方法包括沉淀和超滤等。沉淀包括使用中性盐、有机溶剂和高分子聚合物等方法。超滤是目前最常用的蛋白质溶液浓缩方法，其优点是不发生相变化，也不需要加入化学试剂，能耗低。超滤中，横流过滤效率高，较适于数十升及以上体积的较大规模使用。蛋白产物经过浓缩后，便可进一步分离纯化。

（三）胞内可溶性表达产物

某些基因能在大肠埃希菌胞内表达可溶性的融合蛋白，表达量占细胞总可溶性蛋白的 5% ~20%，有的高达 40%。这种表达方式可避免无活性的不可溶包涵体的形成，使外源蛋白在大肠埃希菌细胞中能正确折叠从而获得特定空间结构和生物功能，并以可溶性形式表达；同时，可大大简化纯化工艺，降低成本，获得高纯度高活性的目的蛋白。

对经细胞破碎后的可溶性离心上清液，如果有可以利用的单克隆抗体或相对特异性的亲和配基，可选用亲和色谱分离法。对处于可极端等电点的蛋白质，采用离子交换分离能去除大部分杂质，也可获得较好的纯化效果。

（四）细胞周质表达蛋白

细胞周质表达蛋白是介于细胞内可溶性表达和分泌型表达之间的一种表达形式，它可以避开细胞内可溶性蛋白和培养基中的蛋白类杂质，在一定程度上有利于蛋白产物的分离纯化。为了获取周质蛋白，大肠埃希菌细胞经低浓度溶菌酶处理后，一般用渗透压休克的方法获取。由于周质蛋白中仅有为数不多的几种分泌蛋白，同时又无蛋白水解酶的污染，通常能够回收到高质量的蛋白产物。

第六节　基因工程药物的质量控制

重组 DNA 蛋白制品的质量控制与分子大小、结构特征、质量属性复杂程度以及生产工艺相关。质量控制体系主要包括原辅料质量控制、包材、生产工艺和过程控制及制品检定等。应通过终产品检测、过程控制和工艺验证结合的方法，确保各类杂质已去除或降低至可接受水平。制品质量控制包括采用标准物质和经验证的方法来评估已知和（或）潜在的制品相关物质和工艺相关物质，以及采用适宜的方法对制品鉴别、生物学活性、纯度和杂质等检测进行分析。

一、生物材料的质量控制

生物材料的质量控制是要确保编码药品的 DNA 序列的正确性，重组微生物来自单一克隆，所用质粒纯而稳定，以保证产品质量的安全性和一致性。所以，原材料的质量控制主要是对目的基因、表达载体以及宿主细胞的检查。

（一）目的基因

根据质控要求，需明确目的基因的来源、克隆经过；对被修改过的密码子，应说明被切除的肽段及拼接的方法；对使用 PCR 技术扩增得到的基因，应说明扩增的模板、引物及酶反应条件等情况；并通过限制酶酶切图谱和核苷酸序列等分析方法来确证基因结构的正确无误。

（二）表达载体

应提供：表达载体的名称、结构、遗传特性及其各组成部分（如复制子、启动子）的来源与功能；构建中所用位点的酶切图谱；抗生素抗性标志物。

（三）宿主细胞

应提供宿主细胞的名称、来源、传代历史、检定结果及其生物学特性等；需阐明载体引入宿主细胞的方法及载体在宿主细胞内的状态，是否整合到染色体内及拷贝数，并证明宿主细胞与载体结合后的遗传稳定性；提供插入基因与表达载体两侧端控制区内的核苷酸序列；详细叙述在生产过程中，启动与控制克隆基因在宿主细胞中表达的方法及水平。

二、培养过程的质量控制

在贮存中，要求种子克隆纯而稳定；在培养过程中，要求质粒稳定，始终无突变；重复生产发酵中，要求基因工程菌表达稳定；始终能排除外源微生物污染。

（一）生产用细胞库

基因工程产品的生产采用种子批系统。需证明种子批不含致癌因子，无细菌、病毒、霉菌和支原体等污染，由原始种子批建立生产用工作细胞库。在此过程中，在同一实验室工作区内，不得同时操作两种不同的细胞或菌种，一个工作人员亦不得同时操作两种不同的细胞或菌种。建立原始种子批须确证克隆基因 DNA 序列，详细叙述种子批来源、方式、保存及预计使用期，保存与复苏时宿主载体表达系统的稳定性。对生产种子，应详细叙述细胞生长与产品生成的方法和材料，并控制微生物污染；提供培养生产浓度与产量恒定性数据，依据宿主细胞或载体系统稳定性确定最高允许传种代数。

（二）培养过程的质量控制

培养过程中，应测定被表达基因分子的完整性及宿主细胞长期培养后的基因型特征；依据宿主细胞或载体稳定性与产品恒定性，规定持续培养时间，并定期评价细胞系统和产品。培养周期结束时，应监测宿主细胞或载体系统的特性，如质粒拷贝数、宿主细胞中表达载体存留程度或含插入基因的载体的酶切图谱等。

三、纯化过程的质量控制

产品有足够的生理学和生物学试验数据资料，确证提纯物分子批间保持一致性。分离纯化过程常用分级沉淀、超滤、电泳、色谱等技术，其质量控制要求能保证去除微量DNA、糖类、残余宿主蛋白质、纯化过程带入的有害化学物质、热原，或者将这类杂质都控制在规定限度以下。

纯化工艺的每一步完成后，均应测定收获物纯度，计算提纯倍数、收获率等，要对每一步的纯化效率、活性回收率和蛋白回收率进行检测，只有当这两种回收率呈正相关时，纯化过程才是有效和可行的。要明确使用的纯化方法的原理、目的以及预期达到的去除杂质的效果，在不同纯化步骤中能去除不同性质的杂质，并进行相应的工艺验证。工艺验证的内容应包括分离度、目的蛋白回收率、活性回收率、每一步纯度变化情况等，也需要包括色谱柱使用的寿命、保存条件等。纯化方法的设计应考虑到尽量去除病毒、核酸、宿主细胞杂蛋白、糖以及纯化过程带入的其他有害物质。纯化工艺过程中应尽量不加入对人体有害的物质，若不得不加，应设法除去，并在最终产品中检测残留量，保证远远低于有害剂量，还要考虑到多次使用的积蓄作用。

如用柱色谱技术，应提供所用填料的质量认证证明，并证实从柱上不会掉下有害物质，上样前应清洗除去热原。若用亲和色谱技术纯化单克隆抗体，应检测可能污染此类外源性物质的方法，不应含有可测出的异种免疫球蛋白。若在反相纯化步骤中用到乙腈或甲醇等有机溶剂，有机溶剂这些对人体有害的物质应加以去除和控制。

四、目标产品的质量控制

基因工程药物的质量控制主要包括以下几项要点：产品的鉴别、纯度、活性、安全性、稳定性和一致性。任何一种单一的分析方法都已无法满足对该类产品的检测要求。它需要综合生物化学、免疫学、微生物学、细胞生物学和分子生物学等多门学科的理论与技术，才能切实保证基因工程药品的安全有效。

（一）生物活性测定

是保证基因工程药物产品有效性的重要手段，所以，多肽或蛋白质药物的生物学活性是蛋白质药物的重要质量控制指标。效价测定必须采用国际上通用的办法，测定结果必须用国际或国家标准品进行校正，以国际单位表示或折算成国际标准单位。重组蛋白质是一种抗原，均有相应的抗体，可用放射免疫分析法或酶标法测定其免疫学活性。生物学效价的测定往往需要进行动物体内试验或通过细胞培养进行体外效价测定。体内生物活性的测定要根据目的产物的生物学特性建立适合的生物学模型。体外生物活性测定的方法有细胞培养计数法、3H－TdR 掺入法和酶法细胞计数法等。

蛋白质的比活性是指每毫克蛋白质的生物学活性，是重组蛋白质药物的一项重要指标。它不仅是含量指标，也是纯度指标。比活性不符合规定的原料药物，不允许生产制剂。蛋白质的空间结构不能通过常规方法测定，而蛋白质空间结构的改变，特别是二硫键的错配，可影响蛋白质的生物学活性，从而影响蛋白质药物的药效，比活性可以间接地反映这一情况。

（二）理化性质鉴定

目前有许多方法可用于对由重组技术所获得的蛋白质药物产品进行全面鉴定。

1. 非特异性鉴别 根据还原型电泳的迁移率和高效液相色谱的保留时间和峰型来进行分析。

2. 特异性鉴别 利用免疫印迹、免疫电泳、免疫扩散等免疫学方法，确定蛋白质的抗原性。重组蛋白质产品通常用免疫印迹和斑点免疫进行鉴定，特别是当电泳出现两条或两条以上区带时，应该用免疫印迹进行鉴定。

3. 相对分子质量测定 蛋白质相对分子质量测定最常用的方法有凝胶过滤法和 SDS 聚丙烯酰胺凝胶电泳（SDS - PAGE）法，前者可测定完整蛋白质的相对分子质量，而后者测定的是蛋白质亚基的相对分子质量。同时用这两种方法测定同一蛋白质的相对分子质量，可以方便地判断样品蛋白质是寡蛋白质还是聚蛋白质。测定结果应与理论值基本一致，但也允许有一定的误差范围，一般为 10% 左右。该法具有简便、快速、直观等特点，目前作为基因工程药物检定的常规方法。

4. 等电点测定 是控制重组产品生产工艺稳定性的重要指标。不同蛋白质由于某些带电氨基酸（如带负电荷的 Glu、Asp 和带正电荷的 Lys、Arg、His 等）的存在，其净电荷各不相同，即等电点各不相同。均一的蛋白质只有一个等电点，有时因加工修饰等影响可出现多个等电点，但应有一定的范围。对样品用等电聚焦电泳法测定等电点。重组蛋白质药物的等电点往往是不均一的，但重要的是在生产过程中，不同批次产物之间的电泳结果应该一致，以此控制生产工艺的稳定性。

5. 肽图分析 是用酶法或化学法降解目的蛋白质后，对生成的肽段进行的分离分析，它是一种可检测蛋白质一级结构中细微变化的有效方法。肽图分析可作为对制品与标准品进行精密比较的手段，与氨基酸成分和序列分析结果合并，用于蛋白质的精确鉴别。对含二硫键的制品，肽图分析可确证制品中二硫键的排列。该技术灵敏高效的特点使其成为对基因工程药物的分子结构和细胞遗传稳定性进行评价和验证的首选方法，同种产品不同批次的肽图的一致性是工艺稳定性的验证指标。大多基因工程药物都将肽图分析作为控制其一致性的重要常规指标之一，因此，肽图分析在基因工程药物质量控制中尤为重要。

蛋白质降解形成的肽段的检定可以用 SDS - PAGE 法、高效液相色谱法（HPLC 法）、毛细管电泳法、质谱法来测定。SDS - PAGE 法分辨率较低，对于相对分子质量小于 2000Da 的多肽不易检测，一般采用灵敏度较高的银染法显色。HPLC 主要用反相 HPLC 法，分辨率高，根据肽的长短和疏水性大小进行分离。但亲水性或疏水性很强的肽用 HPLC 法不易分离，可用毛细管电泳法。毛细管电泳法分辨率高，小分子按荷质比大小进行分离。质谱法主要是液质联用，经 HPLC 法分离后，用质谱法测定各个片段的相对分子质量。

6. 氨基酸组成分析 采用氨基酸自动分析仪测定，包括蛋白质水解、自动进样、氨基酸分析、定量分析报告等步骤。在氨基酸组成分析中，一般含约 50 个氨基酸残基的蛋白质的定量分析是接近理论值的，即与序列分析结果一致；而含约 100 个氨基酸残基的蛋白质的成分分析与理论值会产生较大的偏差。主要原因是不同氨基酸的肽键在水解条件下，有些水解不完全，有些则被破坏，很难做出合适的校正，但氨基酸组成分析对目的产物的纯度仍可以提供重要信息。完整的氨基酸组成分析结果应包括甲硫氨酸、胱氨酸和色氨酸的准确值。氨基酸组成分析结果应为 3 次分别水解样品测定的平均值。测定的重组蛋白质的氨基酸组成应与标准品一致。

7. 部分氨基酸序列分析　N端氨基酸序列测定是重组蛋白质的重要鉴别指标，可以确证表达产物的编码准确性。对蛋白质的全氨基酸序列分析，难度大，耗时长，从统计学观点看，只要测定N端15个氨基酸便可保证其顺序的正确性。一般要求，对中试前三批产品至少应该测定N端15个氨基酸，C端应根据情况测定1~3个氨基酸。

8. 蛋白质二硫键分析　二硫键和巯基与蛋白质的生物活性密切相关，基因工程药物产品的二硫键是否正确配对是一个重要问题。测定巯基的方法有PMCB法、DTNB法、NEMI法等。

（三）蛋白质含量测定

在质量标准中，设定此项目主要用于原液比活性计算和成品规格的控制。蛋白质含量可根据它们的物理化学性质，采用Folin－酚试剂法（Lowry法）、染色法（Bradford法）、双缩脲法、紫外吸收法、HPLC法和凯氏定氮法等方法测定。其中，Lowry法和Bradford法是质量检定中常使用的方法。

（四）蛋白质纯度分析

纯度分析是基因工程药物质量控制的关键项目。测定蛋白质纯度，可根据目的蛋白本身所具有的理化性质和生物学特性来设计。通常采用的方法有还原性及非还原性SDS－PAGE、等电聚焦、HPLC、毛细管电泳等。应有两种以上不同机制的分析方法相互佐证，以便对目的蛋白的纯度进行综合评价。

（五）杂质检测

基因工程产物的杂质包括蛋白质和非蛋白质两类，表6－4列出了通常需要检测的杂质及其检测方法。

表6－4　基因工程产物的常见杂质和污染物及其检测方法

	杂质和污染物	检测方法
杂质	内毒素	鲎试剂、家兔热原法
	宿主细胞蛋白质	免疫分析、SDS－PAGE、毛细管电泳（CE）
	其他蛋白质杂质（如培养基）	SDS－PAGE、HPLC、免疫分析、CE
	残余DNA	DNA杂交、紫外光谱、蛋白结合
	蛋白质变异	肽谱、HPLC、等电聚焦（IEF）、CE
	甲酰基甲硫氨酸	肽谱、氨基酸分析、HPLC、IEF、CE
	甲硫氨酸氧化	肽谱、氨基酸分析、HPLC、质谱、Edman分析、质谱
	产物变性或聚合脱氢基	SDS－PAGE、凝胶排阻色谱、IEF、HPLC、CE、Edman分析、质谱
	单克隆抗体（亲和配基脱落）	SDS－PAGE、免疫分析
	氨基酸取代	氨基酸分析、肽谱、CE、Edman分析、质谱
污染物	细菌、酵母、真菌	微生物学检查
	支原体	微生物学检查
	病毒	微生物学检查

1. 蛋白质类杂质　在蛋白质类杂质中，最主要的是纯化过程中残余的宿主细胞蛋白质。它的测定基本上采用免疫分析的方法，其灵敏度可达百万分之一，同时需辅以电泳等其他检测手段对其加以补充和验证。除宿主细胞蛋白质外，目的蛋白本身也可能发生某些变化，形成在理化性质上与原蛋白质极为相似的蛋白质杂质，如由污染的蛋白酶所造成的产物降解，冷冻过程中由于脱盐而导致的目的蛋白沉淀，冻干过程中过分处理所引发的蛋白质聚合等。这些由于降解、聚合或错误折叠而造成的目的蛋白变构体在人体内往往会导致抗体的产生，应加以严格限定。

2. 非蛋白质类杂质　具有生物学作用的非蛋白质类杂质主要有病毒和细菌等微生物、热原、内毒素、致敏原及 DNA。无菌性是基因工程药物最基本的要求之一，通过微生物学方法来检测，应证实最终制品中无外源病毒和细菌等污染。热原可用传统的注射家兔法进行检测，目前，鲎试验法测定内毒素也越来越多地被引入基因工程药物产品的质量控制。宿主细胞 DNA 只视为一种细胞污染因素，而不是一种危险因素。目前均采用 DNA 杂交实验，用固相斑点杂交法，以地高辛标记检测试剂盒或者用同位素标记 DNA 探针进行测定，必须提供相应宿主细胞 DNA 标准品。一般认为残余 DNA 含量小于每剂量 100pg 的水平是安全的，但应视制品的用途、用法和使用对象来决定可接受的程度。产品中残余 DNA 含量仍较多时，要采用核酸杂交法检测。

（六）稳定性考察

药品的稳定性是评价药品有效性和安全性的重要指标之一，也是确定药品贮藏条件和使用期限的主要依据。对于基因工程药物而言，作为其活性成分的蛋白质或多肽的分子构型和生物活性的保持都依赖于各种共价和非共价的作用力，因此，它们对温度、氧化、光照、离子浓度和机械剪切等环境因素都特别敏感，这就进一步要求对其稳定性进行严格控制。没有哪一种单一的稳定性试验或参数能够完全反映基因工程药物的稳定性特征，必须对产品在一致性、纯度、分子特征和生物效价等多方面的变化情况加以综合评价，采用恰当的物理化学、生物化学和免疫化学技术对其活性成分的性质进行全面鉴定，并且要准确检测在贮藏过程中由于脱氨、氧化、磺酰化、聚合或降解等造成的分子变化。可选用电泳和高分辨率的 HPLC 以及肽图分析等方法。

由于蛋白质是一种结构十分复杂的大分子物质，可能同时存在多种降解途径，其降解过程往往不符合阿伦尼乌斯方程（Arrhenius equation），因此，通过加速降解试验来预测基因工程药物的有效期并不十分可靠。必须进行在真实条件下、真实时间的长期稳定性考察，才能确定其有效期限。

（七）产品一致性的保证

以重组 DNA 技术为主的生物技术制药是一个十分复杂的过程，生产周期可能长达一个月甚至更长，影响因素较多。只有对从原料、生产到产品的每一步骤都进行严格的条件控制和质量检定，才能确保各批最终产品都是安全有效、含量和杂质限度一致并符合标准规格的。

五、产品的保存

目的产物失活受多种理化因素的影响，保存时要根据其不同特性而采取不同的措施，防止变性降解，保护其活性。

（一）液态保存

1. 低温保存 蛋白质对热敏感，温度越高，稳定性越差。在绝大多数情况下可以低温保存蛋白质溶液，液态蛋白质样品在 -20 ~ -10℃ 冰冻保存比较理想。

2. 在稳定 pH 条件下保存 多数蛋白质只有在很窄的 pH 范围内才稳定，超出此范围会使蛋白质迅速变性。较稳定的 pH 一般在等电点，因而保存液态蛋白质样品时，应小心调到其稳定的 pH 范围内。

3. 高浓度保存 一般蛋白质在高浓度溶液中比较稳定，这是因为液态蛋白质容易受水化作用的影响。保存蛋白质时浓度不能太低，否则可能会引起亚基解离和表面变性。

4. 真空保存 蛋白质在真空状态或者在惰性气体中密闭保存，能抵抗氧化作用。

5. 加保护剂保存 多数蛋白质在疏水环境中才能长期保存，加入某些稳定剂可以降低蛋白质溶液的极性，以免变性失活。这类蛋白质的稳定剂有糖类、脂肪、蛋白质、多元醇、有机溶剂等；有些蛋白质在高离子强度的极性环境中才能保持其活性，加入中性盐可稳定这些蛋白质；某些蛋白质表面或内部含有半胱氨酸巯基，容易被空气中的氧缓慢氧化为次磺酸或二硫化物，使蛋白质的电荷或构象发生改变而失活，可加入2-巯基乙醇、二硫苏糖醇（DTT）等，在真空或惰性气体中密闭保存。

（二）固态保存

固态蛋白质比液态蛋白质稳定，一般蛋白质含水量超过10%时容易失活。含水量降到5%时，在室温或冰箱中保存均比较稳定，但在37℃保存时活性则明显下降。长期保存蛋白质的最好方法是把它们制成冻干粉或结晶。冻干粉或结晶都具有强抗热性和稳定性，把它们放在干燥器中并维持在4℃以下可保存相当长的时间。

实例分析

实例

利用基因工程技术在大肠埃希菌中进行表达、发酵来生产干扰素。

问题

1. 基因工程菌是如何组建的？
2. 制备基因工程干扰素的工艺流程是什么？
3. 基因工程干扰素的质量控制标准是什么？

实例分析

思考题

1. 如何提高基因工程菌的稳定性？
2. 常用的基因工程菌发酵方式有哪几种？
3. 基因工程药物生产的主要程序有哪些？
4. 如何提高基因工程菌高密度发酵的稳定性？
5. 重组蛋白质类药物质量控制有哪些项目？
6. 简述包涵体的分离纯化过程。

书网融合……

参考答案　本章小结　微课1　微课2　拓展题

第七章 生物技术的安全性及其影响

PPT

学习目标

【知识要求】

1. 掌握 生物安全的定义；转基因生物安全性评价原则及内容。
2. 熟悉 生物安全性评价原则。
3. 了解 生物安全学研究的主要内容。

【技能要求】

能够合理运用现代生物技术，避免滥用；具有转基因生物产品安全性评价试验方案设计能力。

【素质要求】

培养生物安全意识，具备科学严谨的工作态度和实事求是的工作作风。

20 世纪 80 年代以来，人们利用基因工程技术打破了生物种属间的自然隔离屏障，通过人为操作使生物遗传信息进行转移，使植物、动物和微生物等的生物特性发生改变，新的遗传工程体不断问世，基因工程技术取得了突破性的进展。基因工程技术的研发与利用对于解决人类面临的生存发展问题起到了巨大的推动作用，目前基因工程技术已广泛应用于农业、食品、医药等诸多领域，深刻影响着人类本身及社会的进步与发展。这一新的发展势态，一方面展示出先进科学技术在生产上的巨大应用前景；另一方面，基因工程产品，尤其是转基因食品带来的安全性问题也引起了全世界范围的关注。

目前所说的基因工程安全问题多指转基因生物的环境安全性，也包括转基因食品的安全性。为此，在基因工程技术迅速发展的同时，加强基因工程工作的安全性管理既是十分必要的，又是非常紧迫的。

第一节 生物安全的含义及主要内容

微课 1

在长期的自然进化过程中，各种生物都已经形成一套稳定的与环境相适应的遗传机制。然而，转基因生物则是人们按自己的意愿，利用基因工程等生物学技术人为地将外源目的基因导入野生生物，改变其生物学性状、代谢产物甚至生命活动的某些过程。研究表明，转基因生物可能对人体健康、生态环境和生物多样性等多方面产生负面影响。这些生物一旦释放到环境中，可能会对人类和生态环境带来一些潜在的和不确定性的危险，造成新型的生物安全问题。

1975 年，美国国立卫生研究院在加利福尼亚州的 Asilomar 会议中心举行了国际会议，代表们对重组 DNA 潜在危险性展开了辩论，第一次正式提出转基因生物安全性问题，标志着人类开始正式关注转基因生物的生物安全性。

一、生物安全的含义

在研讨生物安全时，首先应明确“生物安全”的含义。我们认为，广义的“生物安全”是指在一个特定的时空范围内，由于自然或人类活动引起的外来物种迁入，并由此对当地其他物种和生态系统造成改变和危害；人为造成环境的剧烈变化而对生物的多样性产生影响和威胁；在科学研究、开发、生产和应用中造成对人类健康、生存环境和社会生活有害的影响。凡此上述均属于“生物安全”的范畴。国内外由于生物安全问题造成对人类以及对生态环境危害的事例不胜枚举，而本章所讨论的“生物安全”主要指通过基因工程技术所产生的遗传工程体及其产品的安全性问题，即狭义的“生物安全”。

目前，对狭义的生物安全的定义主要有三种。

（1）生物安全是指现代生物技术的研究、开发、应用及转基因生物的跨国越境转移可能会对人类健康、生态环境和生物多样性产生的不利影响，特别是各类转基因生物活体释放到环境中对生物多样性构成的潜在风险和威胁。

（2）生物安全是指在生命科学领域中，一些生物技术特别是现代生物工程技术在研究、开发、应用及产业化的过程中，给人类健康及生态环境所带来的不利影响。

（3）生物安全特指研究致病微生物的实验室安全防护与管理，其主要目的是防止实验室工作人员感染或者意外泄漏导致环境污染和社区人群感染。

这三种定义都是对生物安全某个方面的概述或界定，其中第一种定义使用较多、影响最大。它不仅包括生物技术和基因工程等发展带来的负面影响，还包括外来物种入侵、生态环境的破碎化和边缘化以及实验室安全管理等。

二、生物安全学研究的主要内容

生物安全概念的提出只有近30年的历史。生物安全这一概念在其提出时只涉及重组DNA材料的实验室逃逸，或扩散到环境中可能导致人类患某些疾病如癌症，同时也有更多的有关实验室工作人员安全操作的考虑。Asilimar会议上曾进行过关于生物防护的讨论，就是生物学家希望通过物理的防护来保护实验室工作人员不受实验室中细菌或病毒感染，阻止细菌或病毒从实验室逃逸而危害其他生物和环境。例如，实验操作者穿隔离衣，戴手套、口罩等，防止与实验中的细菌和病毒等接触；在实验进行过程中，一些危险性的操作应在密闭的无菌箱中进行，各个实验环节都要有严格的灭菌措施，以防止细菌和病毒等外逸；从生物学角度设计构建实验室中使用的细菌或病毒，使它们只能在实验室条件下存活，只要离开实验室特有的条件，这些微生物就会死亡，这样才不会导致逃逸出实验室的细菌和病毒危害自然环境。

随着转基因技术的不断发展，生物的转基因方法也逐渐多样化。同时，大量转基因生物的研制成功和有目的地释放到环境中去进行大田实验，甚至是进行大规模的商品化生产，都使得原有的生物安全概念或问题不再局限于实验室或局部的小环境。由于大量转基因食品已进入商品化市场，而对于转基因生物存在不同角度的研究报道和科学家中本来就存在着因对转基因生物有不同的看法而产生的争议，加上某些媒体的炒作、公众的疑虑，以及转基因技术和使用转基因产品与一些宗教理念的冲突，政治理念的不同和贫富的巨大悬殊，转基因产品引起的经济利益冲突，知识产权和专利的保护，对转基因产品的安全管理条例在各国的差异以及进出口贸易涉及的转基因产品标识、海关检测、检疫等问题，使得生物安全的含义远远地超出了它最初的定义，变成了一个错综复杂、包罗万象的复合概念。因此，生物安全的现代概念所涉及的内容是很广泛的。

为了便于学生了解生物安全的概念以及系统地掌握生物安全的学习方法，我们将生物安全涉及的主要内容概括为以下几方面：①转基因生物的分子生物学基础；②转基因技术的遗传工程原理与实践；③转基因技术的发展历程；④转基因生物产品的健康风险与食品安全；⑤转基因生物的生态风险；⑥转基因生物的风险评价；⑦转基因生物的风险管理；⑧转基因生物的检测与环境监测；⑨转基因生物安全的国际法规；⑩部分国家转基因生物安全管理经验；⑪中国转基因生物安全管理法规与制度；⑫转基因生物产品的越境转移与标识制度；⑬转基因生物的赔偿责任与补救；⑭转基因生物的社会经济影响；⑮转基因生物安全的应急制度；⑯生物安全的公众教育与公众参与。

第二节　基因工程的安全性评价 微课2

鉴于前面提到的转基因产品可能存在潜在的安全性风险，对转基因产品的安全性评价就成为研发和应用转基因产品不可或缺的主要工作内容。

一、评价目的

生物技术在为人类生活和社会进步带来巨大利益的同时，也可能对人类健康和环境造成负面影响。转基因生物安全管理一般包括转基因生物安全性的研究、评价、检测、监测和控制措施等技术内容。其中，安全性评价是安全管理的核心和基础，其主要目的是从技术上分析转基因生物及其产品的潜在危险，确定安全等级，制定防范措施，防止潜在危害，也就是对转基因生物研究、开发、商品化生产和应用各个环节的安全性进行科学、公正的评价，为转基因生物安全管理提供决策依据，使其在保障人类健康和生态环境安全的同时，也有助于促进生物技术的健康、有序和可持续发展，达到趋利避害的目的。

（一）提供科学决策的依据

生物安全性评价是进行生物技术安全管理和科学决策的需要。对于每一项具体工作的安全性或危险性进行科学、客观的科学评价，划分安全等级，在技术上是可行的。转基因安全性评价的结果是制定必要的转基因生物安全监测和控制措施的工作基础，为决定研究工作是否开展及如何开展提供了充分的依据。

（二）保障人类健康和环境安全

生物安全性评价是保障人类健康和环境安全的需要。当科学技术的发展与环境安全和人类健康发生冲突时，就需要对此做出全面、合理的评价，以决定如何取舍。通过安全性评价，可以明确转基因生物存在哪些主要的潜在危险及其危险程度，从而可以有针对性地采取与之相适应的监测和控制措施，避免或减少其对人和环境的危害。

（三）回答公众疑问

生物安全性评价是回答公众有关转基因生物及其产品安全性疑问的需要。转基因生物的研究、开发和利用想要健康有序、可持续地发展，必须获得公众的认可和社会的支持。考虑到转基因技术对基因操作的强大能力和人类目前对于自然的认识水平有限的现实，社会各界对于转基因生物安全性的高度关注和种种疑虑是必然的、可理解的。对有关转基因生物向自然环境中的释放和生产应用进行科学、合理的安全性评价，有利于消除公众由于缺乏了解而产生的误解，形成对转基因生物安全性的正确认识，既不走"谈转基因色变"一概拒绝的极端，也不是不予理会，丝毫没有安全意识。

（四）促进国际贸易，维护国家权益

生物安全性评价是促进国际贸易和维护国家权益的需要。随着经济全球化步伐的加快，国际贸易蓬勃发展，生物技术产业作为高科技技术也不可避免地加入激烈竞争的行列。转基因生物及其产品的安全

水平与其用途、使用方式及其所处的环境具有极其密切的关系，在一个国家比较安全的生物产品，在另一个国家就可能不安全甚至是十分危险的。因此，对进、出口产品生物安全性评价和检测的水平不仅关系到国际贸易的正常发展和国际竞争力，而且关系到国家形象和权益。另外，由于对转基因生物及产品的安全性所存在的顾虑及贸易保护主义的壁垒，转基因生物及其产品在进出口时会遇到远大于其他一般商品的阻力。为了克服种种阻力，打破贸易和技术的双重壁垒，赢得竞争中的主动权，高水平的生物安全评价内容和检测手段成为一个必备条件。

（五）促进生物技术可持续发展

生物安全性评价是保证和促进转基因生物技术的稳定、健康和可持续发展的需要。生物技术的安全问题是自现代生物技术兴起以来一直备受世人关注和争论的焦点。随着转基因生物在医药、农业、食品等领域产业化进程的飞速发展及其展现出来的巨大应用前景，其安全问题日益突出。出于不了解或其他原因，一些团体或组织针对反转基因生物的抗议或破坏在有些国家时有发生，不利于生物技术的健康发展。通过对转基因生物的安全性评价，科学、合理、公正地认识转基因生物的安全性，有利于及时采取适当的措施而对其可能产生的不利影响进行科学的防范和控制。

二、评价原则

生物安全管理体制体现国家意志，展示国家形象，关系到国家综合国力的增长。我国生物安全管理实施原则如下。

（一）研究开发与安全防范并重的原则

生物技术在解决人口、健康、环境与能源等诸多社会经济重大问题中发挥了重要作用，已成为21世纪的经济支柱产业之一。对此，世界各国纷纷采取了一系列政策，对生物技术进行了更广泛的研究与开发。一方面要采取一系列政策措施，积极支持、促进生物技术的研究和产业化发展；另一方面，对转基因生物安全问题的广泛性、潜在性、复杂性和严重性予以高度重视。同时要充分考虑伦理、宗教等诸多社会因素，以对全人类和子孙后代长远利益负责的态度开展生物安全管理工作。坚持在保障人体健康和环境安全的前提下，发展转基因生物及其相关产业，促进生物技术产品的国内外经济贸易发展。

（二）预防为主的原则

不同的转基因生物，其受体生物、基因来源、基因操作、拟议用途及商品化生产和商业营销等环节在技术与条件上存在多种差异，要按照生物技术产品的生命周期，在其实验研究、中间试验、环境释放、商品化生产及加工、贮运、使用和废弃物处理等诸多环节中防止其对生态环境的不利影响和对人体健康的潜在隐患。特别是在最初的立项研究和中试阶段一定要严格履行安全性评价和相应的检测工作，做到防患于未然。

（三）相关职能部门协同合作的原则

生物技术产品根据其应用领域，分属于农林、医药卫生和食品等行业。其安全性管理既涉及人体健康和生态环境保护，也涉及出入境管理及国际经济贸易活动。为此，必须坚持行业部间的分工与协作，协同一致，各司其职，共同为我国高新技术产业的发展而努力。

（四）公正、科学的原则

基因工程产品的研制具有明显的技术专利性，对知识产权应予以保护。其安全性评价必须以科学为依据，站在公正的立场上予以正确评价，对其操作技术、检测程序、检测方法和检测结果必须以先进的科学技术为准绳。对所有释放的生物技术产品，要依据规定进行定期或长期的监测，根据监测数据和结果，确定采取相应的安全管理措施。国家生物安全性评价标准与检测技术不仅在国内应具备科学技术的权威性，而且在国际上应具有技术的先进性，其科学水平应获得国际社会的认可。国家应大力支持与生物安全有关的科学研究和技术开发工作，对评估程序、实验技术、检测标准、监测方法、监控技术及有关专用设备等的研究应优先支持。

（五）公众参与的原则

提高公众的生物安全意识是开展生物安全工作的重要课题。必须给予广大消费者知情权，使公众能了解所接触、使用的转基因生物产品与传统产品的等同性和差异性；对某些特异新产品，应给予消费者知情权和选择权。通过宣传教育，建立适宜的机制，使公众成为生物安全的重要监督力量。在生物安全的管理上，对产品的贮运加工、废弃物处理等方面，要充分考虑社会公众对生物安全的认识差异和实际情况，借鉴国外的经验，采取必要措施积极保护公众的利益，促进生物技术工作在我国健康发展。

（六）个案处理和逐步完善的原则

通过基因工程使基因在不同生物个体之间甚至不同的生物种属之间转移及表达成为可能。但是就当前的科学水平而言，人们还不能精确地控制每种基因在生物机体中的遗传信息的具体交换及其影响。事实上，各种受体生物经过不同的遗传操作而产生的遗传信息交换的作用影响是错综复杂的。为此，必须针对每种基因产品的特异性，根据科学依据进行具体分析和评价。在此基础上，有关部门将实事求是地根据基因工程工作进展的时段采取相应的安全措施。随着科学技术的进步、经验的积累，也包括公众舆论可接受程度的提高，转基因生物技术应逐步改进并完善。

三、转基因生物安全性评价的内容

为了加强农业转基因生物安全管理，保障人体健康和动植物、微生物安全，保护生态环境，促进农业转基因生物技术研究，国务院制定了《农业转基因生物安全管理条例》（2001 年 5 月 23 日中华人民共和国国务院令第 304 号公布，先后经历 2011 年和 2017 年修订，以下简称《条例》），明确：农业转基因生物是指利用基因工程技术改变基因组构成，用于农业生产或者农产品加工的动植物、微生物及其产品，主要包括：①转基因动植物（含种子、种畜禽、水产苗种）和微生物；②转基因动植物、微生物产品；③转基因农产品的直接加工品；④含有转基因动植物、微生物或者其产品成分的种子、种畜禽、水产苗种、农药、兽药、肥料和添加剂等产品。根据《条例》，国务院农业行政主管部门制定了《农业转基因生物安全评价管理办法》（2002 年 1 月 5 日农业部令第 8 号公布，先后经历 2004 年、2016 年和 2017 年三次修订。以下简称《办法》）。目前，我国的转基因生物研究及开发均参照农业转基因生物进行分级评价和管理。

（一）转基因生物的安全等级

《条例》第一章第六条规定，国家对农业转基因生物安全实行分级管理评价制度。农业转基因生物按照其对人类、动植物、微生物和生态环境的危险程度，分为Ⅰ、Ⅱ、Ⅲ、Ⅳ四个等级。具体划分标准由国务院农业行政主管部门制定。《办法》第二章第九条将农业转基因生物分为以下 4 个等级：安全等级Ⅰ，尚不存在危险；安全等级Ⅱ，具有低度危险；安全等级Ⅲ，具有中度危险；安全等级Ⅳ，具有高度危险。

（二）评价步骤

《办法》第二章第十条规定，我国农业转基因生物安全评价和安全等级的确定按以下步骤进行：

（1）确定受体生物的安全等级。

（2）确定基因操作对受体生物安全等级影响的类型。

（3）确定转基因生物的安全等级。

（4）确定生产、加工活动对转基因生物安全性的影响。

（5）确定转基因产品的安全等级。

（三）具体评价内容

转基因生物安全评价的内容包括转基因生物对人类健康的影响和对生态环境的影响两大方面，并且每个方面的具体评价内容在不同国家或不同应用领域有所不同，也处于不断发展和完善的过程中。现以我国对农业转基因生物的安全性评价为例来进行介绍说明。

1. 受体生物安全等级的确定　根据受体生物的特性及其安全控制措施的有效性，将受体生物分为4个安全等级，分别为Ⅰ、Ⅱ、Ⅲ、Ⅳ（表7－1）。由于植物、动物和微生物的特点存在显著不同，对受体生物的安全性评价的内容也有很多不同。

表7－1　受体生物的安全等级及划分标准

安全等级	受体生物符合的条件
Ⅰ	对人类健康和生态环境未曾产生过不利影响；或演化成有害生物的可能性极小；或用于特殊研究的短存活期受体生物，实验结束后在自然环境中存活的可能性极小
Ⅱ	对人类健康和生态环境可能产生低度危险，但是通过采取安全控制措施，完全可以避免其危险的受体生物
Ⅲ	对人类健康和生态环境可能产生中度危险，但是通过采取安全控制措施，基本上可以避免其危险的受体生物
Ⅳ	对人类健康和生态环境可能产生高度危险，而且在封闭设施之外，尚无适当的安全控制措施可避免其发生危险的受体生物。包括：①可能与其他生物发生高频率遗传物质交换的有害生物；②尚无有效技术可防止其本身或其产物逃逸、扩散的有害生物；③尚无有效技术可保证其逃逸后，在对人类健康和生态环境产生不利影响之前，将其捕获或消灭的有害生物

受体植物的安全性评价包括如下。①受体植物的背景资料：如学名、俗名和其他名称；分类学地位；试验用受体植物品种（或品系）名称；是否野生种；原产地及引进时间；用途；在国内的应用情况；对人类健康和生态环境是否产生过不利影响；从历史上看，受体植物演变成有害生物的可能性；是否有长期安全应用的记录。②受体植物的生物学特性：是一年生还是多年生；对人及其他生物是否有毒；是否有致敏原；繁殖方式；是虫媒传粉还是风媒传粉；在自然条件下与同种或近缘种的异交率；育性；全生育期；在自然界中生存繁殖的能力，包括越冬性、越夏性及抗逆性等。③受体植物的生态环境：在国内的地理分布和自然生态环境；生长发育所要求的生态环境条件，包括自然条件和栽培条件的改变对其地理分布区域和范围影响的可能性；是否为生态环境中的组成部分；与生态系统中其他植物的生态关系，包括生态环境的改变对这种（些）关系的影响，以及是否会因此而产生或增加对人类健康和生态环境的不利影响；与生态系统中其他生物（动物和微生物）的生态关系，包括生态环境的改变对这种（些）关系的影响，以及是否会因此而产生或增加对人类健康或生态环境的不利影响；对生态环境的影响及其潜在危险程度；涉及国内非通常种植的植物物种时，应描述该植物的自然生境和有关其天然捕食者、寄生物、竞争物和共生物的资料。④受体植物的遗传变异：遗传稳定性；是否有发生遗传变异而对人类健康或生态环境产生不利影响的资料；在自然条件下与其他植物种属进行遗传物质交换的可能性；在自然条件下与其他生物（如微生物）进行遗传物质交换的可能性。⑤受体植物的监测方法和监控的可能性。⑥受体植物的其他资料。⑦根据上述评价划分受体植物的安全等级。

受体动物的安全性评价包括如下。①受体动物的背景资料：这部分与受体植物的内容相同。②受体动物的生物学特性：这部分与植物差异较大。包括：各发育时期的生物学特性和生命周期；食性；繁殖方式和繁殖能力；迁移方式和能力；建群能力；对人畜的攻击性、毒性等；对生态环境影响的可能性。③受体动物病原体的状况及其潜在影响，包括：是否具有某种特殊的易于传染的病原体；自然环境中病原体的种类和分布，对受体动物疾病的发生和传播、对其重要的经济生产性能及对人类健康和生态环境产生的不良影响；病原体对环境的其他影响。④受体动物的生态环境：在国内的地理分布和自然生态环境，这种自然分布是否会因某些条件的变化而改变；生长发育所要求的生态环境条件；是否为生态环境中的组成部分，对草地、水域环境的影响；是否具有生态特异性，如在环境中的适应性等；习性，是否可以独立生存，或者协同共生等；在环境中生存的能力、机制和条件，天敌、饲草（饲料或饵料）或其他生物因子及气候、土壤、水域等非生物因子对其生存的影响；与生态系统中其他动物的生态关系，包括生态环境的改变对这种（些）关系的影响，以及是否会因此而产生或增加对人类健康和生态环境的不利影响；与生态系统中其他生物（植物和微生物）的生态关系，包括生态环境的改变对这种（些）关系的影响，以及是否会因此而产生或增加对人类健康或生态环境的不利影响；对生态环境的影响及其潜在危险程度；涉及国内非通常养殖的动物物种时，应详细描述该动物的自然生境和有关其天然捕食者、寄生物、竞争物和共生物的资料。⑤受体动物的遗传变异：遗传稳定性，包括是否可以和外源DNA结合，是否存在交换因子，是否有活性病毒物质与其正常的染色体相互作用，是否可观察由基因突变导致的异常基因型和表现型；是否有发生遗传变异而对人类健康或生态环境产生不利影响的资料；在自然条件下与其他动物种属进行遗传物质交换的可能性；在自然条件下与微生物（特别是病原体）进行遗传物质交换的可能性。⑥受体动物的监测方法和监控的可能性。⑦受体动物的其他资料。⑧根据上述评价划分受体动物的安全等级。受体动物的安全性评价比受体植物的安全性评价多了一项内容，即受体动物病原体的状况及其潜在影响。

无论是植物用转基因微生物还是动物用转基因微生物，受体微生物的安全性评价都包括：①受体微生物的背景资料；②受体微生物的生物学特性；③受体微生物的生态环境；④受体微生物的遗传变异；⑤受体微生物的检测方法和监控的可能性；⑥受体微生物的其他资料；⑦确定受体微生物的安全等级。

2. 基因操作对受体生物安全性的影响 基因操作对受体生物安全等级的影响分为三种类型（表7-2）。

表7-2 基因操作的安全类型及划分标准

类型	安全性	基因操作类型
1	增加受体生物的安全性	去除某个（些）已知具有危险的基因或抑制某个（些）已知具有危险的基因表达的基因操作
2	不影响受体生物的安全性	改变受体生物的表型或基因型而对人类健康和生态环境没有影响的基因操作
3	降低受体生物的安全性	①改变受体生物的表型或基因型，并可能对人类健康或生态环境产生不利影响的基因操作 ②改变受体生物的表型或基因型，但不能确定对人类健康或生态环境影响的基因操作

转基因植物与转基因动物、植物用转基因微生物和动物用转基因微生物的基因操作安全性评价内容一致，包括以下几项。①转基因动植物中引入或修饰性状和特性的叙述。②实际插入或删除序列的以下资料：插入序列的大小和结构，确定其特性的分析方法；删除区域的大小和功能；目的基因的核苷酸序列和推导的氨基酸序列；插入序列在植物细胞中的定位（是否整合到染色体、线粒体，或以非整合形式存在，或植物叶绿体）及其确定方法；插入序列的拷贝数。③目的基因与载体构建的图谱，载体的名称、来源、结构、特性和安全性，包括载体是否有致病性及是否可能演变为有致病性。④载体中插入区

域各片段的资料：启动子和终止子的大小、功能及其供体生物的名称；标记基因和报告基因的大小、功能及其供体生物的名称；其他表达调控序列的名称及其来源（如人工合成或供体生物名称）。⑤转基因方法。⑥插入序列表达的资料：插入序列表达的器官和组织，如植物根、茎、叶、花、果实、种子等；插入序列的表达量及其分析方法；插入序列表达的稳定性。⑦根据上述评价内容划分基因操作的安全类型。

3. 转基因生物安全等级的确定 根据受体生物的安全等级和基因操作对其安全等级的影响类型及影响程度，确定转基因生物的安全等级（表7-3）。

表7-3 转基因生物体的安全等级与受体生物和基因操作安全等级的关系

受体生物的安全等级	基因操作的安全等级	转基因生物体的安全等级
Ⅰ	1或2	Ⅰ
	3	Ⅰ、Ⅱ、Ⅲ或Ⅳ
Ⅱ	1	Ⅰ或Ⅱ
	2	Ⅱ
	3	Ⅱ、Ⅲ或Ⅳ
Ⅲ	1	Ⅰ、Ⅱ或Ⅲ
	2	Ⅲ
	3	Ⅲ或Ⅳ
Ⅳ	1	Ⅰ、Ⅱ、Ⅲ或Ⅳ
	2或3	Ⅳ

（1）受体生物安全等级为Ⅰ的转基因生物 ①安全等级为Ⅰ的受体生物，经类型1或类型2的基因操作而得到的转基因生物，其安全等级仍为Ⅰ。②安全等级为Ⅰ的受体生物，经类型3的基因操作而得到的转基因生物，如果安全性降至很低，且不需要采取任何安全控制措施的，则其安全等级仍为Ⅰ；如果安全性有一定程度的降低，但是可以通过适当的安全控制措施完全避免其潜在危险的，则其安全等级为Ⅱ；如果安全性严重降低，但是可以通过严格的安全控制措施避免其潜在危险的，则其安全等级为Ⅲ；如果安全性严重降低，而且无法通过安全控制措施完全避免其危险的，则其安全等级为Ⅳ。

（2）受体生物安全等级为Ⅱ的转基因生物 ①安全等级为Ⅱ的受体生物，经类型1的基因操作而得到的转基因生物，如果安全性增加到对人类健康和生态环境不再产生不利影响的，则其安全等级为Ⅰ；如果安全性虽有增加，但对人类健康和生态环境仍有低度危险的，则其安全等级仍为Ⅱ。②安全等级为Ⅰ的受体生物，经类型2的基因操作而得到的转基因生物，其安全等级为Ⅱ。③安全等级为Ⅱ的受体生物，经类型3的基因操作而得到的转基因生物，根据安全性降低程度的不同，其安全等级可为Ⅱ、Ⅲ或Ⅳ，分级标准与受体生物的分级标准相同。

（3）受体生物安全等级为Ⅲ的转基因生物 ①安全等级为Ⅲ的受体生物，经类型1的基因操作而得到的转基因生物，根据安全性增加程度的不同，其安全等级可为Ⅰ、Ⅱ或Ⅲ，分级标准与受体生物的分级标准相同。②安全等级为Ⅲ的受体生物，经类型2的基因操作而得到的转基因生物，其安全等级仍为Ⅲ。③安全等级为Ⅲ的受体生物，经类型3的基因操作而得到的转基因生物，根据安全性降低程度的不同，其安全等级可为Ⅲ或Ⅳ，分级标准与受体生物的分级标准相同。

（4）受体生物安全等级为Ⅳ的转基因生物 ①安全等级为Ⅳ的受体生物，经类型1的基因操作而得到的转基因生物，根据安全性增加程度的不同，其安全等级可为Ⅰ、Ⅱ、Ⅲ或Ⅳ，分级标准与受体生物的分级标准相同。②安全等级为Ⅳ的受体生物，经类型2或类型3的基因操作而得到的转基因生物，其安全等级仍为Ⅳ。

转基因植物的安全性评价包括如下。①转基因植物的遗传稳定性。②转基因植物与受体或亲本植物在环境安全性方面的差异：生殖方式和生殖率；传播方式和传播能力；休眠期；适应性；生存竞争能力；转基因植物的遗传物质向其他植物、动物和微生物发生转移的可能性；转变成杂草的可能性；抗病虫转基因植物对靶标生物及非靶标生物的影响，包括对环境中有益和有害生物的影响；对生态环境的其他有益或有害作用。③转基因植物与受体或亲本植物在对人类健康影响方面的差异：毒性；过敏性；抗营养因子；营养成分；抗生素抗性；对人体和食品安全性的其他影响。④根据上述评价，参照上述有关标准划分转基因植物的安全等级。

转基因动物的安全性评价包括如下。①与受体动物比较，转基因动物的如下特性是否改变：在自然界中的存活能力；经济性能；繁殖、遗传和其他生物学特性。②插入序列的遗传稳定性。③基因表达产物、产物的浓度及其在可食用组织中的分布。④转基因动物遗传物质转移到其他生物体的能力和可能后果。⑤由基因操作产生的对人体健康和环境的毒性或有害作用的资料。⑥是否存在不可预见的对人类健康或生态环境的危害。⑦转基因动物的转基因性状检测和鉴定技术。⑧根据上述评价和食品卫生的有关规定，参照上述标准划分转基因动物的安全等级。

植物用转基因微生物的安全性评价包括如下。①与受体微生物比较，植物用转基因微生物的如下特性是否改变：定殖能力；存活能力；传播扩展能力；毒性和致病性；遗传变异能力；受监控的可能性；与植物的生态关系；与其他微生物的生态关系；与其他生物（动物和人）的生态关系，人类接触的可能性及其危险性，对所产生的不利影响的消除途径；其他重要生物学特性。②应用的植物种类和用途，与相关生物农药、生物肥料等相比，其表现特点和相对安全性。③试验应用的范围，在环境中可能存在的范围，广泛应用后的潜在影响。④对靶标生物的有益或有害作用。⑤对非靶标生物的有益或有害作用。⑥植物用转基因微生物转基因性状的监测方法和检测鉴定技术。⑦根据上述标准确定植物用转基因微生物的安全等级。

动物用转基因微生物的安全性评价包括如下。①动物用转基因微生物的生物学特性；应用目的；在自然界的存活能力；遗传物质转移到其他生物体的能力和可能后果；监测方法和监控的可能性。②动物用转基因微生物的作用机制和对动物的安全性：在靶动物和非靶动物体内的生存前景；对靶动物和可能的非靶动物高剂量接种后的影响；与传统产品相比较，其相对安全性；宿主范围及载体的漂移度；免疫动物与靶动物及非靶动物接触时的排毒和传播能力；动物用转基因微生物回复传代时的毒力返强能力；对怀孕动物的安全性；对免疫动物子代的安全性。③动物用转基因微生物对人类的安全性：人类接触的可能性及其危险性，有可能产生的直接影响、短期影响和长期影响，对所产生的不利影响的消除途径；广泛应用后的潜在危险性。④动物用转基因微生物对生态环境的安全性：在环境中释放的范围、可能存在的范围及对环境中哪些因素存在影响；影响动物用转基因微生物存活、增殖和传播的理化因素；感染靶动物的可能性或潜在危险性；动物用转基因微生物的稳定性、竞争性、生存能力、变异性及致病性是否因外界环境条件的改变而改变。⑤动物用转基因微生物的检测和鉴定技术。⑥根据上述标准确定动物用转基因微生物的安全等级。

4. 转基因产品安全等级的确定 根据农业转基因生物的安全等级和产品的生产、加工活动对其安全等级的影响类型和影响程度，确定转基因产品的安全等级（表7-4）。农业转基因产品的生产、加工活动对转基因生物安全等级的影响分为三种类型：类型1，增加转基因生物的安全性；类型2，不影响转基因生物的安全性；类型3，降低转基因生物的安全性。

表 7－4　转基因产品的安全等级与转基因生物的安全等级和产品的生产、加工类型的关系

转基因生物的安全等级	生产、加工类型	转基因产品的安全等级
Ⅰ	1 或 2	Ⅰ
	3	Ⅰ、Ⅱ、Ⅲ或Ⅳ
Ⅱ	1	Ⅰ或Ⅱ
	2	Ⅱ
	3	Ⅱ、Ⅲ或Ⅳ
Ⅲ	1	Ⅰ、Ⅱ或Ⅲ
	2	Ⅲ
	3	Ⅲ或Ⅳ
Ⅳ	1	Ⅰ、Ⅱ、Ⅲ或Ⅳ
	2 或 3	Ⅳ

（1）转基因生物安全等级为Ⅰ的转基因产品　①安全等级为Ⅰ的转基因生物，经类型 1 或类型 2 的生产、加工活动而形成的转基因产品，其安全等级仍为Ⅰ。②安全等级为Ⅰ的转基因生物，经类型 3 的生产、加工活动而形成的转基因产品，根据安全性降低程度的不同，其安全等级可为Ⅰ、Ⅱ、Ⅲ或Ⅳ，分级标准与受体生物的分级标准相同。

（2）转基因生物安全等级为Ⅱ的转基因产品　①安全等级为Ⅱ的转基因生物，经类型 1 的生产、加工活动而形成的转基因产品，如果安全性增加到对人类健康和生态环境不再产生不利影响的，其安全等级为Ⅰ；如果安全性虽然有增加，但是对人类健康或生态环境仍有低度危险的，其安全等级仍为Ⅱ。②安全等级为Ⅱ的转基因生物，经类型 2 的生产、加工活动而形成的转基因产品，其安全等级仍为Ⅱ。③安全等级为Ⅱ的转基因生物，经类型 3 的生产、加工活动而形成的转基因产品，根据安全性降低程度的不同，其安全等级可为Ⅱ、Ⅲ或Ⅳ，分级标准与受体生物的分级标准相同。

（3）转基因生物安全等级为Ⅲ的转基因产品　①安全等级为Ⅲ的转基因生物，经类型 1 的生产、加工活动而形成的转基因产品，根据安全性增加程度的不同，其安全等级可为Ⅰ、Ⅱ或Ⅲ，分级标准与受体生物的分级标准相同。②安全等级为Ⅲ的转基因生物，经类型 2 的生产、加工活动而形成的转基因产品，其安全等级仍为Ⅲ。③安全等级为Ⅲ的转基因生物，经类型 3 的生产、加工活动而形成的转基因产品，根据安全性降低程度的不同，其安全等级可为Ⅲ或Ⅳ，分级标准与受体生物的分级标准相同。

（4）转基因生物安全等级为Ⅳ的转基因产品　①安全等级为Ⅳ的转基因生物，经类型 1 的生产、加工活动而得到的转基因产品，根据安全性增加程度的不同，其安全等级可为Ⅰ、Ⅱ、Ⅲ或Ⅳ，分级标准与受体生物的分级标准相同。②安全等级为Ⅳ的转基因生物，经类型 2 或类型 3 的生产、加工活动而得到的转基因产品，其安全等级仍为Ⅳ。

转基因植物、转基因动物与转基因微生物产品的安全性评价内容相同，包括以下几方面：①转基因生物产品的稳定性；②生产、加工活动对转基因生物安全性的影响；③转基因生物产品与转基因生物在环境安全性方面的差异；④转基因生物产品与转基因生物在对人类健康影响方面的差异；⑤参照上述标准划分转基因生物产品的安全等级。

5. 转基因生物安全性的综合性评价和建议　在综合考查转基因生物及其产品的特性、用途、潜在接收环境的特性、监控措施的有效性等资料的基础上，确定生产、加工活动对转基因生物安全性的影响，明确转基因生物及其产品的安全等级，释放环境对生物安全性的影响，形成对转基因生物安全性的评价意见，提出安全监控和管理的建议。

（四）转基因生物安全性评价试验方案

1. 转基因植物试验方案 应考虑试验地点、实验设计和安全控制措施等。

（1）试验地点 试验的具体地点。提供试验地点的地形和气象资料，对试验地点的环境做一般性描述，标明试验的具体地点。

试验地周围属自然生态类型还是农业生态类型。若为自然生态类型，则说明距农业生态类型地区的远近；若为农业生态类型，列举该作物常见病虫害的名称及发生危害、流行情况。

列举试验地周围的相关栽培种和野生种的名称及常见杂草的名称，并简述其危害情况。

列举试验地周围主要动物的种类，是否有珍稀、濒危和保护物种。

试验地点的生态环境对该转基因植物存活、繁殖、扩散和传播的有利或不利因素，特别是环境中其他生物从转基因植物获得目的基因的可能性。

（2）试验设计 田间试验的起止时间；试验地点的面积（不包括隔离材料的面积）；转基因植物的种植资料：转基因植物品种、品系、材料名称（编号）；转基因植物各品种、品系或材料在各试验地点的种植面积；转基因植物的用量；转基因植物如何包装及运至试验地；转基因植物是机械种植还是人工种植；转基因植物全生育期中拟使用农药的情况；转基因植物及其产品收获的资料：转基因植物是否结实，是机械收获还是人工收获、如何避免散失，收获后的转基因植物及其产品如何保存。

（3）安全控制措施 隔离措施包括：隔离距离；隔离植物的种类及配置方式；采用何种方式防止花粉传至试验地之外；拟采用的其他隔离措施。

防止转基因植物及其基因扩散的措施；试验过程中出现意外事故的应急措施；收获部分之外的残留部分如何处理；收获后试验地的监控，包括试验地的监控负责人及联系方式，试验地是否留有边界标记，试验结束后的监控措施和年限。

2. 转基因动物试验方案 也应考虑试验地点、试验设计和安全控制措施等。

（1）试验地点 试验地点及其环境的气象资料；试验地点的生态类型；试验地点周围的动物种类；试验地点的生态环境对该转基因动物存活、繁殖、扩散和传播的有利或不利因素，特别是环境中其他生物从转基因动物获得目的基因的可能性。

（2）试验设计 试验的起止时间；转基因动物的品种、品系名称（编号）；转基因动物品种、品系在各试验地点的规模；转基因动物及其产品的生产、包装和贮运方法；转基因动物及其产品的用量，剩余部分处理方法；转基因动物的饲养、屠宰、加工和贮运方式。

（3）安全控制措施 隔离方式，并附试验设计图；转基因动物屠宰和加工后的残余或剩余部分的处理方法；防止转基因动物扩散的措施。

此外，还有试验实施过程中出现意外事故的应急措施；试验全过程的监控负责人及联络方式；试验结束后的监控措施和年限。

3. 转基因微生物试验方案 也应考虑试验地点、实验设计和安全控制措施等。

（1）试验地点 试验地点的气象资料，试验地点的地形，环境的一般性描述，标明试验地点的位置示意图；试验地周围的生态类型；释放地点周围的动物、植物种类；释放地点的生态环境对该植物用转基因微生物的存活、繁殖、扩散和传播的有利或不利因素，特别是环境中其他生物从转基因生物获得目的基因的可能性。

（2）试验设计 试验的起止时间；试验菌株名称或编号；拟开展试验的地点和试验面积；生产、包装、贮存及运输至试验地的方式；使用方法及剂量，未使用部分的处置方式；试验植物的种植方法及田间管理措施。

（3）安全控制措施　在试验地点的安全隔离措施，如隔离方式和隔离距离；防止植物用转基因微生物扩散的措施；试验过程中出现意外事故的应急措施；试验期间的监控负责人及其联系方式。

试验期间和试验结束后，试验植物的取样或收获方式，残余或剩余部分的处理方法。

实验结束后的监控措施：试验结束后对试验地点及其周围环境的安全监控计划；试验结束后的监控年限；监控负责人及其联系方式。

四、转基因生物安全控制措施

为了防止转基因生物在研究开发及商业化生产、储运和使用过程中涉及对人体健康和生态环境可能发生的潜在危险，从事农业转基因生物试验和生产的单位应当根据相关规定确定安全控制措施和预防事故的紧急措施，做好安全监督记录，以备核查。在开展转基因生物的试验研究、中间试验、环境释放和商业化生产之前，就应该进行详细的安全性评估，并采取对应的安全措施。安全等级为Ⅱ、Ⅲ、Ⅳ的转基因生物，在废弃物处理和排放之前应当采取可靠措施将其销毁、灭活，以防止其扩散和污染环境。

（一）生物安全控制措施的类别

1. 按照控制措施类别划分　可分为物理控制、化学控制、生物控制、环境控制和规模控制等。

（1）物理控制措施　利用物理方法限制转基因生物及其产物在实验区外的生存及扩散，如设置栅栏，防止转基因生物及其产物从实验区逃逸或被人或动物携带至实验区以外等。

（2）化学控制措施　利用化学方法限制转基因生物及其产物的生存、扩散或残留，如生物材料、工具和设施的消毒等。

（3）生物控制措施　利用生物措施限制转基因生物及其产物的生存、扩散或残留，以及限制遗传物质由转基因生物向其他生物的转移，如设置有效的隔离区及监控区、清除试验区附近可与转基因生物杂交的物种、阻止转基因生物开花或去除繁殖器官，或采用花期不遇等措施，以防止目的基因向相关生物的转移。

（4）环境控制措施　利用环境条件限制转基因生物及其产物的生存、繁殖、扩散或残留，如控制温度、水分、光周期等。

（5）规模控制措施　尽可能地减少用于试验的转基因生物及其产物的数量或减小试验区的面积，以降低转基因生物及其产物广泛扩散的可能性，在出现预想不到的后果时，能比较彻底地将转基因生物及其产物消除。

2. 按照工作阶段划分　可分为实验室控制措施，中间试验和环境释放控制措施，商品储运、销售及使用措施，应急措施，废弃物处理措施等。

（1）实验室控制措施　包括相应安全等级的实验室装备、相应安全等级的操作要求及相应安全等级的安全控制措施。

（2）中间试验和环境释放控制措施　要求相应安全等级的包装、运载工具、贮存条件、销售、使用具备符合公众要求的标签说明。

（3）商品储运、销售及使用措施　要求针对转基因生物及其产物的意外扩散、逃逸、转移应采取的积极应对措施，包含报告制度、扑灭、销毁试验材料等。

（4）应急措施　要求按照相应安全等级采取防污处置的操作。转基因生物发生意外扩散，应立即封闭事故现场，查清事故原因，迅速采取有效措施防止转基因生物继续扩散，并上报有关部门。对已产生不良影响的扩散区，应暂时对区域内人员进行隔离和医疗监护。对扩散区应进行追踪监测，直至不存在危险。

（5）废弃物处理措施　要求有长期或定期的检测记录及报告制度。

（二）生物安全控制措施的针对性

生物安全控制措施具有很强的针对性，必须根据不同的转基因生物的特异性采取不同的有效安全措施。例如，转基因生物的繁殖隔离问题，动物、植物和微生物的生境差异极大，相应安全等级转基因生物的隔离条件要求也不相同。应当参考、借鉴国内外的经验和做法，必要时要经过周密的研究以确保生物安全控制措施具有针对性和安全有效。

（三）影响生物安全控制措施有效性的条件

生物安全控制措施的实效如何，取决于安全控制措施的有效性。安全控制措施的有效性，取决于以下几个条件：安全评价的科学性和可靠性；根据评价所确定的安全等级，采取与当前科学技术水平相适应的安全措施；所确定的安全控制措施是否认真贯彻落实；设立长期或定期的检测调查和跟踪研究。

第四节　我国的转基因生物安全管理体系

各国政府为了确保转基因生物安全的有效管理，建立了各自的转基因生物安全评价方法、程序及相关法规。为保障人体健康和动植物、微生物安全，保护生态环境，我国参照国际通行指南，借鉴美国、欧盟的管理经验，立足我国国情，已建立了一整套严格规范的农业转基因生物安全评价制度。

一、我国对转基因生物及其产品的生物安全管理体系

我国政府十分重视农业转基因生物安全管理工作，坚持立法先行、有法可依、执法保障，已经形成了一整套适合我国国情并与国际惯例相衔接的法律法规、技术规程和管理体系，依法实施安全管理取得了显著成效。目前，我国转基因生物安全管理法律体系包括以下 4 个层次。

（一）我国缔结并参加的转基因生物安全国际条约和公约

《生物多样性公约》（Convention on Biological Diversity）是一项保护地球生物资源的国际性公约，于 1992 年 6 月 1 日由联合国环境规划署发起的政府间谈判委员会第七次会议在内罗毕通过，1992 年 6 月 5 日，由签约国在巴西里约热内卢举行的联合国环境与发展大会上签署，该公约于 1993 年 12 月 29 日正式生效，常设秘书处在加拿大的蒙特利尔。联合国《生物多样性公约》缔约国大会是全球履行该公约的最高决策机构，一切有关履行《生物多样性公约》的重大决定都要经过缔约国大会通过。我国于 1992 年 6 月 11 日签署了该公约，1992 年 11 月 7 日获批准，1993 年 1 月 5 日交存加入书。《卡塔赫纳生物安全议定书》是在《生物多样性公约》框架下缔结和通过的一项国际协定（条约），是关于为保护生物多样性和人体健康而控制和管理“生物技术改性活生物体”（living modified organism，LMO）越境转移的国际法律文件。议定书以最初计划缔结和通过所在的哥伦比亚城市命名为《卡塔赫纳生物安全议定书》。该议定书的最终案文于 2000 年在蒙特利尔商定并于 2003 年 9 月 11 日生效。加入该议定书并同意受其条款的法律约束的国家和区域经济一体化组织被称作议定书缔约方。只有已是《生物多样性公约》缔约方的国家或区域经济一体化组织才可成为《卡塔赫纳生物安全议定书》缔约方。我国于 2000 年 8 月 8 日签署了该议定书，国务院于 2005 年核准了该议定书。

（二）国务院制定的转基因生物安全行政法规

早在 1993 年，我国国家科学技术委员会（科技部前身）就发布了《基因工程安全管理办法》，针

对生物工程的实验室安全操作和风险管理制定了规范和制度。随后，农业部于1996年颁布了《农业生物基因工程安全管理实施办法》，开始对农业转基因生物实施实质性的管理。2001年5月23日，国务院颁布了《农业转基因生物安全管理条例》（以下简称《条例》，2017年第二次修订），对在中国境内从事的农业转基因生物研究、试验、生产、加工、经营和进口、出口等活动进行全过程安全管理，为转基因生物安全评价提供了方针性的指导。为了实施《条例》，农业部于2002年发布了与《条例》配套的三个管理办法，分别是《农业转基因生物安全评价管理办法》（现行为2022年1月21日修订版）、《农业转基因生物进口安全管理办法》（现行为2017年11月30日修订版）和《农业转基因生物标识管理办法》（现行为2017年11月30日修订版），进一步细化了对转基因生物和进口转基因产品进行安全性评价的基本要求和程序。《条例》及其配套规章的发布与实施，标志着我国开始对农业转基因生物的研究和实验、生产和加工、经营和进出口实施严格管理，进入了全程管理的阶段。2006年5月，农业部农业转基因生物安全管理办公室又发布了《转基因作物田间试验安全检查指南》。农业部于2006年发布了《农业转基因生物加工审批办法》。

我国对农业转基因生物的安全管理，采取国务院农业行政主管部门与省、市、县农业行政主管部门分级实施的模式。《条例》规定，农业行政主管部门负责全国农业转基因生物安全的监督管理；县级以上地方各级人民政府农业行政主管部门负责本行政区域内的农业转基因生物安全的监督管理。

《条例》规定，国务院建立农业转基因生物安全管理部际联席会议制度。农业转基因生物安全管理部际联席会议由农业、科技、环境保护、卫生、外经贸、检验检疫等有关部门的负责人组成，负责研究、协调农业转基因生物安全管理工作中的重大问题。我国的农业转基因生物安全评价工作由农业转基因生物安全委员会负责，2016年6月组建了第五届农业转基因生物安全委员会，委员由生物、生态、遗传、环保、卫生、医药、食品、检验检疫等多领域多学科的76名专家担任。

我国对农业转基因生物实行分阶段安全评价管理制度，按过程分为5个阶段进行评价，即实验研究、中间试验、环境释放、生产性试验和申请安全证书。任何一个阶段发现食用或环境安全性问题，则立即终止研发。

《条例》规定，对农业转基因生物及其产品的研究、试验、生产、加工、经营和进口、出口每一个环节都必须采取严格的安全管理措施。《条例》对试验、生产、加工、经营有详细的规定。农业转基因生物田间试验一般分为中间试验、环境释放和生产性试验3个阶段。《条例》规定，需要从上一个试验阶段转入下一个试验阶段的，试验单位应向国务院农业行政主管部门提出申请，经农业转基因生物安全委员会进行安全评价合格的，由国务院农业行政主管部门批准转入下一个试验阶段。待生产性试验结束后，试验单位向国务院农业行政主管部门申请领取农业转基因生物安全证书。经过安全评价合格的，国务院农业行政主管部门方可颁发农业转基因生物安全证书。转基因生物及其含有转基因生物成分的产品，没有取得农业转基因生物安全证书的，不得进行审定、登记或者评价、审批。

《条例》规定，凡是从事转基因植物种子、种畜禽、水产苗种生产的，必须取得国务院农业行政主管部门颁发的生产许可证：从事经营的，必须取得国务院农业行政主管部门颁发的经营许可证。进口或者出口转基因生物及其产品的，必须向国务院农业行政主管部门提出申请，经过批准后方可进行。转基因植物种子、种畜禽、水产种苗，利用农业转基因生物生产的或者含有农业转基因生物成分的种子、种畜禽、水产种苗、农药、兽药、肥料和添加剂等，在依照有关法律、行政法规的规定进行审定、登记或者评价、审批前，应当取得农业转基因生物安全证书。

（三）国务院有关部门制定的转基因生物安全行政规章

为了进一步完善农业转基因生物安全管理，卫生部于2002年发布了《转基因食品卫生管理办法》

（已废止，自2007年12月1日起施行《新资源食品管理办法》）；国家质量监督检验检疫总局于2004年发布了《进出境转基因产品检验检疫管理办法》（2018年第三次修正）；国家林业局于2006年发布了《开展林木转基因工程活动审批管理办法》（2017年12月26日修订）。此外，已经出台的《中华人民共和国种子法》《中华人民共和国农产品质量安全法》和《中华人民共和国食品安全法》等法律对农业转基因生物管理均做出了相应规定。《中华人民共和国种子法》对转基因植物品种选育、试验、审定、推广和标识等做了专门规定。《中华人民共和国农产品质量安全法》规定，属于农业转基因生物的农产品，应当按照农业转基因生物安全管理的有关规定进行标识。《中华人民共和国食品安全法》规定，生产经营转基因食品应当按照规定进行标识。

（四）地方政府相关主管部门制定的规范性文件

作为补充，地方政府相关主管部门也可制定有关规范性文件，如《深圳市农业转基因生物安全监督检查办法》《2021年珠海市农业转基因生物安全监管实施方案》等。

基于一部行政法规、近十部行政规章、若干地方规范性文件，以及部分相关法律和国际条约，我国现有的转基因生物安全立法初步形成了一个相互联系、相互配合、相互补充、内部基本协调一致的有机整体。

二、我国对转基因生物的标识管理

《农业转基因生物安全管理条例》（以下简称《条例》）规定，在中华人民共和国境内销售列入农业转基因生物目录的农业转基因生物，应当有明显的标识。《条例》规定，列入农业转基因生物目录的农业转基因生物，由生产、分装单位和个人负责标识；未标识的，不得进行销售。经营单位和个人在进货时，应当对货物和标识进行核对。经营单位和个人拆开原包装进行销售的，应当重新标识。

农业转基因生物标识应当载明产品中含有转基因成分的主要原料名称；有特殊销售范围要求的，还应当载明销售范围，并在指定范围内销售。我国对转基因大豆、玉米、油菜、棉花、番茄等5类作物17种产品实行按目录定性标识，凡是列入标识管理目录并用于销售的农业转基因生物，即使最终产品检测不出转基因成分，也都必须进行标识。

我国现行转基因食品标识制度的主要内容包括如下。①标注原则：转基因食品的标签应当真实、客观，不得包含明示或暗示的可以治疗疾病，或虚假、夸大宣传产品的作用，以及国家卫生健康委员会规定的禁止标识的其他内容。②标注内容：食品产品中含有基因修饰有机体的，要标注“转基因某食品”或“以转基因某食品为原料”；转基因食品来自潜在致敏食物的，还需要标注“本产品转某食物基因，对某食物过敏者谨慎食用”。③标注方式：有包装外盒的，在标签的明显位置上标注；散装的，在价格标签上或另行设置的告示牌上标注；需要转运的，在交运单上标注；进口的，在贸易合同和报关单上标注。

实例分析

实例

转基因玉米安全性评价。

问题

1. 转基因玉米安全性评价的内容具体包括哪几方面？
2. 我国的转基因生物安全管理实施原则有哪些？

实例分析

3. 有人对食用这种转基因玉米的安全性感到担忧，你认为这种担忧有道理吗？试以学过的知识进行简要的分析说明。

思考题

1. 什么是狭义的生物安全？狭义生物安全的主要研究内容有哪些？
2. 为什么要对转基因生物进行安全性评价？
3. 转基因生物潜在的安全隐患有哪些？请举例说明。
4. 基因工程安全控制措施有哪些？
5. 转基因生物的生态安全性指标有哪些？如何进行生态安全评价？
6. 简述转基因微生物安全性评价试验方案。

书网融合……

参考答案　本章小结　微课 1　微课 2　拓展题

第八章　动物细胞培养基础

PPT

学习目标

【知识要求】

1. 掌握　无菌操作技术规范；传代细胞培养；原代细胞培养；克隆化细胞培养；细胞冻存与复苏。

2. 熟悉　动物细胞培养所需的器材种类及其功能用途；数码倒置显微镜结构原理；细胞计数原理。

【技能要求】

能够判别细胞培养物中细胞的死活状态并进行活细胞计数，学会动物细胞培养过程中控制微生物污染的策略。

【素质要求】

培养理论结合实际的意识，把握选择动物细胞培养用器材试剂的品牌型号或规格的基本原则。

第一节　概　述

细胞培养是指将细胞从动物或植物体内取出，然后使其在适宜的人工环境中生长的过程。细胞可以在培养前直接从组织中取出并通过酶或机械方法进行解离，也可以来源于已建立的细胞系或细胞株。

体外培养的细胞依据可传代的能力差异，区分为 3 种类型：原代细胞、细胞系、细胞株。可连续传代培养的细胞株和细胞系常常合称为细胞株系。

原代细胞培养是指细胞从组织中分离出来后，在适宜条件下增殖，直到它们占据所有可用的基质（即达到汇合状态）的培养阶段。在此阶段，必须通过将细胞转移到含有新鲜生长培养基的新容器中进行继代培养（即传代），以为其提供更多的继续生长空间。

第一次传代培养后，原代培养物即被称为细胞系。来自于原代培养的细胞系寿命有限，传代次数有限，称有限细胞系。原代细胞在体外培养时一般可以传代 10 次左右，有时可以传代 30 次以上，且能保持与组织细胞相近的生物学特性。随着细胞的传代，生长能力最强的细胞会占据优势，最终导致细胞群体在基因型和表型上达到一定程度的均一性，可形成持续传代的细胞系。比如构建自肿瘤组织的 HeLa 细胞系等，属于永久传代细胞系，称连续细胞系。

如果通过克隆或其他方法从培养物中阳性筛选出了细胞系的亚群，则该细胞系成为一个细胞株。与亲代细胞系起始时相比，细胞株通常会获得一些其他的遗传学改变。一般认为构建的细胞株可传代 50 次以上，能保持特定的遗传稳定性。

总而言之，正常细胞通常只能分裂有限的次数，随后就会丧失增殖能力，这是一种由遗传决定的事件，称衰老；此类细胞系被称为有限细胞系。但是，一些细胞系可以通过称为转化的过程而变为永生化细胞系，该过程可以自发发生，也可以通过化学或病毒诱导而发生。当一个有限的细胞系经历转化并获得无限分裂的能力时，它就成了一个连续细胞系。

一、动物细胞培养的目的和意义

细胞培养一般是指动物细胞培养，包括动物细胞或人类细胞体外培养，其目的就是通过体外（*in vitro*）试验替代体内（*in vivo*）试验的方式从事生物学研究、生物制品生产和药理毒理试验等，避免使用动物实验所遇到的动物福利问题，达到减少或避免使用实验动物的目的。

动物细胞培养是细胞和分子生物学研究所使用的一项重要技术，为细胞正常生理和生化研究（如代谢研究、衰老研究）、药物和毒性化合物对细胞的作用以及致突变性和致癌性研究提供了上佳的模型系统。应用层面，细胞培养可用于药物筛选和开发，以及生物药物（如疫苗、治疗性蛋白质）的大规模生产。在化妆品毒性试验中也采用细胞培养的方法进行原料及成品的研发和出厂前试验。在这些应用中，使用细胞培养的一大优势在于，来源于同一克隆的一批细胞可获得稳定一致、可重复的结果。

二、与微生物培养及植物组织细胞培养的区别和联系

需要注意的是，上述的动物细胞培养与其他生物细胞的体外培养在术语使用上有比较严格的区分。本章及后续章节仅对动物细胞培养相关内容进行阐述。

对于细胞型微生物的体外培养，是指针对微生物细胞的人工培养，人们已习惯称之为微生物培养，如细菌培养、霉菌培养、酵母培养等；而对于植物组织或植物细胞的体外培养，是指针对植物细胞或植物组织的人工培养，称植物组织细胞培养或组培技术，如花药植株培养、植物愈伤组织培养或组培苗培养等。动物细胞培养与其他类型生物细胞培养的比较见表 8－1。

表 8－1 动物细胞培养与其他类型生物细胞培养的比较

项目	动物细胞培养	微生物培养	植物组织细胞培养
无菌操作技术	严格 环境洁净度控制	普通	普通
仪器	CO_2培养箱 超净工作台 超纯水机 数码三目倒置显微镜 低速冷冻离心机 超低温冰箱 液氮罐 普通冰箱	生化培养箱 霉菌培养箱 超净工作台 纯水机 数码正置显微镜 低速离心机 普通冰箱	光照培养箱 超净工作台 纯水机 解剖显微镜 普通冰箱
耗材及试剂	多孔细胞培养板 培养方瓶 培养皿 滚瓶 细胞罐 微量移液器 电动大量移液器 基础培养基 血清 无血清培养基	培养皿 培养方瓶 发酵管 摇瓶 发酵罐 接种环 涂布棒 微量移液器 基础培养基	培养瓶 培养管 微量移液器 基础培养基
技术风险	微生物污染风险 其他细胞混杂风险 细胞毒性物质残留风险	微生物污染风险	微生物污染风险

续表

项目	动物细胞培养	微生物培养	植物组织细胞培养
培养物类型	培养板 培养瓶	平板 斜面 摇瓶	愈伤组织 试管苗

三、细胞培养中可能存在的生物安全风险

细胞培养过程中不可忽略的生物安全风险主要考虑以下几个方面，需要适当关注并采用合适的策略。

典型细胞株系本身含有某种病毒，或者使用过程中污染过病毒或支原体的细胞株系，一般风险级别很低，一般不存在传染操作者的风险。

腺病毒、逆转录病毒和慢病毒载体已广泛用于哺乳动物细胞体内外的基因转染，由此构建的细胞株存在载体病毒，一般也不存在传染操作者的风险。

生产病毒疫苗时使用的毒株，通常是弱毒株，一般没有传染活性或传染能力极低。

四、体外培养细胞的生长方式

体外培养的动物细胞，依据其生长方式的差异区分为贴壁依赖型细胞和非贴壁依赖型细胞。贴壁依赖型细胞是必须附着在固相支持物表面才能正常生长的细胞，此类细胞分裂时呈悬浮状态，分裂结束后再贴附生长；非贴壁依赖型细胞是不需要贴附在培养器皿表面，悬浮在培养液中就能正常生长和分裂的细胞，也称悬浮型细胞。

绝大多数动物细胞属于贴壁依赖型细胞，只有少数细胞类型如肿瘤细胞、外周血细胞等属于非贴壁依赖型细胞。

依据贴壁依赖型细胞在体外培养时的形态差异，大致区分为 4 种类型。

（一）上皮型细胞

细胞多数呈扁平不规则多边形，中央有圆形细胞核，细胞彼此紧密相连，呈铺路石样生长。此类细胞往往起源于内、外胚层，如皮肤表皮细胞、消化道与呼吸道的上皮细胞、肺泡上皮细胞、血管内皮细胞等，来源于人胚肾的 HEK293 细胞、人肝脏组织的 HepG2 细胞、人子宫颈的 HeLa 细胞即属于此类细胞。

（二）成纤维型细胞

在动物细胞中数目最多，胞体大，为多突的纺锤形或星形的扁平细胞，细胞核呈规则的卵圆形，细胞轮廓不清，细胞形态与成纤维细胞相似，故称成纤维型细胞。除成纤维细胞外，起源于中胚层的心肌细胞、平滑肌细胞和成骨细胞等在体外培养时均表现为成纤维型细胞形态。来源于小鼠胚胎的 NIH3T3、小鼠结缔组织的 L929 和叙利亚地鼠的 BHK－21 等细胞也属此类型。

（三）游走型细胞

分散生长，培养表面充足时不连接成片，生长位置不定，进行活跃的游走或变形运动，因此外形不规则且不断变化，生长密度大时连接成片，细胞呈上皮细胞型或成纤维细胞型样生长。这种形态的细胞主要是具有吞噬作用的单核－吞噬细胞系统的细胞，如颗粒性白细胞、淋巴细胞、单核细胞、巨噬细胞以及某些肿瘤细胞等。在组织块原代培养时，这类细胞最先从组织小块中迁移出来。

（四）多形型细胞

此类细胞体外培养时呈无规律的形态，细胞分为胞体和胞突。胞突细长形，似丝状伪足；胞体略呈多角形。神经细胞就属于多形型细胞。

非典型培养时，或者改变培养条件时，贴壁依赖型细胞可以发生类似非贴壁依赖型细胞样生长，或者非贴壁依赖型细胞可以发生类似贴壁依赖型细胞样生长。例如，高密度生长时，贴壁依赖型细胞在基底层细胞上方呈现出许多悬浮样的细胞。再者，CHO 细胞在含血清培养基中为典型的贴壁依赖型细胞；当逐渐降低培养基的血清浓度，适应无血清培养后，则全部呈现为非贴壁依赖型细胞，悬浮样生长，若此时在无血清培养基中添加血清或黏附因子，CHO 细胞又会呈贴壁依赖型细胞样生长。

五、影响体外动物细胞生长的环境因素

绝大多数动物细胞和人体体细胞均能在体外进行培养，但由于目前人们对细胞所处的体内环境了解的局限性，体外培养时人工模拟的条件与实际情况存在或多或少的差异，因此，与体内细胞相比，体外培养的细胞在生长、增殖和形态功能方面存在一定差异。

体内绝大多数功能细胞是高度分化细胞，它们的代谢相对缓慢，细胞很少增殖或不增殖。当在体外培养时，生长环境发生变化，失去了神经－体液的调节和细胞间的相互影响，生活在缺乏动态平衡的相对稳定环境中，随着培养时间的累积，易发生如下变化：分化现象减弱，形态功能趋于单一化或生存一定时间后衰退死亡，或发生转化而获得不死性。因此，培养中的细胞可视为一种在特定条件下的细胞群体，它们既保持着与体内细胞相同的基本结构和功能，也有一些不同于体内细胞的性状。这种现象导致细胞在培养液中快速增殖，需要不断传代来维持生命活性，甚至发生转化而获得永生性，即形成细胞株或细胞系。

细胞离体后进行的体外培养，需要人工模拟细胞生存环境，主要包括：温度，气体环境和 pH，培养基和渗透压，剪切力和气泡等因素。

（一）温度

大部分哺乳动物细胞，包括人体细胞，最适培养温度为 (36.5 ±0.5)℃。鸟类的体温比较高，其细胞培养温度为 38.5℃。变温动物对温度的耐受范围比较宽，一般为 15 ~26℃，它们的细胞培养温度为 (26.5 ±0.5)℃。冷水、凉水和温水鱼类的细胞体外培养适宜温度分别为 20℃、23℃和 26℃。

对于哺乳动物细胞，当培养温度高于正常温度 2℃时，细胞只能存活数小时，但在低温条件下表现较强的耐受性，在 4℃条件下可存活数天。在含血清培养液中添加 5% ~10% DMSO（二甲基亚砜，冻存保护剂）组成冻存培养基，以高于 10^6/ml 的细胞密度冻存时，在 －80℃超低温冰箱中可有效冻存 6 个月，在 －196℃液氮中可以永久有效冻存，复苏后能正常生长增殖，细胞生物学性状不受影响。

（二）气体环境和 pH 值

气体环境主要指氧气和二氧化碳。氧气浓度以适当低于或不高于低海拔地区的大气中的氧分压为宜，否则容易出现自由基导致的细胞损伤，据称，低氧浓度有益于体外培养干细胞的干性，利于细胞增殖和维持干细胞特性。总之，调节氧分压可以调控细胞的生长、代谢和分化。

适当的二氧化碳分压如 5% 或 10%，可以稳定对应培养液的 pH。大多数细胞系在 pH 7.2 ~7.4 环境中生长良好，有一些正常的成纤维细胞系在 pH 7.4 ~7.7 时生长最好，而一些转化细胞在 pH 7.0 ~7.4 时适宜生长。

培养中的细胞也会释放二氧化碳，为了稳定培养液的 pH，常使用二氧化碳－碳酸氢盐缓冲体系；

另外，HEPES（4－羟乙基哌嗪乙磺酸）也是常用的缓冲体系，是一种重要的氢离子缓冲剂，其在 pH 6.8～8.2 范围内具有良好的缓冲能力，能较长时间控制 pH 恒定。HEPES 使用浓度为 10～50mmol/L，一般培养液内含 20mmol/L 即可具有良好的缓冲能力，且对细胞无毒性作用。在商品培养基配方中可查询使用碳酸氢钠和 HEPESS 的浓度。

（三）培养基和渗透压

细胞培养所用的培养基（medium）是指供细胞生长、增殖、代谢、合成所需目标产物或维持细胞正常生理功能的营养物质和原料。

合成培养基出现于 20 世纪 50 年代，未添加血清前称为基础培养基，添加血清后称为完全培养基，后者用于细胞培养。为了避免血清本身的不确定性及其复杂成分问题，人们在合成培养基的基础上添加血清替代物而开发出各种目的用途的无血清培养基，供生物制品生产时使用。

绝大多数培养基的渗透压为 280～350mOsm/kg，适合多数细胞的生长。高渗透压环境往往影响细胞生长、代谢和产物表达。在培养基中添加渗透压保护剂如甘氨酸甜菜碱、甘氨酸、脯氨酸和苏氨酸等，可以缓解高渗透压对细胞的影响，提高产物的比生成速率。在 CHO 细胞培养中，添加 15mmol/L 的甘氨酸甜菜碱，细胞在 557～573mOsm/kg 的高渗环境下，蛋白 hTPO 的比生成速率比在 292mOsm/kg 渗透压培养时提高 72%。

（四）剪切力和气泡

来自人体的细胞对剪切力尤其敏感，但一些用于大规模工业生产的细胞系如 BHK－21 细胞、Vero 细胞、CHO 细胞、杂交瘤细胞等，对剪切力相对不敏感。

另一方面，细胞会吸附到气泡表面，气泡破裂产生的剪切力会导致细胞坏死。所以在对静止培养的细胞悬液进行吹打，以及动态培养中的搅拌，均需注意避免产生气泡。

第二节　动物细胞培养基本条件

一、实验室及车间设计

（一）细胞培养实验室平面布局

用于动物细胞培养的实验室或车间，通常包括洁净间、辅助间、办公室等区域，区域之间符合操作习惯并满足各个区域对粉尘控制的要求。洁净度达到 D 级或以上。

遵照 QbD（质量源于设计）原则，设计时主要考虑以下功能，包括细胞培养、倒置显微镜观察与记录、无菌操作、无菌器材存放、培养用液与试剂的存放、器皿的清洗、消毒灭菌与干燥、细胞材料冻存、培养用液的配制、实验动物饲养、实验用水制备、其他实验仪器的摆放等。值得注意的是，从头设计往往比改造更加合理，建造成本更低，人性化和易用性更好。

1. 洁净间　也称无菌操作间，或洁净室。应该能控制粉尘，能调节所需温度、湿度、照明，有足够的活动空间或操作空间，设计有摆放必需仪器和设备的场所。

进出洁净间的门最好使用不对称双扉门，或使用移动门，或选择使用风淋门。洁净间的墙面和天花板经过防粉尘脱落、粉尘吸附的技术处理，或依据 GB 50457－2019《医药工业洁净厂房设计标准》设计或改造。确认室外空气在经过除尘处理后才引入室内，即其中的窗户只是供采光、观察使用，不能随意开启。

满足无菌操作、细胞培养、倒置显微镜观察与记录、无菌操作、无菌试剂和其他无菌耗材的储藏等要求。摆放普通冰箱、CO_2培养箱、生物反应器（细胞罐）、数码倒置显微镜、冷冻低速离心机、超净工作台等仪器。

2. 辅助间　也称准备间，或缓冲间。指在较大的实验室区域内，紧邻洁净间外部设置有洁净度控制的实验区域，通过实验室门直接与楼宇通道相通。

粉尘控制要求比无菌操作间或洁净间要低，辅助间是操作者进入洁净间前的过渡区域，也是日常进行器皿清洗消毒灭菌的工作场所。

辅助间的基本功能包括：①操作者在此进行更衣、鞋底除尘或穿戴鞋套、摆放其他个人物品的外空间；②该实验区域也是进行器皿洗消（清洗与消毒灭菌）的主要场所，摆放有制水设备或仪器、清洗器、干燥箱、灭菌器等；③有充足的空间，满足试剂与耗材的普通存放要求，如超低温冰箱、液氮储存罐；④也需要有进行其他特定研究方向实验所需要的仪器和设备，如洗板机、酶标仪、中药煎煮机、实验动物独立送风隔离笼具等。

3. 文案处理及办公　指实验室内，与辅助间相邻的建筑单位，通过实验室门直接与辅助间或楼宇通道相联通的区域。其粉尘控制要求等同于辅助间或要求稍低。

一般用于操作者资料存放、资料整理、试验准备、试验方案讨论与总结等目的，并非必须有的设计，可以在实验室台面完成上述功能。

依据同时使用实验室的操作者人数差异，分列下述3种情况：①使用小型动物细胞培养实验室，一般不严格区分洁净间和辅助间，适合2～3人同时使用；②含辅助间、洁净间一体设计的实验室，或学校教学使用的实验室，一般能同时满足10～16人进行操作，其中的辅助间和洁净间相邻，使用风淋门或风淋通道控制外部粉尘，或加装楼宇通道吸尘地毯，室内使用塑胶地面或环氧自流平地面（图8－1）；③生产车间则偏向于按功能模块设计，每一个独立空间均有洁净度控制。

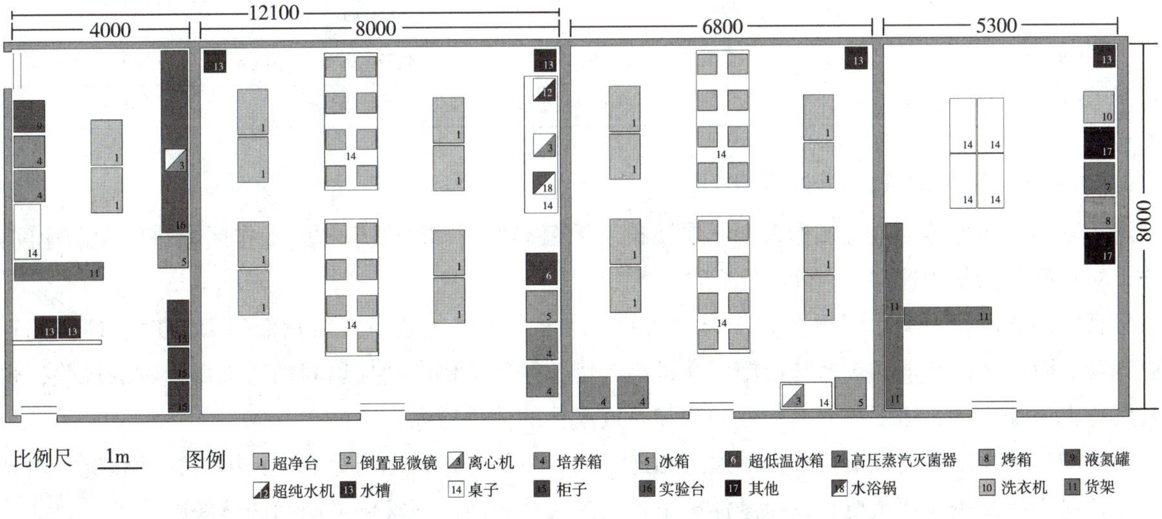

图8－1　教学型细胞培养实验室实例

（二）细胞培养的功能模块

一个完善的细胞培养实验室或车间是围绕组织细胞培养技能所必需的各个环节设计的，应该都能正常发挥其功能并能相互配合，无交叉的化学污染或微生物污染。这些环节的名称及其对粉尘控制要求等见表8－2。

表 8－2 细胞培养实验室功能模块

编号	实验技能环节名称	分布区域	粉尘控制级别
1	实验用水准备——制水仪器或设备	辅助间	高低均可
2	无菌培养基和溶液的准备——滤过除菌	洁净间	极高，A 级
3	无菌器皿的准备——洗消与灭菌	辅助间	高低均可
4	无菌操作	洁净间	极高，≥A 级
5	显微镜检、显微影像讨论与记录	洁净间	高，≥D 级
6	细胞计数与细胞收集	洁净间	高，≥D 级
7	细胞培养	洁净间	高，≥D 级
8	细胞产物分析	均可	高低均可
9	细胞冻存与复苏	都依赖	极高，≥A 级
10	实验动物饲养与免疫	辅助间	高
11	药物活性物质分离与纯化	辅助间	高低均可

二、环境洁净度及温度、湿度等因素的控制

（一）洁净度的概念

洁净度是反映单位体积空气中粒径在 0.5μm 以上的悬浮粒子多少的一个概念，悬浮粒子包括粒径在 0.5μm 以上的固体颗粒和液体粒子。洁净度分 A、B、C、D 共 4 级，A 级洁净度最高（表 8－3）。

表 8－3 GB 50457－2019“医药工业洁净厂房设计标准”关于洁净度的级别规定

洁净度级别	悬浮粒子最大允许数（m^3）			
	静态		动态	
	≥0.5μm	≥5.0μm	≥0.5μm	≥5.0μm
A 级	3,520	20	3,520	20
B 级	3,520	29	352,000	2,900
C 级	352,000	2,900	3,520,000	29,000
D 级	3,520,000	29,000	不作规定	不作规定

（二）动物细胞培养的洁净度要求

进行动物细胞培养的有关操作，如开展镜检、无菌操作、培养箱培养的工作区域一般在洁净间内，因此，对洁净间的粉尘控制要求相对比较高。

根据实际状况，至少达到相当于 D 级水平的洁净度。当空气洁净度级别低于 D 级时，即便仍正常采取日常的除尘措施和消毒剂擦抹措施，在镜检、培养等环节仍会增加培养物感染微生物的风险，也会缩减用于无菌操作的超净工作台的初效滤器和高效滤器的使用寿命。

辅助间与洁净间通过风淋门或风淋通道相连，或者只是通过移动门分隔。正因为这种状况，对辅助间的日常粉尘控制也非常重要，以免悬浮粒子扩散进入洁净间内而降低洁净间的洁净度等级。

实验室或车间与楼宇通道相连通的是门，要正确避免楼宇通道的粉尘扩散进入辅助间，就应该清楚实验室门或车间门是否经常处于闭合状态、门的气密性能是否足够高。如可以预先采用自动闭合的结构，或要求人员进出时把握好随手关门的习惯或遵守相关制度。

（三）粉尘控制措施

1. 废气处置 无论是辅助间或者洁净间，随着室内操作者人数和操作时间的增多，人体体内呼出

的废气累积就越多。在使用酒精灯时，也会产生燃烧废气和水汽。并且，在无菌操作过程中，往往使用75%乙醇，会向室内挥发出乙醇气体。所有这些气体均会促进悬浮颗粒的形成。

换气装置能很好地解决室内空气的新鲜程度，一般在工作时正常使用。定期检查进气口、排气口、风淋通道和洁净间内空气净化器的初效过滤器和高效过滤器，当影响有效换气时进行更换。

另外，适当控制同时使用洁净间或辅助间的操作者人数也是必要的措施。

2. 水、废弃物处置 无菌操作过程中，产生的废液通常首先收集到废液杯或废液瓶中，尚有废弃物、用过的试剂瓶、离心管、培养器皿等开口容器也需等待，然后运送到辅助间以便进一步包装倾倒至楼宇废物桶或准备清洗、消毒、灭菌。

如若废液和废弃物在室内摆放不当，在室内等待时间过长，将形成雾气样挥发物质，会增加室内微生物污染的可能性，也会增加室内悬浮颗粒，甚至增加生物污染的机会。

尽量缩短等待时间，尤其不能停留在洁净间或辅助间过夜后再处理，这是细胞培养操作者良好职业素养的基本要求。

及时擦除溅落、洒落地面或台面的水或液体。

3. 操作者引入的粉尘控制 操作者从楼宇通道进入辅助间，甚至从辅助间再进入洁净间，也会把本人毛发上、衣着表面、皮肤表面、口腔和鼻腔内的微生物和粉尘引入室内。

一般采用的措施如下。①鞋底除尘或粉尘的措施，如在辅助间铺设除尘地垫、在辅助间更换室内鞋子或加穿鞋套。②操作者穿戴干净、灭菌的防静电工作服可以减少体表粉尘洒落，进入洁净间前通过风淋门可以洗落体表粉尘，穿戴干净、灭菌的口罩可以预防口腔和鼻腔内微生物、粉尘和水汽释放到室内，而穿戴干净、灭菌的帽子遮盖头发则防止毛发黏附的可脱落物释放，但要求普通衣物及头发不应裸露在洁净服或洁净帽外面。③室内走动时采用缓步，采用轻缓、准确的动作从事各种操作。④操作前用洗手液清洗双手肘关节以下至指尖所有部位。清洗后的双手或穿戴手套的外表面有水时，应先擦干或吹干再从事有关操作。⑤操作者应定期修剪指甲，不得化浓妆，不可穿戴影响无菌操作的首饰。

4. 保洁制度 除了以上情形外，下述事项也需要注意：①室内卫生制度的制定和日常保持尤其重要，及时采用多层纱布、拖把或吸尘器，对仪器表面和操作台面、建筑立面、地表面分别进行除尘；②从辅助间转移到洁净间的所有物品，注意要除去包装物表面可能的存在的粉尘和污染；③日常使用时，注意确保风淋通道及传递窗的 2 扇门或窗户不能同时处于开启状态。

（四）环境温度与湿度

洁净间是进行无菌操作及培养仪器摆放的场所，理想的温度控制范围是 15 ~ 25℃。冬季不低于15℃，夏季不高于25℃。由于清洗消毒灭菌工作及经常的室外空气对流要求，辅助间的理想温度是10 ~ 30℃。根据空间的大小，可以选择安装合适的空调机组、暖气装置等设施。

在控温区域，挂有温湿度表，以便日常观察、记录环境温度和环境相对湿度。

进行细胞培养所需的洁净间和辅助间，理想的相对湿度范围是 30% ~ 50%，环境相对湿度高于60%时容易滋生霉菌等微生物，增加无菌操作的难度，并明显缩减灭菌器材的存放有效期。

1. 降低环境湿度的措施 日常间隔时段打开辅助间窗户会增加辅助间室内、外的空气对流，也可以明显降低环境空气湿度。使用空调机组、换气装置等均可降低环境空气湿度。

合理摆放发热类仪器可以降低局部环境湿度，如把电热干燥箱安放在空气对流容易经过的位置。洁净间内不安装自来水水槽，或者虽然安装有但尽量少用。

2. 增加环境湿度的情形 日常除尘清洁中会增加空气湿度，如使用自来水浸湿或消毒剂浸泡的湿布拖抹地面、实验台面、仪器表面等情况。为此，建议采用吸尘器除尘，擦抹时尽量减少水分后再进行，擦抹后及时使用除湿措施，如使用空调的除湿功能、开启换气装置、辅助间打开窗户让内、外空气对流。

室内自来水水槽的设计、仪器的摆放与使用有时会明显增加局部环境湿度，如辅助间进行清洗消毒灭菌时，尤其在高压蒸汽灭菌后会增加辅助间甚至洁净间的相对湿度。因此，相应操作后务必选择采用上述合理的方法，以降低室内的空气湿度。一般水槽设计时处于建筑物窗户的内侧，高压蒸汽灭菌器摆放于当采取降湿措施时空气对流容易经过的位置。自来水水槽、纯水机组出水口等位置容易溢出或溅落多余的水，每次使用后需及时检查并去除。

季节变换时，如春季、夏季，往往容易产生较高的环境湿度。除了使用空调机组、除湿机等除湿外，可以加装定时换气装置。

高湿的楼宇环境和地理环境的相对湿度较高，如处于地下室和楼层低的实验室，处于南方的实验室。这些实验室必须考虑安装有换气效能高的定时换气装置，并正确使用。

（五）光照与照明

细胞培养实验室的洁净间或辅助间应有足够的采光窗户，但需注意，有阳光直射的窗户周边应避免摆放仪器设备，或者使用遮阳窗帘拦截太阳光。直射的阳光会缩减仪器的使用寿命和降低仪器的质量，并且，当需要紫外消毒灭菌时，阳光或其他可见光会降低紫外消毒灭菌效果。

室内日光灯的安装要保证足够的照明，其照度要求类似一般实验场所。室内安装有紫外灯时，设计上满足紫外与照明不可同时开启的要求。

当进行超净工作台紫外杀菌时，尽量保持其所处的室内环境如洁净间关闭照明，使用窗帘遮挡，使室内可见光缩减到最低程度，以便确保紫外杀菌的最大效果。

三、设备仪器及常用耗材

（一）细胞培养及操作所需的仪器

1. CO_2培养箱 是能精密控制并提供恒温、恒湿、洁净、恒定CO_2浓度的仪器，利用该仪器可使用培养皿、多孔板（6～96孔板）、培养方瓶等进行细胞培养（图8－2）。根据容积大小，有60～190L台式，也有上下堆叠落地式。根据通气状况，一般通CO_2和空气，也有3气（CO_2、N_2和空气）或4气（CO_2、N_2、O_2和空气）培养箱。根据控温类型，区分为水套式和气套式2种。

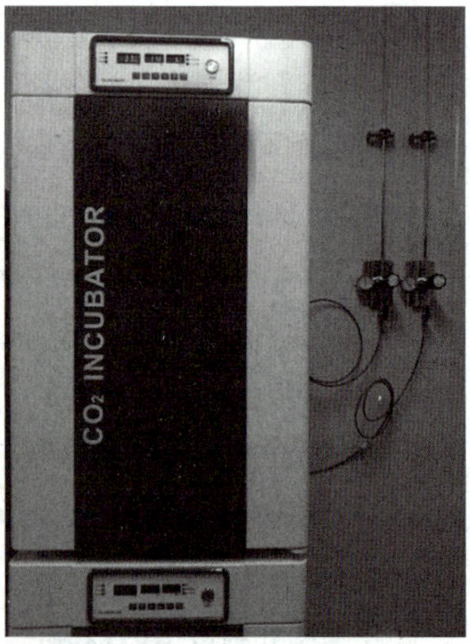

图8－2 180L CO_2培养箱

2. 细胞工厂 是一种在特定CO_2培养箱中，应用特定的培养容器进行细胞大量培养的装置。

3. 滚瓶培养器 是在培养箱中内置滚瓶架，有驱动滚瓶滚动的机械装置，可以应用滚瓶进行细胞大量培养。

4. 生物反应器 也称动物细胞罐，应具有良好的无菌控制，通过专门的控制器组件进行细胞大量培养，一般需要4气（CO_2、N_2、O_2和空气）培养，可分为批次培养和连续培养形式。需要配置专门的补料瓶。培养工艺复杂，仪器设备的造价往往很高，通常用于研究、中试和生产。根据罐体容量和培养容量（培养容量往往比罐体容量小）区别大小。一般在研究实验室使用的生物反应器的罐体体积常在30L以下，用于生物制品制备的生物反应器体积达到2500L以上。罐体可以是钢化玻璃、陶瓷，也可以是不锈钢或钛合金或钛。

（二）用于换液操作的仪器 微课1

微量移液器常用于无菌操作移液，有单通道、8 通道和12 通道等规格，配套无菌盒装吸嘴使用。选购无菌盒装吸嘴时，务必注意盒装吸嘴与微量移液器品牌型号的匹配。

电动大量移液器配合无菌长丝滴管、无菌刻度移液管使用，移液速度可调。

（三）镜检与显微影像记录的仪器

主要使用倒置显微镜和倒置荧光显微镜。倒置显微镜与正置显微镜（普通显微镜）的主要区别在于，倒置显微镜是载物台在光源下方，或者说物镜在载物台下方，使得物镜镜头与培养物液层下方的距离最短，适用于直接镜检动物细胞培养物而不影响培养物的无菌状况，如培养皿、培养板和培养瓶细胞培养物的镜检。

倒置荧光显微镜是带有紫外光源（荧光激发光源）的倒置显微镜。

倒置显微镜和倒置荧光显微镜的造价都分别比同品质的正置显微镜（普通显微镜）和正置荧光显微镜（普通荧光显微镜）高出 10 倍以上。倒置显微镜和倒置荧光显微镜往往属于三目显微镜（指除了装配有 2 个普通目镜外，尚有接驳显微摄影的目镜）（图 8－3）。

显微摄影系统在所有三目显微镜中都采用一种标配的显微镜接口，摄像头通过接圈与显微镜三目接头相连，借助配套的专业图像捕捉软件获得显微影像并能进行处理、记录。

图 8－3 教学实验室摆放的倒置显微镜

（四）空气净化有关装置以及无菌操作用仪器

为了保证运行过程的室内空气洁净度，需要使用空气净化器和换气装置。

空气净化器可使洁净间内空气按要求进行除尘、紫外消毒灭菌、循环。

换气装置是使室外新鲜空气经过初效和高效滤器滤过除尘后进入室内，并且把室内含粉尘的不新鲜的空气按要求排放到室外的装置，一般设置有定时开关，使每小时换气达到一定的次数，保证洁净间内空气洁净度维持在某个级别以上。

无菌操作是在超净工作台或生物安全柜内完成的。根据通过高效滤器送出风的方向，超净工作台区分为垂直风淋和水平风淋 2 种，风速可调，内置照明灯管和紫外灯管。垂直风淋超净工作台常见的有单人双面、双人双面、单人单面、双人单面等规格。

（五）用于试剂、培养用液及细胞材料保存的仪器

需要冷藏或冻存的生化试剂、血清、培养基、细胞材料等，需要区别对待，存放到对应的仪器内，以保证其活性和功能。

普通冰箱：存放培养用液的普通冰箱，通常放于洁净间。普通冰箱一般分为冷藏区和冷冻区，冷藏区的温度一般调节到4℃左右，冷冻区的温度一般最低能调节到－26℃。不能冻存的试剂和材料必须放在冷藏区，可以冻存的试剂和材料最好放在冷冻区。

冷藏冰柜和冷冻冰柜：可大量存放生物试剂和材料。

低温冰箱：只有冷冻区，一般指低温能控制到－50℃、高温不超过0℃的冷冻用冰箱。用于长期存放蛋白类材料或试剂。

超低温冰箱：一般指低温能达到－50℃以下如－70℃或者－86℃以下温区的冷冻用冰箱。主要用于细胞株、细胞系或其他细胞材料如组织、胚胎等的保存。

液氮罐：在液氮层内的温度为－196℃，有足够液氮的液氮罐内气体部分的温度也可低至－100℃以下。通常用于保存细胞株、细胞系或其他细胞材料如组织、胚胎等。液氮会自动升华，因此，根据实际消耗状况，需及时地定期、定量地补充液氮。一般认为液氮内的细胞株、细胞系或其他细胞材料如组织、胚胎等可以实现永久保存。

另外，常常需要配备一台恒温水浴或恒温金属浴，用于对培养用液进行从零上低温到37℃的升温，或者冻结血清的融化。恒温水浴使用时需加注纯水，以免产生水垢而影响无菌操作。

（六）实验用水制备设备或仪器

细胞培养实验室与其他实验室一样，也需要自来水、蒸馏水（或反渗透水、去离子水）。但是，由于动物细胞和人的肿瘤细胞、正常细胞等的培养对水的要求非常高，就是说，水中如果含有稍微多的金属离子，尤其是重金属离子，细胞容易坏死或凋亡，因此，细胞培养用培养基的配制、培养用器皿的清洗等都必须使用到高纯水以上的水。

1. 普通纯化水制备仪器或设备 蒸馏水器，一种制备蒸馏水的仪器，以自来水为进水，通过电热管直接加热，经过冷凝收集得到蒸馏水。反渗透水装置，以自来水为进水，经过反渗透膜制备反渗透水。去离子水装置是一种阴阳离子交换树脂柱构成的制水装置，以自来水为进水，经过阴阳离子交换树脂柱装置制备、收集得到去离子水。

2. 高纯水和超纯水制备仪器或设备 双蒸馏水器，以自来水进水时制备的水为双蒸水，也称重蒸水；以普通纯化水如去离子水、蒸馏水、反渗透水为进水时，可制备三蒸水。高纯水器，以自来水为进水，经过高纯水器中活性炭、反渗透膜等各个环节制备出来高纯水。亚沸水蒸馏器，以蒸馏水、反渗透水或去离子水为进水，通过电热管非直接加热，水分子在80～90℃即发生蒸发，再经冷凝收集得到的蒸腾水为亚沸水。亚沸水一般无有机物残留，但此类机器似乎已经退市，不太容易购买。超纯水器，有的是以自来水为进水，有的是以蒸馏水、反渗透水或去离子水为进水；有的带出水超滤、紫外消毒或热原去除等特性选配附件。

（七）洗消用仪器设备

实验室自来水出水口水嘴建议用20～40cm硅胶管连接，或用2层的纱布包裹成20～40cm长的导流嘴，避免用水时产生水流的溅射。

超声波清洗器：在清洗器皿时，清洗空腔内能横卧刻度玻璃移液管和200ml以上玻璃试剂瓶，能立放100ml试剂瓶。因此，建议选购20L以上容量的超声波清洗器。

移液管、长丝滴管自动冲洗器：清洗移液管和长丝滴管使用。

高压蒸汽灭菌器：有蒸汽发生装置，容量需要在70L以上，能产生100kPa以上的压力，可调节时间、温度。发生蒸汽的水通常用去离子水、反渗透水、蒸馏水等，尽量避免直接用自来水，以免损坏仪器或在灭菌包装上留下水垢。

电热恒温干燥箱：适用于耐高温的器皿灭菌，如玻璃器皿、某些金属器皿的灭菌，灭菌温度在160～180℃，需要装配有风机以使箱内温度均匀，待温度到达设定温度后再关闭风机。可用于清洗后器皿的干燥，或用于经过高压蒸汽灭菌的器皿的干燥，干燥温度一般选择50～70℃，同样需要装配有风扇以便使室内温度均匀。

滤过除菌的设备或仪器：如除菌滤器，用于液体如培养液、缓冲液等的滤过除菌，有一次性产品供选择。如果使用非一次性滤器时，首先需要将超滤器本身预先用高纯水进行有效清洗，装载0.22μm超滤膜，经过高压蒸汽灭菌并干燥，降温到室温后才能用于滤过。降温方式可选自然冷却方式，或选择水冷方式。水冷方式，是在超净工作台内组装好超滤器后，先滤过一定量（如100ml）的高纯水或超纯水，然后再滤过目标溶液。可使用正压空气滤过或负压滤过。滤过分装时，无菌液体的收集均在超净工作台内按无菌操作要求完成。

（八）常用耗材的无菌商品及其规格

产品预先经气体灭菌或γ射线辐照灭菌，这些培养用器皿包括刻度移液管、滴管、盒装吸嘴、多孔细胞培养板、培养方瓶、培养皿、离心管等。

在采购中，品牌和规格是两个重要的技术参数，也需考虑灭菌方式、包装规格、制造地、失效期等参数。

建议选择大品牌公司的相关产品，这些产品有广泛的用户群，面市时间长，制作工艺水平高，材料无细胞毒性。理想的选择原则应该体现出合理的性价比。

1. 独立灭菌包装刻度移液管　一次性刻度移液管一般采用独立灭菌包装。常用的刻度移液管有1ml、2ml、5ml、10ml、50ml等规格，以无细胞毒性的工程塑料为原料制备。无菌包装中加装滤芯，以便在使用时产生滤过除菌空气。生产包装后，经过气体灭菌或辐照灭菌处理。使用前，确认无菌包装完整无破损；发现包装破损的，需弃用。移液管的无菌包装包括预装棉芯、纸塑密封包。

2. 独立灭菌包装长丝滴管　长丝滴管，又称长丝吸管，分为刻度滴管或无刻度滴管，也是以无细胞毒性的工程塑料为原料制备。无菌包装中，有的加装滤芯以便产生滤过除菌空气；或者形状为非吸液端密封的吸管。生产包装后，均预先经过气体灭菌或辐照灭菌处理。

无菌操作中一次性使用。使用前，需确认无菌包装是否完整无破损。

3. 灭菌盒装吸嘴　吸嘴包装于吸嘴盒内，再密封包装成每个1盒或若干盒，经过气体灭菌或辐照灭菌处理。吸嘴材料属于无细胞毒性的工程塑料。有些产品已经加装空气滤芯，因此在无菌操作过程中，可以大大降低微生物污染的可能性。通常1盒装有96支50～200μl或50～300μl吸嘴，或1盒24支装5000μl吸嘴。

少量使用时，选择每个吸嘴盒为独立灭菌包装的商品，使用比较方便。用量比较多时，可以选择1个灭菌包装有若干个吸嘴盒的商品，价格成本会低一些。

一旦开封使用，吸嘴盒连同余下的无菌吸嘴需要摆放在洁净度高的环境中，如摆放在超净工作台内。摆放时间太长，不能确保吸嘴的无菌状态时，则放弃，不再使用。

4. 独立灭菌包装多孔细胞培养板、细胞培养方瓶和培养皿

（1）多孔细胞培养板　有6孔、12孔、24孔、48孔和96孔。96孔细胞培养板分为平底、U型底和 V 型底等类型。细胞培养板一般用原生的聚苯乙烯材料制造，要求无细胞毒性，对培养细胞的活性无明显影响，不宜使用聚苯乙烯的再生料生产的多孔板进行细胞培养。另外，要求通光性能良好，不影响镜检操作。96 孔细胞培养板一般用于进行克隆化细胞培养或细胞药理毒理试验，24 孔板用于细胞传代培养，6 孔板则用于细胞扩大培养或原代培养。

（2）培养瓶　往往按供细胞生长的面积分类，如 $25cm^2$、$75cm^2$、$150cm^2$、$175cm^2$、$225cm^2$ 等为常用规格。小规模培养中，常用的是 $25cm^2$ 和 $75cm^2$ 生长面积这 2 种规格。

（3）灭菌包装的培养皿　规格有 Φ35mm、Φ60mm、Φ100mm、Φ150mm 和 Φ245mm 等，采用无细胞毒性的工程塑料制备。

5. 无菌离心管　常用 15ml 和 50ml 灭菌包装的外螺旋盖刻度离心管，锥形底比较常用。每个灭菌包装有 25 支或 50 支。建议一次性使用这些塑料离心管，以免影响试验数据。

微型离心管也常用于细胞悬液分装和试剂的分装，根据容量差异，0.5ml、1.0ml 和 2.0ml 为常见规格，有 U 型底和 V 型底之分。

6. 其他耗材的无菌产品及其规格　还有许多，其中，下述品种也常常使用到。

（1）无菌针头滤器　配合一次性无菌注射器使用，用于少量制备滤过除菌的药液或其他培养用液。

（2）一次性无菌注射器　属于医疗产品，规格有 1ml、2ml、5ml、10ml、20ml 和 50ml 等，一般独立灭菌包装。灭菌形式可以是其他灭菌，也可以是辐照灭菌。

（3）灭菌包装细胞刮刀或细胞铲　用于收集贴壁生长的细胞，独立无菌包装。直接与细胞接触，要求无细胞毒性。

四、无菌操作技术

（一）无菌操作理念

用于防止微生物进入人体组织或其他无菌范围的操作技术称为无菌操作。在各种生物实验中，为了防止微生物的生长和繁殖影响实验的进行，也要在相对无菌的条件下进行。

无菌操作需要在超净工作台或生物安全柜内进行。正常使用时，超净工作台或生物安全柜内的空气洁净度级别为 A 级，只能提供相对无菌的操作环境，若要达到无菌的效果，还需要辅助以良好的无菌操作习惯和操作方法。

无菌操作中较常用的术语如下。

抗菌剂：能够杀死微生物或抑制它们生长和繁殖的制剂。

防腐剂：能够抑制微生物生长和繁殖但不足将其杀灭的物质。防腐剂经常应用于体表。

生物杀灭剂：所有能够杀死生物体的制剂的统称。

化学杀菌剂：用于杀死微生物的化学品或化学混合物。

清除污染：去除和（或）杀死微生物的任何过程。该词也用于描述去除或中和有危害的化学品和放射性物质。

消毒剂：用于杀死常见病原微生物的化学品或化学混合物，但不一定能杀死芽孢。

消毒：能够杀死常见病原微生物的物理或化学手段，但不一定杀死芽孢。

灭菌剂：能够杀死微生物的化学品或化学混合物。该词常常可以代替“生物杀灭剂”“化学杀菌剂”或“抗菌剂”。

杀孢子剂：用于杀死微生物和孢子的化学品或化学混合物。

灭菌：杀死或去除所有微生物及其孢子的过程。

乙醇浓度为70%时消毒和杀菌效果最好，在动物细胞培养中是常用消毒剂。考虑到实际使用状况，一般购买75%的商品，即消毒酒精。一般分装于喷壶内，使用时以喷雾的形式对物品进行消毒，再使用干净纱布擦拭；也可做成乙醇棉球使用，即购买成品医用脱脂棉棉球，保存于75%乙醇中备用，液体量足够棉球吸附即可。

另外，0.1～0.5%新洁尔灭溶液可用于手表面消毒、消毒抹布浸泡、地面消毒时拖把浸泡。

（二）无菌操作

1. 无菌操作方法　在执行无菌操作前，必须明确物品存放的无菌区和非无菌区。穿戴好洁净服和帽子，洗手，通过风淋通道进入洁净间。还需将双手用75%乙醇等消毒剂进行消毒，手上的液体在超净工作台内通过风淋使其干燥。

无菌操作中夹取无菌物品时，必须使用无菌持物钳（辅料镊、坩埚钳等）。

进行无菌操作过程中，凡未经消毒的双手，均不可直接触碰无菌物品或超越无菌区取物。穿戴防护手套时也需消毒手套表面。

无菌物品（培养液、缓冲溶液、试剂、培养板等）必须保存在无菌容器或无菌包内，不可暴露在超净工作台内空气中过久。无菌容器应在无菌包内的，一经打开即不能视为绝对无菌，应尽早使用。无菌物品与非无菌物品应分别放置。凡已取出的无菌物品，虽未使用也不可再放回无菌容器内。

进行细胞影像等数据采集时，先取出细胞培养板，擦去板外粉尘，在倒置显微镜下镜检时，不能打开培养板的盖子，防止染菌。

2. 无菌操作的条件准备与维护　在洁净间内使用的洁净工作服，需定期进行清洗、消毒灭菌，使用周期内的工作服需注意防潮、防尘、防污，不使用时应按序摆放整齐。

每次使用洁净间后，应用湿拖把拖地一次或用吸尘器吸尘，防止粉尘堆积，对环境造成污染。洁净间使用前后，分别用移动紫外消毒车或室内紫外灯对室内空气和仪器表面、试验台台面和地面进行一次消毒。

进行无菌操作时，必须正确使用超净工作台。超净工作台在使用前、后均需分别进行消毒剂擦抹除尘和紫外消毒。紫外灯消毒时间为30～40分钟，期间务必开启风淋，关闭照明，最好将超净工作台所在的整个洁净间的照明关闭，窗帘拉上，以达到最大的紫外消毒效果。

超净工作台台面等维护合理。每次使用后用消毒液浸泡的湿抹布擦抹台面粉尘，长时间不使用超净工作台也应定期用消毒液浸泡的湿抹布擦抹台面粉尘。定期擦抹照明灯管和紫外灯管上可能存在的微尘，以便保证充足的照明效果和充分的消毒灭菌效果。

每次镜检操作前，需对倒置显微镜载物台、实验台面用消毒剂擦抹除尘消毒。

定期用75%乙醇擦抹CO_2培养箱内、外表面，或使用其他方式对CO_2培养箱内表面进行消毒。

3. 动物细胞培养的无菌操作规程　操作者正确穿戴洁净服、口罩和帽子。每次通过风淋通道风淋5～15秒后进入洁净间。

检查超净工作台内的物品摆放，用75%乙醇擦拭粉尘。取出培养用液放于实验台，平衡温度至室温。

打开洁净间和超净工作台的紫外灯，消毒30～40分钟。注意关闭日光灯和洁净间的窗帘，以免消毒效果低下。开启洁净间换气装置。超净工作台的紫外消毒有两种：一种是结构上有洁净空气内循环的超净工作台，可以在开启紫外的同时开启风淋；另一种是无洁净空气内循环的超净工作台，在开启紫外时可不开启风淋，但需关闭超净工作台的边窗，防止外部粉尘在紫外照射期间扩散到超净工作台内部。

进入洁净间前，先关闭洁净间紫外灯。到达消毒时间后，关闭超净工作台紫外灯，开启照明灯，打开无洁净空气内循环的超净工作台风淋开关，风淋 5 分钟左右，降低超净工作台内部的臭氧浓度。无论何种超净工作台，在无菌操作的全过程，务必开启风淋。超净工作台一般设计有高、低挡风速供操作者选择。风淋的速度选择是由实际风量大小决定的。风量足够大时选择低速挡，否则选择高速挡。如果风淋的风量不能保证无菌操作，需考虑更换初效过滤器或高效过滤器。

用消毒乙醇喷淋双手，还可以使用乙醇棉球擦拭双手皮肤。

传统无菌操作往往需要点燃超净工作台内的酒精灯，用于某些情形的辅助消毒或灭菌。使用酒精灯火焰烧灼各类瓶盖内表面、打开的瓶口和离心管口外表面使可能出现的少量液滴干燥，镊子在使用前进行烧灼灭菌。熟练的操作者，无菌操作时可以不使用酒精灯。在生物安全柜内进行无菌操作时，禁止使用酒精灯，否则容易引起火灾。

准备使用的吸管、滴管、试管、试剂瓶、培养瓶等无菌物品均确认灭菌包装完好无损，用消毒剂擦拭去除无菌物品外包装的粉尘后，再放入超净工作台内，但应避免一次放入过多的物品，以免影响操作。

外旋盖试剂瓶、离心管开启后，盖子应按内表面朝下的方式放置于超净工作台台面。也可用手指夹持瓶盖，但需保护盖子内表面不受污染。在无菌操作时，双手和非灭菌器材不得在开口的无菌器皿上方穿越。

同一根移液管或滴管不应连续用于 2 个不同的细胞株系操作，也不可用于存在交叉污染的取液操作，注意及时更替。吸取培养液的移液管或滴管应避免接触培养瓶、培养孔或离心管的口内壁，以防止细胞株系的互相混杂污染。

从灭菌筒中选取灭菌移液管或滴管后，抓拿的方式应该是手背朝向吸液端，以手心方向套装胶头或电动大量移液器。

洒落在培养瓶上或台上的液体，立即用乙醇棉球擦净。

操作完毕后，及时恢复超净工作台台面上各物品的摆放常态。

第三节 动物细胞培养用纯水、试剂和培养用液

一、细胞的营养及影响细胞生长的因素

体外培养的细胞，其生命活动包括生长、分裂、分化、衰老和凋亡。正常体外培养的细胞一般要求维持其正常的生长和分裂，避免不必要的分化，尽量避免出现细胞的衰老、凋亡和坏死。

体外培养细胞用于研究特定生物活性物质对其生命活动的影响，如是否促进细胞生长分裂或抑制细胞生长分裂、是否促进细胞分化或抑制细胞分化、是否促进细胞衰老或抑制细胞衰老、是否诱导细胞凋亡或抵抗细胞凋亡以及是否引起细胞坏死等。

（一）哺乳动物细胞的营养物质

基础营养物质包括单糖、氨基酸、维生素、细胞生长因子、激素类物质、大量元素、微量元素、水等。

1. 碳水化合物 是细胞生长主要的能量来源，其中有的是合成蛋白质和核酸的成分。主要有葡萄糖、核糖、脱氧核糖、丙酮酸钠和醋酸等。

细胞营养物质中的单糖主要是六碳糖，是细胞主要的能源来源，可维持细胞的渗透压。

2. 氨基酸　维持细胞的体外生存所需要的必需氨基酸和某些细胞不能合成的非必需氨基酸，都是L-氨基酸。

氨基酸的浓度通常限制着细胞生长所能达到的最大密度或浓度，影响细胞存活和生长的比例。

在营养组成上，一般不少于12种氨基酸，如精氨酸、胱氨酸、亮氨酸、异亮氨酸、赖氨酸、蛋氨酸、苯丙氨酸、苏氨酸、色氨酸、组氨酸、酪氨酸、缬氨酸。

另外，谷氨酰胺需量最大，是细胞合成核酸和蛋白质时所必需的氨基酸，在培养环境中的半衰期比较短，缺乏时细胞生长不良。虽然有些细胞系可以利用谷氨酸盐，但大多数细胞需要谷氨酰胺，后者可作为细胞能源和碳源被利用。Invitrogen公司的Glutamax是一种丙谷氨酰基谷氨酰胺二肽，在培养液中比谷氨酰胺更稳定。

单细胞培养或细胞量少时，所需氨基酸的种类和量增多。

3. 维生素　是维持细胞生长的生物活性物质，在细胞代谢中起调节及控制作用。在细胞培养中，尽管血清是维生素的重要来源，但是许多培养基中添加了各种维生素以适合更多细胞系的生长繁殖，其中，多数培养基至少添加了B族维生素和维生素C。对于多细胞动物或人体不是必需的维生素如B族的胆碱和肌醇，在细胞培养中则是必须添加的，尤其无血清培养基中的添加量更多。

许多维生素参与构成各种酶的活性基团的成分，没有它们，酶便没有活性，代谢活动将无法进行。维生素A是细胞合成糖蛋白时寡糖基的载体，对上皮细胞有重要的维护作用。维生素D参与调节钙的吸收。维生素E是抗氧剂，可防止组成生物膜的磷脂中不饱和脂肪酸被氧化。维生素K缺乏会引起低凝血酶原及凝血时间延长。叶酸是合成四氢叶酸的重要原料，四氢叶酸在核酸的生物合成和蛋白质的生物合成过程中起重要作用。生物素是一些特异羧化酶的组成部分，参与糖代谢和脂肪酸的合成过程。

4. 细胞生长因子　包括促生长因子、激素类物质，如活性多肽、氨基酸衍生物、核苷酸衍生物等。

5. 无机盐　与多细胞机体一样，细胞的生长繁殖同样需要生物元素组成中特征的25种元素，也可区分大量元素和微量元素。常量元素11种，包括C、H、O、N、P、S、Ca、K、Na、Mg、Cl。微量元素14种，包括Fe、Cu、Zn、Mn、Co、Mo、Se、Cr、Ni、Si、Sn、V、F、I。

盐类主要包括Na^+、K^+、Mg^{2+}、Cl^-、SO_4^{2-}、Ca^{2+}、PO_4^{3-}和HCO_3^-等基本的无机离子，都是细胞组成所必需，并参与细胞的代谢过程。培养液中无机盐的主要功能是帮助细胞维持渗透压平衡。此外，通过提供Na^+、K^+、Ca^{2+}，调节细胞膜的选择通透性。

培养液的渗透压是一个非常重要的因素，细胞通常可耐受260~320mOsm/kg的渗透压。标准培养液的渗透压即参照此范围设计。特别注意的是，向培养液中添加其他组分有可能会明显改变培养液的渗透压，特别是溶于强酸或强碱中的物质。Na^+是细胞外液中最主要的阳离子，对维持渗透压的恒定有决定性的作用。

K^+主要分布在细胞内液，细胞内的K^+对于激活某些酶是必需的，它在调节细胞内环境的酸碱平衡方面也有极重要的意义。Ca^{2+}在细胞外液中的作用是使组织内部细胞之间相互黏着，在细胞内参与许多重要的细胞生理活动，如传导、参与肌肉细胞收缩等。Mg^{2+}是构成细胞间质的重要成分，对于细胞间相互稳定结合有很重要的意义。P的化合物对细胞物质代谢和生理功能调控的功用是十分广泛而不可缺少的。

6. 水　是构成细胞的主要成分，也是细胞的生存环境。体外细胞培养中，水的形式主要是各种细胞培养用液配制用的超纯水。为了避免细胞毒性物质如二价离子和不明有机物的影响，培养用液的配制务必使用新鲜制备的高纯度的水，如三蒸水、亚沸水、高纯水或超纯水。

（二）哺乳动物细胞培养基的基本要求

1. 营养成分 细胞生长繁殖所需要的营养成分包括氨基酸、单糖、维生素、无机离子和水。

氨基酸和维生素的添加量是有限的，某些氨基酸和维生素的添加量往往是凭经验的，通常与某个细胞系的建立过程有密切关系。例如，Fisher's 培养基含有高浓度的叶酸，这是因为 L5178Y 细胞对叶酸的依赖性，在这种培养基的发展过程中，叶酸就被沿用下来了。

大多数细胞的培养基都含有葡萄糖，作为能量来源，葡萄糖的主要代谢途径是通过无氧酵解产生丙酮酸，丙酮酸可转化为乳酸盐或乙酰乙酸盐，然后进入柠檬酸循环被氧化成 CO_2 和 H_2O。培养基中乳酸的累积在培养胚胎及转化细胞时尤为明显，提示体外培养时柠檬酸循环不能像多细胞机体内那样完全进行。有证据表明，碳源的大部分来自谷氨酰胺而非葡萄糖，这也解释了为何某些培养的细胞对谷氨酰胺和谷氨酸盐的需求异常高。

2. 促生长因子及激素 在商品干粉培养基或液体培养基中一般都不添加，含血清培养液中这些物质的来源正是血清本身。在无血清培养基中，经常需要添加这些组分。

自然凝集的血清，与利用物理方法如离心法去除细胞得到的血浆相比，对于刺激细胞增殖的效果更好。原因是，自然凝集的血清保留了更多的生长因子，如血小板生长因子。

3. 渗透压和 pH 培养基中，基础平衡盐溶液组成的盐类是维持渗透压平衡的主要化合物，这些盐类主要包括 Na^+、K^+、Mg^{2+}、Cl^-、SO_4^{2-}、Ca^{2+}、PO_4^{3-} 和 HCO_3^- 等。

大部分培养基的盐浓度是依据 Eargle's 和 Hank's 平衡盐溶液而来的，Eargle's 平衡盐溶液的 HCO_3^- 浓度高，适合 5% CO_2 的气体环境；Hank's 平衡盐溶液的 HCO_3^- 浓度低，适用于空气环境。5% CO_2 的气体环境中，培养液的 pH 稳定及调节依赖于溶解在培养液中的 CO_2 气体和组成培养基基础平衡盐溶液的缓冲作用。

酚红是常用的 pH 指示剂，一般培养液中都有添加，pH 7.4 呈红色，pH 7.0 变橙色，pH 6.5 变黄色，而 pH 7.6 呈红色中略带蓝色，pH 7.8 呈紫色。由于对颜色的观察有很大的主观性，建议操作者用无菌平衡盐溶液和同样浓度的酚红配一套标准色标，密封放在与存放培养液相同材质的瓶子中。

$NaHCO_3$ 的浓度取决于气相中的 CO_2 浓度，$NaHCO_3$ 除了具有 pH 缓冲能力以外，还有显著的营养作用。

Ca^{2+} 是某些细胞黏着能力所必需的。如在悬浮培养时，减少 Ca^{2+} 可以减少细胞的聚集和附着。

4. 无细胞毒性物质、无污染物残留 对于培养液，可以直接购买商品培养液，也可在购买商品干粉培养基后自行配制。

谨慎使用配制用水是避免细胞毒性二价离子、有毒有机物和微生物污染的关键措施。细胞毒性二价离子一般指 Ca^{2+}、Mg^{2+} 以外的二价金属离子，它们往往属于微量元素，过量时容易导致细胞中毒，细胞培养时出现诸如细胞生长分裂受阻、细胞坏死、细胞凋亡等现象。

保存这些培养液的试剂瓶是否干净无菌也非常重要，并且试剂瓶是否在常温下会溶出细胞毒性物质也是选择何种试剂瓶的原则之一。一般建议使用玻璃试剂瓶或无细胞毒性的工程塑料制造的试剂瓶。

由于塑料试剂瓶反复使用时容易释放出有害物质，不建议反复使用。玻璃试剂瓶在反复使用过程中，清洗时尤其注意排除清洗剂残留和金属离子残留。某些清洗剂不宜用于玻璃试剂瓶的清洗，如洗洁精含芳香类有机物、洗衣粉含酶类物质，这些物质在器皿清洗过程中很难清除彻底，容易导致二次污染。一般建议使用玻璃清洗剂、洗衣皂、去污粉等一类清洁剂。

5. 抗生素 常用的细胞培养用抗生素（表 8-4）中，可以只使用 1 种，如单一使用庆大霉素或卡那霉素都比较实用便利。多数情况下，抗生素的添加都源于习惯，因此，对于受过专业、系统训练的操作者而言，可以不需要直接添加抗生素到培养液中。换言之，在培养液购买或利用干粉配制液体培养基时，添加抗生素不是必需的，主要依据操作者的熟练程度和操作习惯决定。

不建议添加的理由主要有以下几个方面：无菌操作的客观条件和无菌操作技术日臻成熟，在超净工作台内进行严格的无菌操作，通常不太容易带来微生物污染；大多数时候，某些抗生素的抗菌谱是有限的，某些环境微生物如果属于抗药菌，则添加的抗生素无效；经常使用某些抗生素，容易诱导产生培养环境的抗药菌；使用某些抗生素对培养细胞的生长与分裂也会产生一定的影响；抗生素在低浓度下，其生物活性的半衰期更短，需要频繁添加，增加操作难度；使用抗生素可以掩盖低程度的微生物污染；霉菌和酵母的污染很难使用抗生素控制。

在体外细胞培养中使用抗生素，类似于在超净工作台内使用酒精灯作辅助消毒或灭菌一样，不利于掌握严格的无菌操作技术，对于初学者而言，特别提请注意。

表 8-4　细胞培养用抗生素

抗生素	工作浓度	细胞毒性浓度	作用对象
两性霉素 B	2.5μg/ml	30μg/ml	霉菌，酵母
氨苄青霉素	2.5μg/ml	—	G^+菌，G^-菌
环丙沙星	100μg/ml	—	支原体
红霉素	50μg/ml	300μg/ml	支原体
庆大霉素	50μg/ml	>300μg/ml	G^+菌，G^-菌，支原体
卡那霉素	100μg/ml	10mg/ml	G^+菌，G^-菌，支原体
新霉素	50μg/ml	3000μg/ml	G^+菌，G^-菌
制霉菌素	50μg/ml	—	霉菌，酵母
青霉素 G	100U/ml	10000U/ml	G^+菌
多黏菌素 B	50μg/ml	1mg/ml	G^-菌
硫酸链霉素	100μg/ml	20mg/ml	G^+菌，G^-菌
四环素	10μg/ml	35μg/ml	G^+菌，G^-菌
泰乐霉素	10μg/ml	300μg/ml	支原体

（三）影响细胞生长的因素

1. 温度　哺乳动物及人源细胞培养时，细胞生长的最适温度为 35～37℃，对低温的耐受力比高温强。39℃以上的培养环境中，细胞容易受损甚至死亡。不低于0℃（0～34℃）时，细胞能生存，但代谢降低、分裂延缓。

2. 气体环境和 pH　动物细胞培养需要O_2和CO_2。O_2通量过大对细胞有毒害，一般使用空气中的O_2含量就可以。CO_2则与维持培养基的 pH 有关，细胞培养的最佳 pH 为 7.2～7.4，通过缓冲系统和调节CO_2含量，可维持正常 pH。

开放培养要求 5% CO_2环境、HEPES（羟乙基哌嗪乙硫磺酸）10～50mmol/ml，可防止培养基的 pH 变化。含 Eargle′s 缓冲系统的培养基适合于 5% CO_2的培养条件，Hank′s 缓冲系统的培养基仅含有 0.35g/L $NaHCO_3$，用于 10% CO_2的环境。

3. 湿度和光　利用多孔细胞培养板、方瓶、培养皿等进行开放培养时，相对湿度应控制在 95%以上。

动物细胞培养需避光，紫外线或可见光均可造成核黄素、酪氨酸、色氨酸等产生有毒的光产物，抑制细胞生长，降低其贴壁能力。

4. 影响细胞生长的其他因素 细胞接触橡胶用品，收集细胞时离心速率过大，细胞接种密度过低，细胞悬液或细胞培养物中气泡形成等，均对细胞不利，会导致细胞死亡或生长繁殖抑制。

二、培养用液的选择、配制和无菌分装

（一）培养用液及无菌试剂的选择

哺乳动物细胞体外培养是否正常，关键的影响因素有培养用液配制用水纯度、无菌操作严格程度、培养液选择、试剂选择等方面，其中任意一种因素都可能是致命性的影响，导致不可挽回的后果。下面将简要介绍培养用液及其他无菌试剂的选择原则和注意事项。

适用于哺乳动物细胞培养的液体培养基和干粉基础培养基均需从品牌供应商产品库中进行选择，著名的品牌如 Gibco、Sigma、ATCC 等。

有些品牌公司甚至为哺乳动物细胞培养、原代细胞培养、干细胞培养、昆虫细胞培养等方面提供了各种套餐式培养基产品服务。

除了液体培养基和干粉基础培养基的规格差异以外，还需特别注意所培养细胞适合的是何种种类的培养液或干粉培养基。如常用的 DMEM、RPMI 1640、199、MEM 等规格。需关注每种规格的培养基适合的细胞类型。

培养液或干粉培养基的包装规格，以 Gibco 品牌为例，其 RPMI 1640 培养基的规格有 4 种搭配状态：①谷氨酰胺添加状态，分为已添加 GlutaMAX、已添加 L－谷氨酰胺、未添加谷氨酰胺 3 种情形；②酚红添加状态，分为是否添加 2 种情形；③培养基的物理形态，包括固体和液体 2 种；④提供包括 100ml/瓶、500ml/瓶、1L/瓶、5L/瓶和 10L/瓶等多种基础培养液或无血清培养基包装规格。

（二）哺乳动物细胞培养所需的其他试剂

这些试剂也要按品牌、试剂级别、包装规格等要素进行采购，否则会影响培养细胞的正常生长和活性。

1. 缓冲液配制用化学试剂或成品缓冲液药片 一般要求 AR（分析纯）级以上纯度的试剂，无机试剂从国内品牌供应商即可采购到，个别无机试剂和重要有机试剂如 DMSO（二甲基亚砜）、BR（生物试剂）建议购买国际品牌供应商的产品，如 Sigma 品牌的产品。这些试剂都是非无菌包装的，实际使用时需要注意。但是，一般在冻存细胞时，直接取 DMSO 配制新鲜冻存液而不会污染微生物，因为 DMSO 本身是不含活的微生物的，也称万能溶剂，微生物在其中是不能存活的。利用购买的试剂，按照缓冲液配方配制和滤过除菌或高压蒸汽灭菌都是非常容易控制和操作的。

成品缓冲液药片是日常配制常用缓冲液如 PBSA、Hank′s 溶液的便利选择，容易保存。由于使用量偏大，容易配制，不建议直接购买无菌液体包装的缓冲液。值得注意的是，成品缓冲液药片不一定是无菌的，使用时需要注意药品包装说明。

2. 细胞培养添加物 包括胎牛血清、生长因子、培养液补充物、培养用抗生素等，这些添加物都是无菌包装的，存放和使用时注意严格无菌操作。有时也使用筛选后适合的小牛血清或新生牛血清替代胎牛血清，目前国内有多个品牌供应商提供胎牛血清。培养用抗生素可直接使用临床使用的产品，如可以采用 8×10^4U/2ml/支包装的硫酸庆大霉素稀释后直接添加到培养液中。

细胞培养用的生长因子，以及培养液补充物如 L－谷氨酰胺、葡萄糖等，建议从信誉好的制造商产品目录中选择，如 Sigma 产品。

（三）培养用液的配制

严格使用新鲜制备的、电阻率≥18.2MΩ·cm、经0.22μm超滤膜过滤的超纯水或三蒸水，若使用≥5MΩ·cm的高纯水或双蒸水，容易发生因细胞毒性二价离子、有毒有机物和微生物污染超标导致的细胞毒性现象。切勿使用≥0.2MΩ·cm的普通纯水配制培养用液，普通纯化水如去离子水、蒸馏水、反渗透（RO）水仅用于培养用器皿的基础清洗，或非接触细胞的其他辅助试剂的配制。

细胞培养用液的配制用水，最理想的是去除热原、无核酸酶的超纯水，也可使用新鲜制备的三蒸水、亚沸水或高纯水机制备的高纯水。

细胞培养用液配制过程使用的容器、搅拌子等器械，也务必使用配液用水润洗2~3次再使用。

配制溶液过程中，由于开放的烧杯口、容量瓶口、三角烧瓶口均可受到环境粉尘的影响，建议使用新鲜的保鲜膜遮盖开口部分，尤其是为了充分溶解而进行长时间搅拌的过程中。建议配液全程注意，防止粉尘污染所配制的溶液。

1. 干粉培养基选择及其液体培养基的配制 仔细阅读干粉培养基的包装说明，如10×1L的包装是指内含10小包，每小包配制1000ml培养液。

配制时，适当添加血清以外的其他必需添加物，如抗生素、谷氨酰胺等，一并滤过分装，保存于2~8℃冰箱。

严格使用配培养液的用水。用于分装的玻璃试剂瓶，需要提前按要求进行清洗灭菌。灭菌包装完整，保存在洁净间内。

2. 常用缓冲液的配制 平衡盐溶液即balanced salt solution，简称BSS。以下所用试剂一般指AR级别的化学试剂。

PBSA溶液：KCl 0.20g，KH_2PO_4 0.20g，$MgSO_4 \cdot 7H_2O$ 0.98g，NaCl 8.00g，$Na_2HPO_4 \cdot 7H_2O$ 2.16g，$CaCl_2$ 0.20g，加H_2O至1000ml，过滤除菌或高压灭菌，分装后4℃保存。

D-PBSA溶液：KCl 0.20g，KH_2PO_4 0.20g，NaCl 8.00g，$Na_2HPO_4 \cdot 7H_2O$ 2.20g，加H_2O至1000ml，过滤除菌或高压灭菌，分装后4℃保存。

Hank's溶液：$Na_2HPO_4 \cdot H_2O$ 0.06g，KH_2PO_4 0.06g，$MgSO_4 \cdot 7H_2O$ 0.20g，葡萄糖1.00g，NaCl 8.00g，KCl 0.40g，$NaHCO_3$ 0.35g，酚红0.02g（其中，溶解$NaHCO_3$后，将称量好的酚红一起溶解，均匀后再转移到容量瓶中），$CaCl_2$ 0.14g，加H_2O至1000ml，过滤除菌或高压灭菌，分装后4℃保存。

D-Hank's溶液：$Na_2HPO_4 \cdot H_2O$ 0.06g，KH_2PO_4 0.06g，NaCl 8.00g，KCl 0.40g，$NaHCO_3$ 0.35g，酚红0.02g（其中，溶解$NaHCO_3$后，将称量好的酚红一起溶解，均匀后再转移到容量瓶中），加H_2O至1000ml，过滤除菌或高压灭菌，分装后4℃保存。

3. 消化液的配制 胰蛋白酶溶液：精确称取0.25g胰蛋白酶（活力为1∶250），加入100ml不含Ca^{2+}、Mg^{2+}的D-Hank's或D-PBSA缓冲液溶解，滤器过滤除菌，4℃保存。胰蛋白酶溶液中也可加入终浓度为0.02%的EDTA。

4. 冻存液的配制 冻存液需要现配现用，是在无菌条件下由9份10%胎牛血清（FBS）培养液和1份DMSO新鲜配制而成。DMSO无需滤过除菌，属于万能溶剂，不存在微生物污染，其本身是无菌的，直接使用就可以。市售DMSO试剂采购AR级别以上的纯度使用，以免产生细胞毒性，影响复苏细胞的活性。

5. 其他溶液的配制 5mg/ml MTT溶液：准确称取MTT 0.5g，溶于100ml的0.01mol/L pH 7.4的PBS溶液中，用孔径0.22μm微孔滤膜过滤除菌，分装后，4℃保存，两周内使用或-20℃冻存。

Giemsa原液的配制：称Giemsa粉末0.5g，加几滴甘油研磨，再加入甘油（使加入的甘油总量为

33ml），56℃保温 90～120 分钟后再加入 33ml 甲醇，置棕色瓶中保存。

Giemsa 应用液的配制：使用时新鲜配制，用 PBS 按 1∶10 比例稀释 Giemsa 原液，即 1 份原液和 9 份 PBS 混合均匀即可。

BrdU 溶液：BrdU 10mg，NaCl 85mg，加水至 10ml，滤过除菌，4℃避光保存。宜现用现配或 -20℃保存。

100×谷氨酰胺溶液（200mmol/L）：L-谷氨酰胺 29.2g，加 Hank's 缓冲液至 1000ml。充分溶解后滤过除菌分装，-20℃保存。

100×抗生素溶液：为 100 倍应用浓度的抗生素溶液，用 Hank's 缓冲液配制，充分溶解后滤过除菌分装，-20℃保存。

三、血清的筛选、购买、灭活和无菌分装

（一）血清的选择与购买

用于动物细胞培养的血清，应富含细胞活性物质，尤其有丰富的细胞生长因子、维生素、氨基酸等成分；但不能有微生物污染，尤其不能有细胞型微生物。首选的培养用血清是胎牛血清，其次可以经特定筛选后选择使用某些品牌的新生牛血清或小牛血清。在配液标识的书写上，一般用 FCS 表示胎牛血清，用 BS 表示牛血清。

在对血清进行超滤除菌时，没有细胞壁的原核微生物支原体容易通过 Φ0.22μm 的细菌滤器；通常 3 次滤过 Φ0.1μm 的细菌滤器后得到的血清，容易丢失血清中某些利于细胞培养的细胞因子。考虑到上述因素，不同厂家的血清在细胞生长因子种类与浓度等方面存在不同，残留微生物的风险也不同，即便相同厂家的血清也可能存在批间差异。

普通的血清质量筛选方法是利用特定细胞株的克隆化培养进行。选择克隆形成率高的血清批号进行购买，可以比较出不同厂家的血清或相同厂家的不同批号的血清质量差异，购买时尽量选择细胞生长快、克隆形成时间短、无细胞畸形、无微生物污染特别是支原体污染的批号。

尽量选择供货量大、使用用户广泛的、信誉良好的国内外著名品牌血清，如 Gibco 品牌、ATCC 品牌等。批量购买前，应做克隆化细胞培养，判断该批号血清的质量水平。

购买时，最好直接找一级代理商订购。如果经手二级、三级代理商订购，很可能由于运输、保存等环节的增加而引入不可预知的风险。如反复冻融多次的血清，其中的细胞生长因子等细胞活性物质将明显缩减，不利于动物细胞培养。尽量购买同一个批号的血清。如果不得不找二级、三级代理商购买，务必详细写明订单要求，注明必要的注意事项。

（二）血清的灭活

关于未灭活血清与灭活血清的判识，通过仔细阅读所购血清的说明书，或直接联系信誉好的供货商，便可以清楚是否已经灭活。已经灭活的血清在使用前无需灭活处理，否则，需要用户自行按血清灭活方法进行灭活处理后，方可用于动物细胞培养。

血清灭活的主要理由是使血清中含有的补体灭活，以免用于动物细胞培养时发生补体攻击细胞膜，导致所培养的细胞坏死。灭活条件下，也能灭活血清中可能存在的支原体。

待灭活血清需提前从 -20℃以下冷冻状态转移到 4℃冰箱，过夜融化。检查设定水浴温度为 56℃，将瓶装血清没入水浴，使瓶内液面低于水浴液面，开启电源。升温过程中，每隔 3～5 分钟摇晃试剂瓶以免白蛋白絮凝析出，并促进血清均匀受热。待水浴恒温 56℃后，保温 30 分钟即可灭活血清中可能存

在的支原体和补体。

（三）灭活血清的无菌分装与保存

灭活后的血清应及时按预计的每次使用量，无菌分装到15ml或50ml外旋盖离心管中。分装后，加写标识，平衡到室温后转入 -20℃冰箱存放。使用时应减少血清冻融的次数，以免血清中的细胞活性物质受破坏。

四、细胞培养用液的存放和有效期

（一）培养用液存放

培养用液包括液体培养基、无菌BSS缓冲液、消化液、小牛血清或胎牛血清以及其他无菌试剂，需要注意保存于冰箱中相应的温度区域。

一般将未添加血清的培养液和含血清培养液、无菌BSS缓冲液保存于4℃冰箱，而将消化液、小牛血清或胎牛血清、100×抗生素溶液（D-PBSA配制）、100×谷氨酰胺溶液等保存于 -20℃冰箱。保存于 -20℃冰箱的溶液需解冻后使用。

保存状态的各种培养用液，需要注意密封和避光。存放培养用液的冰箱需要定期检查内部的洁净状态和霜冻情况，发现污迹和霜冻时需及时去除。

4℃冰箱存放的试剂瓶应摆放整齐，留有适当空隙以便取放。试剂瓶的标签或标识应朝外。

冰箱门上存放的溶液应谨慎摆放，在开关冰箱门时产生的一般震动应不容易使瓶内溶液接触到试剂瓶瓶盖。

（二）培养用液的有效期

保存于 -20℃冰箱的培养用液，有效使用时间比较长。 -20℃冰箱冻存的试剂尽量避免反复冻融，否则会导致活性物质损失。为此，一般需要按照常规使用量的情况预先进行分装后再保存，如胎牛血清的保存。

在4℃保存的细胞培养用液的应用液，一般建议在2~3周内使用。因为许多活性物质在低浓度下，这个温度下的半衰期会大大缩短。有时，也会发现4℃长期保存的应用液出现霉菌菌落，此种情形的可能原因是无菌操作过程不够严格，或为应用液内少量的微生物在足够长的生长时间后形成的，因为长期使用的冰箱会聚集一些低温微生物。

特别注意的是，某些溶液由于容易出现沉淀，通常建议现配现用。

总而言之，不含添加物的培养液在4℃可以保存4~9个月，含谷氨酰胺、血清、抗生素的培养液在4℃只能保存2~3周。因此，含有不稳定组分的培养液或添加物要长期存放时，最好保存于 -20℃冰箱，如谷氨酰胺、血清、抗生素的100×或10×母液，都是分装后在 -20℃以下的温区保存。

当然，存放各种溶液或试剂的冰箱是否发生故障，或是否出现过长时间停电的状况，都需要操作者密切关注。否则，都会直接影响存放溶液或试剂的有效期，有时是致命的，会导致培养用液或试剂完全失效。

一些种类的荧光会导致核黄素和色氨酸变质成有毒物质，主要是过氧化物。因此，建议在使用含这些成分的各种溶液的过程中，尽量缩短试剂瓶暴露在荧光灯下的时间，或使用遮盖物覆盖，如用锡箔纸包裹培养液试剂瓶。

第四节 动物细胞培养基础技术

一、倒置显微镜镜检及显微摄影技术

（一）光学显微镜的性能参数和可调部件

光学显微镜是利用可见光或紫外光作为入射光源的一类显微镜。根据入射光的种类，又细分为明视野显微镜、暗视野显微镜、相差显微镜、微分干涉显微镜、荧光显微镜、激光共聚焦显微镜、偏振光显微镜等。熟悉光学显微镜的性能参数和可调部件的内容，才能更好地选购和使用各种光学显微镜。值得注意的是，这些参数是反映显微镜性能高低的主要因素，既是显微镜品牌型号选择的关键指标，也是日常维护的主要对象。

1. 放大倍数和分辨率

（1）放大倍数　是接目镜的倍数与接物镜的倍数的乘积。显微镜放大倍数的极限称为有效放大倍数。当选用的物镜数值孔径不够大，即分辨率不够高时，显微镜不能分清物体的微细结构，此时即使过度地增大放大倍数，得到的也只能是一个轮廓虽大但细节不清的图像，称无效放大倍数。

（2）分辨率　是指能被显微镜清晰区分的两个物点的最小间距，又称“鉴别率”。其计算公式是 $\sigma=\lambda/NA$。式中，σ 为最小分辨距离，λ 为光线的波长，NA 为物镜的数值孔径。因此，物镜的分辨率是由物镜的 NA 值与照明光源的波长两个因素决定的。NA 值越大，照明光线波长越短，则 σ 值越小，分辨率就越高。要提高分辨率，即减小 σ 值，可采取以下措施：①降低波长 λ 值，使用短波长光源；②增大介质 n 值，以提高 NA 值 [$NA=n\cdot\sin(\alpha/2)$]；③增大孔径角 α 值，以提高 NA 值；④增加明暗反差。

2. 视场、齐焦与景深

（1）视场　指观察显微镜时，所看到的明亮的圆形范围。它的大小是由接目镜里的视场光阑决定的。接目镜的放大倍数越大，视场越小。随着厂家、型号的不同，显微镜可选配的视场也不同，使用时不可调节。视场包括双目视场和三目视场，前者指双目目镜观察到的显微影像范围，后者指通过三目摄像头捕捉到的显微影像，也就是显示器成像范围。一般三目视场的可视范围只有双目视场的 1/5～1/3。

（2）齐焦　是指同处一个焦平面的显微影像，是保证获得优良显微影像的前提。一台显微镜的齐焦性是非常重要的性能参数，会对显微影像观察和使用者感受产生莫大的影响，性能良好的显微镜往往容易实现齐焦。齐焦性表现在如下 4 种情形中。①样品视场转换前后的显微影像相比的齐焦性：此种齐焦性调节受限于操作者的操作技能以及培养器皿的工艺水平，一般都能获得齐焦。②双目显微镜的两个目镜观察到的显微影像相比的齐焦性：具有操作技能的操作者几乎都可通过调节可调焦目镜的焦距来实现双目显微镜的两个接目镜之间的齐焦。③不同放大倍数接物镜分别组成的放大倍数下观察到的显微影像相比的齐焦性：此种齐焦性由显微镜的制作工艺决定，反映显微镜的性能水平。高性能的显微镜出厂时才是齐焦的。④双目视场与三目视场观察到的显微影像相比的齐焦性：此种齐焦性同样由制作工艺决定，也是显微镜性能水平的反映。高性能的显微镜出厂时通常也是齐焦的。

（3）景深　也称焦点深度或焦深，即在使用显微镜时，当焦点对准某一物体时，不仅位于该点平面上的各点都可以看清楚，而且在此平面的上下一定厚度内，也能看得清楚，这个清楚部分的厚度就是景深。景深大，可以看到被检物体的全层；而景深小，则只能看到被检物体的一薄层。景深与放大倍数成反比关系，放大倍数越大，景深越小。

3. 光强、聚光镜与光圈

（1）光强 指内置光源的发光强度，可以进行大小调节。为了保证足够的色温，倒置显微镜使用的光源灯泡通常是卤素灯。一般接目镜的放大倍数越小，光强要求越小；接目镜的放大倍数渐大，光强要求渐大。

（2）聚光镜 能将内置光源进行平行光转换，并使视场光照均匀，是一个透镜组构件，可调节其在入射光源的行程，使当前使用的接物镜倍数下的视场光照均匀。

（3）光圈 也称虹彩光圈，由薄金属片组成，中心形成圆孔，推动把手可随意调整透进光的强弱。为了获取景深良好且清晰的显微影像，接目镜的放大倍数越小，光圈要求越小；接目镜的放大倍数越大，光圈要求越大。

4. 调焦 焦距调节时，步进快的是粗调螺旋，慢的是微调螺旋。通常在显微镜的两侧各有 1 套能同步调节的粗、微调螺旋。显微镜观察中，在开启电源的显微镜进行快速成像时，X－Y 方向移动时齐焦的样品也在光路上，选择一个放大倍数的接物镜合轴进入光路，调节粗调螺旋使接物镜接近样品，然后反方向调节粗调，当出现概略显微影像后，改为微调焦方式快速往复旋转寻找清晰影像，进而缓慢调节定位在焦平面上。

5. 接物镜与转换器

（1）接物镜 简称物镜，是显微镜上用于捕获入射光照射样品后形成的透射光的光学镜头。倒置显微镜接物镜的放大倍数有 4×或 5×、10×、20×或 25×、40×这几个。配合相差通光孔可以观察培养细胞立体形态的接物镜称为相差物镜，也可在明视场进行显微形态观察。

（2）转换器 为两个金属碟所合成的一个转盘，其上可加装 3～5 个接物镜。通过旋转转换器，可使每个接物镜通过镜筒与接目镜构成一个放大系统。

6. 载物台 指用于摆放观察样品的显微镜机械结构，中心有一个通光孔。为了观察便利及恒温要求，又区分为固定载物台、机械载物台、恒温载物台。机械载物台可使观察样品进行 X－Y 方向平移。

7. 接目镜、三目接口与接圈

（1）接目镜 简称目镜，是显微镜上直接用眼睛观察显微影像的光学镜头。10×或 16×的接目镜比较常见，一般在显微镜中标配其中一种镜头。有时在接目镜中加装测微尺，以便进行细胞大小的测量。

（2）三目接口 指三目显微镜上，供与照相机、摄像机连接的接口设计。

（3）接圈 用于显微镜的三目接口与照相机、摄像机的连接。接圈是一个或一组特制的套圈，一般是金属或合金材料，有连接螺纹。

（二）光学显微镜的基本类型

1. 根据入射光光源、载物台及接物镜的相对位置 区分为正置显微镜和倒置显微镜。正置显微镜是入射光光源从样品下方透射进入载物台上方接物镜的一类显微镜。使用广泛，但不适合观察多孔细胞培养板、培养皿或培养瓶里面的细胞培养物。倒置显微镜是入射光光源从样品上方透射进入载物台下方接物镜的一类显微镜，特别适于观察多孔细胞培养板、培养皿或培养瓶里面的细胞培养物，是动物细胞培养不可或缺的仪器。倒置显微镜因其光路结构复杂而成本高，一般同一级别或同一厂家的倒置显微镜的价格要比正置显微镜高出 10 倍左右。

2. 根据接目镜数量的差异 区分为单目显微镜、双目显微镜和三目显微镜。

（1）单目显微镜 是指只有 1 个接目镜而无显微摄影或摄像接口的显微镜，观察时虽然双眼都要求睁开，但只能使用其中1只眼睛观察显微视场，这类显微镜已逐渐淡出市场。

（2）双目显微镜　是指在设计中仅有2个接目镜而无显微摄影或摄像用三目接口的一类显微镜。双目显微镜至少一个接目镜有屈光度调节装置，可以辅助调焦，以备在两眼视力不同的情况下调节使用，在观察显微视场时能获得齐焦的2个重叠视场，从而形成立体的清晰显微视场。

（3）三目显微镜　是指那些设计有显微摄影或摄像接口的显微镜。这些接口也称为三目接口。某些显微镜可以同时有多个三目接口。没有接目镜仅有屏幕成像的显微镜也是一种三目显微镜。

3. 根据用途　区分为生物显微镜、金相显微镜和工业显微镜。

（1）生物显微镜　泛指用于生物材料如细胞、组织的形态观察等的显微镜，广泛使用于教学和研究领域。这类显微镜按用途可区分为正置的普通光学显微镜、倒置显微镜、解剖显微镜（也称体视显微镜）。

（2）金相显微镜　用于金属材料、矿物等的表面观察。

（3）工业显微镜　用于工业企业的生产车间，如线路板检查、芯片原件的组装等工位。

（三）倒置显微镜结构及其使用 微课2

1. 倒置显微镜工作原理　由可选择的固定透镜组组成的物像放大装置，将观察的微小物点放大到足够的大小。其中，倒置显微镜的聚光镜能提供足量的平行光，经过样品，透射进入载物台下方的接物镜，由接物镜进行第一次物像放大，然后经接目镜进行第二次放大成像，或经三目接口第二次放大后通过感光元件形成数码照片或录制数字影像。

2. 倒置显微镜的结构组成　对照图8-4，认识倒置显微镜的基本结构。

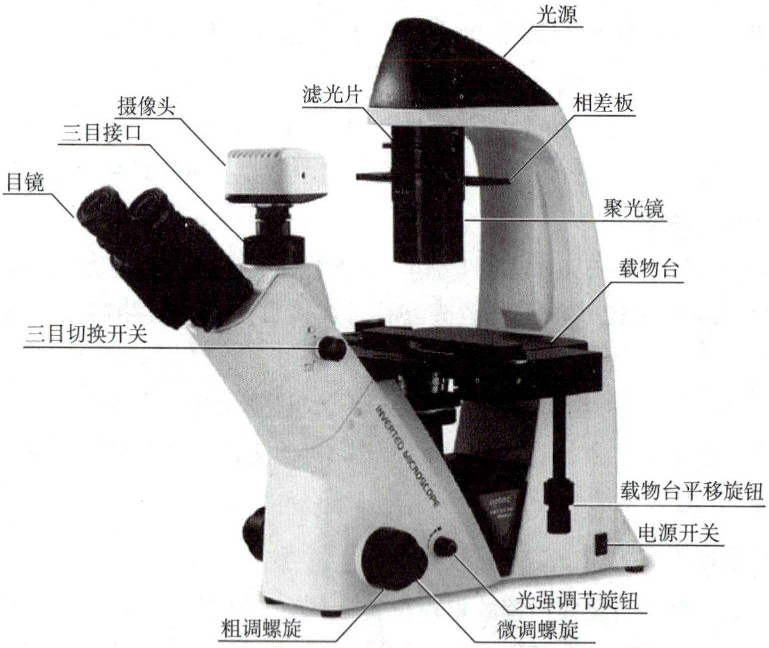

图8-4　倒置显微镜的结构及其部件名称

（1）倒置显微镜机械构架及电源开关　倒置显微镜机械构架是重心低的金属底座，供其他显微镜部件镶嵌。有优美的外观造型，使操作更符合人体工学要求。

（2）光源灯泡、光强调节及光路　显微视场的光源是由特定灯泡产生的，光强可调节。有些倒置显微镜的灯泡位置可以进行X-Y-Z方向调节，以便确保进入显微视场的光线更均匀。倒置显微镜的光路组成有2种情形：灯泡光源→聚光镜→样品→接物镜→接目镜→人眼，或者灯泡光源→聚光镜→样品→接物镜→摄影目镜→显示器。

（3）滤光镜及聚光镜　滤光镜将灯泡光源发生的光线进行选择性通过处理，如蓝色滤光片使蓝光通过。聚光镜的作用是使入射光，如灯泡光源、经滤光镜的灯泡光源，以平行光的方式照射样品。平行入射光的通过量由光圈调节杆调节，光圈大则光通量大，光圈小则光通量少。为了获得足够清晰的显微视场，在低倍数情况下，建议使用小光圈；而在高倍数镜检时，使用稍大的光圈。当然，观察染色细胞样品时，普遍需要提高通光量，因而会适当调大光圈。

（4）载物台　是样品摆放的部件，有时需要满足调节通光孔大小，并且要求可以 X－Y 方向精确移动。X－Y 方向精确移动的载物台有时是一体设计的，有时是附加的机械装置。

（5）接物镜及转换器　在转换器上一般有 4～5 个接物镜接口，通常标配 5×、10×、20× 和 40× 接物镜。

3. 倒置显微镜的使用与日常养护　通过实物操作，熟悉倒置显微镜的基本操作程序。值得注意的是，不同品牌的倒置显微镜在使用方面大体相似，但是还需要阅读仪器说明书，才能正确使用。

与其他光学显微镜相似，倒置显微镜的光学系统是结构组成的重要部分，尤其是接物镜和接目镜。因此，需要注意以下事项。

使用防尘罩，避免直接在阳光下暴晒。

避免和挥发性药品或腐蚀性酸类一起存放，有液体污渍及粉尘时，及时用干净的纱布擦抹，或先用乙醇棉签擦拭。

透镜要用擦镜纸擦拭，若仅用擦镜纸擦不净，可用擦镜纸蘸一些镜头清洗液（乙醇－乙醚 3：7 混合液，环境湿度大的场所使用 2.5：7.5 混合液）擦拭，对于浮尘则用洗耳球吹洗。关于显微镜的镜头（接物镜、接目镜、聚光镜）的擦拭，除了擦镜纸以外，可用细棒缠绕的脱脂棉。脱脂棉只能用于沾清洗液擦拭，擦镜纸则可以 2 层以上团揉后直接擦拭。不得使用其他物品接触显微镜镜头。严禁使用硬物触碰镜头。

禁止随意搬动显微镜镜体，不能随意拆卸倒置显微镜，尤其是接物镜、接目镜、聚光镜、镜筒不能随意拆卸，因拆卸后空气中的灰尘落入里面会引起生霉。

避免用手指皮肤和脸部皮肤触碰镜头，否则会影响观察。污染有机物的镜片，时间长了会生霉，因此，每使用一次，所有的目镜和物镜都得用擦镜纸擦净。

摆放倒置显微镜的室内保持干燥通风。

（四）数码摄影方法 e 微课 3

显微数码摄影系统的工作原理是由倒置显微镜的聚光镜提供足量的平行光，经过样品，透射进入载物台下方的接物镜，由接物镜进行第一次物像放大，然后经三目接口第二次放大后，通过摄影感光元件形成数码照片或录制数字影像。

进行数码摄影或录像前，检查显微数码摄影系统的连接状态。捕捉数码影像时，注意调节好显微数码影像的清晰度。将捕获的显微数码影像保存于 C 盘以外的逻辑盘或移动盘。

二、死活细胞鉴别、细胞计数与细胞生长曲线

（一）死细胞与活细胞的显微判别

健康细胞即是所谓的活细胞。在显微镜视场下，健康细胞的形态表现为细胞匀质明亮，透明度大，折光性强。在相差显微镜的视场下，可以看清细胞的形态结构，细胞质中有粗大的线粒体颗粒和细

胞核。

细胞培养术语中，死细胞一般指衰老细胞和死亡细胞、大细胞和小细胞的总称。相对于正常细胞大小2倍以上或1/2以下的细胞分别称为“大细胞”或“小细胞”。“大细胞”可以理解为多个细胞融合形成的临时细胞，或细胞经历核分裂但未能完成细胞质分裂的那些细胞，这些细胞不能正常分裂，故属于死细胞。“小细胞”一般是由于培养环境或培养液含有细胞凋亡因素，由细胞凋亡形成的规则小膜泡（图8－5）。

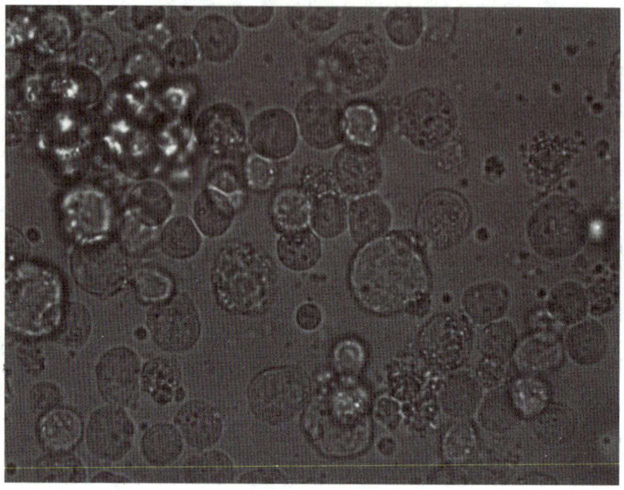

图8－5 培养物中细胞显微形态

台盼蓝染色法：死细胞和细胞碎片均被染成蓝色，活细胞则不着色。此种方法应用比较广泛，技术难度相当较小。但需注意，有些异常大小的、不着色的细胞不一定是活细胞，如“大细胞”和“小细胞”。

显微形态直接判别：用这种方法判别死、活细胞有一定的技术难度，需要经过训练才能逐步把握。连续变焦细胞形态观察时，死细胞和细胞碎片的轮廓欠圆润，甚至不连续，细胞或碎片持续发亮的行程比较短。活细胞则相反，细胞轮廓圆润、有清晰界限，随着往复变焦调节，能观察到持续发亮的细胞，即发亮行程比较长。

观察细胞是否正常增殖，进而判断培养细胞的死活：此种判断非常准确，但需要连续多天观察。活细胞的数量会随着培养天数的增加而增加，当培养物中细胞密度偏低时，甚至可以观察到细胞形成克隆样生长，正常培养多天数量不增加者往往为死细胞。

（二）活细胞计数技术

1. 计数板准备 先用乙醇棉球分别擦拭血细胞计数板的2个计数窗及其专用盖玻片，再用干净纱布擦拭干血细胞计数板的2个计数窗及其专用盖玻片的残余乙醇和水分。小心装载盖玻片，使其悬空放置到计数板窗口上。

2. 血细胞计数板的读数窗结构和读数方法 血细胞计数板的读数窗结构中，设计有2个读数窗，也称计数窗，周边有沟槽，有2道比读数窗平面高出0.1mm的横梁，承载盖玻片用（图8－6）。

配套的盖玻片规格要求24mm×24mm，厚0.13～0.17mm。盖玻片放于计数板上，能完全覆盖两个计数窗，盖玻片边缘与读数窗的斜面形成“V”形夹缝。细胞悬液加载于读数窗的斜面上，沿V形夹缝进入读数窗平面与盖玻片形成的空间。

如图8－6所示，1、2、3、4、5这5个“大格”，每一个都能完整出现在100×双目视场范围内。每个“大格”是边长为1mm的正方形，均有16个“中格”。每个“大格”容纳的细胞悬液体积是

0.1mm^3，即 0.1μl 或 10^{-4}ml。

动物细胞计数时，通常求算 1、2、4、5 这 4 个“大格”的平均细胞数，计数细胞密度 = 稀释倍数 ×“大格”平均细胞数/10^{-4}ml = 稀释倍数 ×“大格”平均细胞数 × 10^4/ml。

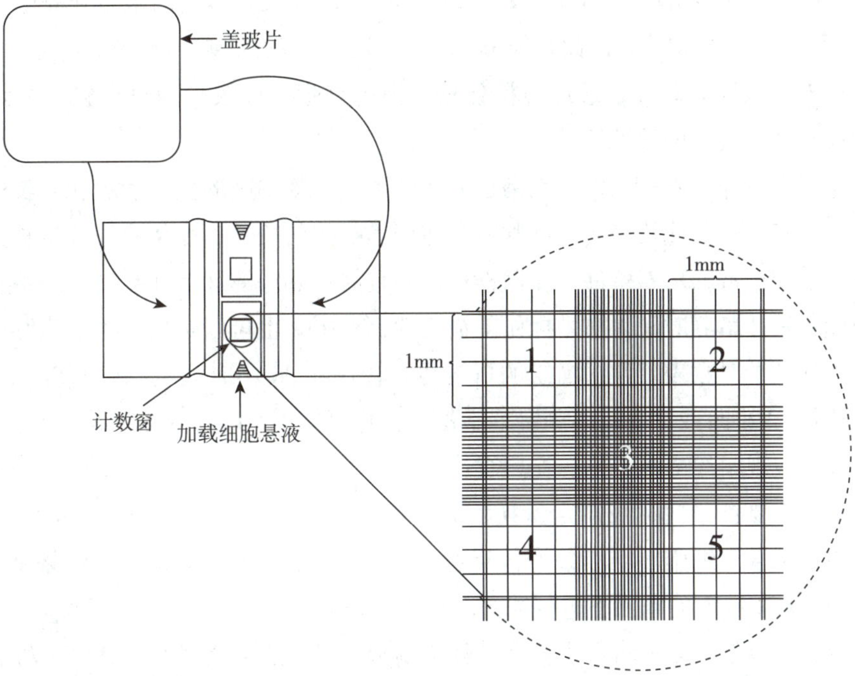

图 8－6　血细胞计数板结构

3. 单细胞悬液制备　从 CO_2 培养箱取出细胞培养物镜检。混匀使成单细胞悬液。混匀过程中注意避免产生气泡，否则影响计数结果，使数值偏低。混匀过程必须温和、充分，否则也使计数数值偏低。

4. 装载细胞悬液到血细胞计数板　用微量移液器套取吸嘴，吸取混悬均匀的单细胞悬液，快速点加至计数板的 2 个窗口的斜台上，让细胞悬液刚好布满计数窗即可，每个计数窗约需 10μl 单细胞悬液。如有细胞悬液流入计数窗周边的小槽内，则需重新准备计数板，然后再取样，否则计数结果偏低。如果加载悬液的速度比较慢，计数时容易使数值偏高。加载细胞悬液的计数板要求 10 分钟内计数完结，不然细胞容易坏死，使活细胞计数数值比实际数值低。

5. 计算血细胞计数板读数　利用倒置显微镜的接目镜，在 100 × 视场下完整包容一个大格，依次读取上方计数窗中 4 个大方格中的平均细胞数。记录当前计数窗口的细胞密度。

采用相同方法，读取下方计数窗的细胞密度。

实际细胞密度为上、下计数窗的细胞密度数值的平均数。原则上，要求 2 个计数窗的读数差异控制在 5% 以内；否则，应重新准备计数板，装载细胞悬液，进行新一轮的计数。

计数过程中，遵照以下原则：非独立而相连的细胞团计为 1，压上线和压左线的细胞计数，压下线和压右线的细胞不计数。

在活细胞计数时，活细胞不包括“大细胞”和“小细胞”。读数顺序是沿 16 个中格的 S 形路线读取各中格的细胞数总和。

6. 血细胞计数板用后复原　使用后，及时用乙醇棉球擦拭血细胞计数板及其专用盖玻片，复原放置。盖玻片擦拭后放入培养皿，用无水乙醇浸泡。

（三）细胞生长曲线观察

典型培养条件下的动物细胞、人类细胞会正常进行细胞分裂，日渐增加细胞数量。可增殖是细胞具有良好活性的特征。

增殖也是细胞固有的属性之一，不同细胞株的增殖周期不同，多数培养细胞的增殖周期或细胞周期是 20 ~ 24 小时。

哺乳动物细胞的分裂是二分裂，如果是 20 ~ 24 小时分裂一次，那么细胞生长克隆的细胞数与培养天数（n）的关系可以表达为 2^{n-1}，如此，第 1、2、3、4、5 天的细胞个数分别为 1、2、4、8、16。对于静态悬浮细胞培养，依据此关系，通过镜检独立的细胞克隆，计数平均每个独立细胞克隆的细胞个数，非常容易知道是哪天进行的接种培养。

在营养物质一定的体外培养体系中，无菌培养条件下，动物细胞的生长状况和生长速率与接入的细胞密度有关。描述细胞生长的连续变化中细胞密度与培养时间的关系，往往用细胞生长曲线表示。正确的生长曲线描述，依赖正常的培养条件和无菌操作，并且需要熟练的细胞计数操作。细胞生长曲线是以细胞密度为纵坐标、累计培养时间为横坐标作图描绘的折线图，也可以是直接以细胞密度为纵坐标、累计培养时间为横坐标在半对数表上作图描绘的折线图。若每隔 24 小时测定细胞密度，可用天作为累计培养时间单位；若隔 12 小时或更短时间测定细胞密度，建议使用小时作为累计培养时间单位。

作为细胞生长曲线观察用的培养物，在后续培养过程中，不得改变培养体系即培养液的体积，要确保培养条件的稳定。需要换液时，采用定量换液方法操作，使用同样体积的新鲜培养液替代废弃培养液，不干扰细胞团，不取出细胞。培养条件包括温度、CO_2浓度、趋饱和湿度，一般要求在 37℃、5% CO_2浓度、相对湿度 90% 以上的条件下进行哺乳动物细胞培养。

典型的生长曲线包括迟缓期、对数生长期、稳定期和衰退期这 4 个时期（图 8－7）。生长曲线也是细胞株具有的特有属性，不同细胞株的生长曲线图形不完全一致。

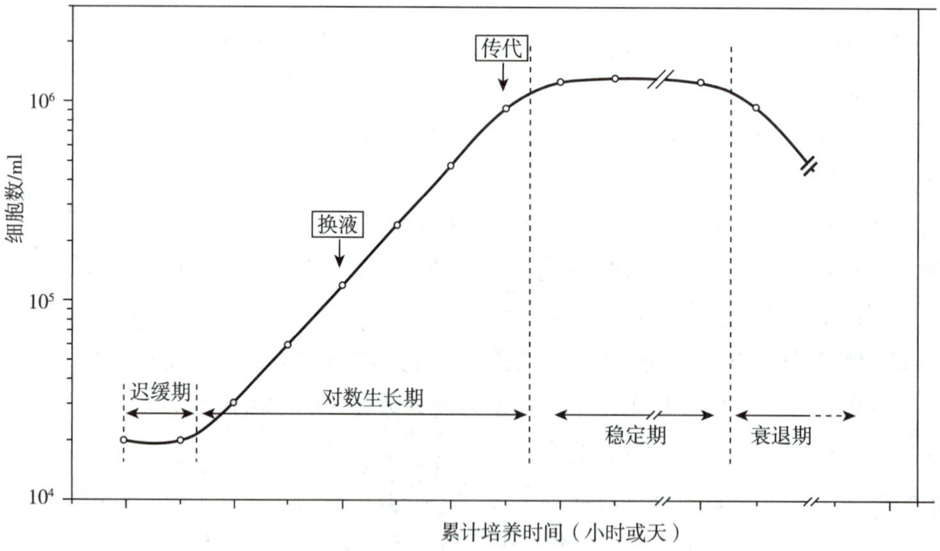

图 8－7 细胞生长曲线

日常培养的细胞株用于某种目的前，最好预先培养以便观察其细胞生长曲线，了解该细胞株的合理接种密度。

当接种细胞密度足够高时，将不出现典型的迟缓期或迟缓期很短，并且到达衰退期的累计培养时间最短。进行细胞药理或细胞毒理试验时，预培养的细胞接种密度往往控制在 1×10^5 ~ 2×10^5/ml 范围内，以便在加载供试药物时，所培养的细胞处于对数生长期并已形成单层或接近单层。

当接种细胞密度合理时，会出现典型的迟缓期，并且到达衰退期的累计培养时间比较短。正因为如此，进行传代培养、原代培养、扩大培养时，一般细胞培养都要控制接种密度在 $2\times10^4\sim5\times10^5$/ml 范围内。

当接种细胞密度太低时，会出现很长的迟缓期，很难观察到对数生长期、稳定期和衰退期，要观察到衰退期的累计培养时间非常长。在依赖哺乳动物细胞培养进行生物制品生产的过程中，尤其需要避免此种细胞密度下的接种培养，以免造成不必要的经济损失和时间浪费。

三、微生物污染判别与处置

（一）支原体污染

人和动物均有支原体的寄生，如人口腔寄生有各种支原体。在哺乳动物细胞培养物中，发现的支原体污染往往来源于操作者和所使用的动物血清。操作者的毛发、口腔、穿着的衣物、实验动物的皮毛及日常无菌操作的环境都可能是支原体污染的来源。购买血清商品前，需要明确制造商已经进行了检验或采取了滤过去除措施或其他措施，确保血清无支原体污染，慎重的做法是自行进行必要的实验室检验。

虽然我们在培养用液的无菌滤过时，采用的滤膜孔径是 0.22μm，但支原体是一类无细胞壁的原核微生物，细胞大小在 0.2～2μm 之间，细胞容易变形通过细菌滤器。

对哺乳动物细胞培养物不容易发现是否已经受支原体污染，尤其是对缺乏操作经验的初学者而言。被支原体污染的培养物，培养液不发生浑浊，多数细胞无明显形态变化，镜检时需要仔细观察才会注意到。严重感染支原体的细胞培养物，细胞增殖减缓，部分贴壁细胞变圆，不贴壁生长。支原体消耗培养液中的精氨酸，抑制所培养细胞 DNA、RNA 的合成，降低细胞的抵抗能力。各类细胞对支原体的感受性和反应性均不同，原代细胞和二倍体细胞一般不受支原体污染，多倍体细胞和无限细胞系对支原体敏感。

目前已建立比较成熟的支原体检测方法，有的有商品检测试剂盒。常用的检测方法有支原体 PCR 检测试剂盒检测、荧光指示细胞法检测、培养法检测和扫描电镜法检测等。

可在培养基中添加对支原体有抑制杀伤作用的特定抗生素。需要谨慎使用细胞培养用血清，使用前进行支原体检测。

（二）快生长细菌污染

细菌可以泛指原核细胞生物，一般是原核单细胞生物，通常有细胞壁，包括细菌、放线菌、螺旋体、衣原体、支原体和立克次体等。在细胞培养中，人们提及细菌污染时，一般指细菌和放线菌，一般都有细胞壁，并且都含或多或少的肽聚糖成分。快生长细菌指那些 20～30 分钟分裂一次的细菌。

污染的主要来源有 4 个方面：①操作者的指甲缝、皮肤、毛发、口腔、穿着的衣物；②日常无菌操作的环境、实验动物的皮毛，以及操作时所用无菌器材的无菌程度较低；③培养用液的滤过除菌程度或灭菌程度较低；④无菌操作不规范。

这种污染比较常见。一般在培养过夜后即观察到培养液浑浊，或培养液 pH 明显变酸、发黄（酚红指示剂），或在培养液上层形成菌膜，均可通过肉眼观察发现。镜检时能观察到大量细菌，如需判断是否为球菌或杆菌，可在 400× 视场下观察（图 8-8）。

快生长细菌的污染预防主要采用 2 种措施。措施之一是严格控制污染源，谨慎进行无菌操作。另一措施是合理使用抗生素，如在培养液中新鲜添加 100U/ml 的硫酸庆大霉素，或同时添加 100U/ml 的青霉素和链霉素（俗称双抗生素）。

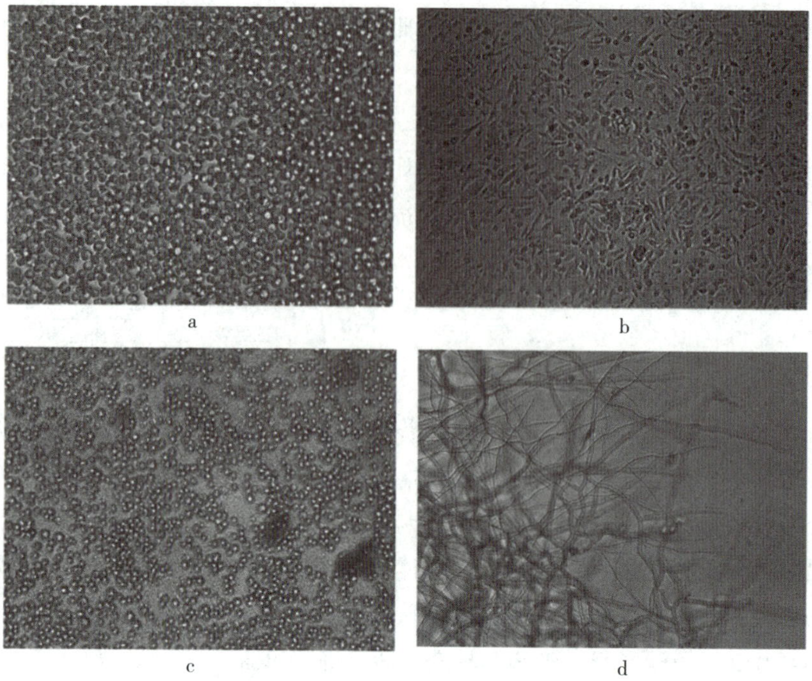

图 8-8 培养细胞的显微镜观察

a. 正常悬浮细胞培养物；b. 正常贴壁细胞培养物；c. 培养物细菌污染；d. 培养物霉菌污染

发生污染的培养物，是很难用离心或使用高浓度抗生素等方法去除快生长细菌的。一旦发现培养物污染有快生长细菌，应及时用 1mol/L HCl 或 1mol/L NaOH 溶液杀灭，终止培养物生长，或直接废弃培养物。如果在多孔细胞培养板中发现个别培养孔存在快生长细菌污染，建议小心去除该孔的培养液，并添加 1mol/L HCl 或 1mol/L NaOH 溶液，以免污染扩散到周边的培养孔。

（三）慢生长细菌污染

慢生长细菌的污染来源类似快生长细菌，尤其是操作者体表寄生菌。

一般在培养过夜后不容易观察到培养液浑浊，即使镜检也不容易观察到大量细菌。通常在培养 24～48 小时后才出现培养液浑浊的现象，培养液 pH 才明显变酸而发黄（酚红指示剂），不及时镜检时容易忽略。

慢生长细菌的污染预防措施类似上述快生长细菌的情形。发现及时，也许可以使用（5～10）×高浓度抗生素进行选择性杀灭。

（四）霉菌和酵母污染

污染来源类似快生长细菌，尤其是操作者体表寄生菌。

酵母污染比较难及时发现，一般在污染发生的 24～48 小时后容易观察到培养液颜色的变化，变成黄色，培养液发生浑浊。低倍镜检时可见酵母菌落，高倍镜检则可分辨出酵母细胞形态。

少量感染霉菌后，培养过夜的培养物在仔细镜检时可发现霉菌孢子萌发的菌丝。培养 24～48 小时后，则非常容易发现，肉眼可见培养液颜色变黄，可见液面上出现的点状白色或浅黄色菌落。镜检时可见纵横交错的菌丝。

在发现初期，如仅有少量霉菌菌丝的阶段，可以考虑使用（5～10）×高浓度抗生素进行选择性杀灭。一般建议废弃该培养物，并及时用 1mol/L HCl 或 1mol/L NaOH 溶液杀灭。如果在多孔细胞培养板中发现个别孔存在真菌污染，尤其少量霉菌阶段，建议小心去除该孔的培养液，并添加 1mol/L HCl 或

1mol/L NaOH 溶液，以免污染扩散到周边的培养孔（图 8－8，8－9）。

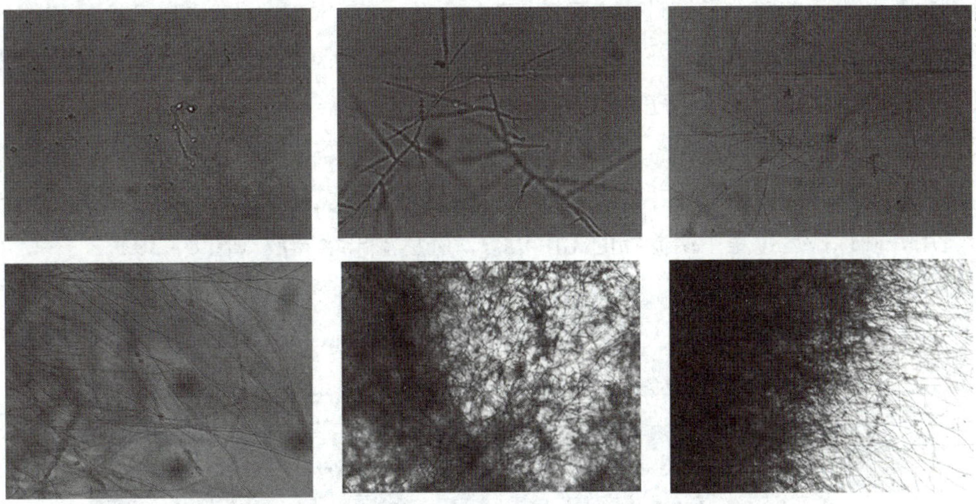

图 8－9　霉菌污染演变的显微镜观察

预防真菌感染培养物的措施之一是严格控制污染源，谨慎进行无菌操作。另一措施是合理使用抗生素，添加一定浓度的抗生素到培养液中。

（五）病毒污染

细胞培养物中有内源性病毒和外源性病毒污染。内源性病毒指细胞株或细胞系自身带有的特定病毒，如 B95－8 细胞会释放出高滴度的 EBV 病毒，MJ 细胞释放 T 细胞白血病病毒。外源性病毒指培养环境、无菌操作环境、操作者等原因播撒的病毒。

有些病毒甚至影响操作者的健康状况，有些会影响培养细胞的生活状况。明确有病毒污染的培养物的操作，建议使用生物安全柜，以保证操作者的安全。

（六）非微生物污染

1. 细胞株系交叉污染　指细胞培养操作过程中，多种细胞培养物同时段培养时，因混杂使用培养用液或无菌器材等原因，容易造成同一培养物中含有 2 种以上细胞的情形。

注意采取适当的防止细胞交叉污染的措施，如标记出专用的细胞培养用液，长丝滴管和移液管使用后及时更换。

2. 化学污染　容易导致培养细胞坏死或凋亡。化学污染物质包括残留洗涤剂、残留细胞碎片、重金属离子。

避免化学污染的主要措施之一是，确保使用的无菌器材如试剂瓶、离心管、长丝滴管、移液管、吸嘴等清洁，尤其反复清洗灭菌使用的器材。

另外，要避免化学污染，还需注意务必谨慎进行无菌操作。取用培养用液的无菌器材的吸液端，一旦接触皮肤、超净工作台台面等非无菌表面后，应及时弃用，更换新的器材。放置内表面朝下盖子的超净工作台台面应预先除尘灭菌。包装细胞培养用液的试剂瓶开盖后，应注意勿使其他器材在其上方通过，尤其操作者的双手不能在上方通过。无菌操作时，垂直风淋超净工作台的边窗开启的高度不宜过高，不能关闭风淋，以免外环境的粉尘进入操作环境。

四、基础培养技术

（一）原代培养

原代培养，也称原代细胞培养，是指将动物机体中待培养组织从机体中取出，然后用各种消化酶消化，如用胰蛋白酶消化，或用机械方法处理，将组织分离成单细胞，最后添加适当的培养液培养，使细胞得以生存、生长和繁殖的整个操作过程。

原代培养的细胞由于与机体细胞在形态结构、功能等方面非常接近，常被用作药理实验重要的研究材料。此外，原代培养还用于细胞系建立、细胞分化研究、病毒培养制备病毒疫苗等目的。

需要根据组织来源的差异，选择合适的基础培养液和血清等添加物的含量。通常使用培养方瓶进行原代培养，也可以使用培养皿和6孔、24孔细胞培养板进行培养。初学者需学习多孔细胞培养板的持板手法，灵活运用并确保搬运过程中培养物的无菌状态，避免溢出培养液（图8－10）。

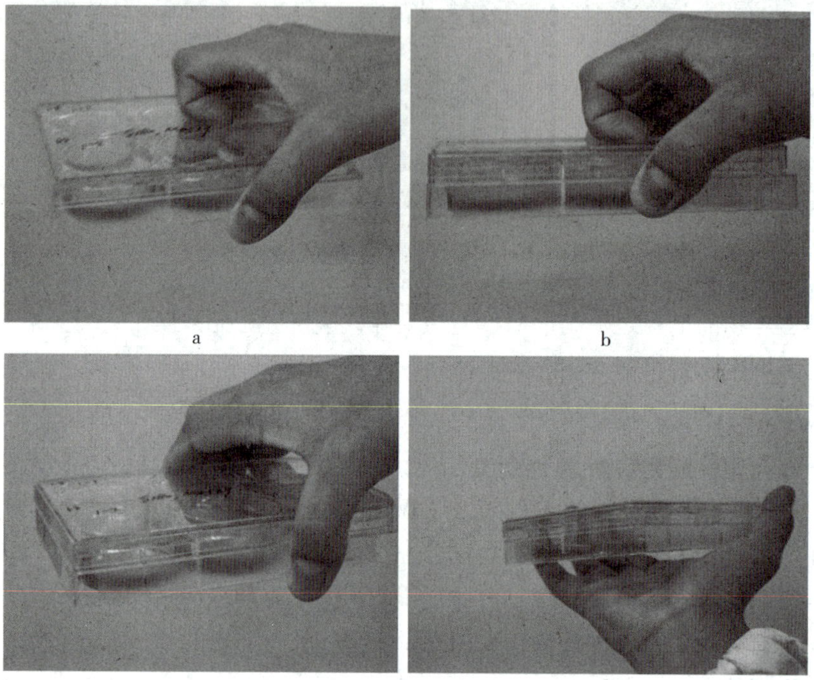

a　b　c　d

图8－10　多孔细胞培养板的4种持板手法（图示右手拿取时的情形，左手动作相仿）

原代培养分为消化法培养和组织块培养。消化法培养，是指从供体组织制备成单细胞悬液后在体外进行的培养。组织块培养，也称组织培养，是将直接对供体来源的组织小块进行体外培养。

（二）传代培养

当细胞培养物长成致密的单层后，通常已经没有足够的生长空间和营养条件可满足细胞进一步生长的需求。为使细胞能继续生长，同时使细胞的数量扩大，就必须进行传代再培养。同时，传代培养也是一种将细胞种保存下去的方法，也是利用培养细胞进行各种实验的必经过程。悬浮型细胞的传代方法相对简单，而贴壁细胞则需经消化制备细胞悬液后才能传代培养。

将密度在 $10^4 \sim 10^5$/ml 范围的细胞悬液接入培养板（24孔板、6孔板）的培养孔或培养方瓶（$25cm^2$、$75cm^2$）内培养。当密度接近 10^6/ml，或孔底、瓶底表面接近长满单层细胞时，添加适量新鲜培养液到新的培养孔（24孔板为1.5ml/孔、6孔板为3ml/孔）或培养方瓶（$25cm^2$ 为6～15ml/瓶、$75cm^2$ 为10～40ml/瓶）。取新的无菌长丝滴管，套上胶头后，在待传代的生长孔中混悬细胞使成单细胞悬液，移取细胞悬液到新的培养孔或培养方瓶中，混匀，使接种的细胞密度保持在 $10^4 \sim 10^5$/ml 范围内，继续放入 CO_2 培养箱培养。

动物的传代细胞，其细胞周期即分裂间隔一般在23小时左右。因此，合理的传代间隔是3～4天。

传代操作应充分遵照无菌操作规范，使用无菌器材。

（三）扩大培养

扩大培养指通过扩大培养体系提供更大的培养空间，同时补充新鲜培养液，使细胞不断增殖，以便获得足够数量的细胞的操作过程。扩大培养是动物细胞大量培养的技术基础，与大量培养不同。扩大培养的目标细胞总数一般在 10^8 以内，大量培养的目标细胞总数是越多越好。通常大量培养以维持最大生长密度的时间计算，追求的是高浓度的细胞代谢产物或最大细胞代谢产物的产量。

一般在细胞复苏后进行的细胞培养、原代细胞的后续培养、克隆化细胞培养的后续培养等，均属于扩大培养。在大量培养过程中，此时的扩大培养也称为种子细胞培养。

扩大培养有时是用传代培养的细胞培养物进行扩大培养。为了某种实验目的，如用于原代细胞药理试验或传代细胞的细胞药理试验，准备足量的细胞数的过程，就要进行细胞扩大培养。

动物细胞扩大培养的方法可分为两种。①悬浮培养：细胞能在液体培养液中悬浮生长。悬浮培养体系可以是6孔细胞培养板、培养皿或培养方瓶。②单层培养：大多数动物细胞需要附着在一定的固定表面上才能增殖。单层培养的关键问题是提供细胞生长所需的表面积和组织培养处理（TC 处理）的生长基底。其培养体系与悬浮培养的主要区别是有无 TC 处理，优选使用 TC 处理的6孔细胞培养板、培养皿或培养方瓶。

动物细胞扩大培养的流程，常见的有如下手法。

克隆化培养细胞的扩大培养：96 孔板→24 孔板→6 孔板→培养皿或 25cm^{2}方瓶→75cm^{2}方瓶。

传代细胞的扩大培养：当使用24 孔培养板传代时，扩大路径是 24 孔板→6 孔板→Φ100mm 培养皿或 75cm^{2}方瓶。24 孔板的 1 个培养孔的全部细胞转移到 6 孔板的 1 个培养孔中培养。经历 3～5 天，6 孔板的 1 个培养孔中到达生长密度极限的全部细胞再转移到 1 个 25cm^{2}方瓶中继续培养。经历 3～5 天的传代间隔期，可以全部转移到 75cm^{2}方瓶中培养，或分别接种于 2～4 个 25cm^{2}方瓶中培养。其中，随着培养体系的扩大，需要补充相应体积的新鲜培养液。

使用6孔培养板或 25cm^{2}方瓶传代时，按 1∶3 比例进行扩大培养即可。

细胞收获时，用单层培养方法培养的贴壁细胞需从附着的载体上剥离下来，常用胰蛋白酶消化，或用螯合剂螯合细胞使细胞脱离载体，或用刮、擦、拉等机械力使细胞从载体上脱落，以上几种方法可以结合使用。悬浮细胞的收集比较简单，用震荡、长丝滴管吹吸等手法，就可使全部细胞悬浮。

收集的细胞悬液，需要经过离心去除原培养液，然后，用弹指法分散沉淀，追加新鲜培养液后重新悬浮细胞，用于扩大培养或其他实验目的。

（四）克隆化培养

哺乳动物细胞克隆化培养即单细胞培养技术，是维持单一细胞类型及其特性的有效方法。原代细胞做克隆化培养的成功率最低，也往往没有必要。因为原代细胞只能存活有限的几代，当克隆化培养的后续扩大培养达到所需细胞总数时，这些细胞也许已经接近衰老。有限细胞系和无限细胞系，即细胞株和细胞系，进行克隆化培养的成功率比较高，尤其无限细胞系的克隆化。

克隆化培养的意义主要是分开混杂细胞，评价细胞活性，筛选培养用血清品牌批号等。

混杂细胞的分离纯化：适用于一般细胞培养中的细胞纯化，突变细胞株的选择、识别和分离。它是细胞培养常用的、重要的基本技术之一。杂交瘤细胞建株过程中，克隆化培养是非常必要的环节和手段，能够及时确定分泌单克隆抗体的阳性杂交瘤细胞株，同时淘汰由于发生染色体丢失或抗体的轻、重链基因分离而出现无抗体分泌的阴性细胞株。一般杂交瘤细胞需经过 2～3 次反复克隆后，才能达到 100% 细胞阳性率。

培养细胞存活能力测试：克隆化培养可测试不同培养条件对细胞存活能力的影响。用于优化细胞生长条件、测试细胞的化学敏感性和放射敏感性等。如牛血清的筛选中，选择克隆形成率高的血清批号用于日常细胞培养。

克隆化培养方法一般采用有限稀释法或琼脂中的克隆化培养两种方法。

有限稀释法克隆培养：通过有限稀释，使细胞密度低至一定程度再接种培养在适宜单细胞生长的培养液中，形成单独的细胞克隆。细胞克隆是指1个细胞来源，经过细胞分裂形成的独立的细胞集落。用此法进行的克隆化培养，建议使用平底96孔细胞培养板。接种密度控制在10～20个/ml。在计数准确、细胞活性正常的情况下，一般稀释为10个/ml，每孔接种200μl，这样每孔落入1个细胞，获得单克隆生长孔的概率最大，单克隆孔的数量最多。有些细胞的克隆化培养效果不理想的原因，与它们在低密度下没有能力生存有关。要使细胞在克隆化培养环境下低密度目标细胞能正常生存，可以模拟高细胞密度的环境，就是让目标细胞在含饲养细胞的培养体系中培养。饲养细胞是一类不能连续分裂的细胞，或者说是一类不能长期存活的细胞，一般存活不超过2周。在对小鼠杂交瘤细胞做克隆化培养时，通常建议使用健康小鼠的腹腔细胞作为饲养细胞，使用时，调整饲养细胞在培养体系中的密度为（2～4）$\times 10^4$个/ml。另外，也有使用小鼠肾细胞作为饲养细胞的例子。

琼脂中的克隆化培养：在铺有底层琼脂的培养孔中进行，由于琼脂凝胶的稳定性，子代细胞不容易从细胞集落中脱落。温度高时琼脂呈液态，37℃时呈凝胶状态。将目标细胞事先短暂地悬浮在55℃的液态琼脂溶液中进行快速铺板操作，待琼脂凝固后进行培养，形成散在的独立克隆，方便分离克隆。如果琼脂形成凝胶的温度比较低，可以经过4℃形成凝胶后再进行培养。建议使用培养皿、6孔细胞培养板做此类克隆化培养。培养皿或6孔细胞培养板无需经TC处理。

根据生长速度、细胞形态、集落形态等特征选择所需的克隆。事先标注克隆的相对位置，挑选时可以使用长丝滴管或微量移液器吸嘴直接吸取，为避免受到周边其他克隆的干扰，建议先去除多数培养液后再吸取克隆。

（五）细胞冻存

1. 冻存的理由和必要性 为了保存细胞，特别是不易获得的突变型细胞或细胞株系，要将细胞冻存。主要理由表现在以下几个方面：培养状态下，细胞株系的遗传稳定性可能发生不可逆的变化；细胞系或细胞株都有寿命，分裂次数有限，连续培养容易衰老死亡；培养状态下，微生物污染概率增加；培养状态下，其他培养物细胞的污染概率增加；冻存暂不使用的细胞株系，可节省时间和材料试剂，降低运行成本；长途运输细胞株系需要；培养箱故障时，可能导致所培养细胞株系的毁灭。

2. 冻存原理 尽可能地降低细胞内的冰晶形成，减少细胞内水凝固时所形成的高浓度溶质对细胞造成的低温损失。为此，常用以下方法：缓慢冷冻，使细胞内水分离开细胞，但不可太慢，以免冰晶形成；用亲水的低温保护剂排除细胞内水分；在尽可能低的温度下保存细胞，降低高浓度盐对冰中蛋白成分产生变性影响；快速复苏，减少细胞内冰晶形成，降低细胞内残留冰溶解时产生可溶性成分的机会。

3. 冻存操作 确认细胞株系未受微生物污染。确认细胞株系未受其他培养物细胞的污染。冻存操作流程如图8－11所示。

4. 冻存形式和方法 细胞冻存时，常用－196℃的罐装液氮或使用－86℃超低温冰箱，罐装液氮内非液体部分的温度据称为－130～－110℃。在极低的温度下，细胞保存的时间几乎是无限的。细胞冻存可以长期保留细胞株系，冻存在超低温冰箱内可保存6个月，冻存在液氮罐则可以永久保存。

冻存时，冻存温度、保护剂的选用、细胞密度、降温速率等都对细胞活力有影响。DMSO的使用浓度为5%～15%，常用7.5%～10%。甘油作保护剂时，使用浓度为10%～15%，冻存时间不宜超过1年。

理想的细胞冻存密度为 $10^6 \sim 10^7$/ml。

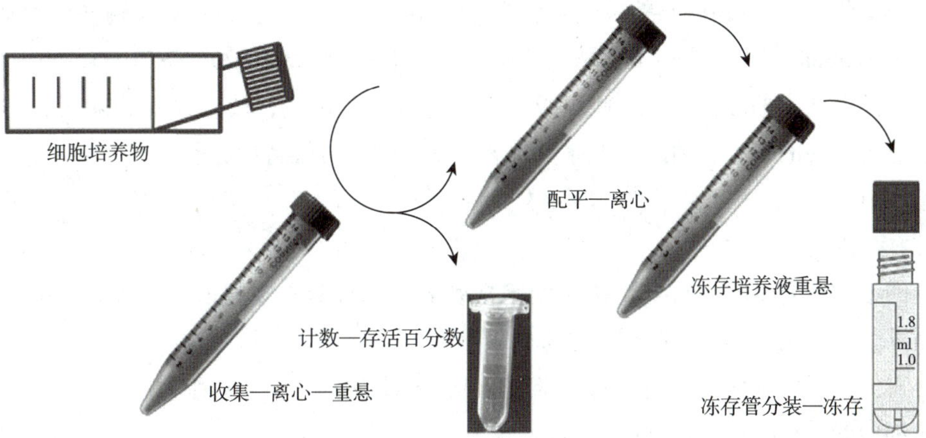

图 8－11　细胞冻存操作流程

（六）细胞复苏

DMSO 在常温下对细胞有明显毒性，所以，在复苏过程中应及时充分地去除 DMSO。一般使用 8～10 倍体积缓冲液稀释，离心去除上清。稀释可使用 Hanks′或 PBS 缓冲液。

复苏时温度、融化速率等对细胞活力会产生至关重要的影响。要求融化时间越短越好，以最大限度地减少复苏过程中温度对细胞活性的影响，从液氮中取出冻存管后，立即放至 35～45℃水中，使之在 1 分钟内迅速融化，缓慢稀释细胞悬液，离心处理后使用新鲜培养液重新悬浮细胞，密度为 $10^4 \sim 10^5$/ml，然后将细胞转入培养器皿中进行培养。

水浴用水最好使用无菌水，如新鲜的超纯水或高纯水，在升温准备水浴的过程中使用保鲜膜覆盖防尘。避免直接使用自来水准备水浴，因为自来水中有大量微生物，会增加微生物污染的风险。

五、细胞株系的运输与接收

（一）细胞株系运输前准备

1. 高活性细胞准备　扩大培养使细胞进入对数生长中晚期，检查对数期细胞活性，如细胞形态、细胞汇合度等。以 25cm² 方瓶培养物作为运输形式时，培养瓶内生长的细胞汇合度以 60%～80% 为宜。以冻存管形式运输时，控制冻存密度在 $2\times10^6 \sim 2\times10^7$/ml。

2. 告知接收方有关信息　附带有细胞株说明书，说明接收后如何处置，所需培养基种类和血清浓度、特殊添加物等；说明传代方法，贴壁型细胞传代使用的胰蛋白酶浓度、消化时间、消化温度、传代比例等。

告知接收方细胞株系到达的可能时间，减少细胞在途时间，降低细胞活性受损程度。

（二）细胞株系运输方法

1. 短途运输　短途运输的细胞属于活的培养物，在途时间不宜超过 24 小时。一般使用 25cm² 方瓶培养物，在培养至对数生长中晚期后，补充新鲜培养液或 Hank′s 缓冲液至充满瓶体。用防水胶带缠绕瓶颈，封装于小塑料袋内。经上述包装后，可随身携带，如放入衣服口袋或手提袋。

短途运输也可使用快递公司提供的运输服务。经上述包装后，需再放入有塑料泡沫或气泡衬垫的包装箱内；也可使用易碎物品运输常用的充气包装。但需在包装外观上注明“禁止冷冻”“易碎”“防潮”等字样。

2. 长途运输　使用冻存管形式进行长途运输。随身携带时可使用液氮运输罐，10L 罐或更小型的液氮罐，但要预先获得相关运输公司的允许放行。细胞活性无任何影响。

快递运输时，将冻存管放在厚壁的聚丙乙烯泡沫容器内，再置于干冰中运输。干冰放置于隔热盒中，隔热盒大小为30cm×30cm×30cm，壁厚5cm，中间空隙为20cm×20cm×20cm，约需5kg干冰填充中间的空隙。从液氮取出的冻存管，迅速用吸水棉纸包裹以防破裂，放入聚丙乙烯离心管，旋紧盖子。离心管置于隔热盒中间的空隙，周边有干冰。包装正常，细胞可维持冷冻状态（-50℃）达3天，细胞活性受影响不明显。

（三）细胞株系接收

接收寄送的细胞需要做收件检查，核对细胞株系名称、计数在途时间。拆除外包装后，用75%乙醇擦拭培养瓶外表面，注意不能擦除记号笔标识。

镜检是必需的，以便确认寄送到达的培养物是否存在微生物污染，如细菌污染、霉菌污染。镜检还可以初步核对细胞的存活力和生长密度。

符合扩大培养要求时，及时进行扩大培养，以便冻存足够多的冻存管份数，保留相对低的传代代数细胞种子。

实例分析

实例

可传代细胞克隆化培养。

问题

1. 影响可传代细胞克隆化培养的因素有哪些？
2. 克隆形成率的实际意义有哪些？
3. 克隆化率的应用意义有哪些？

实例分析

思考题

1. 简述动物细胞工程所涉及的主要技术领域。
2. 简述细胞膜的主要作用。
3. 简述细胞培养所需的条件。
4. 简述细胞生长曲线的概念和各时期细胞的特征。
5. 简述影响细胞培养的环境因素。
6. 简述血清在细胞培养中的作用。
7. 简述培养细胞的常规观察内容。
8. 简述细胞活力的常规观察内容。

书网融合……

参考答案　本章小结　微课1　微课2　微课3　拓展题

第九章　生产用动物细胞 微课

PPT

学习目标

【知识要求】

1. 掌握　动物细胞株系日常鉴定的意义。

2. 熟悉　生产用动物细胞种类及其构建原理；细胞库维护的规范和意义。

【技能要求】

能够判别细胞培养物中细胞的死活并进行活细胞计数；具有阅读细胞培养相关专业文献的能力；学会动物细胞株系鉴别的策略。

【素质要求】

理解细胞是生命体结构和功能的基本单位，树立生命观念，努力探索生命现象的本质和规律。

第一节　概　述

一、生产用动物细胞的来源和种类

参考《中国药典》三部中使用动物细胞生产药物及其原料的情况，在生产中使用的动物细胞有来源于 SPF 级健康动物的原代细胞、二倍体细胞系、永生化细胞系和外源基因重组的动物细胞株。

（一）病毒疫苗生产

病毒疫苗生产中需要预先准备大量的动物细胞，然后接种疫苗生产用的标准毒种，适当培养若干时间后，收获细胞培养物，分离纯化后的病毒便是病毒疫苗生产使用的直接或间接原料。病毒疫苗制备过程中的细胞类别如下。

原代细胞培养物：直接由组织制备的细胞培养物。

传代细胞系：指在体外能无限繁殖的细胞群，但不具有来源组织的细胞核型特征和贴壁细胞依赖性。

细胞株：指来自传代培养的第一次培养或其中任何阶段培养制备的细胞群（非原始培养细胞）。该细胞群通常是非均质的，克隆化培养后可筛选建立相应的细胞株。

（二）重组药物生产

由外源基因重组到动物细胞，构建稳定表达目的多肽或目的蛋白的细胞株，然后在大型生物反应器（如 500L、1000L、2500L 细胞罐）中分批式或流加式培养，再通过封闭管路收集培养上清，通过滤过、色谱等方法分离目的多肽或蛋白质。基因重组细胞株生产的单克隆抗体也是此种类型。

（三）传统单克隆抗体生产

利用骨髓瘤细胞系和抗原免疫充分的动物脾脏 B 淋巴细胞进行细胞融合而构建的杂交瘤细胞株进行

单克隆抗体的生产，生产形式包括体外培养和体内培养两大类别。

1. 体外培养 是利用生物反应器培养杂交瘤细胞，从培养上清中分离纯化目标单克隆抗体。此种方法不涉及动物福利，是目前市场主流生产形式。

2. 体内培养 就是利用健康动物腹腔注射一定数量的杂交瘤细胞，待形成腹水后收集腹水，分离纯化得到动物源性的单克隆抗体。常见的是鼠源单克隆抗体的腹水生产。此种方式涉及动物福利，因此，许多用户拒绝使用腹水来源的单克隆抗体，此方式已逐渐退出技术市场。

二、制药工业常用的动物细胞

制药工业常用的动物细胞有3大类：一是病毒疫苗生产用的动物细胞及人体细胞（表9-1），二是重组多肽或重组蛋白质生产用的细胞株，三是传统单克隆抗体生产用杂交瘤细胞株。

这些细胞株系在生产及其研发过程中，需要注意细胞的返祖突变和转阴现象，如细胞株系表达目的基因产物的数量和稳定性变化、其他细胞遗传学变化、细胞微生物潜在污染等情况。

表9-1 依赖细胞培养生产的病毒疫苗

序号	生物制品名称	细胞基质	扩增培养方式	备注
1	乙型脑炎减毒活疫苗	原代地鼠肾细胞	培养瓶原代培养、接种病毒、收获病毒	10~14日龄地鼠
2	森林脑炎灭活疫苗	原代地鼠肾细胞	培养瓶原代培养、接种病毒、收获病毒	10~14日龄地鼠
3	人用狂犬疫苗（地鼠肾细胞）	原代地鼠肾细胞	培养瓶原代培养、接种病毒、收获病毒	12~14日龄地鼠
4	双价肾综合征出血热灭活疫苗（地鼠肾细胞）	原代地鼠肾细胞	培养瓶原代培养、接种病毒、收获病毒	12~14日龄地鼠
5	双价肾综合征出血热灭活疫苗（沙鼠肾细胞）	原代沙鼠肾细胞	培养瓶原代培养、接种病毒、收获病毒	10~20日龄沙鼠
6	风疹减毒活疫苗（兔肾细胞）	原代兔肾细胞或传代不超过5代的兔肾细胞	培养瓶原代培养、扩大培养、接种病毒、收获病毒	25~30日龄家兔
7	口服脊髓灰质炎减毒活疫苗（猴肾细胞）	原代猴肾细胞	经胰蛋白酶消化、分散细胞，用适宜培养液经原代培养成单层细胞、接种病毒、收获病毒	健康猕猴 脊髓灰质炎病毒Ⅰ、Ⅱ、Ⅲ型Sabin株
8	脊髓灰质炎减毒活疫苗（猴肾细胞）	原代猴肾细胞	经胰蛋白酶消化、分散细胞，用适宜培养液经原代培养成单层细胞、接种病毒、收获病毒	健康猕猴 脊髓灰质炎病毒Ⅰ、Ⅱ、Ⅲ型Sabin株
9	麻疹减毒活疫苗	原代鸡胚细胞	经胰蛋白酶消化、分散细胞，用适宜培养液进行原代培养、接种病毒、收获病毒	9~11日龄鸡胚
10	腮腺炎减毒活疫苗	原代鸡胚细胞	经胰蛋白酶消化、分散细胞，用适宜培养液进行原代培养、接种病毒、收获病毒	9~11日龄鸡胚
11	麻疹腮腺炎联合减毒活疫苗	原代鸡胚细胞	分别培养、收获原液	—
12	流感全病毒灭活疫苗	原代鸡胚细胞	分别培养、收获原液	SPF鸡群来源的9~11日龄无畸形、血管清晰、活动的鸡胚

续表

序号	生物制品名称	细胞基质	扩增培养方式	备注
13	流感病毒裂解疫苗	原代鸡胚细胞	分别培养、收获原液	SPF鸡群来源的9~11日龄无畸形、血管清晰、活动的鸡胚
14	麻疹风疹联合减毒活疫苗	原代鸡胚细胞 人二倍体细胞	分别培养、收获原液	—
15	麻腮风联合减毒活疫苗	原代鸡胚细胞 人二倍体细胞	分别培养、收获原液	—
16	冻干乙型脑炎灭活疫苗（Vero细胞）	Vero细胞	工作细胞库复苏、扩增、接种病毒、收获病毒	胰蛋白酶或其他适宜消化液消化单层细胞
17	双价肾综合征出血热灭活疫苗（Vero细胞）	Vero细胞	工作细胞库复苏、扩增、接种病毒、收获病毒	胰蛋白酶或其他适宜消化液消化单层细胞
18	人用狂犬疫苗（Vero细胞）	Vero细胞	工作细胞库复苏、扩增、接种病毒、收获病毒	胰蛋白酶或其他适宜消化液消化单层细胞
19	冻干人用狂犬疫苗（Vero细胞）	Vero细胞	工作细胞库复苏、扩增、接种病毒、收获病毒	胰蛋白酶或其他适宜消化液消化单层细胞
20	冻干甲型肝炎减毒活疫苗	人二倍体细胞（2BS株、KMB_{17}株或其他批准的细胞株）	工作细胞库复苏、扩增、接种病毒、收获病毒（静置或旋转培养）	2BS株原始细胞库不超过14代，主细胞库不超过31代，工作细胞库不超过44代；KMB_{17}株原始细胞库不超过6代，主细胞库不超过15代，工作细胞库不超过45代
21	甲型肝炎灭活疫苗（人二倍体细胞）	人二倍体细胞（2BS株、KMB_{17}株或其他批准的细胞株）	工作细胞库复苏、扩增、接种病毒、收获病毒（静置或旋转培养）	2BS株原始细胞库不超过14代，主细胞库不超过31代，工作细胞库不超过44代；KMB_{17}株原始细胞库不超过6代，主细胞库不超过15代，工作细胞库不超过45代
22	风疹减毒活疫苗（人二倍体细胞）	人二倍体细胞（2BS株、MRC－5株或其他批准的细胞株）	工作细胞库复苏、胰蛋白酶消化、扩增、接种病毒、收获病毒（静置或旋转培养）	2BS株主细胞库不超过23代，工作细胞库不超过27代，生产疫苗用的细胞代次不超过44代；MCR－5株主细胞库不超过23代，工作细胞库不超过27代，生产疫苗用的细胞代次不超过33代
23	脊髓灰质炎减毒活疫苗糖丸（人二倍体细胞）	人二倍体细胞（2BS株或其他批准的细胞株）	工作细胞库复苏、扩增、接种病毒、收获病毒（静置或旋转培养）	2BS株原始细胞库不超过23代，主细胞库不超过27代，工作细胞库不超过44代
24	重组乙型肝炎疫苗（CHO细胞）	CHO细胞C_{28}株（培养液为含有适量灭能新生牛血清的DMEM液）	工作细胞库复苏、扩增、收获HBsAg基因产物	C_{28}株主细胞库不超过21代，工作细胞库不超过26代，生产疫苗的最终细胞不超过33代

数据来源：《中国药典》三部。

第二节 生产用动物细胞构建

一、真核细胞系的转染构建

（一）细胞转染概述

广义上讲，转染是采用除病毒感染外的方法将核酸（DNA或RNA）人工导入细胞的过程。采用各种化学、生物或物理方法导入外源性核酸以改变细胞特性，从而实现细胞基因功能和蛋白质表达研究。

转染、转化和转导在学科中会有相对严格的区分，依据外源基因导入靶细胞类型的不同，人们特意给转染、转化和转导分别赋予不同的概念；但是在实际工作中，甚至成文到文献里时，有时又统称为转染。

1. 转染 通常是指将外源DNA输送到真核细胞的过程，主要强调输送到动物细胞的情况，通过转染技术实现基因的表达和功能研究。常用的转染方法包括化学转染、电穿孔、病毒载体等。

转染后，导入的核酸可以瞬时性地存在于细胞内，只表达一段时间且不复制；或者可以稳定地整合至受体基因组内，随着宿主基因组的复制而复制。前者称为瞬时转染，后者称为稳定性转染，稳定性转染并可进一步筛选出重组细胞株。

转染有两个主要目的，其一是生成重组蛋白，其二是特异性地增强或抑制转染细胞中的基因表达。因此，转染是一种功能强大的分析工具，可用于基因或基因产物的功能和调控研究，用于生成转基因生物，并可用作基因治疗方法。

2. 转化 是指将外源DNA导入细胞并使其稳定地整合到细胞染色体中的过程。转化技术可以用来将外源基因整合到目标细胞的染色体中，从而实现基因的稳定表达和遗传传递。常用的转化方法包括化学转化、电穿孔、微弹射等。

在动物细胞培养或相关领域中，转化通常用来描述细菌、非动物来源的真核细胞和植物细胞中关于非病毒DNA的转移。但是，转化还可以指引起动物细胞表型发生永久性改变的特定事件或一系列事件，造成遗传不稳定性以及发展为癌症状态。从这个意义上讲，转化可能源于转化病毒的感染或基因转染，也可能在外来刺激物（如离子辐射或化学致突变源）的刺激下产生。因此，在描述外源性遗传物质导入时，应避免将该术语用于动物细胞。

3. 转导 是指利用信号传递途径将外源DNA的信息转导到细胞内的过程，用于描述病毒介导的DNA转移进入靶细胞的情况。对于动物细胞不再单独提及转导，而归于转染一并描述。

4. 基因表达 转染最常通过使用质粒载体或mRNA在培养细胞（或动物模型）中表达目的蛋白。利用真核细胞中的蛋白表达，可以生成经过适当折叠和翻译后修饰的重组蛋白。另外，将带有可检测的标记物及其他修饰的蛋白质导入细胞，可用于启动子和增强子序列或蛋白-蛋白相互作用的研究。

此外，根据转染策略的不同，转染还可用于多种形式的生物生产。例如，导入重编程转录因子可以生成诱导多能干细胞（iPSC）。另一方面，稳定转染提供了不同治疗分子的生物生产方法。

5. 基因抑制 转染的另一个常用用途是通过RNA干扰（RNAi）抑制特定蛋白质的表达。在哺乳动物细胞中，利用内源性表达的非编码RNA的机制，以来源于双链RNA（dsRNA）前体的microRNA（miRNA）的形式，合成RNAi。前体被加工成成熟miRNA，成为RNA诱导的沉默复合物（RISC）的一部分，抑制互补靶mRNA的翻译。

（二）外源基因载体构建

为了使外源基因在动物细胞内高效表达，首先要将其构建在一个高效表达载体内。目前一般使用的动物表达载体可分为病毒载体和质粒载体。

1. 病毒载体 常用的包括逆转录病毒、慢病毒、腺病毒、腺相关病毒和杆状病毒载体等。

逆转录病毒是由具有感染性的小鼠的白血病病毒改造而来，目前较常用，这类病毒可将外源基因导入细胞并整合到宿主染色体上。慢病毒也是逆转录病毒的一种，它是以1型人类免疫缺陷病毒（HIV-1）为基础改造而来的载体，与一般逆转录病毒载体的区别在于，它对分裂细胞和非分裂细胞均有感染能力，能将目的基因整合到宿主的染色体上，从而稳定表达，且有很高的感染效率。腺病毒是一种线状DNA肿瘤病毒，是目前应用最广泛的病毒，是第三代载体，能容纳较大的DNA片段；缺点是不能整合到染色体上，所以不能持久地表达外源基因，并且某些腺病毒的抗原易引起免疫反应。腺相关病毒能将外源基因定点整合至人类19号染色体长臂末端，病毒稳定且宿主范围广，能稳定表达外源基因。杆状病毒载体通过感染昆虫细胞或者昆虫幼虫来表达外源蛋白，具有的优点包括：①该病毒基因组是双链DNA，容易进行重组；②插入7～8kb的DNA不影响正常病毒粒子的形成；③多角体蛋白和病毒粒子的形成无直接关系，因此，用外源基因更换多角体蛋白基因仍能形成有感染力的病毒粒子；④多角体蛋白基因有非常强的启动子，产生的蛋白质可占全部蛋白质的20%～30%；⑤用光学显微镜可看到多角体，容易以此为标记物来挑选阳性克隆；⑥如果用家蚕杆状病毒，还可在蚕体直接表达外源基因。病毒载体是以病毒颗粒的方式，通过病毒包膜蛋白与宿主细胞膜相互作用而将外源基因携带入细胞的。

2. 质粒载体　通常是穿梭质粒载体，即在细菌和哺乳动物细胞两者体内都能扩增。质粒通常在细菌中保存，使用前扩增提取。根据质粒是否能够独立于染色体进行自我复制，将质粒载体分为整合型和附加型两类。整合型载体整合于宿主细胞染色体，附加型载体独立于染色体进行自我复制。

根据目的基因DNA片段的大小和表达产物的结构与活性的需要，可选择几种病毒载体或者质粒载体，与宿主细胞进行外源蛋白的试表达，从而找到合适的载体。

（三）转染方法

构建基因工程细胞株的过程中，将重组子构建到靶细胞内的转染操作可分为物理方法、化学方法和生物方法3种（表9－2）。

表9－2　动物细胞常用的基因转移方法

分类	转染方法	特点	应用
物理方法	基因枪法	可用于原代细胞，操作较复杂	稳定转染 瞬时转染
	显微注射法	转染细胞有限，操作复杂	稳定转染 瞬时转染
	电穿孔法	使用范围广，可转染大片段，DNA和细胞用量大	稳定转染 瞬时转染
化学方法	DEAE－葡聚糖法	操作简便、重复性好，但细胞毒性较大，转染时需除血清	瞬时转染
	磷酸钙法	不适用于原代细胞，转染效率低	稳定转染 瞬时转染
	脂质体法	可转染较大片段，转染效率高，但转染时需除血清	稳定转染 瞬时转染
	阳离子聚合物法	效率高、适用范围广、细胞毒性低	稳定转染 瞬时转染
生物方法	逆转录病毒（RNA）	可用于难转染宿主，可转染外源DNA的片段较小，需考虑安全性	稳定转染
	腺病毒（双链DNA）	可用于难转染宿主，需考虑安全性	瞬时转染

1. 物理方法

（1）显微注射法　是指通过万能倒置显微镜的显微注射针的注射把外源基因导入靶细胞并获得靶细胞转化的技术。此法可控制重组子的注射量，但由于该法每次只能对一个细胞进行操作，且要求有相当熟练的技术，不然很难获得稳定表达的细胞克隆。适用于植物原生质体和动物细胞。

（2）基因枪注入　是利用高速运动的金属微粒将附着于表面的重组子引入受体细胞的一种转化方法。在此过程中，携带有目的基因的重组子首先黏附在微弹（钨粉、金粉等）表面，通常以氯化钙或亚精胺作为沉淀剂来促进重组子DNA与微弹表面结合，结合有DNA分子的微弹经加速而获足够的动量，进而穿透植物细胞壁进入靶细胞。适用于所有种类细胞悬液和细胞培养物、动植物组织细胞、人体组织细胞。

（3）电脉冲穿孔　也称电激法，是利用高压电脉冲作用，使原生质膜的结构改变并形成可逆性的开闭通道，从而使原生质体或动物细胞易吸收重组子，进而实现基因重组到靶细胞的目的。电激法的优点是操作简便，特别适用于瞬间表达研究；缺点是体外培养原生质体或动物细胞需预先准备单细胞悬浮液，较麻烦，加上电击易造成细胞损伤，其再生率降低。适用于单细胞悬液（含动物细胞、原生质体）或动物细胞培养物。

2. 化学方法　重现性比较差，但成本低廉，有时也能获得较高的转化率。例如，利用冰水浴 $CaCl_2$ 低渗处理微生物细胞悬液，使细胞膨胀成球形，此时称感受态细胞；然后经 42℃短时处理，使加到细胞悬液中的重组子进入微生物细胞。

对于动植物细胞，常见的方法有 $Ca_3(PO_4)_2$共沉淀、DEAE－Dextran（多聚阴离子）转染、脂质体导入等方法。①磷酸钙转染法：将含有目的基因的氯化钙溶液与含有哺乳动物细胞的磷酸盐缓冲溶液混合，目的基因与磷酸钙形成白色沉淀复合物黏附于细胞膜表面，原代细胞转染效率低。②多聚阳离子聚合物转染法：外源 DNA 与二乙氨乙基（DEAE）－葡聚糖和聚乙烯亚胺（PEI）等形成复合物，通过内吞作用进入哺乳动物细胞。该方法转染效率非常高。③脂质体介导的基因转染法：这种方法最为常用，目前已经有不少商品化的试剂盒。阳离子脂质体作为 DNA 的运输载体，可以与带负电荷的 DNA 形成复合体，通过脂类与细胞膜的相互作用或者通过非特异性的内吞作用被哺乳动物细胞摄取。

3. 生物方法　原核微生物细胞如细菌、放线菌等细胞，是利用质粒载体、噬菌体载体、黏粒载体所携带的外源基因的重组子直接进入靶细胞，实现外源基因与靶细胞的重组与表达。操作对象是原核细胞的细胞悬液或液体培养物。生物方法主要为病毒感染法，常用逆转录病毒、慢病毒、腺病毒、腺相关病毒等。携带目的基因的病毒经外壳蛋白的包装，成为成熟的病毒颗粒，通过感染途径将目的基因导入哺乳动物细胞，甚至可以整合至染色体 DNA 上，成为稳定的细胞系。

真核细胞，如酵母、霉菌、植物、动物和人体细胞或原生质体，被病毒载体构建的重组子感染而实现靶细胞基因组与外源基因的重组、外源基因在靶细胞内的表达。操作对象是原生质体或动物细胞悬液，也可使用这些细胞的液体培养物进行操作。

（四）重组细胞筛选与扩增

重组 DNA 转染到哺乳动物细胞后，必须根据特定的选择标记才能将少数转染的细胞克隆从成千上万个未转染的细胞中筛选出来，经过一系列筛选和扩增，获得稳定、高效表达目的蛋白的工程细胞株，将工程细胞株扩增、冻存而构建主细胞库和工作细胞库用于接下来的生产。

1. 选择系统　不同的哺乳动物细胞系，采用的选择标记也不同。这样，由特定的细胞系、选择标记、选择性培养基相匹配形成一套完整的选择系统。筛选标记一般有代谢型和抗生素型两种，或者也可称为扩增型基因筛选标记和非扩增型基因筛选标记。常见的如：能赋予甲氨蝶呤（amethopterin，MTX）抗性的二氢叶酸还原酶基因（*Dhfr*），能赋予抗氨基糖苷 G418 抗性的新霉素基因（*Neo*），能赋予抗潮霉素抗性的潮霉素抗性基因（*Hygro*）等。此外，单纯疱疹病毒胸苷激酶（herpes simplex virus thymidine kinase，HSV－TK）、次黄嘌呤－鸟嘌呤磷酸核糖转移酶（hypoxanthine－guanine phosphoribosyl transferase，HGPRT），以及腺嘌呤磷酸核糖转移酶（adenine phosphoribosyltransferase，APRT）可以分别应用于 Tk^-、$Hgprt^-$或 $Aprt^-$型细胞的筛选。

2. GS 筛选系统原理　哺乳细胞的生长离不开谷氨酰胺，谷氨酰胺合成酶（glutamine synthetase，GS）是一种能将谷氨酸和氨合成为谷氨酰胺的酶。这种酶促反应是动物细胞获得谷氨酰胺的途径。GS 缺陷型细胞株内源的谷氨酰胺合成酶活性比较低，必须在培养基中添加外源的谷氨酰胺才能生长。GS

抑制剂、L-氨基亚砜蛋氨酸（methionine sulphoximine，MSX）可用于抑制内源性 GS 活性，用含目的基因和 GS 基因标记的表达载体转染宿主细胞，通过不断升高 MSX 浓度进行加压筛选，促使 GS 基因和目的蛋白基因扩增。通过多轮筛选，可获得高表达的细胞株。

3. DHFR 筛选系统原理　二氢叶酸还原酶基因（*Dhfr*）缺陷型细胞如 CHO-*Dhfr*⁻细胞，由于缺少 *Dhfr* 基因，无法合成核酸，宿主细胞无法在不含 HT 的选择培养基中生长；当用携带 *Dhfr* 基因的表达质粒转染 CHO 细胞后，转染成功的阳性克隆可在选择培养基中生长。*Dhfr* 可被叶酸类似物 MTX 所抑制，不断提高 MTX 浓度，绝大多数细胞死亡，但存在少数稳定转染的细胞，*Dhfr* 基因扩增获得抗性，从而生存下来。用带有目的基因和 *Dhfr* 标记的质粒转染 CHO-*Dhfr*-细胞，再通过 MTX 加压筛选，当 *Dhfr* 基因进行扩增时，目的基因也会随 *Dhfr* 基因一起扩增，从而获得高表达的细胞株。在培养基中加入对细胞有毒的 MTX 后，*Dhfr* 基因会立即扩增来防止细胞凋亡，并且连同其附近数千 kb 的 DNA 也会随之扩增，因此在构建表达载体时，常将目的基因放置在 *Dhfr* 基因附近，这样通过逐步提高培养基中 MTX 的浓度，可以逐步提高 DHFR 和外源基因的表达量（图 9-1）。

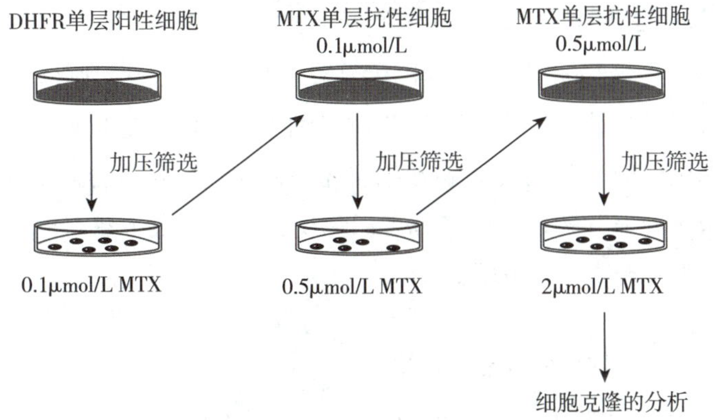

图 9-1　利用 DHFR-MTX 系统进行基因扩增

4. G418 系统筛选原理　G418 是一种氨基糖苷类抗生素，可通过干扰核糖体功能来阻止哺乳动物细胞蛋白质的合成，因此哺乳动物细胞无法在含有 G418 的培养基上生长。新霉素抗性基因对 G418 有抗性，可以将 G418 转变为无毒形式，带有新霉素基因的宿主细胞可以在 G418 培养基上生长。将带有新霉素抗性基因的质粒转入哺乳动物细胞，如果新霉素基因被整合到真核细胞基因组中合适的地方，则哺乳动物细胞会获得抗性，可在含有 G418 的选择培养基中正常生长，而没有成功整合新霉素抗性基因的细胞则会死亡，从而达到筛选阳性克隆的目的。

二、由原代细胞培养构建的细胞株系

组织来源的原代细胞，通过多次传代后，也可得到稳定连续传代的细胞株。

细胞建系的一般程序包括原代培养、第一次传代、常规传代、冻存与复苏等过程。所涉及的原代培养、第一次传代、常规传代、冻存与复苏等过程的具体方法与常规的原代培养等技术并无二样。

相对于那些只需要提供供体性别、年龄、取材部位、组织种类以及几项简单指标的仅用作原代培养的细胞而言，对于用于建系的细胞通常有以下一些要求。

细胞的组织来源：应详细说明细胞供体所属物种，供体的年龄、性别，取材的器官或组织（如系肿瘤组织），还应说明临床病理诊断结果，组织来源以及病例号等。

培养条件和方法：各种细胞都有比较适应的生存环境，因此应指明适合该细胞系生长的培养基、血清种类、用量以及细胞生存的适宜 pH 等。

三、杂交瘤细胞株构建

杂交瘤技术是利用细胞融合技术建立杂交瘤细胞株的细胞工程技术，利用此技术构建的杂交瘤细胞可稳定表达单克隆抗体。

B 淋巴细胞受外来抗原刺激后可以分泌抗体，不同的 B 淋巴细胞分泌的抗体不同，每个 B 淋巴细胞只分泌 1 种抗体；但是，B 淋巴细胞在体外培养条件下存活时间很短，最多 2 周，然后很快死亡。用于融合的骨髓瘤细胞不分泌任何免疫球蛋白（Ig），是一种细胞系，能在体外培养条件下持续分裂、长期存活。杂交瘤细胞便是将这两种细胞的特性结合起来，获得既能分泌单一抗体又能在体外长期培养的细胞。因此，分泌 1 种抗体即单克隆抗体的杂交瘤细胞便称为杂交瘤细胞株。

建立杂交瘤细胞的全程技术称为杂交瘤技术，一般需要 4 ~ 6 个月，主要包括以下阶段：融合前所需细胞的准备、细胞融合或细胞杂交、杂交瘤细胞的筛选、杂交瘤细胞株的冻存。

（一）融合前所需细胞的准备

1. 动物免疫准备脾细胞 动物体内的 B 淋巴细胞在特定外来抗原的刺激下，可以大量增殖变成浆细胞，以分泌针对于该抗原的抗体。脾内不同的 B 淋巴细胞可分泌针对抗原的不同抗原决定簇位点的抗体。当受到特定外来抗原刺激时，相应的 B 淋巴细胞克隆便大量增殖以分泌相应的特异性抗体。动物免疫的作用就是用特定外来抗原对动物进行一次或多次免疫，以刺激能分泌针对该抗原抗体的 B 淋巴细胞大量增殖，从而得到大量的专一 B 淋巴细胞（图 9 – 2）。

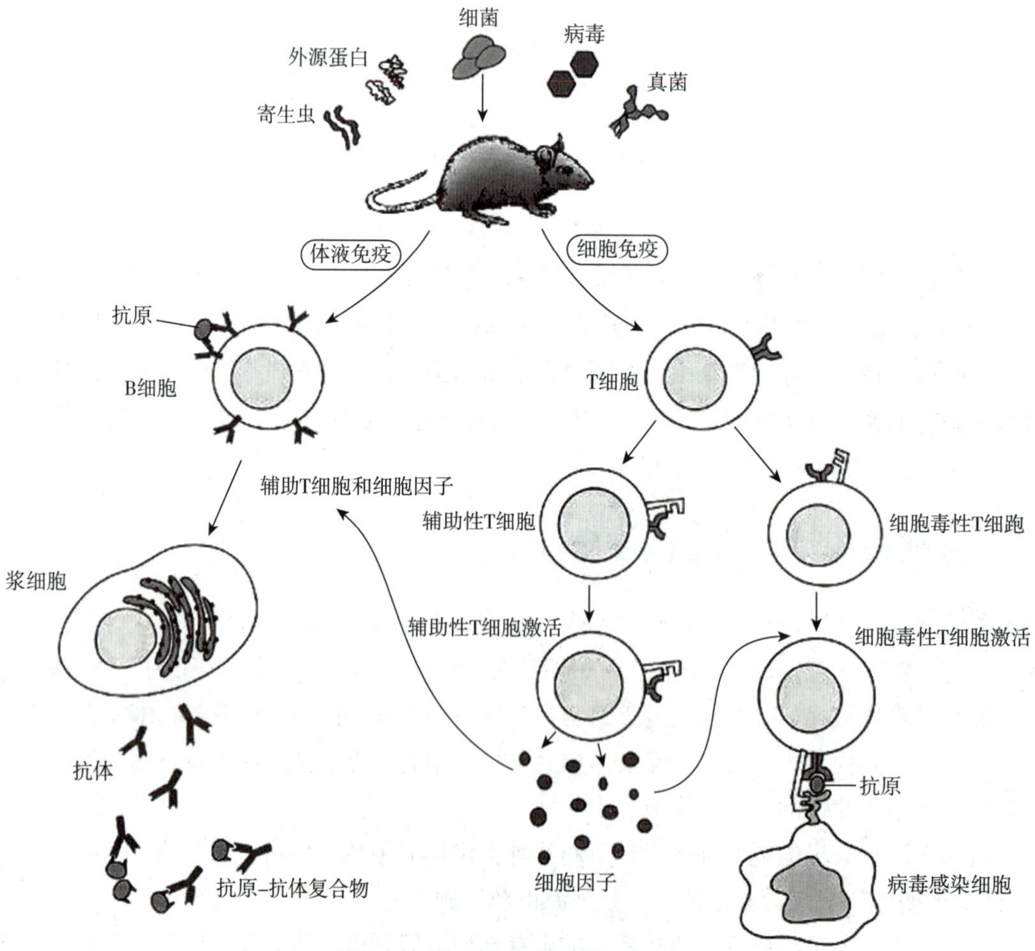

图 9 – 2 体液免疫和细胞免疫途径

动物免疫的方法很多，一般有常规免疫法、脾内一次性免疫法、短程免疫法和体外免疫法等。脾内一次性免疫法具有用量少、免疫程序短、不加佐剂且所得单克隆抗体的特异性较高等特点。

由于单次免疫抗原刺激后数日内就进行细胞融合，不存在所谓“优势克隆”的问题，从而更容易获得多种不同特异性的单克隆抗体，也能助于筛选出差别微小的两种抗原的单克隆抗体。但该方法的缺点是，其免疫效果要等杂交瘤筛选时才明了，因此在实验时有一定的随机性。此外，对一些免疫原性较差的抗原，它们的杂交瘤细胞筛选较困难。常规免疫法比较可靠，在融合前能通过测定血清中的抗体滴度来证实免疫效果，因此实验成功的把握性较大。由于免疫动物多次反复接受相同抗原的刺激，会使某些特定的淋巴细胞克隆大量增殖，易形成“优势克隆”，因此，产生分泌单克隆抗体的杂交瘤细胞种类较少，很可能多个克隆所产生的单克隆抗体都是针对于同一个抗原决定簇的。免疫程序太长，费时费力。短程免疫法和体外免疫法各有其优缺点。

典型的免疫程序包括初次免疫、二次免疫和加强免疫，一般需要 2 ~ 3 个月。加强免疫前，用免疫抗原构建试剂盒测定免疫动物的血清抗体滴度，符合融合需要时，在融合前 3 ~ 4 天进行加强免疫。前 2 次免疫均可采取腹腔注射免疫，加强免疫采用脾内注射方法。

脾内注射的方法是，无菌打开小鼠腹腔，暴露出脾脏，用 1ml 无菌注射器将含有适量抗原的 0. 1ml 溶液分别注射到两只小鼠脾脏内。然后将脾脏轻轻复位，缝合伤口，正常或加强营养进行饲养备用。

2. 对数生长期的骨髓瘤细胞准备　在鼠源杂交瘤技术中，常用的小鼠骨髓瘤细胞为 SP2/0 - Ag14，简称 SP2/0。也有使用 NS1 细胞的，与 SP2/0 一样，都是不分泌 Ig 的小鼠骨髓瘤细胞。

采用体外培养骨髓瘤细胞，或将骨髓瘤细胞接种到健康动物皮下生长实体瘤的方法。实体瘤生长的骨髓瘤细胞接种需要提前 10 天进行，体外培养的骨髓瘤细胞也需提前若干天使扩大培养到 10^7 数量，要求细胞处于对数生长中晚期。所需骨髓瘤细胞可在融合前 2 小时收集。

3. 饲养细胞准备　在鼠源杂交瘤技术中，往往需要制备饲养细胞。一般取自健康小鼠腹腔，主要属于腹腔巨噬细胞。在融合前 1 小时收集，用含血清培养液制备成 2×10^4/ml 密度的单细胞悬液。

这些细胞在融合后的细胞培养过程中，起到饲养层细胞的作用。因为，融合后培养孔内的参与融合过程但未形成脾细胞 - 骨髓瘤细胞杂交的细胞，如脾细胞、骨髓瘤细胞、脾细胞 - 脾细胞杂交细胞、骨髓瘤细胞 - 骨髓瘤细胞杂交细胞等，都会在 HAT 选择培养液的培养环境中死亡，而存活的脾细胞 - 骨髓瘤细胞杂交细胞密度过低不利生存，需要饲养层细胞增加总体活细胞密度并吞噬死亡细胞碎片。

（二）细胞融合

细胞融合是指 2 个或 2 个以上的细胞，顺序地发生了细胞膜融合、细胞质融合和细胞核融合等过程，然后这 2 个或 2 个以上的细胞形成 1 个融合细胞，即具有 1 套细胞膜、细胞质和细胞核。

一般而言，遗传稳定的融合细胞仅可能来源于 2 个细胞之间的融合，往往保留了其中 1 种来源细胞的绝大多数基因组基因和另 1 种来源细胞的少量基因组基因，还需要及时地通过合适的分离纯化手段如克隆化培养来筛选，因此，2 个细胞之间的融合并不一定能形成遗传稳定的新细胞。至于 3 个或 3 个以上的不同种类细胞，也有可能通过细胞融合形成 1 个临时的融合细胞，但很难存活，不会形成遗传稳定的新细胞。综合以上因素，在融合操作中，2 种细胞的比例就显得非常重要，如鼠源杂交瘤技术中，为了获得高的融合效率，免疫后的脾细胞和骨髓瘤细胞一般按 6∶1 的数量比例混合后再进行融合操作。

细胞融合方法一般有病毒介导的细胞融合、PEG 介导细胞融合及电融合等。病毒介导的细胞融合方法涉及仙台病毒的培养和灭活，尤其是仙台病毒的培养条件要求严格，过程比较复杂，因此现在一般不使用此方法。电融合为 20 世纪 80 年代兴起的一种融合方法，需要特定的技术条件，如需要融合仪、融合池、融合缓冲液等，通过试验探索最佳的细胞排队电压、脉冲方波时程大小和脉冲间隔等融合参数，才能顺利进行。目前广泛使用的融合方法还是 PEG 融合法，该方法操作简便、快速省时，有较好的融合效果。

（三）杂交瘤细胞的筛选

脾脏是动物体内 B 淋巴细胞集中的最大免疫器官，取出脾细胞（主要是 B 淋巴细胞）和骨髓瘤细胞融合后，能产生 5 种混合细胞类型：未融合的脾细胞和骨髓瘤细胞，自身融合的脾细胞和骨髓瘤细胞，以及脾细胞和骨髓瘤细胞融合形成的杂交瘤细胞。

在细胞融合后，要从上述 5 种细胞中筛选出杂交瘤细胞，一般使用 HAT 选择培养基进行筛选。

HAT 培养基中含有次黄嘌呤（H）、氨基蝶呤（A）和胸腺嘧啶（T）三种成分。细胞的 DNA 合成有内源性途径（主要途径）和外源性途径（旁路途径）两种方式。内源性途径利用谷氨酰胺或单磷酸尿苷酸在二氢叶酸还原酶的催化下合成 DNA，外源性途径则是利用次黄嘌呤或胸腺嘧啶在次嘌呤鸟嘌呤磷酸核糖转移酶（HGPRT）或胸腺嘧啶激酶（TK）的催化下补救合成 DNA。HAT 培养基中的氨基蝶呤是二氢叶酸还原酶的抑制剂，能有效地阻断 DNA 合成的内源性途径。B 淋巴细胞具有 HGPRT、TK 这两种酶，因此在内源性途径被阻断后仍能利用 HAT 培养基中的次黄嘌呤和胸腺嘧啶来合成 DNA，可在 HAT 培养基中存活；但 B 淋巴细胞是正常细胞，故不能长期存活。鼠源杂交瘤技术中使用的 SP2/0 细胞为 $HGPRT^-$ 的 TK^- 缺陷型，缺乏 HGPRT 和 TK，在内源性途径被阻断后不能进行 DNA 的外源性合成，故不能在 HAT 培养基中存活。杂交瘤细胞由于继承了 B 淋巴细胞和骨髓瘤细胞的双重特性，能够合成 HGPRT 和 TK，故在 HAT 选择培养基中能存活。

因此，将融合后的混合细胞在 HAT 选择培养基中培养 1 ~2 周后，只有杂交瘤细胞能存活下来。

（四）分泌抗体的杂交瘤细胞的检测

存活下来的杂交瘤细胞不一定分泌抗体，因此，选择并构建合适的检测方法用于及时、快速、准确地检测细胞克隆生长孔内的杂交瘤细胞是杂交瘤技术的关键技术之一。所构建的抗体检测方法还能满足在短时间内检测大量样品的需求。

常用的方法有 ELISA、间接免疫荧光法和双相扩散法等，其中，ELISA 最常见。

一般是在单细胞克隆长满 100 × 双目视场时进行分泌抗体检测。有抗体分泌的孔称为阳性孔，单细胞克隆孔或单克隆孔的细胞克隆称为阳性克隆，所分泌的抗体即称为单克隆抗体。

（五）分泌抗体的杂交瘤细胞的克隆化培养

对阳性孔中的杂交瘤细胞进行克隆化培养的方法包括有限稀释法、软琼脂平板法和显微操作法等，以前者最常见。

为了建立能稳定分泌异性单克隆抗体的杂交瘤细胞株，往往需要进行多次克隆化培养，直至所有单克隆孔的抗体表达量稳定、一致时，便建立了一种杂交瘤细胞株（图 9 –3）。

（六）杂交瘤细胞株的冻存及其他

遗传稳定的分泌异性单克隆抗体的杂交瘤细胞株，可进行扩大培养，然后命名、冻存。

杂交瘤细胞株的建立，是为了获得持续分泌单克隆抗体的细胞株，以便制备各种用途的单克隆抗体。因此，需要对所分泌抗体进行免疫反应性分析和 Ig 类型分析，为以后应用该抗体提供必要的技术参数。单克隆抗体的免疫反应性是指该抗体与其他抗体在与抗原反应时是否存在交叉反应，提示与其他抗体识别的抗原位点是否一致或相近。单克隆抗体的 Ig 类型分析是检测所分泌抗体的重链类型，如 IgG、IgM 或其他类型。

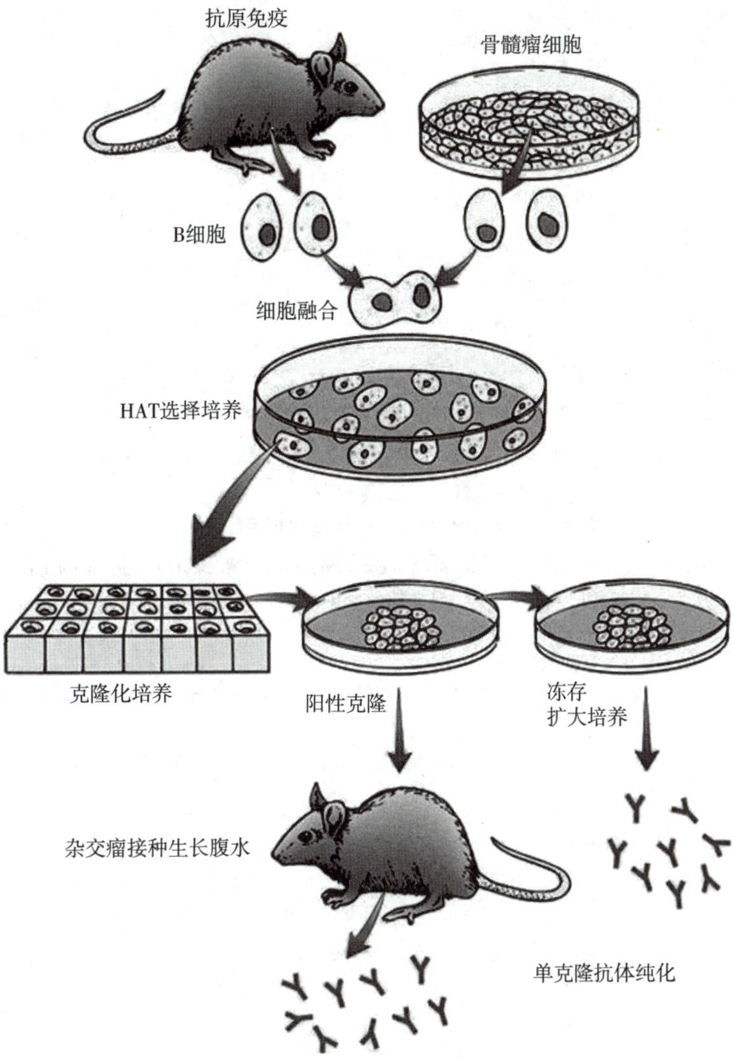

图 9-3 杂交瘤技术工作流程

第三节 生产用动物细胞鉴定、建库及细胞库维护

一、细胞鉴定

（一）细胞株说明书

细胞株或细胞系在首次引进时，需要查阅正规的培养物保藏中心的有关细胞株系的编号或产品号。如恶性黑色素瘤 A375 细胞株，在美国典型培养物保藏中心（the American Type Culture Collection，ATCC）的保藏号为CRL-1619（表 9-3）。

从各地权威保藏中心购买引进的细胞株都应该配套有对应的细胞株说明书，内容包括细胞株的寄存者（最初建立株系的负责人）、培养时所用培养基和血清的要求、是否贴壁生长或悬浮生长、建株来源组织细胞种类、繁殖条件（培养条件：培养基种类、血清添加量、其他添加物、CO_2浓度、培养温度等）、传代要求（传代时机、传代比例等）、冻存条件（冻存液组方、冻存温度）等。

在引进前要充分了解该细胞株的说明书内容，尤其要熟知细胞株的繁殖条件、传代要求和冻存条件等事项。

表 9－3 A375 细胞株说明书

ATCC® Number（ATCC 保藏号）：CRL－1619TM

名称（Designations）	A－375［A375］
寄存者（Depositors）	DJ Giard
生物安全级别（Biosafety Level）	1
运输形式（Shipped）	frozen 冻存
培养基和血清（Medium & Serum）	See Propagation
生长特性（Growth Properties）	adherent 贴壁型细胞
生物类型（Organism）	*Homo sapiens*（human）人 epithelial 上皮组织
形态学照片（Morphology）	（略）
来源（Source）	Organ：skin 皮肤 Disease：malignant melanoma 恶性黑色素瘤
许可证/协议（Permits/Forms）	In addition to the MTA mentioned above，other ATCC and/or regulatory permits may be required for the transfer of this ATCC material. Anyone purchasing ATCC material is ultimately responsible for obtaining the permits. Please click here for information regarding the specific requirements for shipment to your location.
寄存申请机构（Applications）	transfection host（Roche FuGENE. Transfection Reagents technology from amaxa）
致瘤特性（Tumorigenic）	Yes
DNA 特征（DNA Profile：STR）	Amelogenin：X CSF1PO：11，12 D13S317：11，14 D16S539：9 D5S818：12 D7S820：9 THO1：8 TPOX：8，10 vWA：16，17
细胞遗传学分析（Cytogenetic Analysis）	It is a hypotriploid with a modal number of 62 chromosomes. There are 9 marker chromosomes that are commonly found in each cell，and normal N2，N6，and N22 are present at one copy per cell.
年龄（Age）	54 years
性别（Gender）	female
繁殖（Propagation）	ATCC complete growth medium：The base medium for this cell line is ATCC－formulated Dulbecco's Modified Eagle's Medium，Catalog No. 30－2002. To make the complete growth medium，add the following components to the base medium：fetal bovine serum to a final concentration of 10%. Temperature：37.0℃
传代（Subculturing）	Protocol： Remove and discard culture medium. Briefly rinse the cell layer with 0.25%（*w/v*）Trypsin－0.53mM EDTA solution to remove all traces of serum that contains trypsin inhibitor. Add 2.0 to 3.0 ml of Trypsin－EDTA solution to flask and observe cells under an inverted microscope until cell layer is dispersed（usually within 5 to 15 minutes）. Note：To avoid clumping，do not agitate the cells by hitting or shaking the flask while waiting for the cells to detach. Cells that are difficult to detach may be placed at 37℃ to facilitate dispersal. Add 6.0 to 8.0 ml of complete growth medium and aspirate cells by gently pipetting. Add appropriate aliquots of the cell suspension to new culture vessels. Incubate cultures at 37℃. Subcultivation Ratio：A subcultivation ratio of 1：3 to 1：8 is recommended Medium Renewal：Every 2 to 3 days

续表

冻存条件（**Preservation**）	Freeze medium：Complete growth medium supplemented with 5%（*v/v*）DMSO Storage temperature：liquid nitrogen vapor phase
相关产品（**Related Products**）	Recommended medium（without the additional supplements or serum described under ATCC Medium）：ATCC 30 – 2002 Recommended serum：ATCC 30 – 2020 derivative：ATCC CRL – 1872
参考文献（**References**）	23218：Giard DJ，et al. In vitro cultivation of human tumors：establishment of cell lines derived from a series of solid tumors. J. Natl. Cancer Inst. 51：1417 – 1423，1973. PubMed：4357758 23221：Gershwin ME，et al. Immunobiology of heterotransplanted human tumors in nude mice. J. Natl. Cancer Inst. 58：1455 – 1463，1977. PubMed：857033 32493：Cormier JN，et al. Heterogeneous expression of melanoma – associated antigens and HLA – A2 in metastatic melanoma in vivo. Int. J. Cancer 75：517 – 524，1998. PubMed：9466650 32832：Sharma SD，et al. Melanotropic peptide – conjugated beads for microscopic visualization and characterization of melanoma melanotropin receptors. Proc. Natl. Acad. Sci. USA 93：13715 – 13720，1996. PubMed：8943000

（二）细胞鉴定

为什么要进行细胞鉴定？或者说细胞鉴定有哪些重要性的问题？这些在利用动物细胞研发和生产过程中，是研究人员和生产、技术管理人员不可忽视的技术内容和技术规范。当细胞株系的细胞生物学特性发生变化而未能及时发现时，或者污染了细胞型微生物或污染了病毒等外源因子而未能及时发现时，后果将会比较严重或非常严重。非典型细胞株系被采用后，会增加研究成本或生产成本，如材料试剂的投入、人员时间的投入、交货周期的延长等。

依据细胞株说明书，选择项目进行检验，考察实际情况与描述的符合程度。这些项目包括细胞培养形态的贴壁程度和悬浮特性，细胞遗传学分析项目，DNA 特征，传代培养液和传代比例，冻存条件等。还需检验该细胞培养物是否存在污染风险，如细胞型微生物污染、病毒污染、其他细胞混杂等情况。

二、细胞库建设及其维护

除原代细胞外，其他的细胞株或细胞系一旦建立并作为产品的生物来源后，都必须建立细胞冻存库进行细胞株系的冻存。所有进库的细胞都必须建立档案，进行无菌性、交叉污染和各种有害因子的外源因子检查。

细胞冻存一般在 –196℃可保存 10 年以上；在 –80℃保存，短期内对细胞的活力无明显影响，但随着冻存时间延长，细胞存活率明显下降。

细胞冻存需要冷冻保护剂，冷冻保护剂分为渗透性和非渗透性两类。渗透性冷冻保护剂可以渗透到细胞内，一般为小分子物质，包括甘油、二甲基亚砜（DMSO）、乙二醇、丙二醇等。非渗透性保护剂不能渗透到细胞内，一般是一些大分子物质，包括聚乙烯吡咯烷酮（PVP）、蔗糖、聚乙二醇、葡聚糖、白蛋白等。不同的冷冻保护剂具有不同的优缺点，目前一般采用两种以上保护剂组成保护液。由于很多保护液在低温下能保护细胞，但在常温下却对细胞有害，在细胞复温后应及时洗涤去除冷冻保护剂。

细胞库是通过培养细胞用于生产连续多批制品的细胞保藏系统，这些细胞来源于经充分鉴定并证明无外源因子的一个原始细胞库（PCB）和一个主细胞库（MCB），这些细胞库通常使用超低温冰箱或液氮罐保藏种子细胞，一般实验室使用 50L 的液氮罐，再配置 1～2 个 10L 的运输罐。从主细胞库中取一定数量容器的细胞制备工作细胞库（WCB）。在有限传代系统中，应对超过常规生产所达到的某一个传代水平或群体倍增的细胞进行验证。

（一）原始细胞库

由一个原始细胞群体发展成的传代稳定的细胞群体，或经过克隆培养而形成的均一细胞群体，通过检定证明适用于生物制品生产或检定。在特定条件下，将一定数量、成分均一的细胞悬液，定量均匀分装于安瓿或冻存管中，于液氮或 -130℃以下冻存，即为原始细胞库，供主细胞库建立使用。由本细胞库移出的细胞无论开瓶与否，均不得再返回贮存。

（二）主细胞库

取原始细胞库细胞，通过一定方式进行传代、增殖后均匀混合成一批，定量分装，保存于液氮或 -130℃以下。这些细胞必须按其特定的质控要求进行全面检定，应合格。主细胞库用于工作细胞的制备，每个生产企业的主细胞库最多不得超过 2 个细胞代次。由本细胞库移出的细胞无论开瓶与否，均不得再返回贮存。

（三）工作细胞库

工作细胞库的细胞由主细胞库细胞传代扩增制成。由主细胞库的细胞经传代增殖，达到一定代次水平的细胞，合并后制成一批均质细胞悬液，定量分装于安瓿或适宜的细胞冻存管中，保存于液氮或 -130℃以下备用，即为工作细胞库。每个生产企业的工作细胞库必须限定为一个细胞代次。

冻存时细胞的传代水平须确保细胞复苏后传代增殖的细胞数量能满足生产一批或一个亚批制品。复苏后细胞的传代水平应不超过批准的该细胞用于生产限制的最高限定代次。所制备的工作细胞库必须经检定合格后，方可用于生产。由本细胞库移出的细胞无论开瓶与否，均不得再返回贮存。

实例分析

实例

哺乳动物细胞瞬时转染技术研究进展。

问题

1. 列举瞬时转染常见化学试剂。
2. 与稳定转染相比，瞬时转染的优势表现有哪些？

实例分析

思考题

1. 简述生产用动物细胞的来源、特点和典型细胞。
2. 简述基因工程细胞系的构建流程。

书网融合……

参考答案　本章小结　微课　拓展题

第十章 动物细胞大规模培养

PPT

学习目标

【知识要求】

1. 掌握 细胞大规模培养的定义和方法。

2. 熟悉 动物细胞生物反应器种类。

3. 了解 动物细胞大规模培养过程中的主要监控参数。

【技能要求】

能够根据任务查找和收集信息，推动工作进行。

【素质要求】

动物细胞培养实验涉及伦理道德问题，如动物福利、人类与动物的关系等，应思考这些问题，树立尊重生命、关爱动物的伦理道德观念。

第一节 动物细胞大规模培养方法

微课1

自1907年Harrison等以淋巴液作培养基培养蛙胚神经组织建立体外组织培养以来，细胞培养技术经过一个多世纪的完善与发展，现已相当成熟，并逐渐走向多样化、自动化和规模化。

传统的动物细胞规模化培养技术以转瓶培养为主，随着生物制品生产规模的不断扩大和工艺水平的不断提高，生物反应器细胞培养技术快速发展。1965年，Doel成功应用不锈钢发酵罐悬浮培养BHK21细胞生产口蹄疫疫苗。随着细胞生物反应器技术的不断发展与完善，动物细胞大规模培养生产的生物制品种类逐渐增多，包括疫苗、激素、酶、单克隆抗体、多肽等功能性蛋白等。

细胞大规模培养是指在精确控制温度、溶氧、pH等条件下，在细胞生物反应器内高密度大规模培养动物细胞，用于生产生物制品的技术。从操作角度出发，动物细胞的大规模培养主要可分为悬浮培养、贴壁培养和贴壁-悬浮培养。

一、悬浮培养

悬浮培养（suspension culture）是细胞在培养液中呈悬浮状态生长繁殖的一种培养方式。它适用于一切种类的非贴壁依赖型细胞的培养，如杂交瘤，也适用于兼性贴壁细胞。对于一些贴壁生长的细胞，例如CHO细胞，可通过悬浮驯化使其适应悬浮培养。目前在生产中，悬浮培养的设备主要是搅拌罐式生物反应器和气升式生物反应器，有效体积由10L至10000L。

大规模动物细胞悬浮培养的优势在于：①无需胰酶消化，种子细胞传代及制备简单、易操作；②培养环境均一，传质和传氧较好，培养规模易于放大；③取样方便，易于检测细胞在反应器内的生长情况。

其不足之处在于：细胞体积小，密度低，培养病毒易失去标记而降低免疫能力。

二、贴壁培养

贴壁培养（anchorage - dependent culture）是细胞贴附于某种基质表面进行的单层培养方式。它适用于贴壁依赖型细胞和兼性贴壁细胞的培养。大多数细胞均为贴壁细胞，因此该方法适用范围较广。

动物细胞大规模培养中，贴壁培养常用容器有转瓶、转管、固定床式生物反应器等。其中最为经典的贴壁培养方法为转瓶培养，即将贴壁细胞置于表面经过处理的转瓶内，同时注入一定量培养液，转瓶以一定转速旋转，细胞交替接触空气和培养液。例如用转瓶大量培养原代鸡胚或肾细胞来生产疫苗。目前有些生物制品公司仍采用此方法，利用计算机自动控制进行转瓶培养。

贴壁培养的优势在于：①更换培养液方便；②灌注培养时，可提高单位体积内的细胞密度；③可改变培养液与细胞的比例，利于产物的分泌表达。

其不足之处在于：①操作较繁琐；②细胞生长的检测受到一定限制；③培养条件较难均一化，传质和传氧较差，不易放大培养。

三、贴壁 - 悬浮培养

贴壁 - 悬浮培养又称为固定化培养，指将细胞固定在特定的支持物表面或限定在特定的液相空间内，模拟机体内生理状态进行悬浮培养，让细胞在反应器内进行生长繁殖的培养方法。通常采取比较温和的吸附法或包埋法对细胞进行固定，对贴壁细胞和悬浮细胞都适用。

固定化培养兼具有贴壁培养和悬浮培养的优势，具有比表面积大、培养环境均一、培养条件易于检测和监控、抗剪切力和抗污染能力较强、系统化自动化水平高等优点。细胞固定化主要分为吸附法、包埋法、微囊法等。

（一）微载体培养

微载体细胞培养技术由荷兰学者维茨尔（Van Welzel）于1967年提出并创立，是利用贴壁细胞能够黏附于带正电荷的微载体表面生长的特性，使细胞在微载体上附着生长后，悬浮于培养容器中生长繁殖的培养方法。经不断发展，20世纪80年代微载体培养被正式应用于培养成肌细胞、Vero细胞、CHO细胞，生产各种疫苗和其他细胞产品。微载体培养综合了贴壁培养和悬浮培养的优点，大大提高了贴壁细胞的培养规模，已成为动物细胞大规模培养中重要的固定化培养技术。

细胞培养微载体通常是尺寸在几十至数百微米的微粒，一般由天然或人工合成的高分子聚合物制备而成，可支持细胞附着和生长。理想的微载体具有以下特性：①较高的细胞附着比；②具有成本效益；③具有最佳的细胞附着强度；④支持适当的细胞扩散和增殖；⑤模拟细胞的自然环境，使细胞可保持自然的功能和效力；⑥具有良好的生物力学特性；⑦符合当前良好制造规范条件。

微载体可以由合成聚合物或天然聚合物制备。早期的微载体大多由合成聚合物制成，如聚甲基丙烯酸羟乙酯、聚苯乙烯等，合成聚合物制备的微载体具有良好的力学性能和高度的可重复性，但缺乏细胞识别位点，影响细胞黏附和生长。天然聚合物及其衍生物因其良好的生物相容性和取材方便，日渐成为微载体制备材料的首选。近年来国外相继开发出多种材料的微载体，如液体微载体、聚苯乙烯微载体、PHEMA微载体、甲壳质微载体、藻酸盐凝胶微载体等，部分商品化微载体见表10 - 1。

表 10－1 常用微载体基质

商品名	基质	带电基和交换当量	形状	直径大小（μm）	比表面积（cm/g）	密度（g/ml）
Cytodex 1	葡聚糖	DEAE 1.5meq/g	球形	131～210	6000	1.03
Superbeads	葡聚糖	DEAE 2.0meq/g	球形	135～205	5000～6000	ND
Biocarrier	聚丙烯酰胺	二甲胺丙基 1.4meq/g	球形	120～180	5000	1.04
Cytodex 2	葡聚糖	三甲基－2－羟氨基 0.6meq/g	球形	114～198	5500	1.04
Cytodex 3	葡聚糖	60μg 胶原/cm^2	球形	133～215	4500	1.04
Ventragel	交联明胶	明胶	球形	150～250	ND*	ND*
Celibeads	交联明胶	明胶	球形	115～235	3300～4300	1.03～1.04
Biosilon	聚丙乙烯	负电荷	球形	160～300	225	1.05
Cytosperes	聚丙乙烯	负电荷	球形	160～300	250	1.04
DE－53	纤维素	DEAE 2.0meq/g	柱形	40～50；长 80～90	ND*	ND*

* no data（无数据）。

微载体培养的优势在于：①在有限空间内可提供更大的贴附面积；②细胞在微载体上生长无接触抑制，可形成多层，可实现更高的细胞密度；③简化了人工操作，降低了污染概率，可实现产品高产量和高质量。

虽然微载体培养解决了贴壁细胞在传统转瓶培养中存在的不足，但仍存在一定缺陷：①悬浮培养中剪切力对细胞的损伤、凋亡细胞需及时清除等问题仍存在；②随着细胞数量的增加，微载体需及时补充，增加了操作的难度和污染的概率；③价格较为昂贵，部分微载体难以回收和降解，且没有一种微载体适合所有的细胞。此外，有研究表明在微载体培养过程中，细胞表现出各种生理状态的滞后。

微载体培养法已用于干扰素、白细胞介素、尿激酶原、疫苗、组织型纤溶酶原激活物等多种产品的商业化生产。

（二）中空纤维培养

众所周知，动物细胞在体内的生存空间是一个立体三维空间，不同细胞以多层的形式相互堆积而形成组织。在组织内部或细胞之间存在毛细血管，毛细血管可提供组织或细胞生长、代谢所需的营养物质。中空纤维培养就是模拟细胞在体内生长的三维状态，利用人工的“毛细血管”即中空纤维给细胞提供物质代谢条件而建立的一种体外培养系统（图 10－1）。中空纤维类似于毛细血管，管壁为半透膜，允许一些小分子物质通过。该方法已成功应用于生长激素和单克隆抗体的生产。

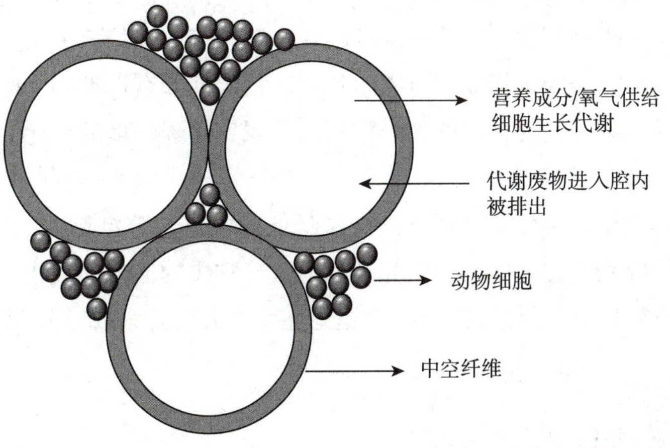

图 10－1 中空纤维培养法示意图

（三）微囊化培养

微囊化培养起源于20世纪70年代，区别于传统的包埋法，它是在无菌条件下，将活细胞或生物活性物质悬浮在海藻酸钠溶液的生长介质中，通过特制的成滴器，使其以小滴状态进入氯化钙溶液，形成内含活细胞的凝胶小珠。小珠再由长链氨基酸聚合物、多聚赖氨酸形成的多孔可透性外膜包裹。重新液化凝胶小珠，成胶物质会从多孔膜流出，活细胞或生物活性物质则会留在膜内，最后通过搅拌式或气升式培养系统进行培养。期间，营养物质、氧分子和小分子细胞代谢物可通过多孔膜进行囊内外自由交换，大分子细胞代谢产物不能透过膜孔，在囊内积累。

微囊化培养的优势在于：①微囊外膜可保护囊内细胞免受生产中搅拌带来的物理损伤；②细胞密度大，产物单位体积浓度高；③产物分离纯化操作简便。

但微囊制作复杂，成功率不高，且该系统无法实现连续化生产，因此在生产应用中受到一定限制，目前主要应用于单克隆抗体、干扰素等生物药物的生产。

（四）多孔载体培养

多孔载体为一种支撑性材料，内部为网状小孔结构，细胞可以在其内部生长，多孔载体培养具有以下优点：①易固定化；②大的比表面积为细胞提供了充足的生长空间；③细胞生长在载体内部，可使细胞免受机械损伤，因此可提高搅拌强度和通气量以提高传质效率。

制备多孔载体的材料需具备良好的生物相容性、机械稳定性和热稳定性，在高温、高压以及搅拌条件下不破碎、不软化、不分解，常用材料有玻璃、陶瓷、明胶、胶原、海藻酸钠、纤维素及其衍生物、聚苯乙烯和聚乙烯等。

第二节　动物细胞大规模培养操作方式

动物细胞大规模培养操作方式一般可分为分批式培养、补料－分批式培养、半连续式培养、连续式培养和灌流式培养等。

一、分批式培养

分批式培养（batch culture）是动物细胞大规模培养中较早采用的方式，也是其他培养方式的基础。该方式是将细胞种子液一次性转入生物反应器内进行培养，在培养过程中除通入氧气外，不再添加其他营养成分，细胞和代谢产物不断积累，最后一次性收获细胞、产物和培养液。

分批式培养中，细胞生长分为迟缓期、对数生长期、稳定期和衰退期四个时期。随着细胞的生长和增殖，培养液中营养物质逐渐被消耗，代谢副产物逐渐积累，培养环境的变化对细胞的生长、代谢和产物的表达都有很大影响。

分批式培养具有操作简单、培养周期短、污染风险低的优点，分批培养的周期一般为3～5天，通常在细胞死亡前或死亡后收获产物。但由于培养过程中营养物质的消耗和代谢产物的积累，细胞进入衰退期进而死亡，产物得率较低。分批式培养常作为基础条件工艺摸索或“小试”研究手段，可直接放大，但放大规模有限。

二、补料－分批式培养

补料－分批式培养（feeding culture）是在分批式培养的基础上发展而来。细胞初始接种的培养基体积一般为终体积的 1/3 ~ 1/2，培养过程中流加浓缩的营养物质或培养基，使细胞持续生长至较高密度，过程中没有流出或回收，直至细胞进入衰亡期或衰亡期后，回收整个反应体系。

此培养方式能够根据细胞生长速率、营养消耗等调控营养物流加速率，维持相对稳定的培养环境和较低的代谢产物抑制水平，同时，由于新鲜培养液的加入，整个反应体系逐渐扩大，细胞在培养系统中停留时间较长，总细胞密度较高，产物浓度较高。

补料 - 分批式培养由于操作简易性、可放大性、灵活性和可重复性，被广泛应用于动物细胞表达产品的生产，成为动物细胞大规模培养的主流工艺之一。

三、半连续式培养

半连续式培养（semi - continuous culture）是指将细胞和培养基一同加到反应器中进行培养，每间隔一段时间取出部分培养物（培养基/细胞 + 载体 + 培养基），并补充相同体积的新鲜培养基或加入新鲜载体，进行持续培养的过程。

区别于分批式培养和补料 - 分批式培养，半连式续培养是当细胞生长至对数生长期的中后阶段时，在未出现明显的营养限制或代谢副产物抑制细胞生长的情况下，取出部分培养液，加入新鲜培养液。因为获取了充足的营养物质，并且加入的新鲜培养液稀释了培养环境中代谢副产物的浓度，细胞可继续生长、代谢及表达目的产物。此外，在悬浮培养体系中，定期取出的培养液（含细胞）中的细胞可作为种子细胞继续培养。

半连续式培养的优势在于：①操作简单，生产效率高；②可反复收获产品，并长时间不间断进行生产；③细胞密度和产品质量一直保持在较高水平。但同时，半连续式培养过程中取出的培养液可能含有未利用的营养物质，多次收获可能造成培养液中的产物浓度较低。

四、连续式培养

连续式培养（continuous culture）是一种常见的悬浮培养模式。连续培养是将细胞接种至一定体积的培养基后，在细胞达到最高密度之前，以一定速率向生物反应器内连续添加新鲜培养基，同时，含有细胞的培养物以相同速率从反应器中流出，反应器中总体积保持不变，培养条件处于一种恒定状态。

连续式培养的反应器内条件恒定，培养液中细胞密度、营养物质浓度和代谢副产物浓度不再随时间而变化，因此可延长细胞的对数生长期，保持细胞浓度和细胞比生长率不变；此外，死细胞和细胞碎片被及时清除，细胞活性高。

但该培养条件下，营养物质利用率不高，容易污染，细胞生长特性和分泌产物易变异；此外，对设备、仪器的控制技术要求高。

五、灌流式培养

灌流式培养（perfusion culture）是将细胞和培养液一起加入反应器后，新鲜培养基以一定流速持续加入反应器，同时，以相同流速流出含代谢产物的培养液。反应器中的细胞通过微孔滤膜、筛网或离心的方式被截留，实现高密度培养，一般可达 10^7 ~ 10^9 个细胞/ml。在近年动物细胞培养生产药品的生产中，该培养方法受到广泛推崇。

灌流式培养中，细胞截留装置用于选择性分离截留细胞，其原理是根据细胞的物理、化学和生物学特征，包括细胞颗粒大小、密度、带电性、介电常数及表面分子等，对细胞进行分离截留。常见的细胞截留装置有旋转丝网过滤装置、重力沉降细胞截留系统和离心式细胞截留系统。

灌流式操作的优势在于：①细胞在最适营养条件下生长繁殖，细胞得率高，产物产率高；②产物在罐内停留时间短，可及时回收至低温保存，有利于保持产物活性。

其不足之处在于：①培养液用量大，利用率低，下游产物分离工作量大，生产成本较高；②培养周期长，污染概率较高，细胞表达产物稳定性要求较高。

上述几种大规模培养操作方式见图 10－2。

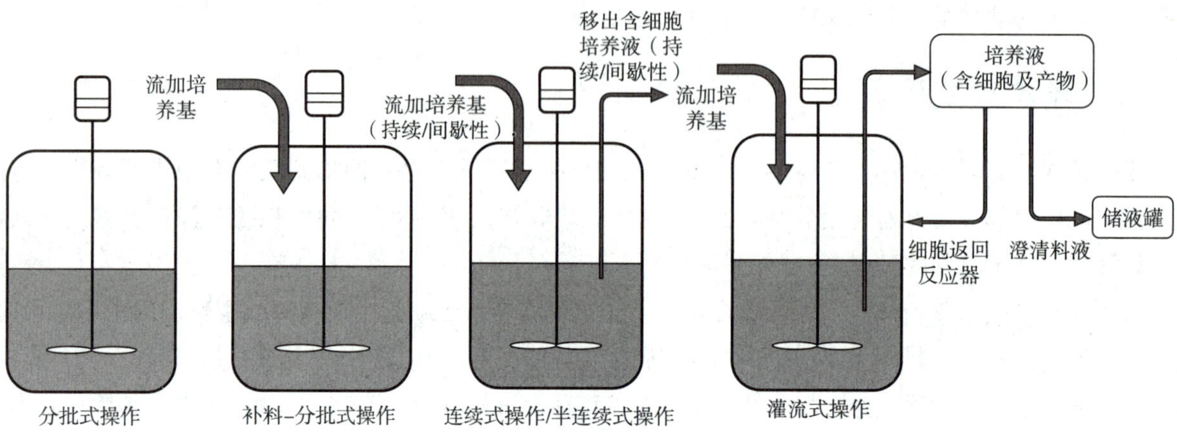

图 10－2　大规模培养操作方式示意图

第三节　动物细胞生物反应器的类型及结构 微课 2

动物细胞生物反应器是为培养的动物细胞提供适宜的生长环境条件，维持细胞的正常生理代谢状态，在体外进行培养，并获取目的蛋白或抗体的高水平表达的系统。它是整个生物产品生产线上总投入的主要部分，也是关键设备之一。

动物细胞生物反应器应具备以下特点：①制造材料，尤其是与培养基、细胞直接接触的材料，无细胞毒性；②结构需具有良好的传质、传热和混合的性能；③密封性能好，以实现严格的无菌环境；④拆装、连接和清洁方便，可高压蒸汽灭菌；⑤可精准控制温度、pH、溶解氧和 CO_2浓度等条件，以实现长期稳定运行。

目前，动物细胞培养用生物反应器结构形式多样，主要有搅拌式生物反应器、气升式生物反应器、中空纤维式生物反应器、透析袋式或膜式生物反应器、填充床生物反应器、一次性生物反应器等。

一、搅拌式生物反应器

搅拌式生物反应器（stirred tank bioreactor）是最早被采用且工艺较为成熟的一种生物反应器。与传统的微生物生物反应器类似，但针对动物细胞的培养特点，采用了不同的搅拌器和通气方式。目前常见的主要有笼式通气搅拌反应器、双层笼式通气搅拌反应器等，用于悬浮细胞的培养和微载体贴壁细胞的培养，在疫苗、重组蛋白和抗体药物的工业化生产中应用广泛。

笼式通气搅拌式反应器的主体结构由中空的搅拌轴、消泡腔、中心管、三个导流筒、通气腔及单层丝网等组成（图 10－3）。当三个导流筒随搅拌同步转动时，由于离心力的作用，搅拌器中心管内产生负压，使搅拌器外部培养基流入中心管，沿着管螺旋上升，再从三个导流筒口排出，绕搅拌器外缘螺旋下降，从而达到培养基反复循环、混合均匀的效果。

气体经过环形分布器进入通气腔，培养液经过200目丝网截留细胞后与通入的空气进行气液交换，细胞不进入通气腔，因此不会因气泡带来细胞损伤。气体交换后的培养液又经丝网进入主体，供给细胞生长所需的营养物质。通气过程中所产生的泡沫则经管道到达液面上部，进入由200目不锈钢丝网制成的笼式消泡腔，泡沫经丝网破碎，实现深层通气而不产生气泡的目的。

搅拌式生物反应器的优势在于：①工艺简单、操作灵活，培养工艺易放大；②对贴壁细胞和悬浮细胞都有良好的适用性；③可提供良好的均质环境，产品质量稳定；④管路布置较为简单，细胞不易污染。

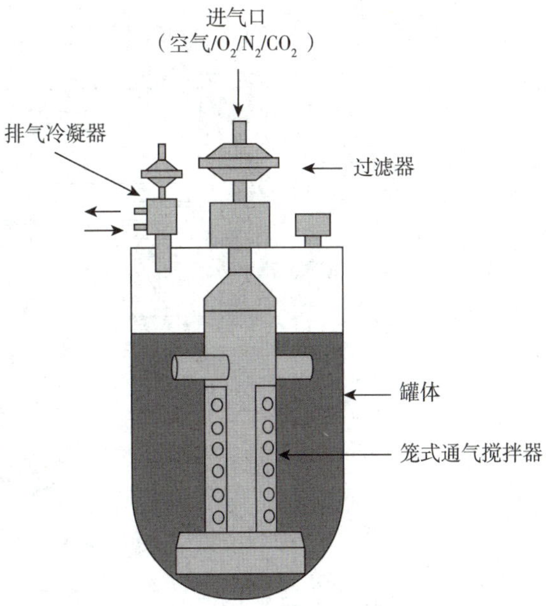

图 10-3 笼式通气搅拌式生物反应器示意图

二、气升式生物反应器

气升式生物反应器（airlift bioreactor）以气体上升为动力，气体由罐底的喷管进入反应器的导流管，使该部分液体的密度小于导流管外部液体密度，从而使液体形成循环流（图10-4）。在结构上，气升式生物反应器不同于搅拌式生物反应器，用气流代替不锈钢叶片搅拌，因而产生的剪切力更加温和，对细胞损伤较小。

气升式生物反应器按结构可分为内循环气升式、外循环气升式，动物细胞培养中一般采用内循环气升式。

气升式反应器的优势在于：①剪切力小，且罐体内无机械运动部件，细胞损伤率低；②结构设计简单，完全密封，不易污染；③可提供良好的均质环境，且氧气传递速率高，便于放大生产。其不足之处在于，气升式生物反应器中产生大量的气泡，对细胞有一定损伤。

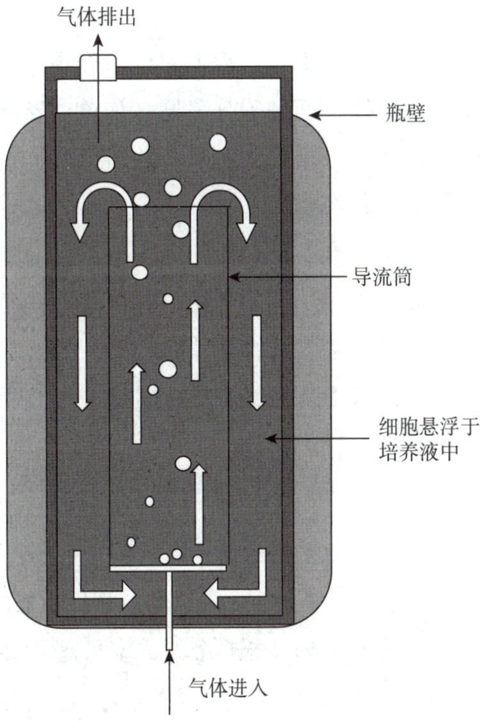

图 10-4 气升式生物反应器示意图

三、中空纤维式生物反应器

1972年，理查德·克瑞克（Richard Kncazek）等发明了中空纤维细胞培养技术。中空纤维式反应器（hollow fiber bioreactor）是一种利用人工“毛细管”即中空纤维为培养细胞提供物质代谢条件而建立的体外培养系统。目前，中空纤维式生物反应器主要有柱状、板框式、中心灌注式等形式，下面以柱状中空纤维式生物反应器为例进行介绍（图10-5）。

柱状中空纤维式反应器由中空纤维管组成，每根中空纤维管内径约为200μm，管壁为厚度50~75μm的极薄半透膜，可对一定相对分子量的物质进行截留，且具有亲水性，适合细胞贴附生长。数千根中空纤维封存于特制圆筒内组成一个培养筒，培养筒内形成两个空间：每根中空纤维管内灌流培养液，形成“内室”；管与管之间的空隙形成“外室”，细胞接种后即贴附生长于中空纤维管外侧的管壁上，吸收“内室”渗透出的养分，迅速生长繁殖。

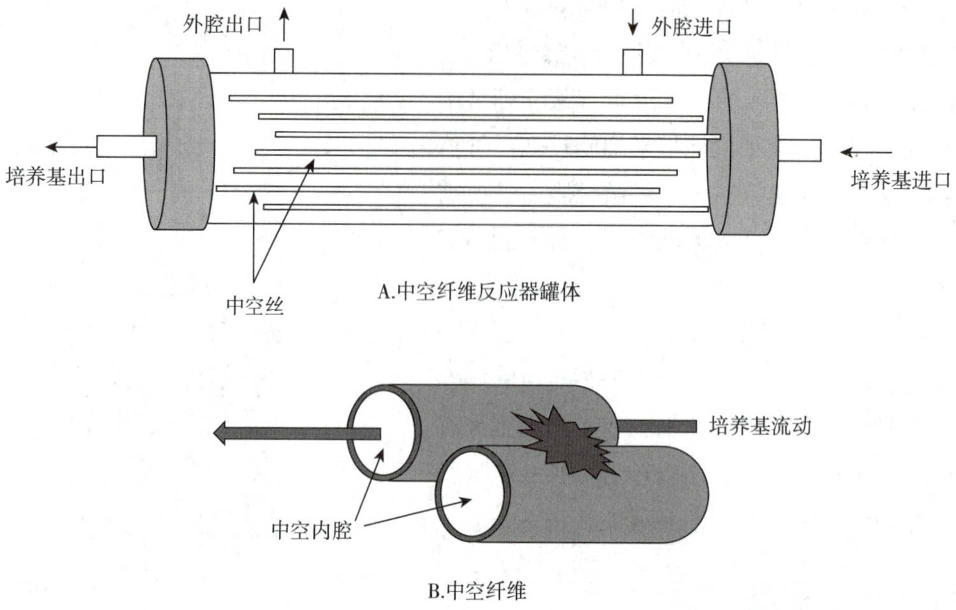

图 10－5 柱状中空纤维式反应器示意图

细胞生长繁殖过程中的代谢产物，因分子量较小，可渗入“内室”并被排出，因而不会对细胞产生毒害作用；而细胞分泌物（如单克隆抗体）的分子量较大，无法进入“内室”，在纤维管外部空间富集。因此，可根据细胞所需的细胞因子或自分泌因子，选择合适截留分子量的中空纤维，以获得高浓度的细胞表达产物。

中空纤维式反应器的优点包括：①培养器体积小，比表面积大，节省空间；②细胞生长密度高，可获得高浓度和纯度的产物；③自动化程度高，细胞生长周期长。其不足之处是：培养后期，因细胞大量堆积生长于中空纤维管外壁腔体，传质受限；纤维膜易堵塞和污染，不易清洗和维护；相对难以放大。

目前，中空纤维式反应器已进入工业化生产，主要用于培养杂交瘤细胞来生产单克隆抗体。

四、透析袋式或膜式生物反应器

为了避免动物细胞培养过程中产生的一些代谢产物对细胞的生长和产物的生成有抑制作用，设计出了透析袋式或膜式生物反应器。将反应器内设置成双室（培养基和细胞）或三室（培养基、细胞、产物）系统（图 10－6），根据需要，室与室之间装有滤膜，以达到保留和浓缩产品或分离提纯产品的目的。

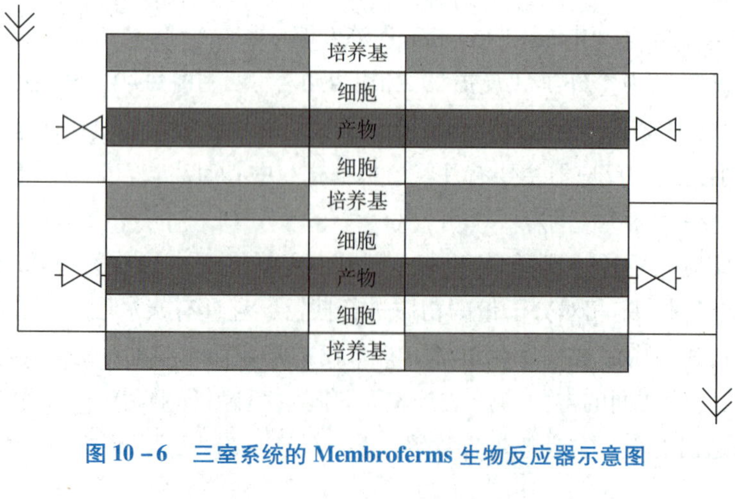

图 10－6 三室系统的 Membroferms 生物反应器示意图

五、填充床生物反应器

填充床生物反应器（packed bed bioreactor）包括流化床生物反应器和固定床生物反应器等，是在反应器中填充一定材质的填充物以供细胞贴壁生长，细胞通过反应器外循环灌流的培养液获取营养物质。由于没有机械搅拌和气泡，剪切力小。

（一）流化床生物反应器

流化床生物反应器是一种载体和悬浮固定化细胞相结合的生物反应器。反应器由不同的腔室组成，通常涉及三个相（固态、液态和气态），循环系统中采用膜气体交换器，床内填装有细胞黏附载体，细胞黏附于多孔微粒上，当培养液从流化床下向上输入时，载体内细胞可获得充分养料和氧气，同时排出代谢副产物，反应器中的液体流速足以使细胞微粒悬浮且避免了机械损伤。流化床反应器满足高密度细胞培养，使高产量细胞长时间保留在反应器中，优化了细胞生长和产物合成的环境。适用于微载体贴壁细胞、剪切力敏感细胞、包被细胞及分泌性的长期细胞的培养。

常见的流化床生物反应器有 Verax 公司的 CF－IMMO 培养系统——多级流化床生物反应器、SF－2000 流化床生物反应器。该类反应器专用于比重较大的多孔微球的培养。

（二）固定床生物反应器

固定床生物反应器中常用的两种多孔载体为大孔玻璃珠和聚酯纤维片，细胞和载体被固定，富氧培养基在固定床内循环，固定床上的载体能够不断地充分与新鲜培养液接触，可连续或分批获取浓缩产品并去除废弃培养基，下游纯化无需分离细胞。适用于贴壁细胞和剪切敏感细胞的培养，以及分泌性的长期细胞的培养。

固定床生物反应器超过一定水平后难以放大，反应器中的营养成分（尤其是氧）易形成轴向梯度而导致反应器内环境不均一，因此当前实际使用的填充床体积一般为 10～30L，用于单抗和重组蛋白的生产。

六、一次性生物反应器

一次性生物反应器的罐体通常由美国食品药品管理局（FDA）认可的塑料（聚乙烯、聚碳酸酯、聚苯乙烯等）制成，即装即用。一次性生物反应器常见规格在 10ml 到 2000L 之间，从种子细胞扩大培养阶段，到小试，至中试阶段均有广泛应用，其常见的形式可分为摇袋式和搅拌式。

（一）摇袋式生物反应器

摇袋式一次性生物反应器是将培养基和细胞置于一次性的密封、无菌且气密性良好的塑料袋中，通入无菌空气后形成一个具有一定空间的培养容器（图 10－7）。培养过程中，滤过空气持续进入袋内，同时袋子被置于摇动平台上，通过摇动，袋内培养液呈温和的波浪式运动，极大提高了培养液中的氧气溶解量，同时也促使培养液混合均匀。1998 年，美国 WAVE Bioreactor 摇袋式细胞培养生物反应器投入商品化生产。

摇袋式一次性生物反应器的优势在于：①无需清洗、消毒罐体，不易污染；②无搅拌剪切力，细胞损伤率低；③操作简单，使用方便，生产规模可调。适用于各种类型细胞培养，包括 CHO、NSO、杂交瘤细胞、HEK293、昆虫细胞/baculovirus 杆状病毒、T 细胞、植物细胞等。

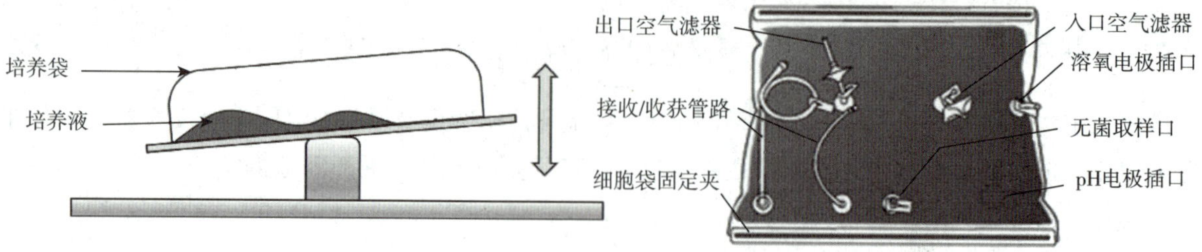

图 10－7　摇袋式生物反应器示意图

（二）搅拌式生物反应器

搅拌式一次性生物反应器根据培养罐体的设计和操作规模的不同，可分为多种类型。美国 GE 公司的 Xcellerex XDR 和 Thermo Scientific 公司的 HyClone Single－Use Bioreactor 是目前市场上广泛应用的两种搅拌式一次性生物反应器。两者均为动物细胞培养设计，运用一次性的圆柱形袋子作为罐体，罐体置于可加热的不锈钢支架中，不锈钢支架用于支撑和固定一次性罐体，搅拌桨、微泡通气、过滤器、各种电极的接口及管路等均安装在袋子上。不同的是，HyClone Single－Use Bioreactor 采用顶部机械搅拌，Xcellerex XDR 采用底部磁力搅拌。

搅拌式一次性生物反应器的尺寸和搅拌桨的位置等相关设计标准与不锈钢罐体的设计标准是一致的。大量实验证实，运用搅拌式一次性生物反应器得到的产品的质量和表达量与运用不锈钢生物反应器相当。目前，HyClone Single－Use Bioreactor 和 Xcellerex XDR 广泛应用于种子液制备、单抗及疫苗生产。

第四节　动物细胞生物反应器的检测控制系统

动物细胞生物反应器中，细胞及其所处环境构成了相对封闭的生态系统。在这一系统中，培养细胞和环境因子间存在相互作用。细胞的表型不仅由基因型决定，也与其所处的微观或宏观环境条件密切相关。因此，对生物反应器内细胞培养的运行参数进行监控，是实现工艺稳定和高质量产品的关键。

一、培养过程中的参数检测

随着生物反应器检测技术的不断提高，动物细胞大规模培养过程中的检测参数也不断增多（图10－8）。用于监测生物过程的方法基本可分为在线检测（on－line）和近线检测（at－line）两大类。

1. 在线检测　通常基于在线生物传感器设备，通过传感器将模拟量转换为电信号，经过调理电路转换成可被采集的电信号，在人机界面上进行显示，信号可实时监控。例如，生物传感器内的侵入式探头可对反应器内温度、溶氧、压力等条件进行实时监测。

2. 近线检测　是指先进行人工取样或自动取样，再利用附近的化学仪器对样品进行检验。例如，用高效液相色谱对目标分子、副产物或培养基成分进行检测分析。

二、主要参数的检测和控制

动物细胞培养过程中，温度、pH、溶氧浓度和搅拌速率是检测控制的主要参数。下面主要介绍温度、pH、溶氧浓度、搅拌速率、生物量、培养液成分、尾气等几项重要参数的监控。

（一）温度

动物细胞对温度波动敏感，培养温度通常控制在（37 ±0.25）℃内。培养过程中，温度降低会造成

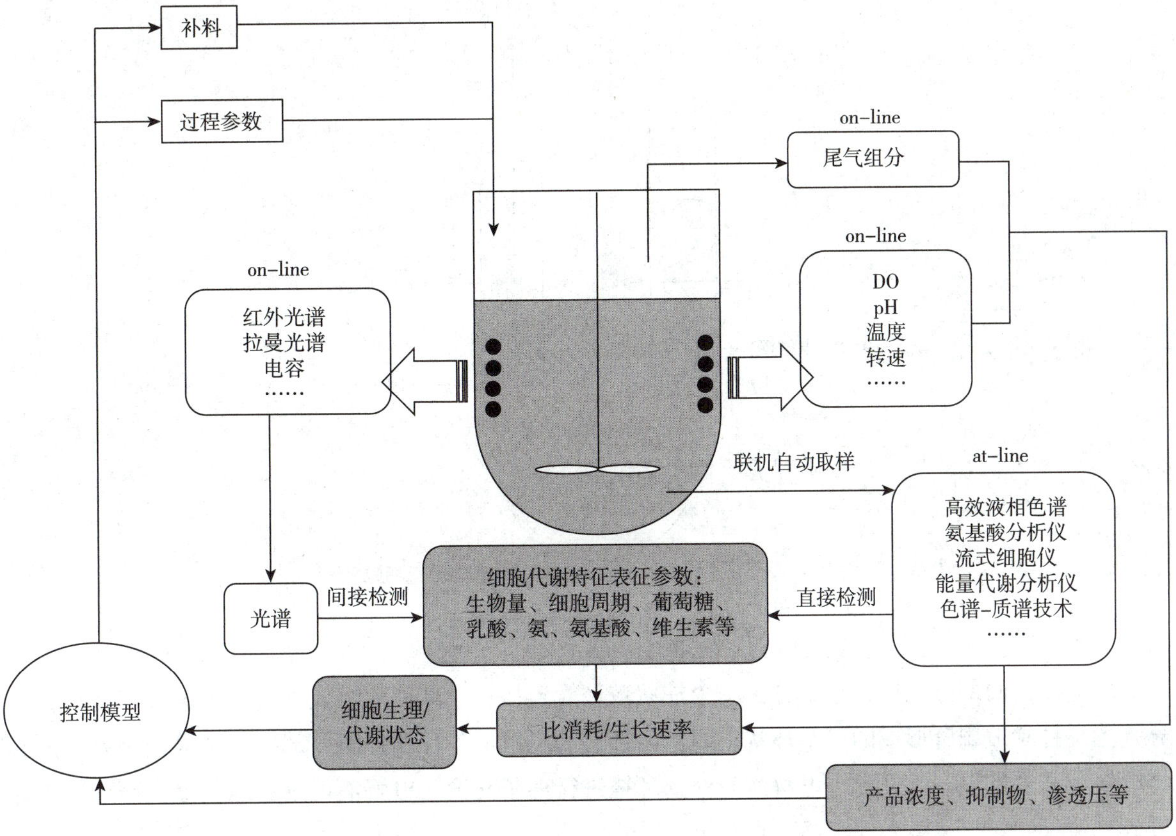

图 10－8　动物细胞培养过程参数检测

细胞生长代谢减缓；温度过高，细胞易失去活力，导致死亡。此外，动物细胞培养系统多采用低速搅拌，传动效率低，故参数调整过程中需防止温度过高。有些因目的蛋白表达的需要，可能需变温培养，一般控制在 30～37℃之间。

温度探头在线灭菌后可较长时间稳定，因此用于周期较长的流加式和灌流式培养的在线监测。此外，对于在线灭菌的生物反应器会安装多个温度检测点，用于监测灭菌过程。

检测温度的方法有很多，包括玻璃温度计、半导体热敏电阻温度计、热电偶、电阻温度计（铂电阻温度计、铜电阻温度计）等。有的温度计探头直接插入培养基；有的通过套管，并在套管内装入传热介质（如甘油）。

生物反应器的换热形式一般采用夹套循环换热，少数反应器采用内盘管形式换热。加热多采用蒸汽，或蒸汽与电加热相结合。通过控温仪或微处理机，以开关或三联控制方式（比例积分微分控制，proportional－integral－differential control，PID control）控制反应器的水套温度或加热垫开关，以达到对温度的调控。

（二）pH

pH 是细胞培养的关键性参数，对细胞的存活力、生长和代谢都有较大影响。细胞生长的最适 pH 因细胞类型不同而异，应先通过实验确定最适 pH，再通过输入 CO_2 和碳酸氢盐溶液维持恒定。动物细胞生长与表达的最适 pH 范围一般为 7.0～7.2。

pH 控制系统由 pH 电极、控制系统、蠕动泵、通气系统和外部酸碱储罐组成。玻璃氢电极是生物反应器上使用的标准 pH 值检测装置，结构如图 10－9 所示。

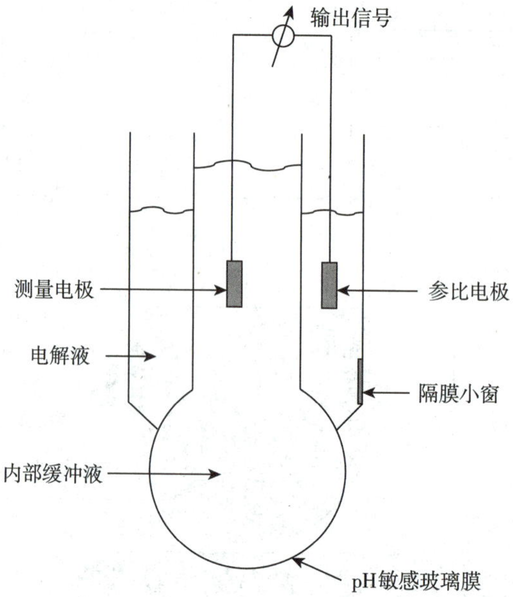

图 10－9 玻璃氢电极示意图

玻璃电极由两部分组成：一部分由一个柱状玻璃管连接一个玻璃球组成，内部充满缓冲溶液；另一部分是围绕柱状玻璃管形成的一个环状空间，内部充满电解液。环状空间下部有一个隔膜小窗，隔膜既可将电解液与外部隔开，又允许电解液与外部环境进行离子交换，电解液可透过隔膜渗出而外部液体无法进入。

玻璃球底部有一层非常薄的特殊玻璃膜，厚度为 0.2～0.5mm。玻璃膜与水溶液接触时能够与水作用，在其表面形成厚达 50～5000 埃米的水化凝胶层，凝胶层内有氢离子。玻璃膜内部也存在凝胶层，但因缓冲溶液的存在，该凝胶层内氢离子浓度基本保持不变。因此，当玻璃膜外氢离子浓度发生变化时，膜内、外电位差发生变化。

培养初期，培养基的 pH 通常偏高，此时主要通过用电磁阀控制进入培养基的 CO_2 量来使 pH 下降。当细胞密度增大时，代谢产物乳酸的积累使 pH 下降，此时可通过控制加碱蠕动泵，流加 $NaHCO_3$ 或 NaOH 来提高培养液 pH。

（三）溶氧浓度（DO）

溶解氧是细胞代谢过程中的重要成分，可影响细胞的产率，并间接或直接影响细胞的代谢。维持一定的溶氧浓度且不损伤细胞是动物细胞大规模培养中的一个关键因素。细胞在缺氧环境中不能生存，溶氧过低会减缓细胞生长，溶氧过高不仅对细胞会产生毒性作用，抑制细胞生长，也会提高生产成本。

细胞类型不同，溶氧浓度的最适水平不同，且在不同生长阶段，细胞对氧的需求是不同的。动物细胞在培养初期耗氧量较少，随着细胞生长、增殖的需求，耗氧量增大，其中，对数生长期细胞的耗氧能力较强。一般大规模培养过程中，溶氧浓度控制为 20%～60% 的空气饱和度。

溶氧浓度的检测主要有碘量法、电化学电极检测法、荧光淬灭法、电导测定法和阳极伏安法。其中，碘量法较精确，但不适合在线检测；电化学电极法适用于多数生物反应器的在线检测。

目前用于生物反应器检测溶氧的传感器，多数为电流式或极谱式覆膜溶氧电极（图 10－10）。二者其原理相同，即当给浸入稀盐酸溶液的两根电极间加上合适的电压时，氧被还原，线路中产生电流。

1. 电流电极 培养液中的氧经透氧膜进入电极，经过电解液薄层到达阳极，氧在阳极获得电子生成氢氧根离子，并在阴极、阳极之间产生可测量的电信号。反应如下：

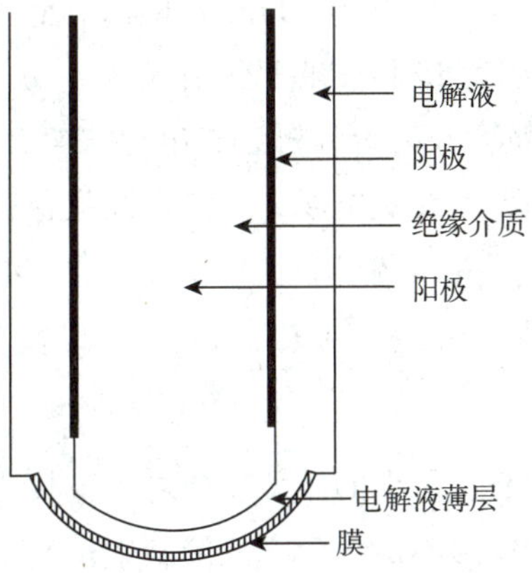

图 10－10　覆膜溶氧电极示意图

阳极反应：　$O_2 + 2H_2O + 4e \rightarrow 4OH^-$

阴极反应：　$Pb \rightarrow Pb^{2+} + 2e$

总反应：　$O_2 + 2Pb + 2H_2O \rightarrow 2Pb(OH)_2$

阴、阳极之间信号的强弱与到达阳极进行反应的氧分子数量成正比。因此，待测溶液中溶氧浓度越高，到达阳极的氧分子越多，产生的电信号越明显。电极寿命取决于阴极表面的铅量。

2. 极谱电极　阴极由金或铂组成，阳极由银/氯化银（Ag/AgCl）组成，电解液一般由 AgCl、KCl 和一些高分子化合物组成。极谱电极在使用时需在其阴、阳极之间加一个反向电压，当氧到达阴极时得到电子，从而产生电信号。反应如下：

阴极反应：　$O_2 + 2H_2O + 2e \rightarrow H_2O_2 + 2OH^-$

$H_2O_2 + 2e \rightarrow + 2OH^-$

阳极反应：　$Ag + Cl^- \rightarrow AgCl + e$

总反应：　$4Ag + O_2 + 2H_2O + 4Cl^- \rightarrow 4AgCl + 4OH^-$

电极寿命取决于阳极表面的银量。

由于氧属于难溶性气体，在 25℃，一个大气压时，培养液中的平衡浓度不超过 $8g/m^3$，实际可被细胞利用的在 20% 以下，所以大部分氧未被利用即从反应器中排出。因此，供氧的控制和氧的传导效率是反映生物反应器性能的重要指标。由于动物细胞对搅拌引起的剪切力和气泡都很敏感，常采用以下措施来保持一定的溶氧浓度：①改变进气的组成，通常根据工艺设定合理的 DO 范围，通过 DO 电极检测并以三联控制方式调节 O_2、N_2、CO_2和空气 4 种气体的进气比例；②加大通气量；③适当提高转速。为避免剪切力损伤，可加入 Pluronic F68 等试剂对细胞提供一定程度的保护。此外，适当提高罐压也是一种可取的方式。

（四）搅拌速率

搅拌转速作为基础运行参数，不仅影响液相主体的混合和物质能量的传递速率，还会引起流体剪切和微载体碰撞。因细胞种类、培养方式等的不同，生物反应器中的转速各不相同。在动物细胞培养中，由于细胞没有细胞壁，对剪切力较敏感，搅拌速率一般控制在 100r/min 左右。在采用微载体培养时，为了使细胞黏附不脱落，搅拌速率常采用 40～60r/min。目前采用电磁感应技术，用转速计显示转速。

（五）生物量

生物量是动物细胞培养过程中最重要的过程变量，其测量方法可分为在线检测和离线检测。

1. 离线检测 主要是取样后通过对一定体积的样品进行细胞计数来测算细胞密度，此方法易受外界因素影响，无法实时监测培养过程中活细胞密度变化情况。

2. 在线检测 主要有近红外光谱法、荧光分析法、电容法等，其中，电容法应用较为广泛。电容法是利用活细胞传感器对样品施加周期性交变电场，并测量细胞悬液的电容，根据电容值估算活细胞浓度。活细胞传感器可以确定活细胞浓度并预测产品水平，确定非活细胞浓度以追踪细胞死亡动力学并据此确定收获时间。

（六）培养液成分

葡萄糖是细胞生长和表达过程中必不可少的碳源物质之一，其消耗程度直接反映细胞代谢水平。在细胞生长、表达旺盛阶段，若葡萄糖供给不足，会降低细胞生长速率和产物表达量。此外，培养过程中还应监测氨、乳酸盐类等代谢副产物在培养液中的含量，维持其在较低水平，避免对细胞产生损害。

长期以来，红外光谱一直被用于固体、液体或气体样品中化合物的表征。对于细胞培养液，通常采用透射式测量，用于实时监控培养过程中培养基成分的改变。

此外，拉曼光谱是通过分子振动测量在不同频率上非弹性散射的光量，具有很高的化学特异性，一些用红外光谱无法检测的信息在拉曼光谱中能很好地表现出来，而且不需要样品制备就可以很容易地应用于各种水体系。因此，拉曼光谱被认为是最有前途的复杂细胞培养系统在线分析的光谱方法。

（七）尾气

细胞培养过程中，细胞代谢状态可以通过检测培养过程中尾气的氧和二氧化碳浓度变化进行表征，并计算细胞代谢关键参数，例如氧气消耗速率（OUR）、二氧化碳生产速率（CER）、呼吸熵（RQ）等。

耗氧量是细胞代谢活动的一个关键指标。细胞处于对数生长期时，葡萄糖转化为乳酸，耗氧速率随细胞浓度增加而增加。

尾气质谱分析仪主要用于尾气中 O_2、CO_2和 N_2浓度的测定。采用电子轰击离子源，来源于不同发酵罐的尾气经过在线预处理后，通过多通道旋转阀不断输入电离室形成离子，利用带电粒子在电场中的运动规律，四极杆质量分析器将离子源产生的离子按其质核比进行分离，测定离子质量强度分布，得到化合物种类及其浓度信息，从而反映发酵尾气成分变化。

上述是几种常见的基本控制参数。此外，对罐压（自动气动薄膜阀控制）、液位（电接触点控制）、质量及溶解的二氧化碳等参数，在培养过程中也需进行监测。

在动物细胞大规模培养中，活细胞的生物反应过程具有复杂的生理代谢特征，因此，对生物反应器中的细胞培养过程实行多尺度相关参数分析，尤其是关键质量参数的监控至关重要。近年来，生物制造行业在过程控制方面有了很大的提高。计算机在生物反应器中的应用，使细胞大规模培养过程中参数的测定和控制更加方便、更加精确。

实现大规模、自动化、低成本、高目的产物质量与产量的动物细胞培养，提高我国工业生物过程自动化、数字化和智能化水平，是我们的奋斗目标。

实例分析

实例

哺乳动物细胞灌流培养工艺研究进展。

实例分析

问题

1. 简述灌流培养工艺的优势。
2. 灌流培养工艺中常用的细胞截留技术有哪些？
3. 简述灌流培养工艺的不足。

思考题

1. 简述贴壁－悬浮培养方法的优势。
2. 比较分批式培养、连续式培养和灌流式培养的区别，及其各自的优缺点。
3. 简述理想的生物反应器需具备的基本要求。列举几个常用的生物反应器。
4. 为什么要对生物反应器内细胞培养的运行参数进行监测？你认为哪些参数是最基本的工艺参数？

书网融合……

参考答案　本章小结　微课 1　微课 2　拓展题

第十一章　动物细胞工程制药

PPT

学习目标

【知识要求】

1. **掌握**　哺乳动物细胞表达系统生产重组蛋白药物的基本流程；基因工程抗体的分类和特点；疫苗的分类和特点。

2. **熟悉**　哺乳动物细胞表达系统生产重组蛋白药物的基本概念和相关技术；抗体人源化和全人源化技术。

3. **了解**　抗体药物和疫苗生产的基本流程；转基因动物制作方法，转基因生物反应器分类。

【技能要求】

学会用本章的一般知识理解重组蛋白药物、抗体药物和疫苗的制备过程；具有分析各类抗体和疫苗优缺点的能力；学会应用重组蛋白、抗体和疫苗的基本作用原理解决其应用过程中的难题。

【素质要求】

树立在动物细胞培养生产疫苗的过程中遵循科学原则和实验操作规范的意识，确保疫苗的质量和安全性；认识到团队合作和沟通的重要性；重视伦理道德和社会责任，严格遵守相关法规和规定，确保疫苗的生产和使用符合伦理道德和社会责任的要求。

动物细胞工程制药是动物细胞工程技术在制药工业方面的应用。动物细胞工程（animal cell engineering）是以动物细胞为单位，按照人们的意志，应用细胞生物学、分子生物学等理论和技术，有目的地进行设计，改变动物细胞的某些遗传特性，达到改良或产生新品种的目的，以及使细胞增加或重新获得产生某种特定产物的能力，从而可以在离体条件下进行大量培养增殖，生产对人类有用的产品的一门应用科学和工程技术。动物细胞工程在生物制药的研究和应用中起关键作用，目前全世界生物技术药物中使用动物细胞工程生产的已超过80%，如蛋白质、单克隆抗体、疫苗等。

细胞工程制药具有高投入、高风险、高收益的产业特性，是目前医药产业中发展最快、最有活力、技术含量最高的领域之一。目前全球前30个最有价值的医药产品中，有一半以上来自细胞工程药物。依托生物技术的高速发展，细胞工程已成为生物工程高新技术领域不可缺少的一部分。

与合成药物不同，用生物技术生产的活性药物成分主要为重组蛋白和核酸。目前已商品化的生物技术药物的活性成分又以重组蛋白为主。用以生产重组蛋白的表达系统主要有：细菌（如大肠埃希菌）等原核表达系统，真菌（如酿酒酵母）、哺乳动物细胞（如中国仓鼠卵巢细胞 CHO）、昆虫细胞和植物细胞等真核表达系统，转基因动物（乳汁、血液）表达系统以及体外无细胞蛋白合成系统等。

上述每个系统在生产生物技术药物方面都有各自的优缺点，需要根据重组蛋白的特性使用合适的表达系统。其中，动物细胞表达系统在生产各种特殊生物制品方面表现出其他表达系统无法取代的优势，主要表现在：①重组蛋白能实现精确折叠，二硫键的形成和多聚化等，形成正确构象；②能够完成复杂的蛋白质翻译后加工，包括磷酸化、*N*-型和*O*-型糖基化等多种修饰，因而外源蛋白的结构和生物功能最为接近天然的高等生物蛋白质；③能使外源蛋白更好地分泌；④表达的目的蛋白产物不易降解。因此，对结构复杂、分子量大，糖基化程度高，或二硫键数目多的药用蛋白，如组织型纤溶酶原激活剂、促红细胞生成素、抗凝血酶Ⅲ、单克隆抗体等，用哺乳动物细胞表达系统来生产是首选方式。但是该系统的缺点是：操作技术要求高、细胞生长慢、表达效率较低、成本高、放大生产困难等。

本章将重点介绍以动物细胞为宿主，也包括利用转基因动物作为反应器，来制备重组蛋白药物、单克隆抗体和疫苗等生物工程制药产品的基本过程。

第一节 重组蛋白药物的生产

一、概述

重组蛋白药物（recombinant protein drug）也称为基因重组蛋白药物，是采用 DNA 重组技术，对编码目的蛋白的基因进行优化修饰，并利用载体将目的基因导入合适的宿主细胞进行蛋白表达，最后经提取和纯化等技术制备的具有生物活性的蛋白制品。目前上市的重组蛋白药物大致可以分为多肽类激素（如人胰岛素和人生长激素）、人造血因子（如重组人促红细胞生成素和巨噬细胞集落刺激因子）、细胞因子（如 α 干扰素和 β 干扰素）、生长因子（碱性成纤维细胞生长因子和表皮细胞生长因子）和人血浆蛋白因子（如重组人抗凝血酶和 C 反应蛋白），不包括重组疫苗和抗体。

与大部分药物研发过程一样，重组蛋白药物研发主要包括药学研究、药理毒理研究和临床研究三个部分。其中，药学研究又包括实验室研究和中试研究两个阶段。实验室研究内容包括重组工程细胞构建、细胞培养与蛋白表达、目的蛋白分离纯化、蛋白药物制剂分装，以及贯穿其间的质量研究与质量控制等内容。中试研究主要包括中试工艺放大、质量标准建立和稳定性实验等内容。药理毒理研究主要包括药效学、药物代谢动力学和安全评价等内容。当药物研发进入药学中试研究和药理毒理研究阶段，可以称为进入临床前研究阶段。在开始人体临床试验前，研究者必须递交临床研究申请，经药监部门（如中国国家药品监督管理局或美国 FDA）安全评估和审批后，方可启动临床试验。在获取新药证书前需要完成Ⅰ、Ⅱ和Ⅲ期临床试验，新药上市后还要继续进行Ⅳ期临床试验。其一般流程如图 11－1 所示。

Ⅰ期临床试验：初步的临床药理学及人体安全性评价试验。观察人体对于新药的耐受程度和药代动力学，为制定给药方案提供依据。试验对象为健康志愿者。

Ⅱ期临床试验：治疗作用的初步评价阶段。其目的是初步评价药物对目标适应证患者的治疗作用和安全性，也包括为Ⅲ期临床试验研究设计和给药剂量方案的确定提供依据。此阶段的研究设计可以根据具体的研究目的，采用多种形式，包括随机双盲法对照临床试验。一般要求有 100 对患者的数据。

Ⅲ期临床试验：治疗作用确证阶段。其目的是进一步验证药物对目标适应证患者的治疗作用和安全性，评价利益与风险关系，最终为药物注册申请获得批准提供充分的依据。试验一般应为具有足够样本量的随机双盲法对照试验。此阶段如果评审合格，即可获得新药证书。

Ⅳ期临床试验：新药上市后应用研究阶段。其目的是考察在广泛使用条件下的药物的疗效和不良反应，评价在普通或者特殊人群中使用的利益与风险关系，改进给药剂量等。

二、工程细胞的构建

重组蛋白药物可以在原核细胞、酵母细胞或动植物细胞中进行表达，此处重点介绍以动物细胞为宿主表达生产重组蛋白药物。

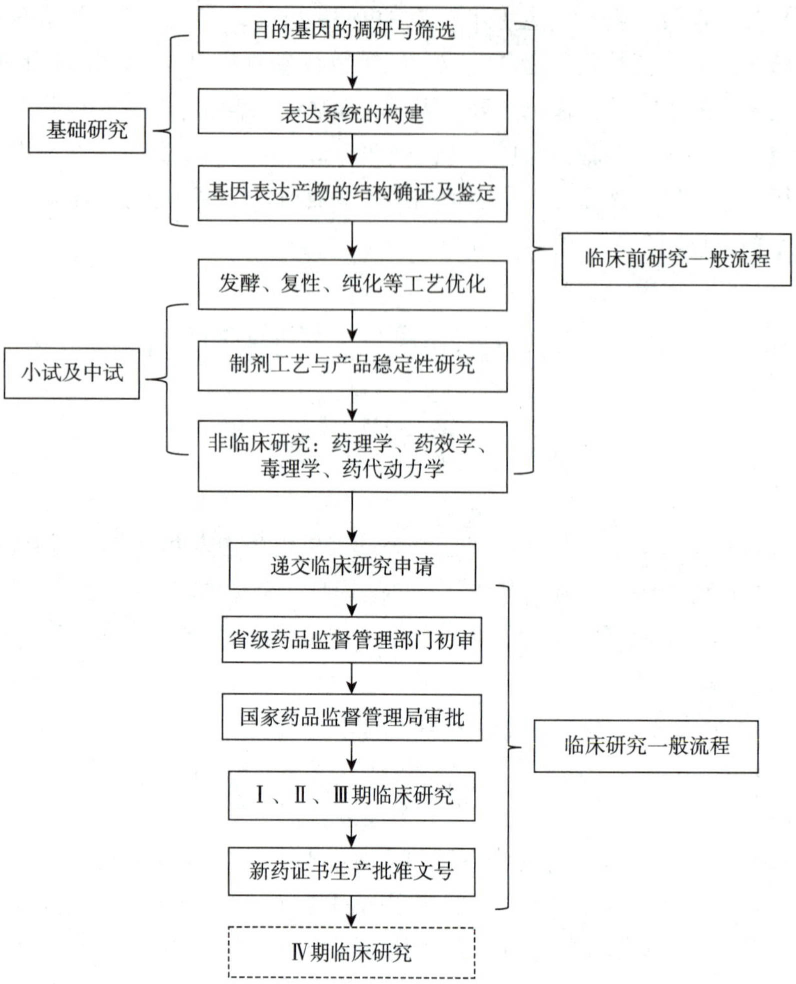

图 11－1 生物技术药物研发审批一般流程

重组蛋白药物的生产基础是基因重组技术，关键要素包括基因、载体和宿主细胞。具体的构建过程分为目的基因的获取、重组表达载体的构建、重组载体的转染、重组工程细胞的筛选以及重组工程细胞库的建立等步骤，此部分内容详见第三章“目的基因的制备与导入”及第九章“生产用动物细胞”。

三、细胞培养和目的蛋白表达

（一）动物细胞的培养类型

哺乳动物细胞表达系统是现代重组药物制备的主流技术方向。用于重组蛋白表达的哺乳动物细胞，一般要求必须可以在体外稳定传代培养。根据细胞株对体外生长支持条件的要求，可以分为贴壁依赖型细胞（贴壁细胞）、非贴壁依赖型细胞（悬浮细胞）和兼性贴壁细胞三种类型。

大多数动物细胞，如成纤维细胞、上皮细胞和神经细胞等需要有黏附在一定的支持介质上才能生长；来源于血液、淋巴和某些肿瘤组织的细胞可以不需要支持介质而悬浮生长；来源于生殖系统和泌尿组织的大部分细胞既可以贴壁生长，也可以悬浮生长。

（二）动物细胞培养的一般要求

动物细胞体外生长主要在培养液中，要考虑的因素包括营养成分、温度、pH、溶解氧、渗透压以及无菌环境。基础培养基的主要成分为氨基酸、维生素、无机离子和碳水化合物，在不同的细胞培养过程中，往往还需要添加激素、细胞因子或者动物血清等成分。但是在实际生产过程中，无血清和无动物源蛋白培养基已成为标准要求。在实验室静置培养的动物细胞一般置于 CO_2 培养箱中，通过5%的 CO_2 浓度环境维持细胞的正常耗氧；而在生物反应器中，细胞因密度很大，需要另外给予一定的空气补氧。此外，哺乳动物细胞培养温度通常为正常体温37℃，或者略低，超过37℃可能会引起细胞的损伤乃至死亡。合适的pH为7.2~7.4，过低或过高的pH都会对细胞生长不利。大多数细胞的渗透压在260~320mOsm/L范围内。

与微生物细胞相比，哺乳动物细胞表现为环境适应能力差、个体大、无细胞壁、抗剪切力强度低等特点。另外，细胞生长相对缓慢，生长周期长，对培养条件要求高，对污染的抵抗能力弱。因此，哺乳动物细胞在培养过程中需要比微生物细胞更加严格的环境条件和营养条件，培养成本比较高。

（三）哺乳动物细胞大规模培养

将工作种子库中的细胞株取出，复苏和扩大培养后，可转入生物反应器进行大规模培养。如果是悬浮细胞，可以直接转入生物反应器培养；如果是贴壁培养细胞，则需要将细胞消化后转入铺设有足够数量微载体的生物反应器，采用低速间歇搅拌转动的方式，让贴壁细胞逐步黏附到微载体上并形成单层细胞，逐渐延长搅拌时间和提升转速，使贴壁细胞的微载体始终处于搅拌悬浮状态。

哺乳动物细胞培养生物反应器根据大小决定材质，一般培养体积在5L以下的采用玻璃罐体，或一次性袋式培养器，或玻璃转瓶；5L以上的采用不锈钢罐体，最大的生产用生物反应器可达上万升。罐式生物反应器通常设计成夹套式温度控制结构，而袋式培养器与玻璃转瓶需要放置在恒温环境中振荡或旋转来控制培养温度。随着技术进步，加之生产需要，一次性反应袋在哺乳动物细胞生产重组蛋白药物产品中的使用逐渐增多。即在原有的不锈钢罐外壳内，增加一个高分子材料制作的反应袋，该反应袋与外界可通过过滤装置实现物料进出，通过夹套式接口安装各类指标控制单元以控制细胞培养条件。一次性反应袋的使用，可以减少生产批次间的罐体清洗、零配件更换、培养体系验证等复杂过程，从而大大缩短了批次之间的间隔时间，提高了系统使用率和可靠性。

用生物反应器大规模培养动物细胞时，培养液补充方式通常有流加与灌流两种方式。流加培养也称为批次培养，即根据培养液的营养成分、pH等参数的变化，不断补加相应成分，最终保证每一罐细胞培养物生产的含目的蛋白的培养液为一批产品原料。而灌流培养则是在细胞培养过程中，不断放出含目的蛋白的培养液，同时不断补充新鲜培养基，使细胞继续培养和表达目的蛋白。这两种培养方式的差别在于，流加培养需要足够大的培养罐，设备制造成本高，但是单一批次产品的均一性好，生产周期较短，污染机会较少；灌流培养所需要的培养罐相对较小，制造成本较低，但是多次放出的培养液质量会有一定差异，生产周期长，细胞可能会出现老化，同时也增加了培养过程受污染的机会。

动物细胞生物反应器常用的搅拌模式有机械搅拌式和气升式两种。机械搅拌式是罐体中间有带有搅拌桨叶的搅拌轴，通过轴的转动带动桨叶搅动培养基，使细胞和营养成分混合均匀。气升式是从罐底通入气体，使细胞在罐内升腾翻转，还可以同时补充细胞需要的氧气。这种方式，剪切力相对较小，但是罐底没有机械部件，细胞操纵性较低。两种方式均可以保证培养液中营养成分的均匀分布，以满足细胞生长需求。

（四）目的蛋白表达

哺乳动物细胞表达目的蛋白一般有诱导表达、瞬时表达和稳定表达等方式。鉴于诱导剂潜在的安全性问题，现在哺乳动物细胞表达重组蛋白药物时一般不采用诱导表达方式。瞬时表达生产目的蛋白时，重组表达载体不必进入细胞核并整合到染色体上，具有简洁、易操作的优点，但同时又存在表达时限短的缺点，通常用于产品研究开发阶段，较少用于药品生产过程。稳定表达是指重组表达载体进入细胞核，并将目的蛋白基因整合到细胞的染色体上，可以随细胞正常的生物学周期而稳定表达目的蛋白。该方式具有稳定、高效、长时间表达的优点，但也具有筛选操作比较复杂的缺点，产品上市后的生产过程通常需要采取这种表达方式。

随着大规模哺乳动物细胞培养与重组蛋白表达技术的提高，重组蛋白的表达量从 1g/L 提升到接近 10g/L 的水平，但与大肠埃希菌相比，哺乳动物细胞的表达水平仍然较低。因此，建立哺乳动物细胞高效表达体系，包括高表达载体构建、高表达工程细胞株的获得、改进培养工艺，是生物制药工业研究的热门领域。

四、表达产物的分离纯化

作为药物的目的蛋白必须达到相当的纯度才能使用，否则目的蛋白中的杂质可能会在体内发挥各种生物活性，导致严重的不良反应。

通过重组表达获得的原料，存在的特点包括如下。①目的蛋白含量低：最高也只占总蛋白的 50% 左右，有的甚至不到总蛋白的 10%。②原料组成复杂：不仅有蛋白质、多肽、氨基酸、核酸、多糖、纤维素等较大分子物质，还有细胞代谢产生的小分子，如各类电解质、有机小分子等。特别是目的蛋白与杂蛋白的性质相近，常常难以通过比较高效简洁的方法进行分离。③重组蛋白稳定性差：更容易受到外界环境如 pH、温度、离子、剪切力、表面张力、酶等因素的影响，出现聚合或降解等情况。

目的蛋白作为药物，根据适应证和给药方式等的差别，各类蛋白药物的质量要求不一，如蛋白纯度、含量、缓冲液条件、辅料与保护剂等均不同，所以，必须选择不同的分离纯化技术以及各种技术的组合。

蛋白质分离纯化常以生物化学方法为主，也可以结合一些物理学技术、有机化学技术以达到分离纯化的目的。任何一种方法的采用，均需充分考虑目的蛋白与其他杂蛋白之间的主要特性差异，采用不同的方法进行分离纯化。

根据蛋白质相对分子质量大小的差别，一般可以采用离心、过滤、盐析、沉淀、透析，以及分子筛色谱（凝胶过滤）的方法进行分离纯化；根据蛋白质等电点、表面电荷以及质荷比的不同，可以采取离子交换色谱、电泳、吸附、沉淀等方法分离；根据蛋白质分子表面基团的亲水性或疏水性的不同，可以采取萃取、疏水色谱或反相色谱技术予以分离；根据蛋白质分子溶解性的不同，可以采取变性与复性、盐析、沉淀、吸附、结晶、透析等技术进行分离；针对蛋白质的特异性，可以采用亲和色谱技术将目的蛋白与配基结合，从而与其他杂质进行分离；通过稳定性差异，还可通过适当加温或降温的方法，让部分蛋白质变性，从而与其他蛋白质分离。

各类蛋白质分离纯化技术中，离心、过滤、盐析、沉淀、透析等大多是物理学技术，相对比较温和、简便，一般来说耗时较短，对蛋白质结构和性状的影响较小。色谱、变性和复性、电泳、吸附等大部分是生物化学技术、有机化学技术或生物学技术，分离效率高，但是操作相对复杂，一般分离时间较长，对蛋白质结构或性状的影响相对较大。重组蛋白不能靠单一的分离纯化技术达到最终要求，通常需要多种技术组合使用。分离纯化的一般原则为：首先采取成本最低、可以将大部分杂质分离、对目的蛋白影响最小、最大限度缩小原料体积的技术方法；然后，在主要分离纯化步骤中尽量采用过滤与色谱等高效率的分离技术；特殊情况下，采用成本最高的限速技术（如凝胶过滤、亲和色谱等）作为精细纯化的最后步骤，达到蛋白原液的纯度要求。对于重组蛋白纯度的检测，目前一般要求采用两种以上的方法，一般采用非还原型十二烷基硫酸钠聚丙烯酰胺凝胶电泳（sodium dodecyl sulfate polyacrylamide gel electrophoresis，SDS－PAGE）和高效液相色谱（high－performance liquid chromatography，HPLC）。其中，HPLC 技术要求以对目的蛋白纯度变化最敏感的色谱柱来检测。

在重组蛋白生产过程中，动物细胞表达的产品与基因工程菌表达的不同，一般都是以分泌在胞外的活性蛋白形式出现在培养上清液中，因此不需要如基因工程菌那样，先破碎菌体、收集包涵体，并进行复性等处理。动物细胞表达蛋白分离纯化的主要方法包括各种原理的色谱和膜分离技术等，同时随着分离介质的开发和不断发展，新的方法也将得到越来越广泛的应用。

（一）过滤与超滤

过滤是一种膜分离技术，它通过膜表面的微孔结构对物质进行选择性分离。根据截留物质颗粒大小，可分为过滤、微滤、超滤、纳滤和反渗透等。过滤精度超过 50μm，称过滤；精度在 0.1～50μm，称微滤；精度为 1～100nm，称超滤；精度为 0.1～1nm，称纳滤；过滤精度为 0.1nm 以下，同时需要很高压力实现过滤的方式，称反渗透。一般情况下，溶液中的溶质从浓度高的一侧通过渗透膜进入浓度低的一侧，在极高压力（>100MPa）下，溶质可以从浓度低的一侧透膜进入浓度高的一侧，这个过程称为反渗透。

过滤技术一般用于固体不溶性颗粒的分离，如细胞碎片、聚合的大分子物质等。其中，截留微生物如细菌、真菌、螺旋体等，以及一些大分子胶体物质（相对分子质量大于 50000Da），可以采用微滤，常用 0.22μm、0.45μm 的除菌滤膜；分离大分子物质如蛋白质、胶体等，或者截留病毒、支原体、衣原体等微生物，可以采用超滤；分离直链大分子如多糖、色素、有机物等，或者部分脱盐，可以采用纳滤；更换蛋白溶液缓冲体系或者脱盐，则采用反渗透膜及相关装置可达到目的。其中，微滤与超滤的滤膜－滤孔比例示意图如图 11－2 所示。

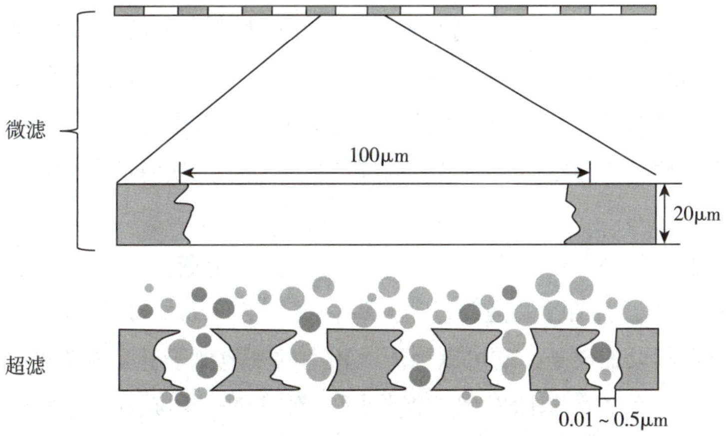

图 11－2　微滤与超滤的滤膜－滤孔比例示意图

从宏观角度看，滤膜上是一些孔壁光滑平整的小孔，但其实放大后可以发现，膜孔壁是凹凸不平的。微滤通常采用与膜介质平面垂直的压力，小分子物质将直接穿过介质上的微孔到达介质的另一面，而较大分子的物质则被截留，达到分离效果。超滤时，膜孔径相近于滤膜厚度甚至小很多，膜孔实际变成了一条弯曲的管道。如果采用与膜介质平面垂直的压力，部分与孔径尺寸大小相近的物质可能会堵塞滤孔，各类物质积压在膜介质表面，导致过滤功能丧失。因此，超滤常采用切向（与膜介质平面平行）压力，让小分子物质在流过膜表面时自由穿过，其他大分子物质和没有穿过的小分子物质再次循环从介质表面流过，这样反复多次即可达到完全分离的效果。为了提高超滤效果，增大超滤面积，超滤膜还可以多层重叠，让混合液通过时向两侧同时滤过小分子；或者将超滤膜制成中空纤维管，混合液从管内流过，小分子物质通过管壁超滤到中空纤维间隙，如图 11－3 所示。

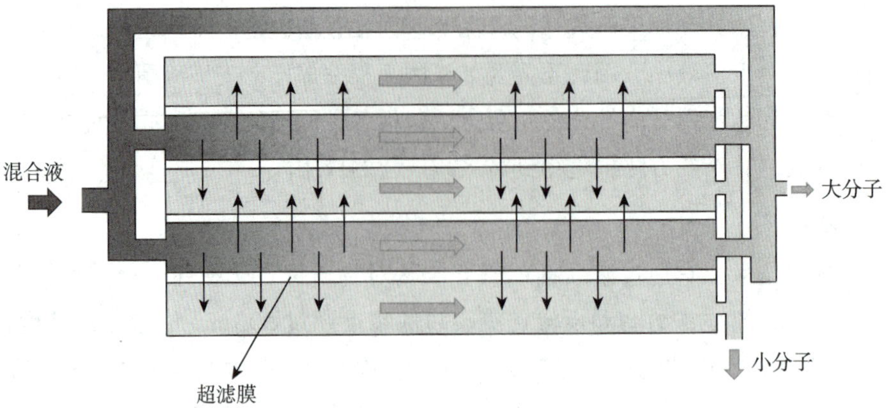

图 11－3　超滤膜包示意图

（二）色谱

色谱技术（chromatography technology）也称为层析技术，是指含混合物的流动相流经固定相，依据混合物中组分与固定相结合力的差别而实现组分分离的技术。

根据承载固定相支持物的结构，色谱技术分为平面色谱（纸色谱、薄膜色谱）和柱色谱。用于蛋白质分离纯化的主要是柱色谱，平面色谱更多应用于样品分析。根据流动相的性质，主要有液相色谱和气相色谱。气相色谱主要用于微量样品的分析，而液相色谱主要用于样品的分离纯化。在蛋白质药物的分离纯化工艺中，最常采用的是疏水色谱、离子交换色谱、凝胶过滤色谱、亲和色谱与吸附色谱。色谱技术具有分离效率高、分析速度快、灵敏度高和应用范围广等优点，是重组蛋白分离纯化的最常用技术。

1. 离子交换色谱（ion－exchange chromatography，IEC） 是利用各类分子的解离度、离子净电荷和表面电荷分布差异来进行分离的一种分离纯化生物大分子的技术方法，其固定相采用固体离子交换剂，利用流动相中各组分离子与固定相上的平衡离子产生可逆性交换时结合力大小的差别来达到分离的目的。

离子交换剂由不溶于水的高分子聚合物基质（如纤维素、树脂、葡聚糖凝胶等）通过一定化学反应结合上电荷基团（强酸性、弱酸性、强碱性、弱碱性等）而形成，平衡离子是缓冲液中结合在电荷基团上并与电荷基团电性相反的离子，它可以与流动相中的其他离子基团发生可逆交换反应。当平衡离子带正电荷时，可以与正电荷离子基团发生交换作用，称阳离子交换剂，这种色谱称为阳离子交换色谱；当平衡离子带负电荷时，可以与负电荷离子基团发生交换作用，称阴离子交换剂，这种色谱称为阴离子交换色谱。

各种蛋白质的氨基酸组成不同，有的含酸性氨基酸（如天冬氨酸、谷氨酸）较多，有的含碱性氨基酸（如赖氨酸、精氨酸、组氨酸）较多，因此在某一特定的 pH 溶液中，不同蛋白质所带电荷的性质和数量也就各不相同。当目的蛋白等电点 pI 在酸性范围内时，采用阴离子交换色谱技术和 pH 大于目的蛋白等电点的缓冲液，目的蛋白带负电荷，被阴离子交换剂吸附，正电荷分子与中性分子不吸附，然后通过改变负电荷洗脱液的离子强度和 pH，依次洗脱解离度不同的蛋白质分子，达到分离目的。相反，当目的蛋白等电点在碱性范围内时，采用阳离子交换色谱和 pH 小于目的蛋白等电点的缓冲液，目的蛋白带正电荷，被阳离子交换剂吸附，负电荷分子与中性分子不吸附，然后采用不同离子强度、不同 pH 的正电荷洗脱液，依次洗脱解离度不同的正电荷蛋白质分子，达到分离纯化蛋白的目的。

离子交换色谱具有吸附容量大、交换容量大、条件温和、回收率高的优点，但是一些带电性接近的蛋白质分子的分离峰易出现重叠，分离纯度不高，因此该技术往往用于蛋白质的初步纯化，可快速高效获得相对较高纯度的蛋白质样品，便于后续进一步纯化。

2. 疏水色谱（hydrophobic chromatography） 又称疏水作用下色谱（hydrophobic interaction chromatography，HIC），是基于蛋白质的疏水性质的差异，利用固定相载体上偶联的疏水性配基与流动相中的疏水分子发生可逆性结合，从而实现蛋白质分离的技术。在高盐溶液中，疏水性较强的蛋白质形成很强的疏水键，并与疏水性配基结合，其他蛋白质流出或被洗涤掉，然后逐步降低洗脱液盐浓度，结合到疏水性配基上的蛋白质因疏水性强弱的不同，被先后洗脱下来。

硫酸铵沉淀或者离子交换色谱后的样品一般含有较高的盐浓度，可以不经过或者经过很少的处理，直接上样到疏水色谱柱上，所以疏水色谱是硫酸铵沉淀或者离子交换色谱的理想下游纯化步骤。疏水色谱常用于重组蛋白的初步分离纯化阶段。

3. 凝胶过滤色谱（gel filtration chromatography） 又称分子筛色谱或分子排阻色谱，是利用具有多孔网状结构的颗粒来分离不同相对分子质量的组分。蛋白质分子根据相对分子质量的大小，决定其进入小孔的分子的多少和流经路线的长短。相对分子质量越小，进入小孔的分子越多，流经的路线越长，流出的时间越晚。最终，样品中的各组分按照相对分子质量大小的差异被分离，具体原理如图 11－4 所示。

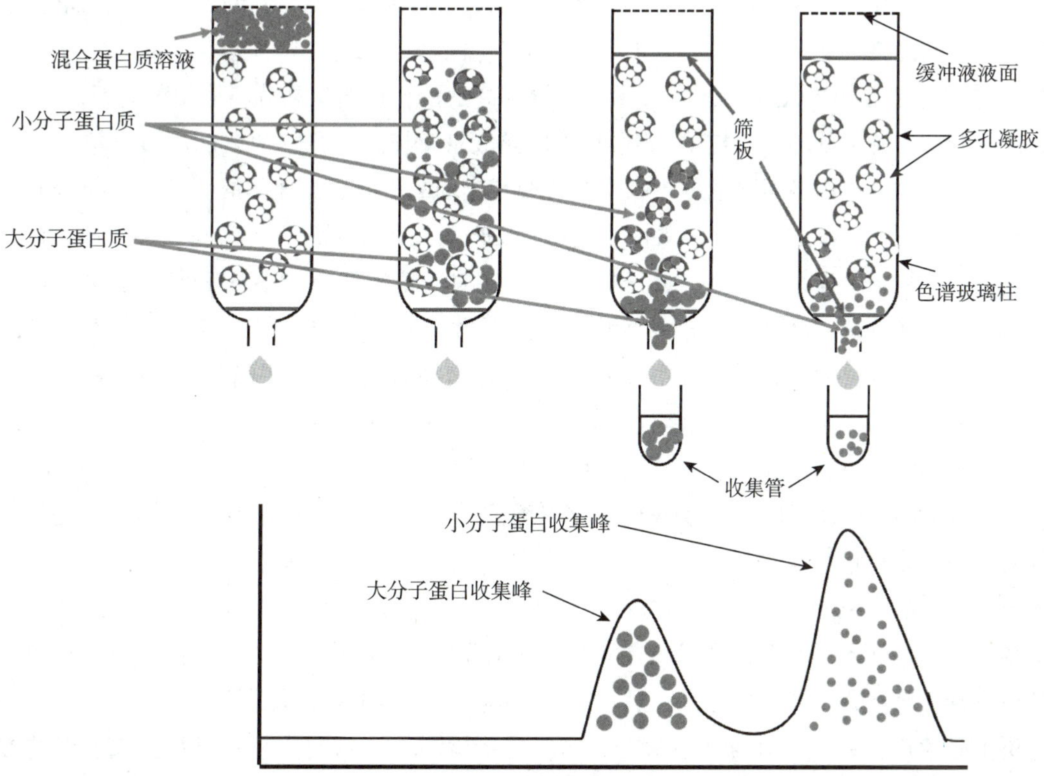

图 11－4 凝胶过滤（分子筛）色谱原理示意图

用于凝胶过滤色谱的多孔网状结构颗粒通常是交联的惰性多聚糖凝胶，如：交联葡聚糖凝胶，其商品名为“Sephadex”；聚丙烯酰胺凝胶，商品名为生物凝胶 P（Bio－Gel P）；琼脂糖凝胶，商品名因国而异；聚丙烯酰胺－琼脂糖凝胶，商品名为“Ultragel”。凝胶过滤色谱的用途包括分离纯化、脱盐和浓缩以及相对分子质量测定等。

4. 亲和色谱 是基于抗原－抗体、酶－底物、激素－受体、生物素－亲和素等特异性结合反应建立的一种分离方式，每对特异性反应物之间都有较强的亲和力。特异性亲和色谱通常将配体以共价键的方式结合固定到含有活化基团的基质上，制成亲和吸附剂或固相载体——“基质－配体”；将固相载体装入色谱柱，当样品溶液通过该亲和柱时，借助静电引力、范德华力或结构互补效应等作用吸附到固相载体上，形成“基质－配体－样品”的结构，无亲和力或非特异性吸附的其他物质直接流出或被缓冲液洗涤出来，形成第一个杂质色谱峰。然后，通过适当改变缓冲液的 pH、离子强度或加入抑制剂等方法，可将样品从固相载体上解离下来，并形成第二个色谱峰。如果待分离溶液中存在两个以上与固相载体具有亲和力的样品（亲和力有差异）时，采用选择性缓冲液洗脱，可以将其分开。固相载体经再生处理后，可重复使用。

除了上述特异性配体亲和色谱法外，还有通用性配体亲和色谱法。通用配体主要是简单的小分子物质，如金属、染料、氨基酸等，相对而言，易于大量制备，因此成本较低。如 6－His 与镍金属亲和色谱、GST 与谷胱甘肽亲和色谱，可以通过在样品中设计一段含 6－His 或 GST 结构的融合蛋白，以便采用亲和色谱来快速高效分离。另有一些通用性配体，如葡萄球菌 A 蛋白（staphylococcal protein A，简称 protein A）和重组链球菌 G 蛋白（recombinant streptococcal protein G，简称 protein G），在中性或碱性条件下，它们可与多种哺乳类动物 IgG 分子的 Fc 段特异性结合。因此，葡萄球菌 A 蛋白或重组链球菌 G 蛋白亲和色谱是很多抗体分离纯化的首选方法。

亲和色谱具有简便、快速、容量大、回收率高等优点，特别适合目的产物含量很低又很不稳定的生物活性物质的分离纯化。

5. 高效液相色谱（HPLC） 又称高压液相色谱、高速液相色谱、高分离液相色谱等，是一种分离、鉴定和量化混合物中各组分的分析技术。HPLC 采用输液泵使样品混合物液体加压流过填充有固体吸附材料的不锈钢柱，样品中的各组分依据与吸附材料相互作用的不同而流速不同，从而获得分离，进入检测器进行检测，实现对样品的分析。高效液相色谱仪一般由高压输液泵、色谱柱、进样器、检测器、收集器，以及数据获取与处理系统组成。高压输液泵是驱动流动相（有机溶剂、水或缓冲液）和样品通过色谱分离柱和检测系统的部件，一般能够耐受较高压力（30～60MPa）；色谱柱是分离样品混合物各组分的关键部件，可反复使用，通常采用长 10～30cm、内径 2～5mm 的内壁抛光不锈钢管柱，依据填充的吸附材料的不同可将 HPLC 分成吸附色谱（adsorption chromatography）、分配色谱（partition chromatography）、离子色谱（ion chromatography）、分子排阻色谱/凝胶色谱（size exclusion chromatography）、键合相色谱（bonded－phase chromatography）、亲和色谱（affinity chromatography）等不同类型；进样器是将待分析样品引入色谱系统的部件，一般与注射器配合使用，或者采用自动进样器便于重复进样操作；检测器是将样品中被分离各组分在柱流出液中浓度的变化转化为光学或电学信号的部件，一般采用一种或多种不同的检测器来实现，常用的有紫外－可见分光光度检测器、二极管阵列紫外检测器、示差折光化学检测器、荧光检测器和电化学检测器等；收集器主要用于对分离的组分进行其他分析鉴定，一般色谱分析不必使用；数据获取与处理系统的功能是将检测器检测到的信号以数据或波形的方式显示出来。

五、重组蛋白药物制剂研究

具有生物活性的蛋白质分子通常具有三级甚至四级结构，相对于小分子药物而言，蛋白药物具有相对分子质量大、结构复杂、不稳定等特点。蛋白质分子内部或分子之间通过共价键结合，容易出现变形、聚集、沉淀、表面吸附等物理变化，以及因共价键断裂或新共价键形成而变成新物质的化学变化。

对蛋白质稳定性影响较大的因素有温度、光照、pH、超声波、高频振荡、变性剂、有机溶剂和蛋白酶等。因此，必须采用合适的药物制剂方式来提高重组蛋白药物的体内、外化学稳定性，从而达到维持生物活性的作用，最常采用密封、低温和保护剂等方式。重组蛋白药物一般不采用口服给药，而采用静脉或肌内注射、黏膜吸收、皮肤给药等给药途径。重组蛋白常用的剂型包括注射剂、冻干制剂、凝胶剂、喷雾剂、栓剂和膏剂等。

六、重组蛋白药物质量控制

生物技术药物与传统药物存在许多不同之处，其来源是活细胞，有效成分往往存在相对分子质量较大、结构复杂、稳定性相对较差等特点。因此，为保证药物的质量、安全性和有效性，有必要对生物技术药物进行全面的质量检测和控制。

（一）重组蛋白药物制备的质量管理系统

生物技术制药的质量管理主要包括质量研究、质量控制与质量保障三个方面。

1. 质量研究（quality research，QR） 是指针对一个新产品所开展的质量指标的制定、质量检测方法的研究以及质量标准的确定过程。

2. 质量控制（quality control，QC） 是指按照确定的质量标准对产品的生产过程和产品的质量进行检测和控制的过程。根据国家审定的质量检测项目、方法与标准，对原液、半成品和成品开展质量检测，并对生产过程的内控指标进行检测。所有产品必须符合规定的产品质量标准，国家对生物药物实行“批签发”管理制度。

3. 质量保障（quality assurance，QA） 是指保证产品质量满足规定的质量标准所必需的全部活动过程。负责对产品制造全过程的质量进行监控，负责从原料、原液、半成品到成品的取样、留样，监督、检查与确保工序按 GMP 文件执行，并保证产品生产质量根据国家最新药政制度变化做适应性的改进与调整。

（二）质量研究基本内容

重组蛋白药物的原液、半成品和成品的一般检测指标包括理化性质、相关物质指标以及结构分析三个方面。

1. 理化性质检测指标 主要包括制品的外观、澄明度、纯度、水分、含量、浓度、生物活性、pH、相对分子质量、等电点等物理、化学、生物学性质指标。

2. 相关物质检测指标 主要有细菌、热原、病毒、残余宿主细胞蛋白质、残余宿主细胞 DNA、残余抗生素、残余硫酸铵以及其他生产过程中带入的非配方成分等。

3. 结构分析检测指标 主要确定产品是否为目的蛋白，包括蛋白质印迹分析（Western blotting）、肽图分析、氨基酸序列和圆二色光谱等分析检定项目。

（三）生产过程工艺控制

生物技术药物的开发与生产中，药物生产工艺参数的研究与确立、生产过程的质量控制方法和体系等是决定生物技术药物质量的主要环节。重组蛋白药物生产过程的工艺控制要求包括以下几个方面。

1. 原材料的控制 根据重组工程细胞株的构建流程，重组蛋白药物的原料控制包括目的基因、表达载体和宿主细胞的质量控制，蛋白质正确表达与重组工程细胞筛选鉴定的质量控制，以及生产种子的质量控制。

2. 培养过程的控制 成功构建工程细胞后，需要进一步进行细胞培养等工艺的研究。应根据前期优化的研究结果，确定合适的培养基、培养模式和规模，明确工艺参数及其确定依据。在培养过程中，需要提供用于生产的材料和方法的详细资料。生产结束时，应当检测重组宿主细胞和载体的稳定性及产物特性。

3. 纯化工艺过程的控制 纯化工艺的质量控制必须保证尽量去除污染病毒、污染核酸、热源物质、来自宿主细胞的或培养液的残余蛋白质、其他杂质及纯化过程中可能带入的有害物质。应详细记录收获、分离和纯化的方法，明确纯化分离的原理和主要控制参数。

4. 制剂过程的控制 生物技术药物的制剂应符合《中国药典》制剂通则的有关要求。鉴于生物技术药物的多样性、易变性和复杂性，其制剂的选择和制备过程尤其要注意保护产品的生物活性和避免污染。

（四）重组蛋白药物产品质量控制

重组蛋白药物的生产容易受到各种理化条件的影响，因此，不仅在生产过程中需要进行严格质量控制，其最终目的产品的质量控制也十分重要。

1. 生物活性的测定 即测定生物活性物质的效价的过程。生物活性测定必须采用国际通用的方法，用国际或国家标准品对测定结果进行校正，并以国际单位或指定单位标示，对其测定结果必须进行统计学分析，说明与测定相关的不确定因素，测定过程中应尽量将误差降到最低。

2. 蛋白质纯度和含量测定 蛋白质纯度检查必须用两种或两种以上不同原理的方法测定，通常为非还原型 SDS－聚丙烯酰胺凝胶电泳（SDS－PAGE）和高效液相色谱法（HPLC），测定时应根据不同产品的特点设定标准。一般重组蛋白药物的纯度应达到95%以上，某些药物的纯度需要达到99%甚至更高。

蛋白质含量测定主要用于原液比活性计算和成品规格的控制，根据蛋白质的理化性质，有不同的含量测定方法可供选择。常用方法及比较见表11－1。

表11－1 常用蛋白质含量测定方法的比较

方法	所需蛋白质的浓度（mg/ml）	破坏蛋白质与否	蛋白质变化情况	技术复杂性
双缩脲法	0.5～5	是	少	简单、快速
Lowry 法	0.05～5	是	中等	显色慢、试剂多
凯氏定氮法	0.05～3	是	少	干扰、复杂、慢
紫外吸收光谱（280nm）	0.05～2	否	大	简单、快速、干扰物质多
染料结合法	0.01～0.05	是	中等	简单、快速
荧光法	0.001～0.01	否	中等	较易

3. 理化性质的鉴定分析 包括特异性鉴别试验、相对分子质量测定、等电点测定、肽图分析、吸收光谱、氨基酸组成分析、N端氨基酸测序和蛋白质二硫键分析等。

4. 安全性及其他检测项目 包括无菌试验、热原试验、异常毒性试验以及水分、装量、pH和外观检测，相关试验均按照《中国药典》进行检测。

（五）重组蛋白稳定性研究

药物的稳定性研究的目的是了解药品原液或制剂成品在各种环境影响因素下的质量变化情况，建立药品储存条件、复验期和有效期。药品的稳定性是药品有效性和安全性的重要评价指标，稳定性的研究贯穿整个药品研发阶段。通过稳定性试验，可以确定或调整药物的保护剂、制备工艺、质量标准，从而进一步确定临床给药途径，判断可能产生的毒副作用以及评估生产成本。

蛋白质药物稳定性研究的内容包括物理稳定性和化学稳定性。蛋白的物理稳定性变化主要是高级空间结构的改变，或者受分子之间共价键作用的影响，导致蛋白出现凝聚或沉淀，从而改变药物性状。蛋白的化学稳定性变化主要是蛋白分子的改变，如化学键断裂、新的共价键形成，生产出蛋白质分子结构变异体，甚至是新的化学实体，导致蛋白的生物活性丧失，产生严重的毒副作用。

在体外，蛋白质的结构可因温度、pH、光照、水分、超声波、高频振荡、有机溶剂或变性剂的作用而出现变性。当蛋白进入体内，可能受到各种酶的作用，出现选择性的水解反应。所以，必须针对蛋白质自身的组成和结构，采用合适的保护剂和剂型，以提高蛋白质抵御各种外部因素影响的能力，最大限度地保证药物到达靶标前的稳定性。

第二节　抗体药物生产

一、概述

抗体（antibody，Ab）是指机体免疫系统在抗原的刺激下，由 B 淋巴细胞（简称 B 细胞）分化成的浆细胞所合成、分泌的一类能与刺激其产生的抗原特异性结合的具有免疫功能的球蛋白。一个浆细胞只能产生一种抗体。抗体分子量为 150 ~ 900kDa，主要分布在机体的血清中，也分布于组织液及外分泌液中，是重要的疾病防御物质。

1986 年，全球首个鼠源单克隆抗体药物 OKT3（muromonab - CD3）获得 FDA 批准，用于器官移植后的超急性排斥反应，开创了单克隆抗体用于疾病治疗的先河。目前，进入临床或临床试用的单克隆抗体均用于治疗难治性疾病，如恶性肿瘤、病毒性感染等感染性疾病、自身免疫性疾病、心血管疾病等。

到目前为止，抗体药物的发展经历了 3 个阶段。第一代为抗血清。抗血清的来源主要有两种：一是免疫动物的血清；另一种是疫苗接种者或康复患者的血清。前者是异源蛋白，会引发免疫应答反应，甚至引起过敏；后者供应量有限，而且有转移感染源的危险。第二代为利用杂交瘤技术制备的单克隆抗体，这一生物技术是抗体技术发展史上的里程碑之一。单克隆抗体在诊断、治疗、预防疾病和蛋白质提纯等方面发挥了重要作用。然而，鼠源性单克隆抗体在人体反复使用后出现人抗鼠抗体（human anti - mouse antibody，HAMA），导致鼠源性单克隆抗体在人体内被迅速清除，半衰期缩短，甚至产生严重的不良反应。为了减少或避免 HAMA 反应，在人杂交瘤技术难以突破的情况下，出现了第三代抗体，即工程抗体。工程抗体的生产除了使用受体细胞之外，已经可以由转基因动物生产。

二、抗体分子的结构与功能

（一）基本结构

1. 重链与轻链　抗体分子具有一个共同的结构，即由两条相同的重链（heavy chain，H 链）和两条相同的轻链（light chain，L 链）通过疏水作用结合在一起，并由二硫键连接形成的 Y 形结构（图 11 - 5）。轻链分子量为 25kDa，重链分子量为 50 ~ 70kDa。轻链有两种不同的形式，即 kappa(κ)链和 lambda(λ)链，二者属于同种型，存在于所有个体中。重链决定抗体分子的类和亚类，根据抗体重链恒定区分子结构的不同，将 Ig 分为 5 类，分别是 IgG、IgA、IgM、IgD 和 IgE，与其对应的重链分别为 γ 链、α 链、μ 链、δ 链和 ε 链。不同类型的抗体具有不同的特征，如链内二硫键的数目和位置、连接寡糖的数量、结构域的数目以及铰链区的长度等均不完全相同。

2. 可变区与恒定区 可变区（variable region，V 区）由抗体近 N 端轻链的 1/2 区段与重链的 1/4 或 1/5 区段的氨基酸残基组成，其序列变异较大。恒定区（constant region，C 区）由近 C 端轻链的 1/2 区段与重链的 3/4 或 4/5 区段的氨基酸残基组成，其序列变异较小。抗体的每条链包含一个氨基末端的可变区结构域（V 区）和一个或者多个羧基端的恒定区结构域（C 区），每条轻链只含有一个 C 区，而每条重链含有 3 或 4 个 C 区（图 11－5）。

3. 超变区与框架区 在可变区中，某些特定位置的氨基酸残基显示更大的变异性，称超变区（hypervariable region，HVR）或互补决定区（complementarity determining region，CDR）。在可变区中，氨基酸残基的组成和排列顺序变化小的部分称为框架区（framework region，FR）（图 11－6）。

4. 铰链区 抗体分子 C_H1 和 C_H2 之间有个可弯曲的区域，称铰链区（hinge region），含有大量脯氨酸和二硫键，富有弹性，可以自由伸展至 180°（图 11－5，图 11－6）。这种变构有利于与不同距离的抗原决定簇结合。

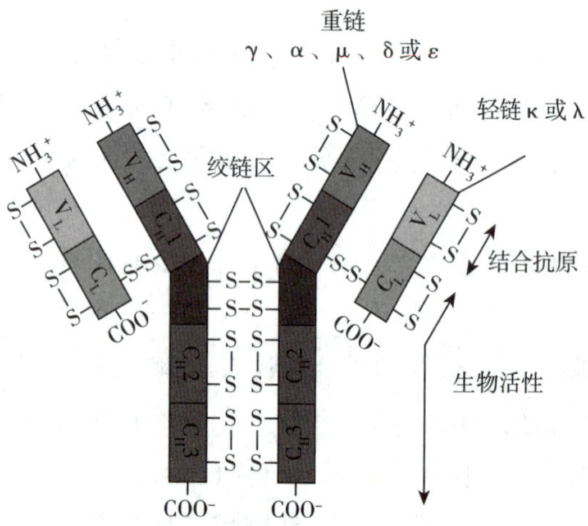

图 11－5 抗体分子的基本结构

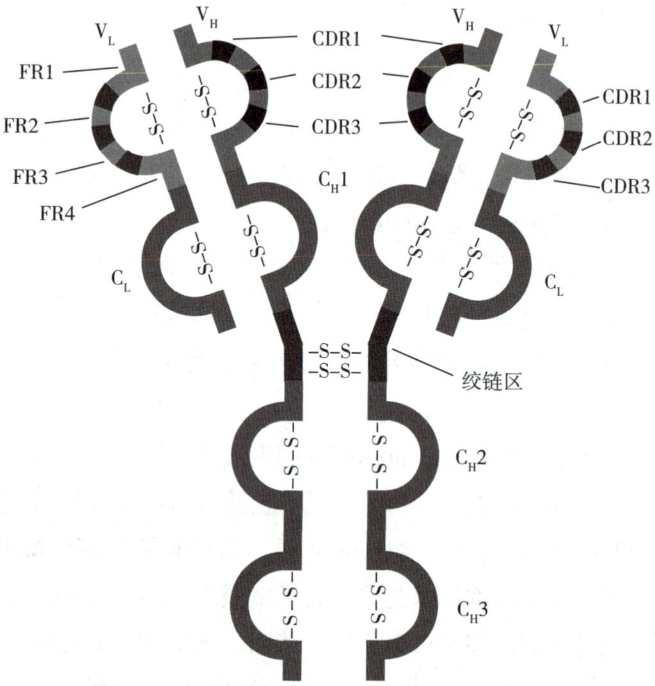

图 11－6 抗体的超变区和框架区

（二）功能区

抗体的每条多肽链折叠成几个含有约 110 个氨基酸残基的具有不同生物学功能的球状结构域，称抗体的功能区（domain）。

各功能区具有不同的功能。V_H和 V_L共同构成抗原特异性结合部位。C_H和 C_L上具有部分同种异型遗传标志。IgG 的 C_H2 和 IgM 的 C_H3 具有补体 C1q 的结合位点，母体 IgG 可借助 C_H2 通过胎盘屏障；IgG 的 C_H3 能与单核－巨噬细胞、粒细胞、B 细胞和自然杀伤（NK）细胞的 Fc 段受体（FcγR）结合。IgE 的 C_H2 和 C_H3 可以与肥大细胞或嗜碱性粒细胞表面的 FcεR 结合（图 11－7）。

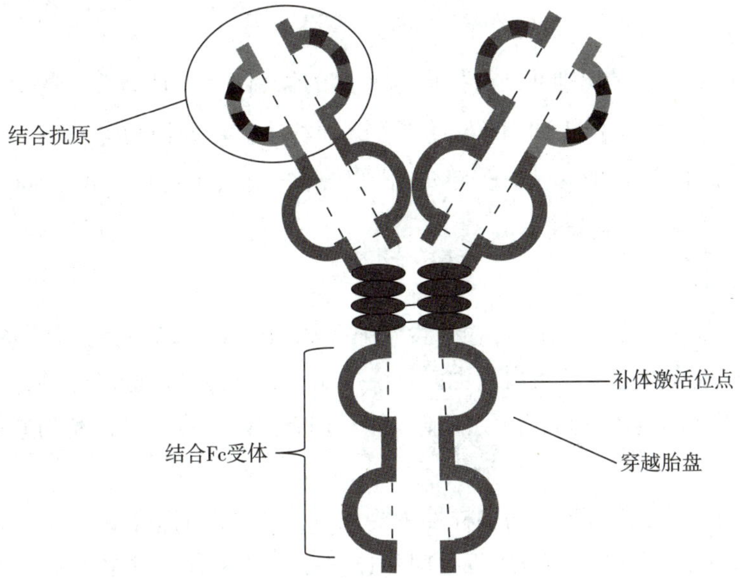

图 11－7　抗体片段：结构与功能的关系

（三）水解片段

1. 木瓜蛋白酶水解片段　木瓜蛋白酶可将 IgG 分子水解为两个完全相同的抗原结合片段（fragment of antigen binding，Fab）和 1 个可结晶片段（crystallizable fragment，Fc）。Fab 片段包括完整的轻链和部分重链（V_H和 C_H1 功能区），该片段具有单价抗体活性，即只能与一个相应的抗原决定簇特异性结合。Fc 片段相当于两条重链的 C_H2 和 C_H3 功能区，由二硫键连接。Fc 段是抗体分子与效应分子或细胞相互作用的部位（图 11－8）。

2. 胃蛋白酶水解片段　胃蛋白酶水解 IgG 分子可产生一个 $F(ab')_2$ 和若干裂解的小分子片段（pFc′）。$F(ab')_2$含有 2 条轻链和 2 条略大于 Fab 段的重链，由二硫键连接，具有双价抗体活性，与抗原结合可发生凝集或沉淀反应（图 11－8）。

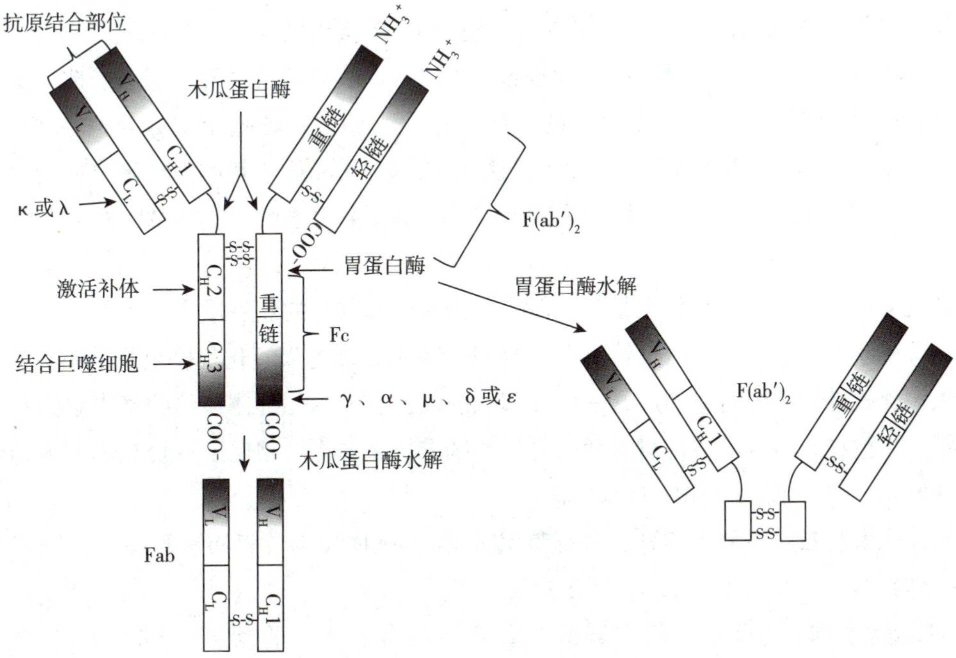

图 11－8　抗体水解片段

（四）抗体的功能

抗体有两个主要功能，一是识别并结合抗原（V 区的作用），二是结合后的免疫反应（C_H2 和 C_H3 的作用）。与抗原结合后，抗体引起不同的免疫应答，如补体依赖的细胞毒作用（complement dependent cytotoxicity，CDC），抗体依赖的细胞介导的细胞毒作用（antibody dependent cellular cytoxixity，ADCC）等。

（五）抗体的多样性

机体可以产生数量巨大的抗体，以应对自然界中存在的大量抗原物质。有趣的是，在抗原暴露之前，B 淋巴细胞表面已经存在免疫球蛋白，也就是说抗原不是抗体多样性产生的根本原因。而且细胞核内也不可能存在大量不同的抗体基因，说明细胞只能利用有限的免疫球蛋白基因通过重组来编码出大量的免疫球蛋白。

B 淋巴细胞在遇到抗原之前所产生的多样性主要来源于 B 淋巴细胞胚系基因上 *V*、*D*、*J* 基因片段的大量存在以及这些片段的组合连接，即片段之间的连接多样性和轻、重链的随机配对。而抗原暴露之后，B 淋巴细胞会经历体细胞高频突变，进一步扩大抗体多样性。

三、基因工程抗体 微课 1

基因工程抗体又称为重组抗体，即根据不同目的，采用基因工程的方法在基因水平对免疫球蛋白进行切割、拼接或修饰，并利用细胞表达所产生的新型抗体。基因工程抗体保留了天然抗体的特异性和主要生物活性，去除或减少了无关结构和鼠源性单克隆抗体的不足，可赋予抗体分子新的生物学活性。目前，抗体的人源化、小型化、功能化正成为基因工程抗体药物的三大主要发展方向。

基因工程抗体制备的基本原理与基因工程技术基本相同，一般先对已有抗体分子的编码基因进行改造，得到目的基因序列，然后转染适当的受体细胞进行表达，从而获得基因工程抗体。基因工程抗体主要包括嵌合抗体、人源化抗体、小分子抗体、双特异性抗体、抗体偶联药物及抗体融合蛋白等。

（一）嵌合抗体与人源化抗体

嵌合抗体是最早制备成功的基因工程抗体，是利用 DNA 重组技术，将鼠源抗体的可变区（V 区）基因与人源抗体的恒定区（C 区）基因拼接为嵌合基因，插入表达载体并转入适当受体细胞表达而成的抗体。嵌合抗体的轻链和重链的 V 区是鼠源的，而 C 区是人源的，即整个抗体 60% ~70% 是人源的。这样的抗体既保留了亲本鼠源抗体对抗原的识别与结合能力，又降低了其作为异源抗体的免疫原性。此外，由于引入了人源的 Fc 段，嵌合抗体还可以介导其他一些生物学效应，如 ADCC、CDC 及免疫调理作用等。

虽然嵌合抗体的免疫原性已降低了很多，但有时仍能引起明显的免疫反应。为了进一步降低毒副作用，在嵌合抗体的基础上，进一步对抗体 V 区结构进行改造，制备人源化程度更高的单克隆抗体，即人源化抗体。人源化抗体是继嵌合抗体后又一里程碑式的成就。人源化抗体构建的基本思路是在嵌合抗体的基础上继续对可变区进行改造，即对可变区的骨架区进行人源化。相比于嵌合抗体，人源化抗体的人源化可达到 90% ~95%，使免疫原性大大降低。

目前，抗体人源化技术主要有四种，分别是 CDR 移植抗体技术、表面重塑技术、链替换抗体技术和去免疫化抗体技术。

1. CDR 移植抗体技术 IgG 型抗体轻链、重链 V 区各有 4 个骨架区（FR）和 3 个互补决定区（CDR），轻链和重链的 CDR 区在空间结构上彼此相邻，构成与抗原表位结合的位点，决定抗原 – 抗体结合的特异性。把鼠单抗的 C 区和 V 区的框架区（FR）全部替换成人源抗体成分，只保留 V 区的 CDR，这种替换等同于在人抗的基础上，植入鼠单抗的 CDR，因而称为 CDR 移植技术。

2. 表面重塑技术 其设计思路是在改造 FR 区时，不全部换成人源成分，而只是改变其中暴露在外表起关键作用的氨基酸残基。

3. 链替换抗体技术 在定向选择技术的指导下，利用抗体库展示技术，逐步将鼠源抗体的轻、重链全部替换为人源抗体序列，最终获得与亲本鼠源抗体结合同一表位的全人源抗体。

4. 去免疫化抗体技术 该技术目前还处于研究起步阶段，其设计思路是从免疫源头出发，去除鼠源抗体中的人 T 细胞识别表位，从根本上阻断抗抗体反应的发生。

一般来说，鼠源单抗在进行人源化之后，抗体免疫原性大大降低，但通常亲和力也会降低。亲和力的高低对治疗性抗体的疗效是一个极为重要的影响因素，抗体亲和力的提高有助于提升抗体的特异性和效力，减少抗体用药剂量，降低毒副作用。

在体内，B 细胞再次免疫应答所产生的抗体的平均亲和力要高于初次免疫应答的抗体亲和力，这种抗体亲和力提高的现象称为抗体亲和力成熟。B 细胞抗体亲和力成熟主要是抗体基因高频突变所导致的，只有抗原亲和力最高的 B 细胞克隆被刺激而扩增，进一步分化为浆细胞和记忆细胞，才能使得后代 B 细胞及其产生的抗体对抗原的平均亲和力得到提升。目前，临床上已经有很多方法被开发出来，用于恢复和增加抗体亲和力和特异性。其基本原理主要是根据体内抗体亲和力成熟的机制，采用突变手段在体外提高抗体亲和力，常见的包括易错 PCR 随机突变、链置换、CDR 定点突变和 DNA 改组等技术。

（二）小分子抗体

在一个完整的 IgG 分子的基础上，去除某些非功能的或者非关键性的抗体片段，只保留对抗原－抗体结合反应有意义的功能部分，通过这种方式得到的具有一定生物活性或功能的抗体片段，称小分子抗体。小分子抗体具有免疫原性低、分子量小、穿透性强、易于清除、不与 Fc 受体阳性细胞相结合、靶向性好、易于进行基因工程改造、可原核表达、成本较低等特点。目前常见的小分子抗体有单链抗体（single chain fragment variable，scFv）、Fab 抗体和单域抗体（single domain antibody，sdAb）等（图 11－9）。

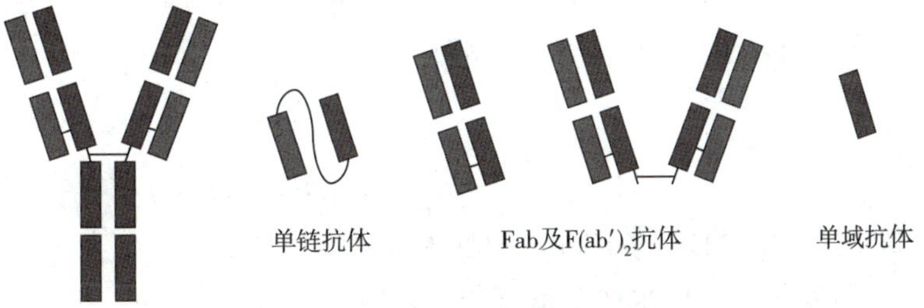

图 11－9 小分子抗体种类

1. 单链抗体及其衍生物 单链抗体（scFv）是利用重组 DNA 技术将抗体的一条 V_H和一条 V_L的基因通过一条短肽链基因（linker）连接后表达出来的抗体片段。单链抗体是抗体分子中保留完整抗原结合位点的最小功能片段，其分子量只有完整抗体分子的 1/6，约为 28kDa，与完整抗体具有轻、重链不同，由于只有一条单链多肽，称单链抗体。单链抗体具有穿透力强、免疫原性低、易于连接、便于直接获得免疫毒素或酶标抗体等特点。

在单链抗体的基础上进行进一步改造，还可以得到一系列单链抗体衍生物。如通过链内或链间的二硫键连接 V_H和 V_L中固定的骨架区，使 V_H和 V_L成为结构稳定的一体，得到二硫键稳定的单链抗体；缩短 linker，迫使两个甚至多个分子间的 V_H和 V_L互相配对，得到双价抗体甚至多价小分子抗体等。

2. Fab 抗体 由重链 V_H及 C_H1 与一条完整的轻链（V_L+C_L）组成，两者之间由 1 个链间二硫键连接，形成异二聚体，有一个完整的抗原结合位点。Fab 抗体具有弱于完整抗体分子但通常强于 scFv 的抗原结合活性，但其大小为完整 IgG 分子的 1/3，约 55kDa，要略大于 scFv。Fab 抗体生产工艺简单、抗原－抗体结合能力较强，在这两方面优于单链抗体。但是 Fab 抗体同时也存在着稳定性更差、轻重链之间更易解离的问题，再加上引入了部分恒定区的关系，Fab 抗体的免疫原性也更强，这些缺点都使其在成药应用方面受到制约。

3. 单域抗体 在抗体药物的研究过程中，人们发现在某些特殊的情况下，单独的轻链可变区或者重链可变区即可完成抗原－抗体结合反应。在骆驼血液中含有一种仅有重链的抗体分子，并且这种抗体分子对抗原的亲和力与传统抗体分子相当。我们把这种只有一种可变区的小分子抗体片段称为单域抗体或单区抗体，因其大小直径只有 2.2nm，高 4nm，也被称为纳米抗体（nanobody，Nb）。

（三）双特异性抗体

双特异性抗体（bispecific antibody，BsAb）在结构上具有两条不同的重链和两条不同的轻链，从而使其两臂可以特异性识别和结合不同的抗原分子。BsAb 具有靶向性极强的优点，因此，药物更容易富集在靶细胞周围发挥作用，从而可以大大减少对非靶细胞或组织的伤害，在肿瘤治疗方面具有重大的意义。

（四）抗体偶联药物

抗体偶联药物（antibody－drug conjugate，ADC）是将具有生物活性的小分子药物通过化学、生物等方法偶联到单克隆抗体上，利用抗体与抗原的特异性结合作用将药物靶向运输至肿瘤部位，提高肿瘤杀伤效果，并降低对周围组织的毒副作用的新型主动靶向药物。ADC 的产业化制备工艺主要包括重组抗体的制备、化学药物与抗体的偶联反应、ADC 的制剂及质控等环节，如何保证 ADC 在到达靶细胞后才释放毒素是现阶段临床研究中的一大挑战。

（五）抗体融合蛋白

抗体融合蛋白是指将抗体片段与具有其他生物活性的蛋白利用基因工程技术进行融合表达得到的蛋白。抗体融合蛋白兼具抗体的特性和所融合蛋白的活性。

四、全人源抗体

鼠单抗的人源化技术使得治疗性抗体的免疫原性大大降低，尽管如此，人源化抗体仍然保留 1%～5% 的鼠源成分，其可能引发的人抗鼠抗体免疫反应（HAMA）仍不可忽视，因此，全人源抗体的研制成为抗体药物研发的必然趋势。目前，全人源抗体制备的技术手段主要包括抗体库展示技术、转基因小鼠技术和单个 B 淋巴细胞克隆表达技术等。

（一）抗体库展示技术

抗体库展示技术是指将人的所有抗体可变区基因克隆在质粒或噬菌体中进行表达，利用不同的抗原筛选出携带特异性基因的克隆，从而获得相应的特异性抗体。从理论上讲，当抗体库多样性达到 10^{13}～10^{14}时，几乎可以从中筛选到所有的全人源抗体。与传统单克隆抗体技术相比，抗体库筛选技术具有更省时、更省力、更高效、更经济等优点。

目前常见的全人源抗体库筛选技术主要包括噬菌体展示抗体库技术、细菌展示抗体库技术、酵母展示抗体库技术、核糖体展示抗体库技术和哺乳动物细胞展示抗体库技术等，其中，噬菌体展示抗体库技术是目前最成熟、使用最广泛的抗体库展示技术，本部分将以该技术为例进行重点介绍。

根据获取基因的来源的不同，抗体库可以分为天然抗体库、免疫抗体库、半合成抗体库和合成抗体库。

天然抗体库的抗体基因来自未经免疫的B淋巴细胞中的全套抗体的轻链和重链基因；免疫抗体库的抗体基因来源于经过免疫的（如感染者或者肿瘤患者的）淋巴细胞；半合成抗体库是由人工合成的一部分可变区序列与另一部分天然序列组合构建的抗体库；全合成抗体库的抗体可变区基因完全由人工合成。

噬菌体天然抗体库即从B淋巴细胞中扩增全套抗体的轻链和重链基因，经噬菌体表面展示系统表达后形成的噬菌体文库。

噬菌体天然抗体库构建的基本过程为：分离B淋巴细胞，提取总RNA，通过RT-PCR扩增可变区基因，对纯化的轻链PCR产物和表达载体进行酶切、连接形成重组载体，用重组载体转化感受态细菌，进行扩增后提取质粒，即完成轻链库构建；将重链PCR产物与轻链库质粒进行双酶切，连接后转化感受态细菌，加入辅助噬菌体进行培养，离心收集上清后用PEG沉淀噬菌体颗粒，即得到单链抗体噬菌体抗体库。通过多轮的抗原亲和吸附—洗脱—扩增，特异性结合的克隆得以富集，最终筛选出抗原特异性的抗体。

噬菌体抗体库技术具有设计灵活、快捷高效、可长期保存等优点，同时也存在一些明显的缺陷。例如，由于噬菌体抗体库中轻、重链的随机组合性，筛选到的抗体的轻、重链配对并不一定是天然配对，因此抗体的亲和力往往不高，需要进一步的亲和力成熟改造。同时，噬菌体抗体库在细菌中表达，可能导致一些天然的全人源抗体无法正常表达。

（二）转基因小鼠技术

转基因小鼠制备全人源抗体技术是目前全人源抗体研制的主流技术，该技术要求人的抗体基因片段在小鼠体内必须进行较为有效的重排和表达，并且这些片段能与小鼠的免疫信号机制相互作用，使得小鼠在受到抗原刺激后，这些人源抗体基因能被选择性表达，并活化B淋巴细胞分泌相应的抗体。

转基因小鼠制备人源抗体需要解决两个关键问题：一是利用基因工程技术灭活小鼠内源性抗体的轻链和重链基因；二是将人的大片段抗体基因转入小鼠的基因组。

将人的抗体基因转入小鼠的方法主要有显微注射法、逆转录病毒感染法、胚胎干细胞法、精子介导法、酵母人工染色体法、基因打靶法等。

转基因小鼠全人源抗体生产技术让抗原-抗体免疫反应在小鼠体内进行，有效提升了抗体类别转换的完整性、抗体克隆选择的多样性及抗体亲和力的成熟，从而使通过该技术所得到的抗体具有良好的亲和性、稳定性和可溶性等。

（三）其他人源抗体技术

1. EB病毒介导的人B细胞永生化技术 鼠源B淋巴细胞可以和骨髓瘤细胞融合而成为永生化杂交瘤细胞，然而人的B淋巴细胞很难通过同样的方法达到永生化。用Toll样受体9（TLR9）激活的EB病毒感染人B淋巴细胞，可以使其转化为可以持续分裂增殖的永生化细胞。利用该技术研究者已成功筛选到了多种抗原特异性的全人源单抗，如针对流感病毒、人巨细胞病毒（HCMV）等的单抗。

2. 单个B淋巴细胞抗体技术 该技术可以通过流式细胞仪分选出表达特异性抗体的B淋巴细胞，通过单细胞RT-PCR技术克隆抗体的V区基因，然后把这些基因克隆到真核细胞内表达，获得特异性单克隆抗体。通过该技术研究者已经采用HIV-1表面的刺突蛋白为探针，筛选到了HIV-1特异性的人源化抗体。

另一种高通量筛选方法是微孔阵列芯片技术，该方法是一种单细胞水平活细胞分析技术，通过检测特异性抗原与 B 淋巴细胞分泌的抗体的反应信号，可以快速、高效、高通量（达到 234000 个细胞）鉴定和收集表达特异性抗体的 B 淋巴细胞，最终通过单细胞 RT－PCR 扩增技术和哺乳动物细胞表达技术制备特异性单克隆抗体。

全人源抗体在减少免疫原性、保存亲和力等方面与人源化抗体相比具有明显的优势，相信随着免疫学机制和其他相关技术的日渐成熟，全人源抗体在人类疾病的诊断和治疗领域必将发挥越来越重要的作用。

五、抗体药物生产基本流程

抗体作为一种蛋白质，其生产和制备的流程与重组蛋白的生产基本相同，本部分将从抗体药物的制备和质量控制、抗体药物的临床前药理药效学研究以及抗体药物的临床试验研究三方面对基本流程进行概述。

（一）抗体药物的制备和质量控制

1. 细胞株的开发 包括宿主细胞的选择、表达载体的构建、细胞株的构建与筛选以及细胞株的评估与建库。细胞株构建与筛选流程如图 11－10 所示。

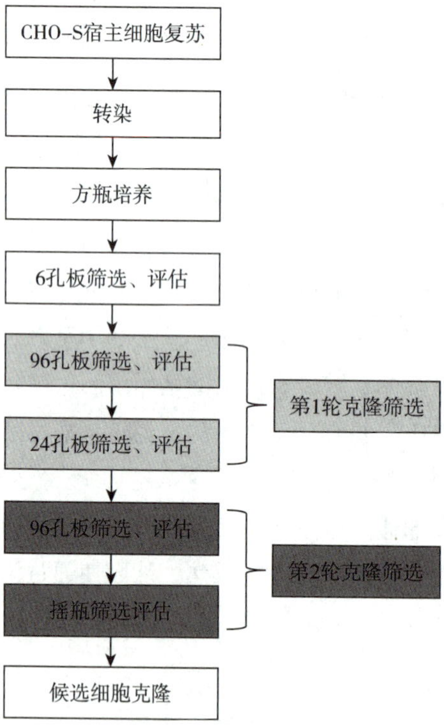

图 11－10 细胞株构建与筛选流程

2. 原液生产工艺研究 原液生产工艺主要包括细胞培养工艺和抗体纯化工艺。细胞培养工艺流程主要包括种子细胞的复苏、摇瓶扩增、Wave 反应器扩增和中试规模反应器培养，期间需进行培养基的筛选和主要操作参数（温度、pH、转速、溶解氧、培养周期等）范围的确定，并通过小试规模和中试规模多批次生产来确认性能参数的一致性和可控性。抗体纯化工艺主要包括色谱工艺、除病毒工艺、超滤浓缩和置换缓冲液工艺，同样需要通过多批次重复原液生产来确定主要操作参数（如上样量、洗脱

pH、病毒灭活时间和 pH、滤膜最大处理量等）及控制范围。

对常规抗体药物来说，纯化工艺主要包括三步色谱、两次除病毒、超滤浓缩及缓冲液置换和原液过滤。原液生产工艺流程如图 11－11 所示。

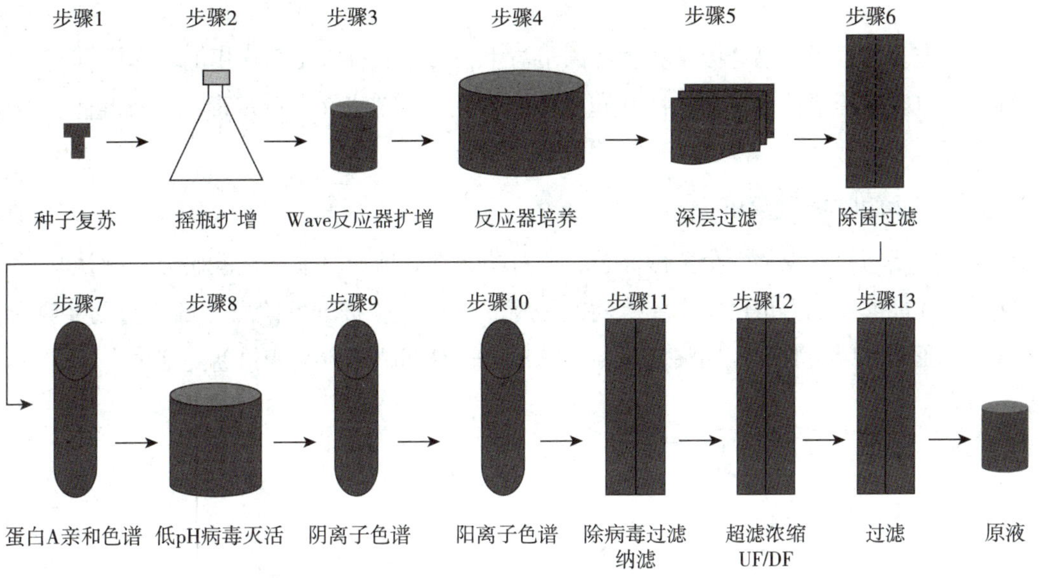

图 11－11　原液生产工艺流程图

3. 成品工艺研究　主要研究从原液到制剂的生产过程。抗体作为蛋白分子容易受外界条件的影响而产生物理和化学变化，引起质量的不稳定。所以，制剂开发主要要保证产品在长期储存条件下的稳定性。

抗体药物的主要剂型为液态制剂和冻干剂。制剂处方包括活性药物成分和辅料两部分，活性药物主要成分为目标抗体蛋白，辅料通常包括缓冲体系、稳定剂和表面活性剂，主要作用是保证产品在长期储存条件下的稳定性。抗体制剂的缓冲剂包括磷酸盐、枸橼酸盐和组氨酸等，抗体制剂的稳定剂最常用的是糖类和多元醇类，包括海藻糖、蔗糖和甘露醇等，抗体制剂的表面活性剂能避免蛋白聚集和表面吸附，常用的表面活性剂是聚山梨酯 80 和聚山梨酯 20 等。

4. 稳定性研究　包括原液稳定性和成品稳定性，研究的内容包括长期储存条件下的稳定性和加速稳定性，考察的项目包括蛋白质含量、物理性质、纯度、生物活性、细菌内毒素、微生物限度和化学性质等。

5. 抗体药物的质量控制　贯穿药物研究开发的整个过程，其中，原液的质量研究包括理化性质研究、结构研究、生物学活性研究和蛋白的纯度和杂质研究等，原液的质量标准包括鉴别、理化性质、纯度、杂质、生物活性、蛋白含量和安全性检查等内容。对于成品的质量研究除了上述原液质量研究的内容外，还需要关注的质控指标包括装量、渗透压摩尔浓度、辅料含量、无菌、热原、可见异物、不溶性颗粒等。

（二）抗体药物的临床前药理药效学研究

药理学是研究药物与机体相互作用的规律及其机制的学科。其研究内容包括安全药理学、主要药效学、药代动力学和毒代动力学。安全药理学主要研究药物在治疗范围内或治疗范围以上的剂量时，潜在的不期望出现的生理功能的不良影响。药效学研究是在机体（主要是动物）器官、组织、细胞、亚细胞、分子、组织水平等模型上，进行整体和离体综合分析的试验研究，以阐明药物治疗疾病的作用机制。药代动力学是通过研究药物的吸收、分布、转化和排泄，研究药物的体内变化规律、优化给药方案和指导临床合理用药。毒代动力学是研究大于治疗剂量的药物在毒理实验动物体内的吸收、分布、代谢和排泄的过程及其随时间的动态变化规律，阐明药物或其代谢产物在体内的部位、数量和毒性作用之间的关系。

毒理学是研究化学因子、物理因子和生物因子与生物机体的有害交互作用的科学。其研究内容包括单次给药毒性、重复给药毒性和特殊毒性（包括免疫毒性、生殖毒性、遗传毒性、致癌性、溶血性、刺激性和依赖性等）。

（三）抗体药物的临床试验研究

临床试验研究是药物开发的一个关键环节，所有药物都必须通过临床试验研究来确认其对人的安全性和有效性后，才能够获批上市用于人体疾病的治疗。临床试验按开发阶段一般可分为Ⅰ期临床试验、Ⅱ期临床试验、Ⅲ期临床试验和Ⅳ期临床试验，审批通过Ⅲ期临床方可获得新药证书。

第三节 疫苗生产 微课2

一、概述

疫苗是以病原微生物或其组成成分、代谢产物为起始材料，采用生物技术制备而成，用于预防、治疗人类相应疾病的生物制品。疫苗接种人体后可刺激免疫系统产生特异性体液免疫和（或）细胞免疫应答，使人体获得对相应病原微生物的免疫力。随着疫苗技术的发展，现代疫苗的概念已经超越了预防疾病的范围，治疗性疫苗和非感染性疾病疫苗正在发展中。

疫苗的组成主要有两种形式：一是抗原（如蛋白质、多肽与多糖等）与佐剂，二是抗原对应的核酸片段（如DNA或RNA）与递送系统。佐剂是指能非特异性地增强免疫应答类型的物质。疫苗递送系统是一类能够将抗原物质携带至机体的免疫系统，并在其中较长时间储存和发挥作用的物质。

二、疫苗的分类与特点

传统疫苗按照其抗原的特点可以分为减毒活疫苗、灭活疫苗、纯化亚单位疫苗和联合疫苗。传统疫苗的制备核心是大量培养并获取相应的病原微生物，利用驯化减毒或者灭活手段直接将病原体作为疫苗的抗原成分，或者加工提取病原体的蛋白、多糖等成分作为抗原。目前我国使用的疫苗仍以传统疫苗为主，传统疫苗在一些经典传染病的预防上仍起着重要的作用，其在安全性方面的优势比较突出，然而在某些病原体无法在体外培养繁殖或者完整的病原体存在潜在致癌或免疫病理作用等情况下，用传统的技术开发疫苗存在很大困难。新型疫苗主要包括基因工程疫苗和核酸疫苗，人们正在利用新型疫苗技术解决传统疫苗技术长期以来难以解决的问题，相关疫苗的研发已显示出强大的竞争力。

（一）减毒活疫苗

减毒活疫苗是指采用病原微生物的自然弱毒株或经培养传代等方法减毒处理后获得致病力减弱、免疫原性良好的病原微生物减毒株而制成的疫苗。减毒活疫苗的原理是模拟自然发生的感染后免疫过程。接种减毒疫苗后，减毒的病原体在机体有一定程度的生长繁殖能力，类似隐性感染而产生细胞、体液和局部免疫。减毒活疫苗分为细菌性活疫苗和病毒性活疫苗两大类，前者如卡介苗、伤寒减毒活疫苗、霍乱减毒活疫苗等，后者如甲型肝炎减毒活疫苗、麻疹减毒活疫苗、脊髓灰质炎减毒活疫苗、乙型脑炎减毒活疫苗、水痘减毒活疫苗等。

研发减毒活疫苗，关键是选育减毒适宜、毒力低而免疫原性和稳定性均良好的菌、毒种。减毒的方法包括体内、体外传代减毒，低温培养筛选和诱变减毒。

减毒活疫苗的优点在于通过自然感染途径接种，可以使机体获得较为广泛而持久的免疫保护，由于活的病原微生物有增殖的能力，理论上只需接种一次即可获得满意的免疫效果，同时减毒活疫苗不需要添加佐剂，生产价格低廉。

减毒活疫苗的缺点是疫苗一般保留一定残余毒力，对一些免疫缺陷个体可能诱发严重疾病，同时也可能出现毒力回复的"返祖"现象；减毒活疫苗是活微生物制剂，可能造成环境污染而引发交叉感染，同时，保存、运输等条件要求较高，如需要冷藏。

（二）灭活疫苗

灭活疫苗是指病原微生物经培养、增殖，用物理、化学方法灭活以去除其增殖能力后制成的疫苗。灭活疫苗的研究源于减毒活疫苗在实践中出现的一些问题，如活疫苗减毒程度不够时有致病危险，过分减毒又造成免疫原性不足或丧失，失去活疫苗的效力。

灭活疫苗相对比较安全、稳定，但常需要多次注射，才能产生比较牢固的免疫力。灭活疫苗也可分为细菌灭活疫苗和病毒灭活疫苗，常见的包括鼠疫疫苗、布鲁氏菌疫苗、流行性感冒疫苗、狂犬病疫苗等。

（三）亚单位疫苗

利用微生物的某种表面结构成分（抗原）制成的能诱发机体产生抗体的疫苗，称亚单位疫苗。亚单位疫苗采用生物化学或分子生物学技术制备，在安全性上极大地优于减毒活疫苗和灭活疫苗。

根据制备方法的不同，亚单位疫苗又可以分为以下四大类。

1. 纯化亚单位疫苗 是指病原微生物经培养后，提取、纯化其主要保护性抗原成分而制成的疫苗，如A群脑膜炎球菌多糖疫苗、流感亚单位疫苗等。纯化亚单位疫苗已在全世界广泛应用，效果良好，但是常需要佐剂或偶联物来增强它们的免疫原性，而且这些疫苗的生产通常需要大规模培养微生物，成本较高，也有一定的微生物扩散危险。

2. 合成肽亚单位疫苗 包括抗病毒相关肽疫苗、抗肿瘤相关肽疫苗和抗细菌、寄生虫感染的肽疫苗。合成肽疫苗存在免疫原性低、半衰期短等不足，目前还处在研究状态。

3. 基因工程亚单位疫苗 是指采用基因重组技术将编码病原微生物保护性抗原的基因重组到细菌（如大肠埃希菌）、酵母或细胞中，经培养、增殖后，提取、纯化所表达的保护性抗原而制成的疫苗，如重组乙型肝炎疫苗、人乳头瘤病毒（宫颈癌）疫苗、幽门螺杆菌疫苗等。

与传统疫苗相比，基因工程亚单位疫苗产能大，抗原纯度较高，可以用于体外难以培养、具有致癌性或免疫病理作用病原体疫苗的研究开发。该类疫苗具有安全性好、针对性强、可以反复使用、对其他疫苗干扰小、经济效益较好、易组成多联多价苗等优点；同时，亚单位疫苗通常也存在免疫原性较弱的缺点，为了增强其免疫原性，一种方法是调整基因组合使其表达成颗粒性结构，另一种方法是加入有免疫增强作用的佐剂或在体外加以团聚化，包入脂质体或胶囊微球。

4. 基因工程活载体亚单位疫苗 是利用基因工程技术将编码病原体保护性抗原的基因导入活载体使之表达的活疫苗，主要包括重组病毒载体活疫苗和重组细菌载体活疫苗。

活载体疫苗兼具灭活疫苗的安全性好及活疫苗的免疫效果好、成本低等优点，载体中可以插入多个不同病原的抗原基因并同时表达，从而达到一针防多病的目的，为多价疫苗或多联疫苗的研制提供了可能。可用于活载体疫苗构建的细菌疫苗载体有沙门菌、卡介苗、大肠埃希菌和乳酸杆菌等；病毒疫苗载体包括痘病毒、疱疹病毒、腺病毒等。

（四）核酸疫苗

核酸疫苗是20世纪90年代发展起来的一种新型疫苗，是将能引起机体保护性免疫反应的抗原编码基因（DNA或RNA）直接导入机体细胞后，通过宿主细胞表达蛋白抗原，诱导宿主产生免疫应答，从而达到预防和治疗疾病的目的。核酸疫苗分为DNA疫苗和mRNA疫苗。

mRNA疫苗具有的优点包括：安全性好，无感染或插入突变的潜在风险；有效性好，无需进入细胞核，在细胞质中即可发挥生物效应；免疫原性好并且效果持久，能激发细胞免疫和体液免疫；生产工艺简单、研发周期短，批次间差异小，易于在体外开展大规模生产。

mRNA疫苗主要的缺点是：容易被核酸酶降解，稳定性差，储存和运输条件较为苛刻。提高mRNA疫苗稳定性的策略目前主要有两种：一是调节3′和5′非翻译区（UTR）序列、5′合成类似“帽子”的结构、3′加Poly(A)尾、修饰核苷酸、替换和优化密码子等，以提高mRNA稳定性；二是采用高效的mRNA投递方法，避免其降解。

（五）联合疫苗

联合疫苗是指由两个或以上活的、灭活的病原微生物或抗原成分联合配制而成的疫苗，用于预防不同病原微生物或同一种病原微生物的不同血清型/株引起的疾病。联合疫苗包括多联疫苗和多价疫苗。多联疫苗用于预防不同病原微生物引起的疾病，如吸附百白破联合疫苗、麻腮风联合减毒活疫苗；多价疫苗用于预防同一种病原微生物的不同血清型/株引起的疾病，如23价肺炎球菌多糖疫苗、流感病毒裂解疫苗。

（六）治疗性疫苗

预防性疫苗可在健康人群中激活特异性免疫应答，从而使机体获得对该病原体的免疫预防能力，但对已感染的个体却不能诱生有效的免疫应答。尤其是针对慢性感染性疾病和肿瘤，需要开发新型的疫苗，使其不仅具有预防疾病的作用，同时还能对已感染或已患病个体诱导特异性免疫应答，清除病原体或异常细胞，使疾病得以治愈，这类疫苗被称为治疗性疫苗。

治疗性疫苗作为一种新兴的以治疗疾病为目的的疫苗，在设计思路、制备手段和应用技术等方面均体现出多元化。目前按其治疗疾病的种类，可以分为感染性疾病治疗性疫苗、肿瘤治疗性疫苗、自身免疫疾病治疗性疫苗和移植用治疗性疫苗。以肿瘤治疗性疫苗为例，肿瘤疫苗是用含肿瘤特异性抗原或肿瘤相关抗原的肿瘤细胞或碎片、片段激活机体免疫系统产生特异性抗肿瘤细胞免疫应答。肿瘤疫苗作为肿瘤的特异性主动免疫应答，在增强机体抗肿瘤能力方面的效果已在动物实验中得到肯定，许多疫苗已进入临床试验研究。但由于对肿瘤的发生机制尚未研究清楚，目前仍存在不少问题，如缺乏特异性的肿瘤抗原、缺乏有效的佐剂、缺乏有效的抗原加工与提呈等。

三、疫苗的制备方法举例 微课3

疫苗的生产制造一般要经历一系列复杂的工艺流程。因疫苗的种类不同，其制备方法也不相同。但总体来说，传统疫苗的制备过程包括原液制备，抗原纯化，半成品、成品的检定等。本部分将选取狂犬病灭活疫苗和重组乙型肝炎疫苗为代表，介绍疫苗的制备方法。

（一）狂犬病灭活疫苗的制备

将人狂犬病毒固定毒株接种于人二倍体细胞，经培养、收获、浓缩、纯化、灭活病毒后，加入适宜的稳定剂冻干制成，用于预防狂犬病。

1. 制备方法　狂犬病灭活疫苗制备流程图如图 11－12 所示。

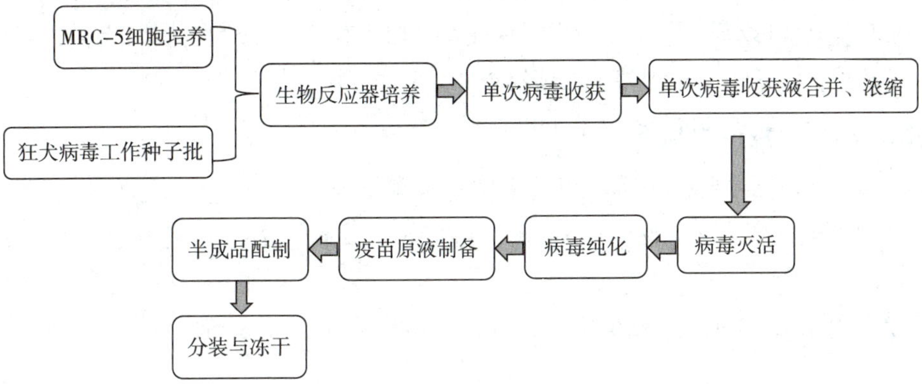

图 11－12　狂犬病灭活疫苗制备流程图

（1）生产用细胞　为人二倍体细胞（MRC－5 或其他经批准的细胞株），细胞的管理和鉴定应符合“生物制品生产检定用动物细胞基质制备及质量控制”规定，各级细胞库细胞代次应不超过批准的限定代次。

（2）毒种　生产用毒种为狂犬病毒固定株 Pitman－Moore 株或经批准的其他二倍体细胞适应的狂犬病毒固定毒株。种子批的建立应符合“生物制品生产检定用菌毒种管理及质量控制”规定，各种子批代次应不超过批准的限定代次。

建立的种子批应进行全面的检定并合格，检定的内容包括毒种的特异性、病毒的滴度、无菌检查、支原体检查、外源病毒因子检查和免疫原性检查。毒种应于－60℃以下保存。

（3）原液的制备　①细胞的制备：复苏一定数量的工作细胞库细胞，加入适宜的培养液，在适宜温度下培养，扩增至一定数量，用于接种病毒的细胞为一个细胞批。每批原液的生产细胞应来自复苏扩增后的同一细胞批，对照细胞应进行外源病毒因子检查。②病毒的培养：细胞培养成致密单层或者细胞悬液后，将毒种接种细胞进行培养，经培养适宜时间，收获病毒液。检定合格的同一细胞批生产的同一次病毒收获液或同一时间段的连续收获液可合并为单次病毒收获液。③病毒的浓缩与纯化：合并后的病毒液经超滤等方法浓缩至规定的蛋白质含量范围，采用柱色谱等方法对病毒浓缩液进行纯化。④病毒的灭活：于纯化后的病毒液中加入 β－丙内酯灭活病毒，病毒灭活到期后，每个病毒灭活容器应立即取样，分别进行病毒灭活验证试验。也可按批准的工艺先进行病毒灭活后再进行纯化。灭活病毒液中加入适量人血白蛋白或其他适宜的稳定剂，即为原液。

（4）半成品的制备　将原液按照批准的配方进行配制，总蛋白质含量应不高于批准的要求，加入适宜的稳定剂即为半成品。

（5）成品的制备　按标示量复溶后每瓶 0.5ml 或 1.0ml。每 1 次人用剂量为 0.5ml 或 1.0ml，狂犬病疫苗效价应不低于 2.5IU。

2. 检定

（1）单次病毒收获液检定　包括病毒滴度、无菌检查和支原体检查。

（2）原液检定　包括无菌检查、蛋白含量检查、抗原含量检查。

（3）半成品检定 进行无菌检查。

（4）成品检定 除水分测定外，按标示量加入疫苗稀释剂，复溶后进行以下各项鉴别。①特异性鉴别：ELISA，证明含有狂犬病毒抗原。②外观：应为白色疏松体，复溶后为澄明液体，无异物。③pH：应为7.2～8.0。④水分：应不高于3.0%。⑤效价：应不低于2.5IU/剂。⑥热稳定性：于37℃放置28天后，效价应不低于2.5IU/剂。⑦抗生素残留量：生产过程中加入抗生素的应进行该项检查。采用ELISA，应不高于50ng/剂。⑧牛血清白蛋白残留：应不高于50ng/剂。⑨细菌内毒素检查：应不高于25EU/剂。⑩此外，渗透压摩尔浓度、无菌检查和异常毒素检查也应符合规定。

（二）重组乙型肝炎疫苗的制备

目前重组乙型肝炎疫苗主要分为酵母以及中国仓鼠卵巢细胞（CHO）表达疫苗。下面介绍由重组CHO细胞表达乙型肝炎病毒表面抗原（hepatitis B surface antigen，HBsAg）经纯化，加入铝佐剂制成的重组乙型肝炎疫苗。

1. 制备方法 重组CHO细胞乙型肝炎疫苗制备流程图如图11－13所示。

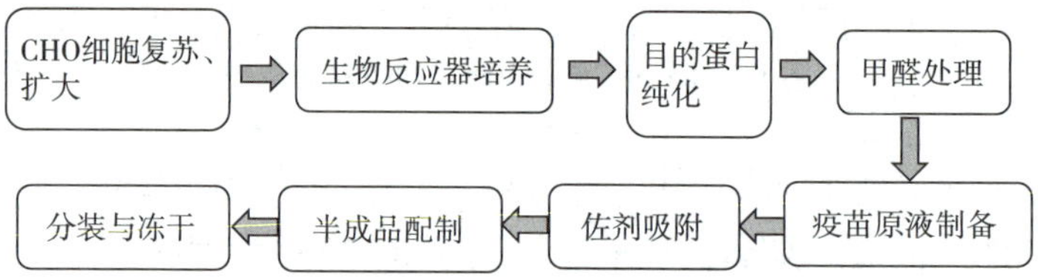

图11－13 重组CHO细胞乙型肝炎疫苗制备流程图

（1）生产用细胞 为用DNA重组技术获得的表达HBsAg的CHO细胞C28株，细胞库的建立及传代应符合“生物制品生产和检定用动物细胞基质制备及质量控制”规定。

主细胞库及工作细胞库的检定应符合“生物制品生产和检定用动物细胞基质制备及质量控制”规定。细菌和真菌、支原体、细胞外源病毒因子检查均应为阴性；细胞应用同工酶分析、生物化学方法、免疫学、细胞学和遗传标记物等任何方法进行鉴别，应为典型CHO细胞；细胞用染色体分析法进行检测，染色体应为20条；目的蛋白采用ELISA，应证明为HBsAg；主细胞库及工作细胞库细胞HBsAg表达量应不低于原始细胞库的表达量；种子应保存于液氮中。

（2）原液 ①细胞制备与收获：取工作细胞库细胞，复苏培养后，经胰蛋白酶消化，置适宜条件下培养。培养适宜天数后，弃去培养液，换维持液继续培养，当细胞表达HBsAg达到1.0mg/L以上时，收获培养上清。根据细胞生长情况，可换维持液继续培养，进行多次收获。应按规定的收获次数进行收获。每次收获物应逐瓶进行无菌检查。收获物应于2～8℃保存。来源于同一细胞批的收获物经无菌检查合格后可进行合并。②目的蛋白纯化：合并的收获物经澄清过滤，采用柱色谱法进行纯化、脱盐、除菌过滤后即为纯化产物。同一细胞批来源的HBsAg纯化产物检定合格后，经除菌过滤后可进行合并，纯化产物于2～8℃保存不超过3个月。③甲醛处理：合并后的HBsAg纯化产物中按终浓度为200μg/ml加入甲醛，置37℃保温72小时。④除菌过滤：甲醛处理后的HBsAg经超滤、浓缩、除菌过滤后即为原液（亦可在甲醛处理前进行除菌过滤）。

（3）半成品 按最终蛋白质含量为10μg/ml或20μg/ml进行配制。加入氢氧化铝佐剂吸附后，即为半成品。

（4）成品 所配置的半成品应按“生物制品规程”规定进行相应的分批、分装及包装。每瓶0.5ml或1.0ml。每1次人用剂量为0.5ml，含HBsAg 10μg；每1次人用剂量为1.0ml，含HBsAg 10μg

或 20μg。

2. 检定

（1）纯化产物检定　①蛋白质含量：应为 100～200μg/ml。特异蛋白带：采用还原型 SDS－PAGE 法，分离胶浓度为 15%，浓缩胶浓度为 5%，上样量为 5μg，银染法凝胶染色。应有分子质量为 23kDa、27kDa 的蛋白带，可有 30kDa 蛋白带及 HBsAg 多聚体蛋白带。②纯度：采用高效液相色谱法（用 SEC－HPLC 法）测定。用亲水树脂体积排阻色谱柱，排阻极限为 1000kDa，孔径为 100nm，粒度为 17μm，直径为 7.5mm，长 30cm；流动相为 0.05mol/L PBS（pH 6.8）；检测波长为 280nm，上样量为 100μl。按面积归一化法计算 HBsAg 纯度，应不低于 95.0%。③细菌内毒素检查：每 10μg HBsAg 应小于 10EU。

（2）原液检定　①蛋白质含量：应在 100～200μg/ml。②牛血清白蛋白残留量：应不高于 50ng/剂。③CHO 细胞 DNA 残留量：应不高于 10pg/剂。④CHO 细胞蛋白残留量：采用 ELISA，应不高于总蛋白质含量的 0.05%。⑤细菌内毒素检查：每 10μg HBsAg 应小于 10EU。⑥N 端氨基酸序列：用氨基酸序列分析仪测定，N 端氨基酸序列应为 Met－Glu－Asn－Thr－Ala－Ser－Gly－Phe－Leu－Gly－Pro－Leu－Leu－Val－Leu。⑦无菌检查、支原体检查、特异蛋白带及纯度应符合规定。

（3）半成品检定　①细菌内毒素检查：应小于 10EU/剂。②吸附完全性试验：将供试品于 6500*g* 离心 5 分钟，取上清液，依法测定参考品、供试品及其上清液中 HBsAg 含量。以参考品 HBsAg 含量的对数对其相应吸光度对数作直线回归，相关系数应不低于 0.99，将供试品及其上清液的吸光度值代入直线回归方程，计算其 HBsAg 含量，再计算吸附率，应不低于 95%。

（4）成品检定　①鉴别试验：采用 ELISA，应证明含有 HBsAg。②外观：应为乳白色混悬液体，可因沉淀而分层，易摇散，不应有摇不散的块状物。③装量：应不低于标示量。化学检定：pH 应为 5.5～6.8；铝含量应不高于 0.43mg/ml；游离甲醛含量应不高于 50μg/ml。④效价测定：将疫苗连续稀释，每个稀释度接种 4～5 周龄未孕雌性 NIH 或 BALB/c 小鼠 20 只，每只腹腔注射 1.0ml，用参考疫苗做平行对照，4～6 周后采血，采用 ELISA 或其他适宜的方法测定抗－HBs，计算 ED_{50}，供试品 ED_{50}（稀释度）/参考疫苗 ED_{50}（稀释度）比值应不低于 1.0。⑤细菌内毒素检查：应小于 10EU/剂。⑥抗生素残留量：生产过程中加入抗生素的应进行该项检查。采用 ELISA，应不高于 50ng/剂。⑦渗透压摩尔浓度、无菌检查、异常毒性检查应符合规定。

四、疫苗的质量控制

疫苗不同于普通药品，其接种对象是广大健康人群，具有公共产品的特征，因此其安全性、有效性尤为重要，为切实保证疫苗质量，需实行全过程监管。

同时，由于疫苗生产过程中使用的各种材料的来源及种类各异，生产工艺复杂且易受多种因素影响，应对疫苗生产过程中的每一个工艺环节以及使用的每一种材料进行质量控制，并制定其可用于生产的质量控制标准。

目前世界各国的疫苗生产和研究单位都在实施 GMP 管理，以保证其产品质量。GMP 是指在药品生产全过程中，用科学、合理、规范化的条件和方法保证生产出优良药品的一套科学管理方法，是药品生产和质量管理的基本准则，是药品生产企业必须强制达到的最低标准。WHO 关于生物制品 GMP 的文件中对于疫苗生产的组织实施有明确的要求和标准，尤其是对生产与鉴定人员的培训和经验以及生产厂家负责人都有规定。应该注意临床试验的疫苗制品一定要在 GMP 条件下生产，特别要求在生产和鉴定过程中实施标准操作规程（standard operation procedure，SOP）。

（一）原材料的质量控制

1. 生产用水 水是生产用基本原料，自来水需净化处理，其质量应符合饮用水标准；去离子水应检测电导率；蒸馏水应采用多效蒸馏水器设备，应符合无热原、无菌要求，超过一周不能使用。

2. 器材、溶液等原材料 器材供应包括玻璃器皿、橡皮用具等，在使用前应严格清洗、灭菌，方可使用。溶液、培养基配制时所选的化学试剂，一般应为二级纯或三级纯试剂，变质潮解者不能使用。配制好的溶液应透明、无杂质、无沉淀、无染菌，pH 符合要求。

3. 动物源的原材料 使用时要详细记录，内容至少包括动物来源、动物繁殖和饲养条件、动物的健康状况等。用于疫苗生产的动物应是清洁级以上的动物。

4. 菌种和毒种 用于疫苗生产的菌、毒种来源及历史应清楚，由中国食品药品检定研究院分发或由国家卫生健康委员会指定的其他单位保管或分发。应建立生产用菌、毒种的原始种子批、主代种子批和工作种子批系统。种子批系统应有菌、毒种原始来源，菌、毒种特征鉴定，传代谱系，菌、毒种是否为单一纯微生物，生产和培育特征，最适保存条件等完整资料。

5. 细胞 生产用细胞应建立原始细胞库、主代细胞库和工作代细胞库系统。细胞库系统应有细胞原始来源、群体倍增数、传代谱系、细胞是否为单一纯化细胞系、制备方法、保存条件等完整资料。对于基因工程疫苗，作为表达载体的细胞除应有上述基本特性的记录外，还应提供表达载体的详细资料。对于宿主细胞，还应详细说明载体引入宿主细胞的方法和载体在宿主细胞内的状态，应提供载体和宿主细胞结合后的遗传稳定性资料，同时要详细叙述生产过程中启动和控制克隆基因在宿主细胞中表达所采用的方法和表达水平。

（二）生产过程质量控制

生物制品的质量由从原材料投产到成品出厂整个生产过程中的一系列因素所决定，所以生物制品的质量是生产出来的，检定只是客观地反映及监督制品的质量水平。因此在疫苗的生产制备过程中，只有实行 GMP，对生产过程中每一步骤做到最大可能的控制，才能更为有效地使终产品符合所有质量要求和设计规范。在生产过程中必须严格按照《中国药典》三部和 GMP 的要求，遵从 SOP 进行操作，其中对人员的素质、卫生及无菌的要求就尤为重要。

生产人员必须具备与本职工作相适应的文化程度和专业知识或经过培训能胜任本岗位的管理、生产和研究工作，并注意对其进行不断培训和考核以提高其业务能力；患有特定传染病的人员，不得从事生产工作。对卫生及无菌管理都应按要求严格执行，包括环境、工艺、个人卫生等均应满足各洁净区域的要求，洁净室内不得存放不必要的物品，特别是未经灭菌的器材和材料；由于污染的主要来源是操作人员，在洁净室里的工作人员应控制在最少数，并严格遵守 SOP 进行操作；生产用的器具和材料，灭菌、除菌前和灭菌、除菌后应有明显标志，保证一切接触制品的器具材料都是严格灭菌的。

在生产过程中，无论是有限代次的生产还是连续培养，对材料和方法应有详细的资料记载，并提供最适培养条件的详细资料；在培养过程及收获时，应采取灵敏的检测措施控制微生物污染；应提供培养生产浓度和产量恒定性方面的数据，并应确定废弃培养物的指标。对于基因工程疫苗，还应检测宿主细胞/载体系统的遗传稳定性，必要时做基因表达产物的核苷酸序列分析。

在疫苗的纯化过程中，其方法设计应考虑尽可能地去除杂质以及避免纯化过程可能带入的有害物质；纯化工艺的每一步均应测定纯度，计算提纯倍数、收获率等；纯化工艺中尽量不加入对人体有害的物质，若不得不加时应设法除尽，并在终产品中检测残留量；关于纯度的要求可视产品来源、用途、用法而确定，一般真核细胞表达的反复使用多次的产品，要求纯度达 98% 以上，原核细胞表达的多次使用产品，纯度达95%即可。

（三）疫苗产品的质量控制

疫苗制品在出厂前必须按照《中国药典》三部的要求进行严格的质量检定，以保证制品安全有效。规程中对每个制品的检定项目、检定方法和质量指标都有明确的规定，一般可分为理化检定、安全性检定和效力检定三方面。

1. 理化检定　主要是为了检测疫苗中某些有效成分和无效有害成分，包括物理性状检查、防腐剂含量测定、蛋白质含量测定、纯度检查及其他一些项目的测定。

（1）物理性状检查　主要是指对疫苗外观以及冻干疫苗的真空度和溶解时间等方面的检测。疫苗的外观往往会涉及其安全和效力，因此必须进行认真的检查，可通过特定的人工光源检测澄明度。对外观类型不同的制品有不同的要求，透明液制品应为本色或无色澄明液体，不得含有异物、凝块或沉淀物；混悬液制品为乳白色悬液，不得有摇不散的凝块或异物；冻干制品应为白色、淡黄色疏松体，呈海绵状或结晶状，无明显冻融现象。对装量的要求也应严格。此外，对冻干疫苗还应进行真空度和溶解时间的检测，对冻干疫苗进行真空封口，可进一步保持其生物活性和稳定性，而其溶解时限也应在一定时间内。

（2）防腐剂含量测定　是指测定在疫苗的制备过程中，为了纯化、灭活和防止杂质污染而加入的防腐剂，如苯酚、三氯甲烷、甲醛等。《中国药典》三部对这些物质的含量也有一定限制，如苯酚含量要求在0.25%以下，残余三氯甲烷含量不得超过0.5%，游离甲醛含量一般不得超过0.02%。

（3）蛋白质含量测定　对于基因工程疫苗，需进行蛋白质含量的测定，以检查其有效成分，计算纯度相比度。常用的方法有微量凯氏定氮法、劳里法（福林-酚试剂法）和紫外吸收法等。

（4）纯度检查　指基因工程疫苗在经过精制纯化后，要检测其纯度是否达到规程要求。常用的方法有电泳和色谱，一般真核细胞表达的多次使用产品，要求纯度达98%以上，原核细胞表达的多次使用产品，纯度达95%即可。

（5）其他　还有水分含量测定和氢氧化铝含量测定。冻干制品中残余水分含量的高低，直接影响制品的质量和稳定性。要求水分越低越好，有利于长期保存；而一些活疫苗中残余水分过高，则易造成活菌、活毒的死亡而失效，因此必须对疫苗制品中的残余水分进行测定以保证制品的质量，常用的方法有 Fischer 水分测定法、烘干失重法等。

2. 安全性检定　疫苗制品的安全性检查主要包括三方面的内容：①菌、毒种和主要原材料的检查；②半成品检查，主要检查对活菌、活病毒的处理是否完善，半成品是否有杂菌或有害物质的污染，所加灭活剂、防腐剂是否过量等；③成品检查，必须逐批按规程要求，进行无菌试验、纯菌试验、毒性试验、热原试验及安全试验等检查，以确保制品的安全性。

3. 效力检定　疫苗的效力检定一般采用生物学方法，以生物体对待检品的生物活性反应为基础，以生物统计为工具，运用特定的试验设计，通过比较待检品与标准品在一定条件下所产生的特定产物、反应剂量间的差异来测得待检品的效价。理想的效力试验应具备以下条件：试验方法与人体使用大体相似；所用实验动物标准化；试验方法简单易行，重复性好；结果明确，能与流行病学调查结果基本一致。一般所采用的效力试验有动物保护力试验（或称免疫力试验）、活疫苗的效力测定、血清学试验等。

（1）动物保护力试验　是指将疫苗免疫动物后，再用同种的野毒或野菌攻击动物，从而判定疫苗的保护水平。通过这种方法可直接观察到疫苗的免疫效果，较之测定疫苗免疫后的抗体水平要更好。

（2）活疫苗的效力测定　又包括活菌苗测定和活病毒滴度测定。活菌苗多以制品中抗原菌的存活数表示其效力，将一定稀释度的菌液涂布接种于适宜的平皿培养基上，培养后计算菌落数，计算活菌率

（%）；活病毒疫苗多以病毒滴度来表示其效力，常用50%组织培养法感染量（50% tissue culture infective dose，$TCID_{50}$）来表示，将疫苗做系列稀释后，各稀释度取一定量接种于传代细胞，培养后检测$TCID_{50}$。

（3）血清学试验　系指体外抗原－抗体试验。疫苗免疫动物或人体后，可刺激机体产生相应的抗体，抗体的形成水平是反映疫苗质量的一个重要方面，可通过血清学试验来检测体外抗原－抗体特异性反应。经典的血清学试验包括凝集反应、沉淀反应、中和反应和补体结合反应，在此基础上又经过不断的技术改进，发展出许多快速、灵敏的抗原－抗体反应，比如间接凝集试验、反向间接凝集试验、各种免疫扩散、免疫电泳以及荧光标记、酶标记、同位素标记等高敏感的检测技术，为疫苗制品的效力检定奠定了良好的基础。

第四节　转基因动物制药

转基因动物技术和转基因动物制药是近年来研究的热点，许多生物技术公司都对此给予了极大的关注，相继投入巨资进行研究。利用转基因动物生产药物是全新的生产模式，转基因动物分泌的蛋白经过动物体内充分修饰和加工，其结构和生物活性与人体天然蛋白非常相似，而且产量高，这是其他表达系统所无法比拟的。

一、转基因技术方法

采用基因工程技术把外源目的基因导入动物生殖细胞、胚胎干细胞和早期胚胎，并在受体动物的身体上稳定整合，再经过发育途径把外源基因稳定地传给子代，通过这项技术所获的动物即为转基因动物（transgenic animal）。转基因技术按基因导入方式分为显微注射法、逆转录病毒载体导入法、胚胎干细胞法、精子载体法、酵母人工染色体法、基因打靶法和其他一些新的技术等。

（一）显微注射法

基因显微注射法即利用显微操作技术将外源基因片段直接导入受精卵，利用受精卵繁殖过程中的DNA复制将外源基因整合到宿主的染色体上，发育成转基因动物。该方法最早由Gorden等人于1980年建立，是发展最早、使用最广泛的方法。

这种方法的优点是：①基因转移率高，可达30%；②可直接用不含有原核载体DNA片段的外源基因进行转移，且实验周期较短；③转移外源基因的长度也无严格限制，可达155kb；④因为外源DNA与受体基因组的整合是发生在卵裂前，故能得到纯系动物。

该方法也存在一定的不足：①实验设备和技术要求高，而且成功率比较低；②导入外源基因的拷贝数无法控制；③注射的DNA在宿主基因组中随机整合，导致插入位点附近宿主DNA大片段缺失、重组等突变，可造成动物严重的生理缺陷。

（二）逆转录病毒载体导入法

逆转录病毒载体导入法是指利用逆转录病毒载体把基因整合到受体细胞核基因组中。逆转录病毒（RNA病毒）进入细胞后，在逆转录酶的作用下，其单链RNA可逆转录为双链DNA，然后整合到宿主细胞的染色体上并长期稳定表达。逆转录病毒的长末端重复序列（LTRs）具有转录启动子的活性，可以将外源基因连接到LTRs下部，再包装为病毒颗粒，直接感染受精卵或注射到囊胚腔中，含有外源基因的逆转录病毒的DNA就可以被整合到宿主的染色体中。

逆转录病毒感染法的优点是：①重组逆转录病毒可同时感染大量胚胎；②感染后的整合率高，可达100%；③不需要昂贵的显微注射设备；④前病毒以单拷贝形式插入整合位点，整合点宿主DNA片段易于被分离纯化，有利于对插入位点的宿主基因进行鉴定。

缺点是：①外源基因难以植入生殖系统，成功率较低；②逆转录病毒载体容量有限，病毒衣壳大小有限，不能插入大的外源DNA片段（只能转移DNA≤10kb的小片段），因此，转入的基因很容易缺少其邻近的调控序列。

（三）胚胎干细胞法

胚胎干细胞（embryonic stem cell，ESC）简称ES细胞，是从早期胚胎细胞团中分离出来并能在体外培养的一种高度未分化的细胞，具有发育全能性。将外源基因导入ES细胞，然后注射到正常动物胚腔内，携带外源基因的ES细胞能参与宿主胚腔内细胞团的发育，广泛地分化成各种组织，形成嵌合体，直至达到种系嵌合。

（四）精子载体法

利用精子作为外源性基因的载体，借助受精作用把外源基因导入受精卵，整合到受精卵的基因组中，这样在母畜的后代中就会产生一定比例的整合了外源基因的动物，这种方法为精子载体介导的基因导入法，是制作转基因动物的一种新的方法。此方法的优点是利用精子的自然属性，克服了人为机械操作给胚胎造成的损伤，整合率高，在小鼠、家兔达30%以上，成本低；缺点是结果不稳定。

（五）酵母人工染色体法

酵母人工染色体（yeast artificial chromosome，YAC）载体是近年来发展出来的新型载体，具有克隆百万碱基对级的大片段外源DNA的能力。此法具有以下优点：①保证巨大基因的完整性；②保证所有顺式作用因子的完整并与结构基因的位置关系不变；③保证较长的外源片段在转基因动物研究中整合率的提高；④鉴于基因的完整性，目的基因上、下游的侧翼序列可以消除或减弱基因整合的位置效应。

（六）基因打靶法

基因打靶（gene targeting）是一种利用同源重组方法改变生物体某一内源基因的遗传学技术。基因打靶技术的应用，一方面可以使导入的外源基因定点整合于人们希望整合的部位，从而避免外源基因随机整合对内源基因的影响；另一方面，人们还可以利用基因打靶技术定点灭活一个内源基因，亦称基因敲除（gene knock-out）。

基因打靶技术的步骤主要包括：构建打靶载体、打靶载体导入受体细胞（常用胚胎干细胞）、受体细胞导入囊胚、囊胚植入代孕雌性动物子宫发育。

在小鼠实验中，用基因打靶的方法产生的第一代子鼠为嵌合体小鼠，即小鼠由囊胚的细胞及经基因打靶的胚胎干细胞共同发育而来，因此并非小鼠的全部细胞中都整合有导入的外源基因。为获得纯合子的转基因小鼠，还需要用打靶后出生的雄性小鼠与提供囊胚的正常雌鼠交配，即回交（backcross）。回交后出生的子代鼠中有野生型的小鼠，即完全不携带外源基因，也有杂合的小鼠。再用杂合子小鼠互交（intercrossing），从出生的子代鼠中鉴定、筛选出纯合子的基因打靶小鼠，再经繁育可建立转基因小鼠品系。

二、转基因动物生物反应器

转基因动物就像一个生产活性蛋白的药物工厂，动物的卵清、乳汁、血液、精液或尿液等可以源源不断地为我们提供廉价的具有活性的目的基因产品。

到目前为止，牛乳白蛋白、组织纤溶酶原激活因子、人生长激素、人抗胰蛋白酶、人尿激酶、人干扰素等基因都在转基因小鼠乳腺中得到表达。人抗胰蛋白酶原、人凝血因子Ⅸ和人组织纤溶酶原激活因子的转基因羊已经产生，人促红细胞生成素的转基因牛也已经被制备，其他一些药用蛋白基因的转基因羊或者牛正在研究中。除了血液蛋白质外，抗体、生长激素、疫苗、组织修复物、胰岛素、乳白蛋白、乳铁蛋白等多样的蛋白质药物也采用转基因动物方法进行生产，特别是全人源治疗性单克隆抗体的细胞制药过程过于复杂，转基因动物开辟了表达完全人 Ig 的新途径，用人的免疫球蛋白基因取代小鼠的免疫球蛋白基因，从免疫小鼠获得全人源抗体。

转基因动物作为生物反应器，其表达的产物能被充分修饰且具有稳定的生物活性；转基因动物生物反应器又可无限繁殖，使得投资成本降低，药物开发周期缩短。因此，有关转基因动物反应器也是生物制药技术中的一个研究热点。

（一）转基因动物乳腺生物反应器

转基因动物乳腺生物反应器是基于转基因技术平台，将外源基因导入动物基因组，利用乳腺特异性启动子控制目的基因的表达，最终在动物乳汁中获得目的蛋白的一种制药方式。

转基因动物乳腺生物反应器的优越性如下：①动物乳腺组织表达的蛋白质绝大部分不会流到血液循环系统中，从而避免外源性蛋白质的大量表达对受体动物健康的危害；②乳腺生产药用重组蛋白产量高、成本低，哺乳动物的乳腺是高度分化的腺体，具有超强的蛋白质合成能力，而且乳汁中蛋白质种类相对较少，因此易于药用重组蛋白分离纯化，且生产工艺简单；③动物乳腺表达的外源基因可以遗传，这样，一旦获得一个生产某种有药用价值蛋白质的动物个体，就可以利用常规畜牧技术大量繁殖生产群体；④无环境污染，转基因动物乳腺生物反应器在产品的生产和纯化过程中没有毒性物质或有害物质释放；⑤缩短新药上市周期。

（二）转基因动物血液生物反应器

外源基因在血液中表达的转基因动物称为血液生物反应器，外源基因表达的产物可以直接从血清中分离出来。大型家畜血液容量大，可作为转基因家畜专一表达的组织。该生物反应器适合生产人血红蛋白、抗体或非活性状态的融合蛋白，不能在血液中表达有可能会影响动物健康的，如细胞分裂素、组织血纤维溶酶因子等外源产物。目前，该生物反应器主要用来生产人血红蛋白、血清蛋白、人免疫球蛋白、抗体、干扰素和胰蛋白酶等重组蛋白。

（三）转基因动物尿液生物反应器

转基因动物尿液生物反应器也称为膀胱生物反应器，与乳腺生物反应器相比，尿液更加容易收集，并且周期较短，不受转基因动物的性别限制，转基因动物出生后不久就可以从雌、雄动物尿中收获表达产物，获得外源蛋白。而且外源基因表达的产物不进入血液循环，不影响转基因动物的健康。

（四）转基因家禽生物反应器。

目前，转基因家禽生物反应器主要是对蛋进行研究。禽蛋产量高、周期短，卵清蛋白启动子是最强的组织特异性启动子之一，同时蛋白成分简单，易分离提纯，且外源基因表达的产物直接进入蛋中，不参与机体的代谢活动，因此，理论上来说，转基因家禽是比较理想的生物反应器。目前已经利用转基因家禽来生产免疫球蛋白和干扰素等，但是还需要寻找一种相对更有效的方法来制备转基因家禽，以充分利用其潜在的巨大经济价值。

实例分析

实例

尼妥珠单抗注射液的生产。

问题

1. 尼妥珠单抗的作用机制是什么？
2. 尼妥珠单抗制备的基本流程是什么？
3. 尼妥珠单抗纯度和杂质的检测方法有哪些？

实例分析

思考题

1. 简述重组蛋白药物的基本研发流程。
2. 动物细胞表达系统生产重组蛋白的优势有哪些？
3. 常见基因工程抗体分为哪几类？
4. 制备人源化抗体和全人源抗体的技术分别有哪些？
5. 亚单位疫苗可以分为哪几类？各有什么特点？
6. 简述基因工程亚单位疫苗的制备流程。

书网融合……

参考答案 本章小结 微课 1 微课 2 微课 3 拓展题

第十二章　细胞治疗与组织工程

PPT

学习目标

【知识要求】

1. 掌握　细胞治疗技术的概念和分类；免疫细胞治疗技术的原理和应用；干细胞治疗技术的分类及机制。

2. 熟悉　组织工程的概念和三大核心。

3. 了解　诱导多能干细胞治疗技术的原理；已上市的细胞治疗药物；组织工程的应用。

【技能要求】

能够理解和分析细胞治疗的不良反应；具有检索细胞治疗领域法规、指导原则及上市产品的能力；学会应用细胞治疗的原理解决一般临床问题。

【素质要求】

认识国内外规模较大的以生物技术为主营业务的公司，了解所学学科的产业化情况，尽早建立个人的职业规划，并能够进一步稳定专业思想，提升专业课学习热情。

细胞治疗是指应用人的自体、同种异体、同基因或异种（非人体）的细胞，经体外操作后回输至（或植入）人体的治疗方法。基因治疗是指以改变细胞遗传物质为基础的医学治疗。采用基因修饰技术的细胞治疗产品同时也是基因治疗产品。

细胞和基因治疗产品是融合了先进医疗技术的“活”的药物，根据供体来源，分为自体细胞、同种异体细胞、同基因细胞（如同卵双胞胎）和异种细胞；根据分化潜能，分为干细胞和体细胞。细胞治疗所使用的技术分为体细胞技术、细胞永生化技术、使用病毒载体的体外基因修饰技术、使用病毒载体的体内基因修饰技术及基因编辑技术等。

目前临床研究和应用最多的细胞治疗为过继性免疫细胞治疗和干细胞移植。细胞药物治疗疾病的机制主要分为两大类：①直接作用，直接运用细胞特定的生物活性杀伤靶细胞或修复受损伤的组织和器官，起到特异性或非特异性的杀伤/修复作用；②间接作用，如分泌相关的细胞因子或活性分子，调节患者自身细胞的增殖和功能活动。

近年来，细胞治疗技术走向成熟并向临床应用转化发展，为一些严重和难治性疾病带来了令人瞩目的突破性治疗方案。

第一节　免疫细胞治疗

人体免疫系统包括免疫器官、免疫细胞和免疫分子，具有免疫防御、免疫监视和免疫自稳的作用。免疫系统通过免疫应答的“作战方式”清除“非我”成分，保证机体健康。免疫应答分为固有免疫应答（又称非特异性免疫应答）和适应性免疫应答（又称特异性免疫应答）。参与机体免疫应答的免疫细胞种类繁多，主要包括 T 淋巴细胞、B 淋巴细胞、自然杀伤细胞（hatural killer cells，NK 细胞）、单核-巨噬细胞、树突状细胞（dendritic cells，DC）和粒细胞等。

免疫细胞治疗属于过继性细胞治疗（adoptive cell therapy，ACT），是利用患者自身或供者来源的免疫细胞，经过体外培养扩增、活化或基因修饰、基因编辑等操作，再回输到患者体内，激发或增强机体的免疫功能，从而达到控制疾病的治疗方法。根据作用机制的不同，目前的细胞免疫治疗研究类型主要包括：嵌合抗原受体T细胞（chimeric antigen receptor modified T cells，CAR-T）、工程化T细胞受体修饰的T细胞（T-cell receptor-engineered T cells，TCR-T）以及肿瘤浸润淋巴细胞（tumor-infiltrating lymphocytes，TILs）等，此外，还有基于NK细胞或DC等其他免疫细胞的治疗方法，如细胞因子诱导的杀伤细胞（cytokine-induced killer cells，CIK）。目前已被批准上市的免疫细胞药物主要是基于T细胞和DC的产品，其中大多数是用于血液系统恶性肿瘤的CAR-T疗法，还有几款用于治疗实体肿瘤的DC疫苗。本节重点介绍基于T细胞的免疫细胞药物。

T细胞是胸腺依赖性淋巴细胞的简称，为来源于骨髓的多能干细胞在胸腺内成熟的淋巴细胞。T细胞具有异质性，可分为多个表型和功能各异的亚群。按照T细胞抗原受体（T cell receptor，TCR）双链肽的构成的不同，可将其分为αβT细胞和γδT细胞；根据T细胞表面分化抗原（cluster of differentiation，CD）的不同，可将成熟的T细胞分为$CD4^+$T细胞和$CD8^+$T细胞；根据T细胞在免疫应答中效应的不同，可将其分为辅助性T细胞（helper T cell，Th cell）、调节性T细胞（regulatory T cell，Tr cell）和细胞毒性T细胞（cytotoxic T cell，Tc cell）等。其中，Th细胞表面带有标记分子CD4，能够识别抗原，分泌多种淋巴因子，调节免疫系统功能，增强免疫力；Tr细胞具有免疫抑制作用，主要表现为直接接触抑制靶细胞活化和分泌细胞因子，进而抑制免疫应答；Tc细胞则主要发挥特异性杀伤靶细胞作用，参与抗胞内病原体感染、抗肿瘤免疫及抑制排斥反应等。目前，基于T细胞的免疫治疗方法主要有CAR-T疗法、TCR-T疗法、TIL疗法、CIK疗法和γδT细胞疗法等。

一、CAR-T疗法 微课

T细胞是人体内特异性抗肿瘤的效应细胞，对肿瘤细胞有极强的杀伤作用，但其发挥作用具有主要组织相容性复合体（major histocompatibility complex，MHC）限制性。CAR-T疗法，即嵌合抗原受体T细胞治疗（chimeric antigen receptor T cell therapy，CAR-T cell therapy），是将能够识别肿瘤抗原的抗体表达于T细胞上，实现了抗原特异性非MHC依赖性的T细胞活化及效应增强，从而获得新的抗肿瘤能力。CAR-T细胞通过基因修饰患者自体的T细胞，利用肿瘤抗原单克隆抗体可变区与肿瘤抗原结合的机制，不受MHC的限制，因此能克服肿瘤细胞通过下调MHC分子表达以及降低抗原提呈等导致的免疫逃逸，从而打破宿主的免疫耐受状态，使T细胞以非MHC限制性的方式特异性杀伤肿瘤细胞。

（一）嵌合抗原受体的结构

嵌合抗原受体（chimeric antigen receptor，CAR）主要由胞外抗原结合域、跨膜结构域和胞内结构域三个功能域构成。①胞外结构域：主要包括单链抗体（scFv）和铰链区，其中scFv是CAR特异性结合肿瘤抗原的基础，由单克隆抗体的轻链和重链通过多肽连接而成。目前临床上CAR的结构主要针对肿瘤相关抗原（如CD19、CD20、CD22、CD30、CD33、BCMA等靶点）来开发。铰链区连接scFv和跨膜结构域，铰链区的长度取决于靶细胞抗原表位的位置及暴露程度。②跨膜结构域：连接CAR的胞外与胞内结构域，常用的跨膜结构域来源于CD4、CD8α、CD28和CD3ζ。③胞内结构域：由共刺激域和信号转导结构域构成。共刺激域通常来自CD28受体家族（CD28、ICOS）或肿瘤坏死因子受体家族（4-1BB、OX40、CD27），可协同共刺激分子和细胞内信号的双重活化，使T细胞持续增殖并释放细胞因子，提高 T 细胞的抗肿瘤能力。信号转导结构域通常为 T 细胞受体 TCR/CD3ζ 链或免疫球蛋白 Fc 受体 FcεRⅠγ 链，含有免疫受体酪氨酸活化基序（immunoreceptor tyrosine - based activation motif，ITAM），发挥 T 细胞信号转导功能。

随着 CAR 的设计不断精细，现在已经发展到了第五代（图 12 - 1）。前四代 CAR，除共刺激结构域略有差异外，其他 3 个部分大致相同。第一代 CAR 相对简单，由于缺少共刺激结构域而无法完全激活，表现为 T 细胞扩增不良。第二代 CAR 在原有基础上引入了一个共刺激结构域，有效改善了免疫激活问题。第三代 CAR 包含两个共刺激结构域，但是刺激阈值的降低易引起 T 细胞过度激活，从而导致细胞因子释放综合征（CRS）。第四代 CAR - T 细胞，除了传统 CAR 分子元件之外还引入了能够诱发 T 细胞分泌细胞因子或者表达自杀基因的结构。第五代 CAR - T 技术，通过基因编辑敲除 TCR α 链和 β 链变成通用型 CAR - T 细胞，避免了移植物抗宿主病（graft - versus - host disease，GVHD）的发生，将进一步促进 CAR - T 的规模化生产和治疗。

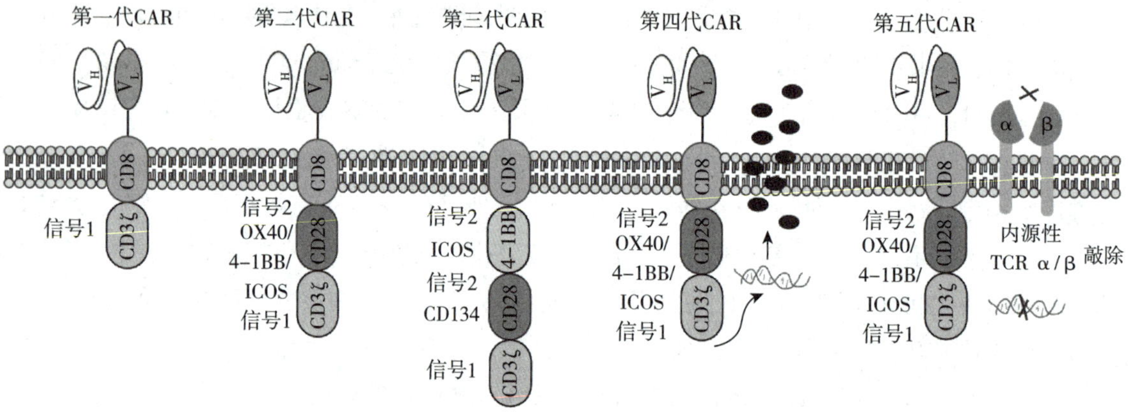

图 12 - 1　CAR 的结构及发展过程

自 1989 年以色列学者 Zelig Eshhar 与其研究小组成员首次报道 CAR - T 细胞以来，对于 CAR - T 细胞结构改造的尝试一直在进行当中，目前临床应用的 CAR - T 细胞主要是第二代 CAR - T 细胞，其他几代 CAR - T 细胞尚处于研究阶段。

（二）CAR - T 细胞技术的临床治疗流程

CAR - T 细胞治疗是将抗原与抗体的高亲和性和 T 淋巴细胞的杀伤作用相结合，通过基因工程方法将 CAR 表达于患者（或）供者 T 细胞，细胞外部的肿瘤抗原单链抗体通过跨膜结构域与细胞内部信号转导分子相连，单链抗体 CAR 的特异性和靶向性决定了 CAR - T 细胞对肿瘤的特异性识别和杀伤，细胞内部信号转导分子的作用主要为产生信号，激活 T 淋巴细胞，使其释放细胞因子，发挥细胞杀伤作用。

CAR - T 细胞疗法的治疗过程可概括为以下四个步骤。①分离：目前常用的方法是从患者或供者外周血中分离出单个核细胞（peripheral blood mononuclear cells，PBMCs）或 $CD3^+$ T 细胞，使用包被抗 CD3/CD28 的磁珠分离 T 细胞或用抗 CD3 抗体分离 T 细胞，通过滋养细胞以及添加细胞因子 IL - 2 来诱导 T 细胞快速增殖。②制备 CAR - T 细胞：用基因工程方法构建 CAR 载体，该载体能识别肿瘤细胞并且同时激活 T 细胞的嵌合抗体，把体外重组的 CAR 转入 T 细胞稳定表达，制成 CAR - T 细胞。③培养扩增：通过体外培养的方法，大量扩增 CAR - T 细胞。④回输：检测安全性等指标，然后回输给患者，并要做到严密监护，控制不良反应。

（三）CAR - T 细胞技术的临床应用与挑战

1. CAR - T 细胞疗法在血液系统肿瘤治疗中的应用　迄今为止，CAR - T 细胞疗法在恶性血液系统肿瘤治疗中取得了显著的疗效，特别是靶向 CD19 的 CAR－T 细胞疗法对急性淋巴细胞白血病（acute lymphoblasticleukemia，ALL）和非霍奇金淋巴瘤（non－Hodgkinlymphoma，NHL）均表现出较好的临床效果。2017 年 8 月，诺华 CAR－T 细胞治疗药物 Kymriah 获得美国 FDA 批准，成为全球首个上市的 CAR－T 细胞治疗产品。自此，免疫细胞治疗领域多款产品陆续上市。截至 2023 年 6 月，美国 FDA 已批准 6 款 CAR－T 产品用于不同的血液恶性肿瘤，分别是诺华的 Kymriah、吉利德/Kite Pharma 的 Yescarta 和 Tecartus、BMS 的 Breyanzi 和 Abecma 以及传奇生物的 Carvykti。中国目前有 3 款 CAR－T 产品实现商业化，分别为复星凯特阿基仑赛注射液（吉利德/KitePharma 授权 Yescarta 本地化生产）、药明巨诺的瑞基奥仑赛注射液和南京传奇生物的西达基奥仑赛注射液。

CAR－T 细胞疗法能够在较短时间内产生大量有肿瘤杀伤效力的 T 细胞，从而使这项技术走向临床。然而，CAR－T 细胞疗法带来的不良反应仍是亟待解决的问题，如抗 CD19－CAR－T 细胞治疗的不良反应主要有细胞因子释放综合征（细胞因子风暴）、B 细胞缺失、肿瘤溶解综合征等。

2. CAR－T 细胞疗法在实体瘤治疗中的应用　CAR－T 细胞疗法近年来在血液系统肿瘤的治疗中取得了巨大的突破，但是在实体瘤的治疗中却相对进展缓慢、困难重重，主要原因包括以下几点。①实体瘤缺乏特异性的肿瘤表面抗原：作为一种靶向治疗手段，CAR－T 细胞产生抗肿瘤效果的前提是在肿瘤细胞表面表达特异性的抗原，但绝大部分实体瘤很难找到这样的抗原。某些抗原虽然在某些肿瘤细胞表面呈现高水平的表达，但在其他正常组织的细胞表面也有不同程度的表达，这种抗原只能称为肿瘤相关抗原（TAA）。由于抗原表达过于广泛，CAR－T 细胞不可避免地识别和攻击正常组织而产生瘤外靶点毒性，严重时甚至引起全身多器官衰竭，危及生命，现在已发现的 CE2、HER2 等靶点都有脱靶效应的风险，因此，研究更具特异性的靶点是未来的研究重点。②CAR－T 细胞难以归巢到肿瘤部位：CAR－T 细胞输注到患者体内后，必须成功迁移到实体瘤部位并进入肿瘤的内部才能发挥抗肿瘤效应。T 细胞向肿瘤部位的趋化是一个高度受控的过程，与炎症反应类似，涉及抗肿瘤的细胞毒性 T 细胞与血管内皮细胞（vascular endothelial cell，VEC）的黏附、滚动和向肿瘤细胞所在区域的外渗。由于肿瘤细胞趋化因子配体表达水平低，对 CAR－T 细胞的归巢趋化作用弱，导致 CAR－T 细胞难以进入肿瘤部位；同时，致密的间质胶原包绕着肿瘤，进一步增加了 CAR－T 细胞进入肿瘤组织的难度。③肿瘤微环境免疫抑制因素：肿瘤微环境（tumor microenvironment，TME），即肿瘤细胞生活的环境，其中不仅包括肿瘤细胞本身，还包括其周围的成纤维细胞、免疫和炎性细胞、胶质细胞等各种细胞，同时也包括附近区域内的细胞间质、微血管以及浸润在其中的生物分子。肿瘤微环境中对肿瘤起抑制作用的因素主要有：免疫抑制细胞，如调节性 T 细胞、骨髓来源的抑制性细胞和 M2 型肿瘤相关巨噬细胞等；抑制性细胞因子，如转化生长因子（TGF－β）、IL－10 等；肿瘤细胞表面抑制 T 细胞功能的蛋白，如程序性死亡分子配体 1（programmed death－ligand 1，PD－L1）、B7－H 家族等；由于肿瘤细胞快速增殖及脉管系统的异常，常导致肿瘤微环境具有低氧、低 pH、低糖以及高水平的吲哚乙酸－2,3－双加氧酶，这种酶会将环境中的色氨酸分解为犬尿氨酸等免疫抑制性分子，同时，色氨酸还是一种必需氨基酸，其缺乏也会导致 CAR－T 细胞的免疫抑制，这些因素均不利于 CAR－T 细胞的增殖活化。因此，过继转移的 CAR－T 细胞需要克服免疫抑制，以提供最佳的抗肿瘤反应。④肿瘤细胞的异质性：实体瘤是一群异质性的肿瘤细胞，不同突变肿瘤细胞上的靶点不一样，单一靶点的 CAR－T 很难杀光全部肿瘤细胞，需通过多靶向的 CAR－T 细胞解决。

随着肿瘤免疫治疗相关研究的深入，实体瘤微环境抑制肿瘤免疫的机制日趋明了，为了应对抑制性免疫微环境，除了不断通过新方法改进 CAR－T 细胞的自身功能外，目前已有多种针对微环境免疫抑制机制的新技术在 CAR－T 细胞的肿瘤免疫治疗中进行了尝试并初见成效。具体方法包括：减少或清除负调控细胞，联用免疫检查点抑制剂，促进 CAR－T 细胞向肿瘤部位的定位，拮抗缺氧、酸性与 ROS 以及招募其他免疫细胞等。

二、TCR－T 疗法

（一）T 细胞受体的结构

T 细胞受体（T cell receptor，TCR）是 T 细胞的抗原识别分子，属于免疫球蛋白超家族。TCR 是异二聚体膜蛋白，包括两种类型，分别是 αβ 链受体和 γδ 链受体，携带有两种受体的 T 淋巴细胞的比例分别约占人类总 T 淋巴细胞的 95% 和 5%。TCR 整体结构类似于免疫球蛋白（Ig）的抗原结合片段（Fab）的结构，其抗原特异性存在于 V 区，V 区（Vα、Vβ）又各有三个高变区 CDR1、CDR2、CDR3，TCR 基因多态性主要由 CDR3 决定，CDR1 和 CDR2 是 TCR 受体主要组织相容性复合物（MHC）即人白细胞抗原（HLA）分子限制的结合部位，在 TCR 识别 MHC－抗原肽复合体时，CDR1、CDR2 识别和结合 MHC 分子抗原结合槽的侧壁，而 CDR3 直接与抗原肽相结合。TCR 的跨膜区与 CD3 链结合形成功能性的 TCR 复合物。

工程化 T 细胞受体修饰的 T 细胞（T－cell receptor engineered T－cell，TCR－T）可以通过 TCR 介导识别 MHC 分子提呈的抗原肽，进而靶向识别肿瘤细胞。TCR－T 的优势是能够识别肿瘤细胞内的抗原，即 TCR－T 可针对胞内抗原（占全部抗原的 90%），不局限在表面抗原（仅占 10%）。因此，TCR 对肿瘤的识别范围比抗体类药物以及依靠抗体识别肿瘤的 CAR－T 类药物的应用范围更广。

（二）TCR－T 细胞的信号激活

TCR－T 治疗技术是将能特异性识别肿瘤抗原的 TCR α 和 β 链基因转染到 T 细胞中，TCR 基因序列与载体结合并侵染宿主 T 细胞，使 T 细胞的 TCR 抗原结合区发生结构改变，通过对肿瘤抗原的特异性识别，最终实现对肿瘤的裂解和杀伤效果。

天然的 T 细胞激活是一个复杂的过程，通常需要以下三类信号：①TCR 与抗原提呈细胞（antigen presenting cell，APC）表面的抗原肽－主要组织相容性复合物（peptide MHC，pMHC）结合，完成抗原识别过程，这是启动 T 细胞活化的第一信号；②T 细胞表面的共激活分子如 CD28 与 APC 表面的 CD80/CD86 结合，诱导 T 细胞增殖，这是 T 细胞活化的第二信号；③活化的 T 细胞分泌的一些细胞因子如 IL－2、IL－4、IL－12 和 INF 等，与其他免疫细胞产生的细胞因子共同作用于 T 细胞，使其进一步活化增殖，这是 T 细胞活化的第三信号（图 12－2）。

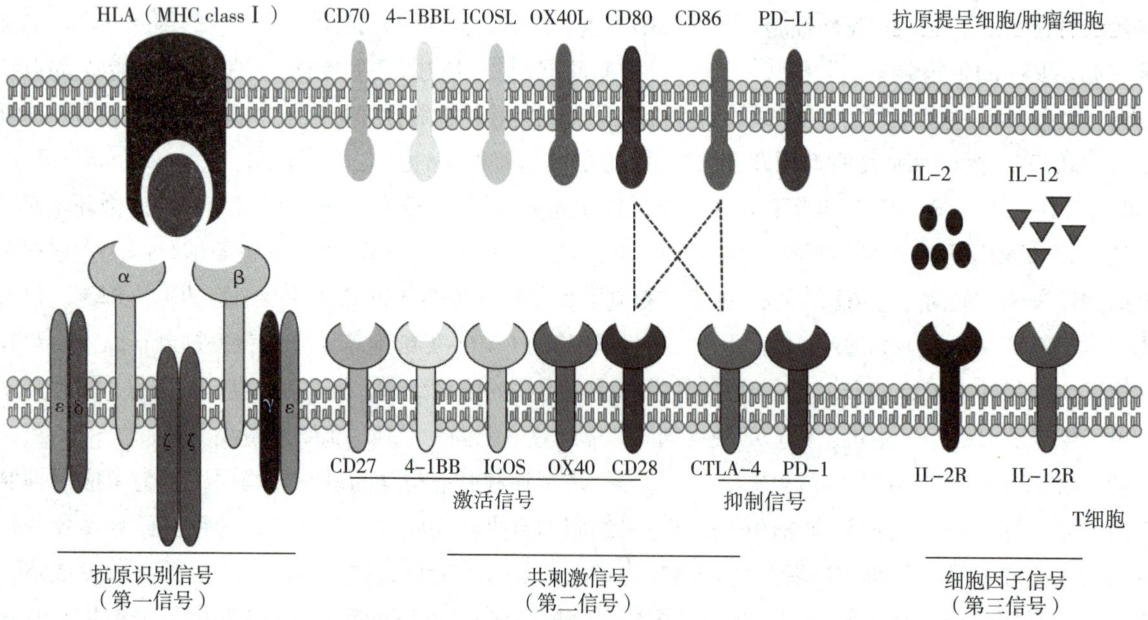

图 12－2　TCR 复合物以及 T 细胞激活信号

第一和第二信号是T细胞活化所必需的，共刺激信号相当于“信号扩增器”，可以降低与pMHC结合的TCR必要量，使得TCR在少量抗原的刺激下实现级联激活。肿瘤细胞大多缺乏提供共刺激信号的能力，甚至大量表达共抑制分子与T细胞上的受体竞争性结合，实现免疫逃逸。

（三）TCR-T细胞的制备流程

TCR-T疗法通过直接赋予T细胞特异性识别结合肿瘤抗原的TCR，使得原本无肿瘤识别能力的T细胞能够有效地识别并杀伤肿瘤细胞。

TCR-T细胞治疗的基本步骤为：①从患者的外周血中分离纯化出T细胞；②利用基因工程技术，将识别肿瘤特异抗原的TCR基因序列导入患者自身T细胞，获得特异识别肿瘤抗原的TCR-T；③TCR-T通过体外培养进行大量扩增；④扩增得到的TCR-T被回输到患者体内对肿瘤细胞进行杀伤，从而达到治疗肿瘤的目的。

TCR-T细胞发挥作用的关键是特异性地识别靶细胞，因此，肿瘤抗原的特异性表达靶点的选择最为重要。其次，当确定靶点后，需要对该靶点抗原具有高亲和力的T细胞群进行分离以及对其TCR进行测序。随后，可根据需要对测序得到的TCR进行优化。最后，可使用基因表达载体系统将优化的TCR序列导入T细胞。目前CAR-T类细胞药物针对实体瘤的疗效较差，TCR-T技术有望解决这一难题。

三、TIL疗法

肿瘤浸润淋巴细胞（tumor infiltrating lymphocyte，TIL）是一类从肿瘤组织中分离出的、具有抗肿瘤活性的细胞群。TIL包括T细胞、B细胞和NK细胞，其中，$CD8^+$T细胞在杀伤靶细胞中发挥重要作用。从术中切下的肿瘤组织、癌性胸腔积液或肿瘤引流淋巴结中分离获得的具有抗肿瘤活性的T淋巴细胞，在体外经IL-2刺激而大量扩增后，回输至患者体内，即为TIL疗法。该疗法治疗效果较好，副作用小，具有较高的选择性，对非自体的其他肿瘤或正常细胞没有杀伤作用。尽管TIL疗法治疗肿瘤具有一定优势，但是TIL中大部分为不识别肿瘤抗原的旁观者T细胞，只有少部分为肿瘤抗原特异性T细胞，因此，TIL细胞只有经过上千倍的体外扩增培养后，回输治疗才能产生较好的治疗效果，而在实际操作中大部分肿瘤无法成功培养TIL，导致目前TIL治疗存在极大的技术瓶颈。

四、CIK疗法

细胞因子诱导的杀伤细胞（cytokine-induced killer cell，CIK）又称为自然杀伤样T细胞，是从外周血、骨髓或脐血中分离的单核细胞经多种细胞因子（如IL-2、IL-1、IFN-α或CD3单克隆抗体等）共同作用后诱导而成的一群具有高度异质性和免疫活性的T细胞，其中主要的效应T细胞，其细胞膜上同时表达CD3和CD56，因此又称NK细胞样T淋巴细胞，兼具有T淋巴细胞强大的抗瘤活性和NK细胞的非MHC限制性杀伤肿瘤的优点。CIK因具有强增殖力、强细胞活性、强抗肿瘤活性和非MHC限制性的特点，对于失去手术机会或已复发转移的晚期肿瘤患者能迅速缓解临床症状，提高其生存质量，延长生存期。

五、γδT细胞疗法

γδT细胞（γδT cell）是T细胞的一个亚群，其T细胞受体（TCR）由γ链和δ链组成，主要存在于上皮和黏膜组织，表型多为$CD8^+$单阳性。γδT细胞可通过直接或间接的方式起到抗肿瘤作用，作用途径包括：①通过穿孔素－颗粒酶途径直接溶解肿瘤细胞；②通过配体 TRAIL 和 FasL 消灭肿瘤细胞；③通过 ADCC 杀死肿瘤细胞；④通过分泌促炎细胞因子、表达前凋亡分子来裂解肿瘤细胞，如 INF－γ 等；⑤通过自身独特的抗原提呈作用激活 $CD8^+$T 细胞和 $CD4^+$T 细胞，起到抗肿瘤作用。目前已有多个临床试验正在检测 γδT 细胞对恶性肿瘤的治疗潜力，如肺癌、肾细胞癌、乳腺癌等。尽管 γδT 细胞在癌症的治疗中显示出一定的作用，但是其距离真正应用于临床仍有很大的差距。

六、其他免疫细胞疗法

免疫系统只能识别经过 APC 加工并提呈的抗原，因此，抗原提呈是免疫识别和免疫应答的关键步骤。具有抗原提呈功能的细胞有很多种，包括 B 淋巴细胞、巨噬细胞、DC 等。其中，DC 是目前发现的功能最为强大的专职 APC，也是唯一能激活幼稚 T 细胞的 APC，在免疫应答的诱导中具有独特地位。DC 与单核－巨噬细胞有共同的前体，来源于骨髓 $CD34^+$造血干细胞。在体内，除大脑外的各脏器均有 DC 分布，但数量极少。可以通过从脐血、骨髓及外周血中分离 $CD34^+$造血干细胞或 $CD14^+$单核细胞，用 GM－CSF、IL－4 等处理，诱导它们分化为 DC，从而在体外大量制备所需的 DC。

由于 DC 强大的抗原提呈功能，人们设计将负载肿瘤抗原的 DC 与 CIK 细胞有机结合（即 DC－CIK 细胞），从而产生特异性和非特异性的双重抗肿瘤效应，两者具有一定的互补作用。DC－CIK 细胞不仅能激发、增强肿瘤患者特异性抗肿瘤免疫应答，有效清除体内残留病灶，而且能在患者体内诱发免疫记忆，从而获得长期的抗瘤效应。

目前全球共有 3 款 DC 产品获批上市，主要采用自体细胞。2010 年 FDA 批准 Provenge（普列威，活性成分：Sipuleucel－T）上市，用于治疗无症状或症状轻微的转移性去势抵抗性前列腺癌。Sipuleucel－T 主要成分是患者的自体免疫细胞以及 PA2024 抗原。PA2024 是由前列腺酸性磷酸酶（PAP，一种前列腺癌抗原，在大约 95% 的前列腺癌细胞上表达）的羧基端与粒细胞－巨噬细胞集落刺激因子（GM－CSF，一种免疫细胞激活剂）的氨基端融合而成，即为 PAP－GM－CSF。主要制备过程是：采集患者的外周血单个核细胞（PBMC），在体外与抗原 PA2024 共培养，2～3 天后回输给患者。此时，成熟的 DC 在患者体内激活 T 细胞，识别并杀灭表达了 PAP 的前列腺癌细胞，从而达到治疗目的。

作为生物医药前沿技术，免疫细胞治疗技术已成为全球生物医药产业中最具潜力、最受关注的技术领域之一，在全球范围内掀起了研究热潮，并在肿瘤、自身免疫性疾病等领域展示出极大的应用价值。表 12－1 统计了截至 2022 年 12 月 31 日全球已上市的免疫细胞药物情况。

表 12－1　全球已上市的免疫细胞治疗产品（截至 2022 年 12 月）

药物名称	细胞类型	研发机构	适应证	上市国家和地区
西达基奥仑赛	CAR－T 细胞治疗药物	杨森制药、南京传奇生物	多发性骨髓瘤	美国、欧盟
瑞基奥仑赛	CAR－T 细胞治疗药物	上海药明巨诺、上海明聚	大 B 细胞淋巴瘤	中国内地
Abecma	CAR－T 细胞治疗药物	Bristol－MyersSquibb、2Seventy Bio	多发性骨髓瘤	美国、日本、欧盟
Breyanzi	CAR－T 细胞治疗药物	Bristol－MyersSquibb、Juno Therapeutics	大 B 细胞淋巴瘤	美国、日本
Tecartus	CAR－T 细胞治疗药物	Kite Pharma（Gilead Sciences 子公司）	套细胞淋巴瘤、慢性淋巴细胞白血病	美国、欧盟

续表

药物名称	细胞类型	研发机构	适应证	上市国家和地区
Yescarta	CAR - T 细胞治疗药物	Kite Pharma（Gilead Sciences 子公司）、第一三共株式会社、上海复星凯特	滤泡性淋巴瘤、弥散性大 B 细胞淋巴瘤、纵隔大 B 细胞淋巴瘤、大 B 细胞淋巴瘤	美国、欧盟、加拿大、中国内地
Kymriah	CAR - T 细胞治疗药物	Novartis	弥漫性大 B 细胞淋巴瘤、B 细胞急性淋巴细胞白血病、前体 B 细胞淋巴细胞白血病、滤泡性淋巴瘤	美国、欧盟、日本、新加坡、中国香港
Immuncell - LC	CIK 细胞疗法	Green Cross Holdings	肝细胞癌	韩国
Crea Vax	DC 细胞疗法	JW CreaGene	肾细胞癌	韩国
Provenge	DC 细胞疗法	Dendreon	激素难治性前列腺癌	美国
APCeden	DC 细胞疗法	APAC Biotech	前列腺癌、卵巢癌、结直肠癌和非小细胞肺癌等	印度

数据来源：中国 NMPA、美国 FDA、欧洲 EMA、日本 PMDA、韩国 MFDS 等国家药品监管机构官网。

第二节　干细胞治疗

一、概述

干细胞（stem cell）是机体中能进行自我更新（产生与自身相同的子代细胞）并具有多项分化潜能（分化形成不同细胞类型）的一类细胞。根据分化潜能的不同，干细胞可以分为：①全能干细胞（totipotent stem cell），即具有发育成完整个体分化潜能的细胞，如受精卵和早期囊胚细胞；②多能干细胞（pluripotent stem cell），指无法发育成完整个体但具有分化成多种细胞、组织潜能的细胞，如造血干细胞；③单能干细胞（unipotent stem cell），只能向一种或两种密切相关的细胞类型分化的细胞，如上皮组织基底层的干细胞等。按来源的不同，又可以分为胚胎干细胞、成体干细胞和诱导多能干细胞等。

近年来，干细胞治疗已成为生物医学领域研究的热点，20 世纪 90 年代以来，造血干细胞移植技术飞速发展，已成为治疗多种良性、恶性血液病与遗传性疾病的重要手段。目前，干细胞临床研究正在全球广泛开展，美国国立卫生研究院管理的临床研究登记系统（clinicaltrials. gov）数据显示，截至 2023 年 8 月 28 日，全球登记的干细胞相关临床研究项目共计 9896 项，登记的研究项目主要是成体干细胞临床试验，涉及肿瘤、免疫系统疾病、血液病、神经系统疾病、心脏疾病等多个领域。我国的干细胞临床应用研究也非常活跃，根据国家药品监督管理局药品审评中心（CDE）公示信息，截至 2023 年 8 月 28 日，共有 46 个干细胞新药项目获得国家临床默示许可，主要有脐带、胎盘、骨髓、牙髓、宫血、异体/自体脂肪来源的间充质干细胞，适应证包括膝骨关节炎、类风湿关节炎、糖尿病足溃疡、肺纤维化、肝衰竭、卒中、急性呼吸窘迫综合征、牙周炎等（表 12 - 2）。目前，全球已经有二十多款干细胞产品获批上市，主要分布于美国、欧盟、韩国、加拿大、澳大利亚和日本等地。

表 12－2　获我国国家药品监督管理局药品审评中心临床试验默示许可的干细胞产品项目（截至 2023 年 8 月）

序号	受理号	药品名称	申请人名称	适应证	注册分类
1	CXSL2300221	人脐带间充质干细胞注射液	杭州易文赛生物技术有限公司	中、重度急性呼吸窘迫综合征	1 类
2	CXSL2300220	人脐带间充质干细胞注射液	上海莱馥医疗科技有限公司	间质性肺病	1 类
3	CXSL2300213	新邦干细胞注射液	山东兴瑞生物科技有限公司	膝骨关节炎	1 类
4	CXSL2300204	人脂肪间充质干细胞注射液	北京瑷格干细胞科技有限公司	系统性硬化症手部皮肤纤维化导致的手功能障碍（挛缩）	1 类
5	CXSL2300202	人骨髓间充质干细胞注射液	九芝堂美科（北京）细胞技术有限公司	自身免疫性肺泡蛋白沉积症	1 类
6	CXSL2300152	人脐带间充质干细胞注射液	苏州拓华生物科技有限公司	中/重度急性呼吸窘迫综合征	1 类
7	CXSL2300129	人脐带间充质干细胞注射液	北京贝来生物科技有限公司；北京贝来药业有限公司	阿尔茨海默病	1 类
8	CXSL2300030	ELPIS 人脐带间充质干细胞注射液	华夏源（上海）生物科技有限公司	中、重度宫腔粘连	1 类
9	CXSL2200624	人脐带间充质干细胞注射液	深圳市茵冠生物科技有限公司	急性缺血性脑卒中	1 类
10	CXSL2200587	华通氏胶间充质干细胞注射液	深圳博雅感知药业有限公司	膝骨关节炎	1 类
11	CXSL2200581	ELPIS 人脐带间充质干细胞注射液	华夏源（上海）生物科技有限公司	慢加急性（亚急性）肝衰竭	1 类
12	CXSL2200553	注射用间充质干细胞（脐带）	天津昂赛细胞基因工程有限公司	外伤性脊髓损伤	1 类
13	CXSL2200505	CG－BM1 异体人骨髓间充质干细胞注射液	广州赛隽生物科技有限公司	慢加急性肝衰竭（ACLF）	1 类
14	CXSL2200457	人脐带间充质干细胞注射液	浙江泉生生物科技有限公司	用于失代偿期乙肝病毒肝硬化	1 类
15	CXSL2200430	人脐带间充质干细胞膜片	京东方再生医学科技有限公司	拟用于行冠状动脉旁路移植术（CABG）治疗预期效果不佳的低射血分数冠心病	1 类
16	CXSL2200378	*HBG* 基因修饰的自体 $CD34^+$ 造血干细胞注射液	广州瑞风生物科技有限公司	输血依赖型 β－地中海贫血	1 类
17	CXSL2200370	人脐带间充质干细胞注射液	北京贝来生物科技有限公司	特发性肺纤维化	1 类
18	CXSL2200301	人脐带间充质干细胞注射液	上海泉生生物科技有限公司	注射给药用于Ⅱ度烧伤	1 类
19	CXSL2200299	人脐带间充质干细胞注射液	上海泉生生物科技有限公司	注射给药用于强直性脊柱炎	1 类
20	CXSL2200162	人源脂肪间充质干细胞注射液	博品骨德生物医药科技（上海）有限公司；博品（上海）生物医药科技有限公司	膝关节炎	1 类
21	CXSL2200145	人脐带间充质干细胞注射液	贵州中观生物技术有限公司	膝骨关节炎	1 类
22	CXSL2200142	ELPIS 人脐带间充质干细胞注射液	华夏源（上海）生物科技有限公司	重度狼疮性肾炎	1 类
23	CXSL2200114	人脐带间充质干细胞注射液	上海泉生生物科技有限公司	注射给药用于轻至中度急性呼吸窘迫综合征（ARDS）患者的治疗	1 类

续表

序号	受理号	药品名称	申请人名称	适应证	注册分类
24	CXSL2200097	人脐带间充质干细胞注射液	上海爱萨尔生物科技有限公司	结缔组织病相关间质性肺病	治疗用生物制品：1类
25	CXSL2200098	人脐带间充质干细胞注射液	上海爱萨尔生物科技有限公司	缺血性脑卒中	1类
26	CXSL2101456	人羊膜上皮干细胞注射液	上海赛傲生物技术有限公司	造血干细胞移植后激素耐药型急性移植物抗宿主病	1类
27	CXSL2101334	CG-BM1异体人骨髓间充质干细胞注射液	广州赛隽生物科技有限公司	感染引起的中重度成人急性呼吸窘迫综合征（ARDS）	1类
28	CXSL2101297	异体人源脂肪间充质干细胞注射液	江苏得康生物科技有限公司	治疗非活动性/轻度活动性腔内克罗恩病的成年患者的复杂肛周瘘	1类
29	CXSL2101296	人脐带间充质干细胞注射液	上海莱馥医疗科技有限公司	特发性肺纤维化	1类
30	CXSL2101224	ELPIS人脐带间充质干细胞注射液	华夏源细胞工程集团股份有限公司	中、重度慢性斑块型银屑病	1类
31	CXSL2101179	人脐带间充质干细胞注射液	广州赛莱拉干细胞科技股份有限公司	膝骨关节炎（Kellgren-Lawrence分级为Ⅱ或Ⅲ级）	1类
32	CXSB2101025	人脐带间充质干细胞注射液	铂生卓越生物科技（北京）有限公司	激素治疗失败的急性移植物抗宿主病	治疗用生物制品：1类
33	CXSL2101001	宫血间充质干细胞注射液	浙江生创精准医疗科技有限公司	特发性肺纤维化	生物制品1类
34	CXSL2100056	注射用间充质干细胞（脐带）	天津昂赛细胞基因工程有限公司	急性呼吸窘迫综合征	生物制品1类
35	CXSL2000335	注射用间充质干细胞（脐带）	天津昂赛细胞基因工程有限公司	慢加急性（亚急性）肝衰竭	1类
36	CXSL2000299	CRISPR/Cas9基因修饰BCL11A红系增强子的自体$CD34^+$造血干祖细胞注射液	广州辑因医疗科技有限公司	不能接受常规干细胞移植的输血依赖型β地中海贫血	1类
37	CXSB2000045	人脐带间充质干细胞注射液	铂生卓越生物科技（北京）有限公司	激素治疗失败的急性移植物抗宿主病	原1类
38	CXSL1700137	人牙髓间充质干细胞注射液	北京三有利和泽生物科技有限公司；首都医科大学	慢性牙周炎，如慢性牙周炎所致的牙周组织缺损	3类
39	CXSB1900004	人原始间充质干细胞	天津麦迪森再生医学有限公司	造血干细胞移植后发生的急性和慢性移植物抗宿主病的治疗和预防	临床试验补充申请
40	CXSL1700188	人脐带间充质干细胞注射液	青岛奥克生物开发有限公司	主要用于炎症性肠病，即急、慢性溃疡性结肠炎，并可预防溃疡性结肠炎的复发	3类
41	CXSL1800101	注射用间充质干细胞（脐带）	天津昂赛细胞基因工程有限公司	难治性急性移植物抗宿主病	1类
42	CXSL2000005	人脐带间充质干细胞注射液	北京贝来生物科技有限公司	类风湿关节炎	1类
43	JXSL1900126	缺血耐受人同种异体骨髓间充质干细胞	Stemedica Cell Technologies, Inc.；九芝堂美科（北京）细胞技术有限公司	缺血性脑卒中	1类

续表

序号	受理号	药品名称	申请人名称	适应证	注册分类
44	CXSL1900124	人脐带间充质干细胞注射液	铂生卓越生物科技（北京）有限公司	治疗激素耐药的急性移植物抗宿主病	1类
45	CXSL1900016	人脐带间充质干细胞注射液	上海爱萨尔生物科技有限公司	膝骨关节炎	1类

在干细胞的临床应用中，目前间充质干细胞（mesenchymal stem cells，MSCs）的应用最为成熟，其作用机制主要分为组织修复和免疫调节两大类。

二、治疗用干细胞

（一）造血干细胞

造血干细胞（hematopoietic stem cell，HSC）是研究和应用领域中开展最早，也是迄今为止人们了解最深入的一种成体干细胞。造血干细胞主要存在于骨髓、外周血和脐带血中，采集方便，易在体外培养。在过去医学发展的数十年中，造血干细胞主要被用于移植医学领域，用于治疗包括白血病在内的多种血液疾病、先天性遗传疾病以及多发性和转移性恶性肿瘤等。

异体造血干细胞移植技术是发展最早的一种干细胞疗法，其细胞来源包括血缘（HLA 全相合或者单倍型相合）和非血缘供者的骨髓、外周血或脐带血，根据 2022 年版《国家限制类技术目录和临床应用管理规范》中的规定，供移植用非血缘骨髓造血干细胞应当由中华骨髓库提供，供移植用脐带血造血干细胞应当由国家卫生健康委员会批准设置的脐带血造血干细胞库提供。经过 60 多年的发展，异体造血干细胞移植已经成为一种成熟的治疗手段，可以有效治疗造血系统遗传缺陷疾病。然而，异体造血干细胞移植方案仍然存在着一些棘手的问题，如寻找匹配的供者难度较高或免疫排斥等，严重限制了移植工作的开展。

基于患者自体造血干细胞的基因疗法，采用改良基因的造血干细胞，移植后可替换原有造血和免疫系统，对于单基因遗传缺陷疾病的治疗来说，可以很好地避免异体造血干细胞带来的问题。

基于 HSC 的基因疗法的基本流程为：对患者自体的缺陷造血干细胞进行纯化，在体外培养并且完成基因修饰和编辑，再把改造后的干细胞移植入患者体内进行治疗。

2011 年 11 月，美国 FDA 批准脐带血源性造血祖细胞类产品 Hemacord 上市，这是 FDA 批准的第一个造血干细胞产品。配合适当的造血和免疫重建准备方案，Hemacord 可用于非亲缘供体的造血祖细胞移植手术，也可用于遗传性、获得性或清除骨髓治疗导致的影响造血系统的疾病患者。Hemacord 每单位剂量含有 5.0×10^8 个有核细胞，由人脐带血来源的造血祖细胞、单核细胞、淋巴细胞和粒细胞组成，主要活性成分为表达 CD34 的造血祖细胞，数量不低于 1.25×10^6 个细胞。当 Hemacord 被移植到同种异体受体后，造血祖细胞会迁移到骨髓，此时骨髓中的内源性细胞已被放疗耗尽，供体 HSC 细胞随机播种并成熟，最终进入血流，进而部分或完全重建骨髓来源的血细胞数量和功能并恢复免疫功能。

在基于 HSC 的基因疗法方面，2016 年 5 月葛兰素史克（GSK）的 Strimvelis 通过欧盟 EMA 批准上市，这是首个离体干细胞基因疗法，用于治疗腺苷脱氨酶（ADA）缺乏性重症联合免疫缺陷病（ADA - SCID）。ADA - SCID 是一种非常罕见的疾病，患者出生时便不具备健康、健全的免疫系统功能，导致对日常感染失去抵抗力。Strimvelis 治疗的基本原理是分离患者的造血干细胞，在体外通过基因修饰将正常基因导入造血干细胞，再通过静脉回输改造过的造血干细胞到患者体内，产生 ADA，最终分化成正常的 T 淋巴细胞。另外，2022 年 8 月，蓝鸟生物的 Zynteglo 通过美国 FDA 批准上市，用于治疗输血依赖型β地中海贫血，这是一种由β-珠蛋白基因突变引起的遗传性疾病，导致患者血红蛋白显著减少或缺失。

HSC 在基因治疗领域具有巨大的应用潜力，它的优势如下。①造血干细胞能够进行自我更新和分化，转基因造血干细胞移植后能够维持终身，可以逆转免疫，重塑整个造血系统。②造血干细胞来源广泛，且容易获取，既可以从脐带血中获得，也可以从动员的外周血或骨髓中获得。插入目的基因后进行体外培养，就可以进行移植手术。③造血干细胞的分离纯化技术、体外培养技术和移植技术的不断提高，以及基因精准编辑效率的不断提高，为造血干细胞基因治疗提供了技术保障。

（二）间充质干细胞

1. 概述　间充质干细胞（MSC）是一类来源于中胚层的具有高度自我更新能力和多向分化潜能的多能干细胞。MSC 广泛存在于全身多种组织中，包括骨髓、脐血、脐带、胎盘、脂肪、滑膜、骨骼、肌肉、牙周质等。MSC 具有“横向分化”或“跨系分化”的能力，不仅支持造血干细胞的生长，还可以在地塞米松、抗坏血酸、胰岛素、异丁基甲基黄嘌呤等不同诱导条件下，在体外分化为多种组织细胞，如神经细胞、成骨细胞、软骨细胞、脂肪细胞和心肌细胞等。MSC 具有来源丰富、取材方便、易分离培养和低免疫原性等特点，是细胞替代治疗和组织工程理想的种子细胞，随着 MSC 基础研究的深入，其临床适应证已涵盖慢性病、神经系统疾病、血液病等。

2. 间充质干细胞的鉴定　一直以来，MSC 被作为一种具有特征性形态、表型及功能性质的细胞群体来研究，由于没有找到特异性的表面标志物，对 MSC 的定义一直存在争议。2006 年，国际细胞治疗协会（International Society for Cellular Therapy，ISCT）确定 MSC 的鉴定标准为：①在塑料培养皿内贴壁生长，在含血清培养基中高度增殖；②高表达表面抗原 CD73、CD90 和 CD105，低表达或不表达 CD45、CD34、CD14 或 CD11b、CD79α 或 CD19；③具有多向分化潜能，能向成骨细胞、脂肪细胞和软骨细胞等分化，特定条件下能够分化为β样细胞。

3. 间充质干细胞的应用　MSC 具有归巢迁移能力、造血支持能力、免疫调节能力、多向分化能力等，因其具有的独特性质，被广泛应用于免疫系统疾病、心脑血管疾病、骨关节炎、脊髓损伤、糖尿病、难愈合创面等多种疾病的治疗。

MSC 有很强的分化能力，这一特征曾经被认为是其参与组织损伤修复的主要作用机制。然而目前许多研究结果表明，MSC 发挥治疗作用并不是简单的细胞替代作用，而是通过旁分泌功能分泌一系列的细胞因子、化学分子和生长因子等改善微环境，进而抑制炎性反应、调节免疫功能或刺激自体干细胞增殖等，最终实现治疗作用。MSC 是一类免疫缺陷细胞，具有低免疫原性和免疫调节特性，可以分泌多种抑炎因子，对 T 细胞等多种免疫细胞具有免疫调节作用，且不受主要组织相容性复合物（MHC）限制。MSC 还分泌多种营养细胞因子，可促进自体细胞增殖，起到组织修复作用。因此，通过预处理来调节 MSC 的分泌组，有望增强其组织修复能力。

目前，全球已有十余款获批的间充质干细胞产品，大部分主要根据其免疫调控和组织修复两个生物学特性来选择适应证，包括治疗复杂性克罗恩病并发肛瘘、急性移植物抗宿主病（graft versus host disease，GVHD）和急性心肌梗死等。截至 2023 年 8 月，我国已通过默示许可获准进入临床试验的 40 多款干细胞药物中，绝大部分为间充质干细胞药物。间充质干细胞药品是新药研发的新趋势，具有广阔的市场前景，相信未来几年全球将有更多间充质干细胞药物上市。

（三）其他干细胞

1. 胚胎干细胞（ESC）　来源于受精卵发育形成的囊胚内细胞团以及受精卵发育至桑椹胚之前的

早期胚胎细胞，或者从胎儿生殖嵴分离得到的原生殖细胞。ESC体积小、核大、胞质少，有一个或多个核仁，核质比高，具有正常稳定的二倍体核型，可在体外培养条件下建立稳定的细胞系，并保持其高度未分化状态和发育潜能。ESC在合适的条件下甚至可能发育为完整的器官，未来有可能解决器官移植供体来源短缺的难题。尽管ESC可在体外培养、增殖、克隆、冻存等，但将其定向诱导分化为特定类型细胞的技术仍不完善；同时，由于受到宗教、伦理因素的限制，目前许多研究工作都是以小鼠ESC为研究对象展开的，人类ESC的研究工作在全世界范围内引起了很大的争议，有些国家甚至明令禁止进行人类ESC研究。此外，如何保证ESC分化细胞不产生基因突变以致肿瘤发生等也是需要考虑的问题。

2. 诱导多能干细胞 2006年，日本科学家山中伸弥（Shinya Yamanaka）团队利用逆转录病毒载体将4个转录因子（Oct4、Sox2、Klf4、c-Myc）转入小鼠成纤维细胞，诱导其发生转化，获得了类似于ESC的多能干细胞，称诱导多能干细胞（induced pluripotent stem cell，iPSC）。iPSC是通过基因转染技术将特定的转录因子导入，将终末分化的体细胞重编程为多能性干细胞，分化的细胞在特定条件下被逆转，恢复到全能性状态。随着技术的发展，目前iPSC在细胞来源、诱导方式、效率等方面均有了很大改良和提高。从细胞来源上看，iPSC目前可以从多种动物如小鼠、大鼠、猿、恒河猴、猪、兔和人中诱导，细胞除了最开始的成纤维细胞，研究者们还成功从肝细胞、胃上皮细胞、角质细胞、脐带血细胞、淋巴等中诱导出iPSC。

经过某些特定转录因子的诱导后，iPSC能够表达经典ESC标志物，表现出与ESC类似的功能，但同时又避免了ESC的细胞来源、伦理等问题，由于其来源于患者，它们也是理想的自体移植干细胞来源。iPSC与现有的移植技术相比，其优点还在于可利用同源重组技术对特定的致病基因进行修复，有望解决镰刀型红细胞贫血等遗传性疾病。此外，在疾病建模和药物筛选方面，iPSC也有很好的应用前景。因此，iPSC在精准医学、再生医学、细胞治疗等领域受到了广泛关注。但也有部分学者考虑到iPSC的重编程及高度自我更新、多向分化的特征使其增加突变及致瘤风险，iPSC是否可以在基础与临床研究中安全使用仍需要进一步深入研究。

第三节 组织工程

一、组织工程基础

组织工程是利用生命科学、医学、工程学原理与技术，在体外或体内利用细胞、生物材料、细胞因子等构建具有生物功能的人工取代物，从而修复或替代受损的组织和器官，最终实现组织修复或再生的一门技术。

组织工程学作为一门多学科交叉的边缘学科，其研究具有重大的科学意义和临床应用价值，目前已取得令人瞩目的阶段性研究成果，部分领域已进入临床前研究或产业化阶段。组织工程皮肤和组织工程软骨等产品已被美国FDA批准上市用于临床。

组织工程三大核心基础内容包括种子细胞、可供细胞进行生命活动的支架材料以及组织的构建。

（一）种子细胞

细胞是组成人体组织器官结构基础、功能与代谢的最基本要素。用于组织工程的细胞材料依据来源的不同可以分为自体细胞、同种异体细胞和异种细胞。临床应用时，同种异体细胞与异种细胞虽然来源广泛，但存在免疫排斥反应，特别是异种细胞可能有携带病原体的潜在风险，不能广泛使用。相较而言，自体细胞取自患者自身组织，不会发生免疫排斥反应，是构建工程化组织的首选种子细胞。

根据分化程度的不同，种子细胞又可分为成体组织细胞、胚胎干细胞、成体干细胞等。成体组织细胞虽已经分化成熟，但分裂能力有限，不能广泛用作种子细胞，但仍可应用于组织工程，如上皮细胞、成纤维细胞、角质细胞、骨细胞、成骨细胞等。胚胎干细胞由于其成瘤倾向、免疫原性和伦理道德等因素，其临床应用受限。成体干细胞作为一种介于全能细胞和分化成熟细胞之间的中间体，自我更新能力强，易于体外培养，扩增快，不存在伦理争议，是目前最具临床应用价值的组织工程种子细胞。尤其是间充质干细胞（MSC）凭借其来源广泛和天然的优势特性，成为组织工程、再生医学和细胞移植等研究领域较为理想的种子细胞类型，其中广泛应用于组织工程的几种 MSC 类型包括：骨髓间充质干细胞（BM－MSC）、脂肪间充质干细胞（AD－MSC）、脐带间充质干细胞（UC－MSC）和胎盘间充质干细胞（P－MSC）等。

理想的组织工程种子细胞要求：①临床上易获得，对供体损伤小；②增殖能力强，易于体外培养，可进行大量扩增，以满足构建工程化组织的数量要求；③遗传背景稳定，传代后不发生形态、功能和遗传物质的改变；④纯度高，以具备特定功能的细胞占主导；⑤无免疫排斥反应。

（二）生物支架材料

组织工程生物支架材料是指具有良好的生物相容性，能与活细胞结合并能植入生物体，起到修复组织或器官再生功能的一类材料，是工程化组织的最基本构架。组织工程支架材料模拟细胞外基质，为种子细胞提供黏附、增殖、迁移和分化的空间场所与结构支持，促进细胞在新组织生长区域的保留和分布，提供血管化、新组织形成和重塑的空间，进一步引导组织再生。

按照材料的化学特性的不同，生物支架材料可以分为有机高分子材料、无机材料以及复合材料。按照来源的不同，生物支架材料又可分为天然材料、合成材料以及生物衍生材料。

1. 有机高分子材料　按有机高分子材料的生物稳定性，可分为非生物降解型材料和可生物降解型材料两种。非生物降解型有机高分子材料包括聚乙烯、聚丙烯、聚丙烯酸酯、聚氨酯、聚硅氧烷等。可生物降解型有机高分子材料主要包括天然可降解型的胶原、纤维素、透明质酸、壳聚糖等，以及人工合成的可降解型的聚乳酸、聚羟基丁酸酯、聚羟基乙酸、聚酸酐等。

2. 无机材料　包括羟基磷灰石、磷酸钙、偏磷酸钙玻璃陶瓷、陶瓷、生物陶瓷、生物玻璃等。此类材料具有较高的压缩强度、耐磨性和化学稳定性，并可在生物体内发生降解，被新生骨组织吸收和替代，是骨组织支架常使用的材料。

3. 复合材料　为了充分发挥各类材料的优势性能，以获得更合适的生物支架材料，可以将两种或两种以上不同类型的材料优化组合形成复合材料。支架材料表面还可以结合生物活性物质，如肝素、酶、激素等，从而赋予材料良好的生物相容性以及一定的生物活性，达到更好的治疗效果。

4. 生物衍生材料　根据来源的不同，生物衍生材料分为天然生物衍生材料以及人工提纯生物衍生材料。天然生物衍生材料是将取自同种或异种动物体的组织经过固定、灭菌和消除抗原性等较轻微处理所得到的支架材料，可维持组织原有构型。例如经过冻干处理所得的骨片、羊膜、猪皮、肌腱等；还有经过脱细胞处理获得的脱细胞细胞外基质材料，主要成分有胶原蛋白、糖蛋白和蛋白多糖，还包含各种生物因子和细胞因子，对于调节细胞在材料上的黏附、生长和增殖分化具有重要作用。人工提纯生物衍生材料是对动物组织进行生物化学处理，以拆散原有组织构型，重建新的物理形态。例如由再生胶原、弹性蛋白、透明质酸、硫酸软骨素、壳聚糖等蛋白或多糖重新构建所得的膜、海绵体、纤维等新形态。

生物支架材料的基本要求包括：具有良好的生物相容性；具有良好的生物可降解性；具有与植入部位相适应的力学特性；具有适宜的表面特性，使细胞能黏附、生长、增殖和分化，有利于细胞外基质的形成；具有最佳结构性质，包括合适的孔径、孔隙率等；具有合适的三维立体结构。

（三）组织构建

组织器官的构建是一个复杂精细的系统工程，需要充分理解和掌握种子细胞、支架材料、生长因子、生物反应器以及彼此之间的相互作用关系，然后根据工程化设计方案进行三维构建。组织器官的结构功能不同、用途不同，最终决定了组织构建时所选取的种子细胞、支架材料以及外源性生长因子的不同，同时，组织构建的方式也存在很大的差异。

根据种子细胞接种途径与组织形成环境的不同，工程化组织构建主要分为三种方式。①体内构建：种子细胞与生物支架材料复合后植入体内，在体内促进组织形成与生物材料的降解。②体外构建：在体外模拟体内环境，利用生物反应器进行组织器官的构建。③原位组织构建：将生物支架材料植入体内组织缺损部位，利用宿主细胞迁移并黏附于生物支架材料，促进并诱导组织再生。

工程化组织体外构建的关键点在于，尽可能模拟需构建组织器官的体内微环境。体内微环境是一个复杂的综合体，包括组织器官的结构功能特性以及周围细胞分泌的生长因子、细胞外基质、细胞间相互作用、局部化学酸碱平衡、物理力学特性等。

二、组织工程应用

目前，针对人体许多组织器官均已开展了组织工程产品的研究与探索，主要包括对皮肤、血管、软骨、骨、角膜、心脏瓣膜、气管、肌腱、韧带、神经、肌肉、尿道、肠、乳房、肝脏、肾脏、胰脏、心脏、膀胱等。但是已获批上市的组织工程产品还比较有限，主要是针对皮肤和软骨等的产品。

（一）组织工程皮肤

组织工程皮肤是通过在体外培养扩增大量的功能细胞，复合到支架材料，通过细胞与支架相互作用，诱导、生长形成三维的有活性的皮肤替代物。组织工程皮肤是所有组织工程器官中最早被研发出来、发展速度最快，也是目前技术最为成熟的组织工程产品。真正意义上的组织工程皮肤是指由种子细胞和支架材料经体外三维构建培养成的皮肤替代物，但广义的组织工程皮肤还包括仅由细胞组成的组织工程化皮肤产品和仅由支架材料组成的组织工程化皮肤产品。

1. 由种子细胞和支架材料经体外三维构建培养的组织工程皮肤 按照产品的组成结构，此类组织工程皮肤可分为组织工程化复合皮肤、组织工程化表皮和组织工程化真皮。

（1）组织工程化复合皮肤 代表产品是美国的 Apligraf，1998 年美国 FDA 批准 Apligraf 可以用于治疗常规方法治疗无效的腿部静脉溃疡，2000 年 FDA 又批准新增适应证糖尿病足溃疡。Apligraf 的制备工艺可以分为三大部分：胶原提取、细胞库建立和皮片构建。胶原提取是以牛皮为原料用酸法提取纯化Ⅰ型胶原蛋白，以新生儿包皮组织为原料消化培养表皮细胞和成纤维细胞建立细胞库，然后以提取纯化的Ⅰ型胶原蛋白为支架材料，细胞库内的成纤维细胞和表皮细胞为种子细胞，体外三维构建人工皮肤。Apligraf 在外观形态、生化性能和代谢性能上与人体皮肤类似。此外，2021 年 6 月，FDA 又批准了另一款复合皮肤产品——Mallinckrodt 公司的 StrataGraft，用于治疗成人深度烧伤。

我国组织工程皮肤技术起步稍晚，代表产品为安体肤（ActivSkin），于 2007 年首次获得注册证，用于深Ⅱ度烧伤创面和不超过 $20cm^2$ 的Ⅲ度烧伤创面的治疗。安体肤是国家药品监督管理部门批准的首个组织工程产品，并使得我国成为世界上继美国之后第二个持有这一人工皮肤技术的国家。

（2）组织工程化表皮 LaserSkin 是意大利 Fidia Advanced Biopolymers 公司的产品，取自体表皮细胞经体外培养后与激光打孔的透明质酸膜复合而成，应用于患者创面后，表皮细胞可从支架材料上通过激光孔进入创面。Bioseed - S 是德国 BioTissue Technologies GmbH 公司生产的将自体表皮细胞接种在纤维蛋白封闭层上培养至近汇合状态的组织工程化表皮，主要用于难愈性下肢静脉溃疡的治疗。

（3）组织工程化真皮　Dermagraft 和 Transcyte 同为美国 Advanced Tissue Sciences 公司研发的人工真皮产品，均以新生儿包皮来源的成纤维细胞为种子细胞。Dermagraft 以生物可吸收的聚乳酸作为细胞培养的支架材料，以静脉溃疡和糖尿病足溃疡为主要适应证，应用于患者创面后，皮片内成纤维细胞是具有代谢活性的。Transcyte 以不可降解的尼龙网联合胶原蛋白作为细胞培养基质，再复合硅胶薄膜，最后经冷冻过程使成纤维细胞失去活性，主要作为烧伤患者暂时性覆盖材料。Hyalograft 3D 是以自体成纤维细胞和同种异体支架材料——透明质酸膜在体外三维培养构建的人工真皮，治疗深度烧伤具有显著效果。

2. 由细胞组成的组织工程化皮肤产品　一般是只含自体表皮细胞的产品，按照形态可以划分为细胞膜片和细胞悬液 2 种。

Epicel 和 EpiDex 都是自体表皮细胞体外培养形成的细胞膜片产品。Epicel 的制备过程是以活检的方式取一小块患者的健康皮肤组织，放入提前准备好的转运培养基和转运盒中，转运到细胞操作间，消化表皮细胞，以小鼠 3T3 细胞为滋养层细胞对表皮细胞进行培养扩增，最后形成自体表皮细胞移植物。EpiDex 是瑞士 Modex - Therapeutiques 公司的产品，其与 Epicel 的差别在于表皮细胞不是来源于活检皮肤组织，而是取材于头皮毛囊外根鞘部位，主要用于难愈性下肢溃疡的治疗。

CellSpray 是澳大利亚 Clinical Cell Culture（C3）公司的产品，是一种自体表皮细胞悬液，主要应用于烧伤和供皮区创面。

3. 由支架材料构成的组织工程化皮肤产品　根据材料属性和来源，分为人源性材料、动物源性材料以及合成材料复合动物源性材料。

人源性皮肤支架材料主要是人源皮肤脱细胞真皮基质冻干品，如 Alloderm 和 GraftJacket 等。动物源性皮肤支架材料为动物源皮肤脱细胞真皮基质冻干品，如 OASIS 和 EZ Derm 等。合成材料复合动物源性材料的皮肤支架产品，如 Integra 是双层真皮替代物，真皮层由牛胶原蛋白、葡糖胺聚糖和 6 - 硫酸软骨素经戊二醛共价交联而成，为可降解材料，最终被新生的真皮层取代，表皮层是一层薄的硅胶膜，防止体液丧失和微生物入侵。Integra 于 2002 年获美国 FDA 批准上市，用于溃疡、外科损伤和烧伤等各种创伤的治疗。类似的产品还有 Biobrane 等。

虽然目前组织工程皮肤已取得了很多重大技术上的突破和实质性进展，但仍然存在很多有待改进和完善的方面，如皮肤附属结构构建、皮肤种子细胞来源以及组织工程皮肤的生产和保存、运输成本等。

（二）组织工程软骨

软骨是无血管、无神经、无淋巴的组织，因为缺乏血管、自身不含祖细胞，人体内的关节软骨一旦受损，通常不太容易自愈再生。软骨组织工程技术的出现为修复软骨和软骨缺损带来了新突破。

种子细胞是组织工程学中的第一个核心要素，也是组织工程学发展的瓶颈要素之一。目前，软骨细胞和间充质干细胞被认为是软骨组织工程的首选种子细胞。

选择合适的材料是软骨组织重建的关键。目前常用的软骨组织工程支架材料主要有：天然高分子材料，比如胶原、明胶、透明质酸、纤维蛋白胶、壳聚糖、藻酸盐、天然脱细胞基质材料等；人工合成材料，如聚乳酸（polylactic acid，PLA）、聚羟基乙酸（polyglycolicacid，PGA）、聚乳酸 - 羟基乙酸共聚物（polylactic acid - glycolic acid copolymer，PLGA）、聚己酸内酯（polycaprolactone，PCL）以及纳米仿生材料等。理想的软骨组织工程支架应紧密模仿天然的骨骼环境。支架材料作为细胞的载体，对细胞的黏附、增殖、分化和表型的维持具有十分重要的作用，构建工程化软骨时支架材料结构多选用多孔支架、水凝胶、纳米纤维、纳米球/微球等。

生长因子已经被证实在组织工程技术中有十分重要的作用，尤其是在软骨修复方面得到了大量的验证。常用的生长因子包括：转化生长因子β（transforming growth factor，TGF-β）、胰岛素样生长因子1（insulin-like growth factor 1，IGF-1）、成纤维细胞生长因子（fibroblast growth factor，FGF）、骨形态发生蛋白（bone morphogenetic proteins，BMPs）、富血小板血浆（platelet rich plasma，PRP）、富血小板纤维蛋白（platelet rich fibrin，PRF）等。

随着组织工程技术的发展，组织工程软骨可以植入人体受损的关节部位，使其得以修复再生。美国FDA已批准自体关节软骨细胞移植用于修复关节小区软骨缺损。目前，虽然组织工程软骨的体内、体外试验研究以及临床应用均已取得可喜的成果，但离理想的组织工程软骨产品还有可进步的空间，需进一步深入探索。

第四节　细胞治疗药物的监管

近年来，细胞和基因治疗产品为一些严重及难治性疾病提供了新的治疗思路与方法，其作为融合了先进医疗技术的“活”的药物，具有特殊的复杂生物学特性和安全风险，且其生产过程具有创新性和个性化特点。基于其个性化的特点，每一批生产只针对一名患者，每一批生产均为独特的产品，按照传统的质检要求，放行时间冗长，无法满足临床需求。为此，各国监管机构均根据产品质量源于设计（Quality by Design，QbD）的理念来评估细胞治疗产品的安全性、有效性和质量可控性，特别侧重过程监管。这要求细胞制备过程不但要遵循所有制药的GMP管理，还要有过硬的工艺流程和质控标准，尽可能地用多样化的起始物料制备出相对同质化的终产品。

对于细胞治疗产品的质量研究，应选择有代表性的生产批次和合适的生产阶段样品（如初始分离的细胞、制备过程中的细胞或成品等）进行研究。质量研究内容应涵盖细胞特性分析、功能性分析、纯度分析和安全性分析等方面，并且根据产品的自身特性，可再增加其他相关的研究项目。

随着对细胞和基因治疗产品特性认知的不断深入，为了鼓励突破性的技术创新和有效控制风险，国内外监管部门对细胞和基因治疗产品，分别从药品监管和医疗技术监管两个方面逐步形成了一系列专用的法规和技术要求。

美国FDA的生物制品评价与研究中心（center for biologics evaluation and research，CBER）负责监管细胞治疗产品、人类基因治疗产品以及与细胞和基因治疗相关的某些设备。细胞治疗产品包括细胞免疫疗法、癌症疫苗以及用于治疗某些适应证的其他类型的自体和同种异体细胞，包括造血干细胞以及成体和胚胎干细胞。人类基因疗法旨在修改或操纵基因的表达或改变活细胞的生物学特性以进行治疗。

生物制剂评估和研究中心（CBER）是美国政府卫生与公众服务部下属的食品和药物管理局的一个中心。CBER根据适用的联邦法律，包括《公共卫生服务法》（Public Health Services Act）和《联邦食品、药品和化妆品法》（Federal Food，Drugs，and Cosmetic Act），监管人类使用的生物制品。

为了应对监管挑战，CBER对组织和先进疗法办公室（Office of Tissues and Advanced Therapies，OTAT）进行了重组，成立了新的治疗产品办公室（Office of Therapeutic Products，OTP），这个新的超级办公室包括六个新办公室，负责监督各种产品的开发，包括用于血液学的纯化和重组蛋白、抗蛇毒素、基因疗法、细胞疗法、治疗性组织工程产品、人体组织产品、治疗性疫苗和其他抗原特异性活性免疫疗法、某些设备和异种移植产品。异种移植是任何涉及将非人类动物来源的细胞、组织或器官移植、植入或输注到人类受体中的程序。

CBER 于 1998 年发布了《人体细胞疗法与基因治疗指南》（Guidance for Industry：Guidance for Human Somatic Cell Therapy and Gene Therapy），将大部分用于治疗的组织类产品及用于人体细胞治疗的细胞类产品划归为生物制品管理，要求其生产符合动态药品生产质量管理规范（Current Good Manufacturing Practices，cGMP）的要求，临床研究应进行新药研究申请，并且需要进行上市前批准。后期，CBER 又相继出台了多项指导原则，进一步规范了细胞制品的各项管理。

欧洲药品管理局（European Medicines Agency，EMA），其前身（2004 年前）欧洲药品评价局（European Agency for the Evaluation of Medical Products，EMEA）为欧盟医药产品的审评机构。EMA 将基于基因、组织或细胞的人类用药定义为前沿药物（advanced therapy medicinal products，ATMPs），与 FDA 相似，EMA 从非临床前研究、临床试验到工业化生产，对 ATMPs 都有相应的指导原则，包括前沿药物的临床试验质量管理规范（GCP）、前沿药物的药物非临床研究质量管理规范（GLP）和前沿药物的生产质量管理规范（GMP）等。另外，欧盟对应用细胞治疗技术的医疗机构有资质要求，并由卫生部门实施相应的监督检查。

我国对细胞治疗产品的监管可以分为药品监管和医疗技术监管两个方面。国家药品监管部门自 1999 年《新生物制品审批办法》和 2002 年《药品注册管理办法》发布开始，陆续对体细胞治疗产品、基因治疗产品的注册申报做出了专门的规定，并发布了相关技术指导原则。国家食品药品监管总局于 2017 年底制定并发布了涵盖各类细胞及研发全过程的《细胞治疗产品研究与评价技术指导原则（试行）》。在此基础上，国家药监局药品审评中心（CDE）研究并制定了一系列的技术指导原则，如 2021 年 2 月发布的《免疫细胞治疗产品临床试验技术指导原则（试行）》，2021 年 12 月发布的《基因修饰细胞治疗产品非临床研究技术指导原则（试行）》，2022 年 5 月发布的《免疫细胞治疗产品药学研究与评价技术指导原则（试行）》，2023 年 4 月发布的《人源干细胞产品药学研究与评价技术指导原则（试行）》，2023 年 6 月发布的《人源干细胞及其衍生细胞治疗产品临床试验技术指导原则（试行）》等，对按照药品进行研究和申报的相关产品药学技术要求进行了阐述。2022 年 10 月，国家药品监督管理局食品药品审核查验中心（CFDI）正式发布《细胞治疗产品生产质量管理指南（试行）》，适用于细胞产品从材料的运输、接收、产品生产和检验到成品放行、储存和运输的全过程。此外，国家卫健委在 2009 年的《医疗技术临床应用管理办法》中将自体干细胞和免疫细胞列入第三类医疗技术，并发布了关于干细胞的临床研究机构和技术要求，2015 年与药监部门联合发布了《干细胞临床研究管理办法（试行》及《干细胞制剂质量控制及临床前研究指导原则（试行）》，促进了细胞治疗产品的医疗技术研究与药品注册的衔接。

实例分析

实例

2022 年免疫细胞治疗发展态势。

实例分析

问题

1. 免疫细胞治疗可以分为哪几类？
2. 免疫细胞治疗在基础研究与应用研究中亟待解决的关键科学问题有哪些？
3. 与传统类型治疗手段相比，免疫细胞治疗有哪些特点？

思考题

1. 细胞治疗药物治疗疾病的机制是什么？
2. 什么是 CAR－T 治疗？其杀伤肿瘤细胞的机制是什么？
3. CAR－T 细胞疗法在实体瘤治疗中进展缓慢的主要原因有哪些？
4. 什么是 TCR－T 细胞治疗？其激活需要哪几类信号？
5. 什么是间充质干细胞？有哪些特点？
6. 组织工程三大核心基础内容是什么？

书网融合……

参考答案　本章小结　微课　拓展题

参考文献

[1] 宋运贤，王秀利．基因工程［M］．2 版．武汉：华中科技大学出版社，2022.

[2] 金红星．基因工程学［M］．北京：化学工业出版社，2021.

[3] 陈宏．基因工程［M］．3 版．北京：中国农业出版社，2020.

[4] 刘世利，李海涛，王艳丽，等．CRISPR 基因编辑技术［M］．北京：化学工业出版社，2021.

[5] 王凤山，邹全明．生物技术制药［M］．4 版．北京：人民卫生出版社，2022.

[6] 冯美卿．生物技术制药［M］．北京：中国医药科技出版社，2021.

[7] 李校堃，黄昆．生物技术制药［M］．武汉：华中科技大学出版社，2021.

[8] 高向东．现代生物技术制药［M］．北京：人民卫生出版社，2021.

[9] 夏焕章．生物技术制药［M］．4 版．北京：高等教育出版社，2022.

[10] 韩忠朝，李宗金，韩之波．间充质干细胞基础与临床［M］．2 版．北京：科学出版社，2019.

[11] ［美］R. 兰萨（Robert Lanza），［美］A. 兰萨（Anthony Atala）．干细胞生物学基础［M］．张毅，叶棋浓，译．原书 3 版．北京：化学工业出版社，2020.

[12] 邓宁．动物细胞工程［M］．2 版．北京：科学出版社，2021.

[13] ［英］R. Ian Freshney. 动物细胞培养——基本技术和特殊应用指南［M］．章静波，徐存拴，等，译．原书 7 版．北京：科学出版社，2019.

[14] 朱紫瑜，王冠，庄英萍．大规模哺乳动物细胞培养工程的现状与展望［J］．合成生物学，2021，2（04）：612－634.

[15] 卢美琳，阿依木古丽，乔自林，等．动物细胞生物反应器培养常用参数的现状分析［J］．甘肃畜牧兽医，2018，48（10）：29－31.

[16] 武君咏．细胞工程制药的研究进展及展望［J］．现代盐化工，2021，48（02）：3－4.

[17] 周怡，杨美，王柏林，等．动物细胞培养生物反应器研究进展［J］．贵州畜牧兽医，2019，43（04）：27－30.

[18] 孙静静，李桂林，周雷鸣，等．哺乳动物细胞瞬时转染技术研究进展［J］．中国医药生物技术，2019，14（3）：253－257.

[19] 谢君鸿，何晶晶，周鹏辉．合成生物学与工程化 T 细胞治疗［J］．合成生物学，2023，4（2）：373－393.

[20] 范月蕾，张博文，陈琪，等．2022 年免疫细胞治疗发展态势［J］．生命科学，2023，35（1）：88－94.

[21] 程洪艳，昌晓红，刘彩霞，等．干细胞临床研究及管理的现状与未来［J］．药物评价研究，2021，44（2）：243－249.

[22] 蒋宇晓，俞豪．诱导多能干细胞的研究进展［J］．中国医学创新，2023，20（20）：185－188.

[23] 谭万忠，彭于发．生物安全学导论［M］．北京：科学出版社，2021.

[24] Ahmar S, Hensel G, Gruszka D. CRISPR/Cas9 – mediated genome editing techniques and new breeding strategies in cereals – current status, improvements, and perspectives [J]. Biotechnology Advances, 2023, 69: 108248.

[25] Oehler J B, Wright H, Stark Z, et al. The application of long – read sequencing in clinical settings [J]. Hum Genomics, 2023, 17 (1): 73.

[26] Tavakoli S, Klar AS. Bioengineered Skin Substitutes: Advances and Future Trends [J]. Appl. Sci., 2021, 11, 1493.

[27] 薛达元. 转基因生物安全与管理 [M]. 北京: 科学出版社, 2019.